运筹与管理科学丛书

随机动态决策理论与应用

胡奇英　著

西安电子科技大学出版社

内 容 简 介

本书介绍随机动态决策的理论与应用。全书共 14 章，分为理论篇和应用篇。第 1 章～第 6 章为理论篇，内容包括离散时间马尔可夫决策过程(有限阶段、无限阶段折扣准则、无限阶段平均准则)，半马尔可夫决策过程，连续时间马尔可夫决策过程，强化学习与近似算法；第 7 章～第 14 章为应用篇，内容包括库存管理，收益管理，网上拍卖，网上拍卖下的收益管理、库存管理，技术的采用与选择，排队(服务)系统的最优控制，组合证券选择与风险管理，供应链动态管理。

本书适合作为高等院校管理科学、运筹学、自动控制、计算机科学等专业的研究生教材，也可供对动态决策理论、人工智能诸方面感兴趣的研究人员阅读。

图书在版编目(CIP)数据

随机动态决策理论与应用/胡奇英著. —西安：西安电子科技大学出版社，2023.7
ISBN 978 - 7 - 5606 - 6749 - 2

Ⅰ. ①随…　Ⅱ. ①胡…　Ⅲ. ①决策方法　Ⅳ. ①C934

中国国家版本馆 CIP 数据核字(2023)第 041311 号

策　　划　刘小莉
责任编辑　张　玮
出版发行　西安电子科技大学出版社(西安市太白南路 2 号
电　　话　(029)88202421　88201467　　邮　　编　710071
网　　址　www.xduph.com　　电子邮箱　xdupfxb001@163.com
经　　销　新华书店
印刷单位　陕西日报印务有限公司
版　　次　2023 年 7 月第 1 版　2023 年 7 月第 1 次印刷
开　　本　787 毫米×1092 毫米　1/16　印张 17.5
字　　数　414千字
印　　数　1～2000 册
定　　价　47.00 元
ISBN 978 - 7 - 5606 - 6749 - 2/C

XDUP 7051001 - 1

＊＊＊如有印装问题可调换＊＊＊

前　言

现实中的决策问题一般都是动态的，动态决策问题往往又是随机的，故称之为随机动态决策问题。

随着企业管理中一切业务数字化、一切数字业务化，企业管理中会有越来越多的随机动态决策问题可以被解决。同样，将数字化用于人的自我管理(美国桥水基金创始人瑞·达利欧在《原则》一书中提出)，人自身的随机动态决策问题也可以被解决。

本书介绍随机动态决策问题的常用理论及应用。全书共 14 章，分为理论篇和应用篇。理论篇为前 6 章：第 1～3 章分别讨论离散时间马尔可夫决策过程的有限阶段、无限阶段折扣准则、无限阶段、平均准则；第 4、5 章分别讨论半马尔可夫决策过程、连续时间马尔可夫决策过程；第 6 章讨论强化学习与近似算法，这是人工智能中的重要方法之一。

应用篇介绍常见的随机动态决策问题，为后 8 章，对应马尔可夫决策过程应用的 8 个领域：库存管理，收益管理，网上拍卖，网上拍卖下的收益管理、库存管理，技术的采用与选择，排队(服务)系统的最优控制，组合证券选择与风险管理，供应链动态管理。随着数字化程度的不断提升以及人工智能的发展，这些随机动态决策问题将会在企业中得到越来越广泛、深入的实际应用。

本书各章(数字表示章号)的逻辑关系如下图所示。

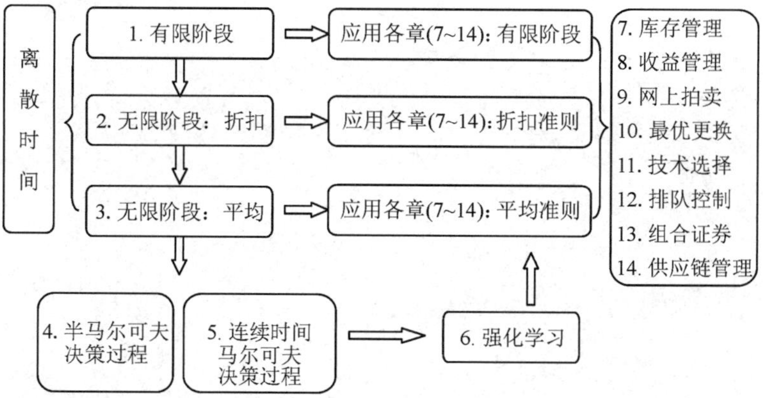

马尔可夫决策过程的理论非常丰富，本书只介绍了其中最基本的内容，除此之外，还包含如状态部分可观察的、自适应的、多目标的等内容，本书不作介绍。同样，运用马尔可夫决策过程的领域非常多，本书也只是介绍了其中研究相对比较丰富的 8 个领域。随着人工智能的不断发展，相信马尔可夫决策过程的应用会越来越广泛。

本书适合作为高等院校管理科学、运筹学、自动控制、计算机科学等专业的研究生教材，也可供对动态决策理论、人工智能诸方面感兴趣的研究人员阅读。

感谢本书中参考文献的作者，特别感谢我的论文合作者：党创寅、杜黎、贾俊秀、刘树人、孟志青、魏铁华、温小琴、夏玉森、徐以汎、徐雅卿。感谢西安电子科技大学出版社的刘小莉编辑为本书出版所付出的努力。

本书的出版得到了复旦大学管理科学系的资助，特此致谢。

作　者

2022 年 12 月

目　录

理　论　篇

应 用 篇

理　论　篇

第1章　有 限 阶 段

本章先讨论静态(单阶段)决策问题及其求解，再基于此讨论动态(多阶段)确定性的决策问题。所谓确定性，是指前后相依的决策问题之间的影响是确定性的。确定性的决策问题就是通常所说的动态规划问题，即通过建立最优方程来求解最优策略。前一决策问题对后一决策问题的影响为随机时的随机动态决策问题，可将确定性时的最优方程推广过来。之后讨论实际应用中的一些随机动态决策问题。最后，我们介绍在随机动态决策问题中讨论最优策略性质时颇为有用的“模函数”这一概念，并将其运用于一些实际问题中。

1.1　单阶段决策

本节研究单阶段决策问题。所谓单阶段，就是只作一次决策。

我们先来看以下的设备更新问题。

例 1.1　某门市部已有一台复印机，年初进行预算时考虑是否更换为一台新复印机(即更新复印机)。显然，在考虑是否更新的问题时，需要考虑原复印机的新旧程度。为简单起见，我们以复印机的使用役龄来表示其新旧程度。设一台新复印机的价格为 w，役龄为 i 的复印机使用一年的运行费(包括维护费、修理费等)为c_i，产生的收益为r_i，而如果将其转让(转卖给别人)，则转让费为w_i。试问，年初时应该如何考虑?

在这个问题中，年初的决策依赖于当年复印机的役龄，假定年初时复印机的役龄已知，记为 i。这个决策问题有两个方案。第一个方案是更新(记为 R)，购买一台新的复印机需要支付 w，更新后，一台新的复印机(其役龄为 0)在一年中的收益为r_0，其运行费为c_0；同时，转让原有复印机可得w_i。因此采用更新方案时，一年的利润为

$$r(i,\ R)=w_i-w+r_0-c_0$$

另一个方案是不更新，继续使用(记为 O)，则一年的收益为r_i，其运行费为c_i，故一年的利润为

$$r(i,\ O)=r_i-c_i$$

于是比较 $r(i,\ R)$和 $r(i,\ O)$的大小，即可得到最优决策。

显然，当年初复印机的役龄不同时，最优决策可能也是不同的。

一般地，这类决策问题由以下三个部分组成：

$$\{S,\ (A(i),\ i\in S),\ r(i,\ a)\} \tag{1.1}$$

其中：

(1) 状态集 S。状态表示决策者采取决策的依据。如在设备更新问题中，是否更新设备需要依据设备的老化程度(如役龄)。状态的全体称为状态集。假定设备的状态集为 $S=\{0,\ 1,\ 2,\ 3\}$，0 表示新设备，数字越大，老化程度越高，则状态 3 表示设备老化程度严

重，必须进行更新。

(2) 决策集 A。可用的决策集也可能与所处的状态有关，在状态 i 处可用的决策集记为 $A(i)$。在设备更换问题中考虑的决策通常有两个："更新"与"继续运行"，分别记为 R 与 O，于是决策集与状态无关，即 $A=\{R, O\}$。

(3) 报酬函数 $r(i, a)$。在不同的状态下采取不同的决策，将产生不同的报酬(或效益、费用等)。$r(i, a)$表示在状态 i 下选择决策 a 时的报酬。报酬也可能是不确定性的，如设备在一周中所生产出的产品中的次品率可能是不确定的，从而产生的效益也是不确定的。又如市场营销在一个周期内能销售多少产品、收获农作物前的收成都是不确定的。考虑到报酬的随机性，可对其采用期望值。

在设备更换问题中，假定设备是依据产品销售量来安排使用的，产品销售量越大，生产量越大。假定产品的销售量分为大、中、小三类，它们的概率分别为 1/2、1/4、1/4。自然，设备在不同的老化程度下所生产的产量及次品率也是不同的，从而利润也是不同的。比如说，在三种销售情况下用新设备进行生产时相应的收入分别为 10 万元、6 万元、1 万元，则使用新设备时的期望收入为 $10\times\frac{1}{2}+6\times\frac{1}{4}+1\times\frac{1}{4}=6.75$ 万元。

决策问题(1.1)的目标通常是使所得的报酬达到最大，即

$$V(i)=\max_{a\in A(i)} r(i, a),\ i\in S$$

我们称取到上述最大值的决策$a_i^*\in A(i)$为在状态 i 处的最优决策。考虑到状态可能是未知的，需要对所有可能状态求最优决策。为此，定义从状态集 S 到决策集 $A:=\bigcup_{i\in S}A(i)$的映射(也称函数)f^* 如下：

$$f^*(i)=a_i^*,\ i\in S$$

我们称f^* 是决策问题(1.1)的一个最优决策函数，它告诉决策者：如果状态是 i，那么就应该选择决策$f^*(i)$。$V(i)$称为决策问题在状态 i 处的最优值，V 称为决策问题的最优值函数。

如果状态是事先已知的，那么以上的优化问题只需要对特定的状态来求解即可，从而三元组式(1.1)成为二元组$\{A, r(a), a\in A\}$。

如果决策者事先知道一个状态概率分布，如处于状态 i 的概率为q_i(满足$q_i\geqslant 0$，$\sum_{i\in S} q_i=1$)，则采取决策 a 的期望报酬为

$$r(a)=\sum_{i\in S} q_i r(i, a)$$

注意这时我们要求决策集 $A(i)=A$ 与状态 i 无关，从而问题(1.1)亦成为二元组$\{A, r(a), a\in A\}$，其目标是

$$V=\max_{a\in A} r(a)$$

在实际应用中，最困难的是如何描述问题的状态，如何设计决策集，以及如何计算报酬函数。一旦这些确定了，求解最优决策函数则较为简单。

1.2　多阶段动态决策：确定性

多阶段动态决策问题是指有多个阶段(或周期)，每个阶段都有一个决策问题。如果多

个阶段的决策问题都是互不相关的，就成为多个单阶段决策问题，这里我们不进行讨论。通常所说的多阶段决策问题，是指不同阶段的决策问题之间是相互关联的，其中最简单的一类问题是：当前阶段的状态与决策仅影响下一阶段的状态。

我们再来看复印机更新的例子。

例 1.2(设备更新问题) 前面我们已经讨论了一台复印机在一年中的最优更新问题。现在门市部经理初步估算营业时间为 5 年，需要确定在这 5 年内复印机的最优更新计划，其目标是使得 5 年内的总利润达到最大。

每一年的决策，如果单独考虑，那么就是单阶段决策问题。我们可将 5 年视为 5 个单阶段决策问题。但实际上，每一年的决策是相互关联的：今年选择更新还是继续运行，复印机在明年的状态将会不同。具体地，如果选择“更新”决策，那么明年初复印机的役龄是 1；而如果今年选择“继续运行”决策，那么明年初的役龄则是今年的役龄加 1。

在这个问题中，每个阶段都有一个单阶段的决策问题，而每个阶段的状态与选择的决策又将影响下一阶段决策问题的状态。

我们假设共有 $N+1$ 个阶段，标记为 $n=0, 1, \cdots, N$，其中将开始阶段标记为 0。由式(1.1)，记阶段 n 的决策问题为

$$\{S_n, (A_n(i), i\in S_n), r_n(i, a)\}$$

当系统在阶段 n 处于状态 $i\in S_n$，选择决策 $a\in A_n(i)$时，系统除了在该阶段获得报酬 $r_n(i, a)$之外，系统在下一阶段(即阶段 $n+1$)时的状态为$T_n(i, a)\in S_{n+1}$(称T_n为 n 时的状态转移函数)。因此多阶段动态决策问题有 5 个组成部分：

$$\{S_n, (A_n(i), i\in S_n), r_n(i, a), T_n(i, a), n=0, 1, \cdots, N, V\} \tag{1.2}$$

其中目标函数 V 的常见情形是使各个阶段的报酬之和达到最大，其正式的定义将在后面给出。

我们也常称式(1.2)为一个动态规划模型。

这里的问题是要确定各个阶段应该选择什么样的决策，而决策的依据是状态，所以我们期望有一个“在任何时候、在任何状态都能告诉决策者应该选择什么决策”的规则，将其称为**策略**。联系到单阶段决策问题中的决策函数，给定 n，我们定义 n 时的决策函数为映射

$$f: S_n\rightarrow A_n=\bigcup_{i\in S_n} A_n(i) \tag{1.3}$$

且满足条件 $f(i)\in A_n(i)$，$i\in S_n$。n 时的决策函数全体记为F_n。$f\in F_n$的含义是：在阶段 n，若系统处于状态 i，则决策者选择决策 $f(i)$。所以，这是在阶段 n 时“在任何状态都能告诉决策者选择什么决策”的一种规则。

于是一个**策略**就是一个决策函数序列：

$$\pi=(f_0, f_1, \cdots, f_N), f_n\in F_n, n=0, 1, \cdots, N \tag{1.4}$$

对 $n=0, 1, \cdots, N$，f_n在阶段 n 时使用。使用策略 π 是指：若系统在阶段 n 处于状态 $i(\in S_n)$，则决策者选择决策$f_n(i)(\in A_n(i))$。记策略的全体为 Π。

如果我们使用策略 $\pi\in\Pi$，而初始状态为$i_0\in S_0$，则各个阶段的状态i_n与所选择的决策a_n也就确定了，它们可由下式递推得到：

$$i_{n+1}=T_n(i_n, a_n), a_{n+1}=f_{n+1}(i_{n+1}), n=0, 1, \cdots, N-1 \tag{1.5}$$

从而阶段 n 的报酬$r_n(i_n, a_n)$以及各个阶段的报酬之和(记为 $V(\pi, i_0)$)也都确定了，即

$$V(\pi, i_0) = \sum_{n=0}^{N} r_n(i_n, f_n(i_n)) \tag{1.6}$$

它只与所使用的策略 π 及初始状态 i_0 有关。我们称 $V(\pi, i_0)$ 为系统在策略 π 下从初始状态 i_0 出发时的**总报酬**。定义

$$V(i) = \sup_{\pi \in \Pi} V(\pi, i), \ i \in S_0 \tag{1.7}$$

表示初始状态为 i 时，所可能达到的最大的总报酬。我们称 V 为多阶段决策问题的**最优值函数**。自然，我们称策略 π^* 是**最优策略**，如果

$$V(\pi^*, i) = V(i), \ i \in S_0$$

也就是说，不管初始状态是怎样的，π^* 总可以使总报酬达到最大。

我们还是来看设备更新的例子。

例 1.3(设备更新问题例 1.2 续一)　由于周期 n 是从 0 开始计数的，故 $N=4$，$n=0$，1，2，3，4。由于开始时复印机是新的，其役龄为 0，显然此复印机最大的役龄不会超过 4(如果在未来的 5 年中不作任何更新，役龄也只是在最后一年达到 4)。因此，周期 n 时的状态集可取为 $S_n = S = \{0, 1, 2, 3, 4\}$。对于周期 n 时的决策集 $A_n(i)$，不失一般性，我们假定当役龄达到 4 时必须更新复印机，于是 $A_n(i) = \{R, O\}$(若 $i<4$)，$A_n(4) = \{R\}$(若 $i=4$)；报酬函数如下：

$$r_n(i, O) = r_i - c_i, \ r_n(i, R) = r_0 - c_0 - w + w_i$$

状态转移函数如下：

$$T_n(i, O) = i+1, \ i<4; T_n(i, R) = 1, \ \forall i$$

注意：在更新后，复印机为新，役龄为 0，但进入下一个周期役龄将变为 1。因此，多阶段更新问题的模型为

$$\{S, A(i), r(i, a), T(i, a), n=0, 1, 2, 3, 4\}$$

显然，以上各元素均与周期 n 无关。

在策略 $\pi = (f_0, f_1, \cdots, f_N)$ 下，设在阶段 0 处于状态 $i_0 \in S_0$，此时选择的决策是 $f_0(i_0) \in A_0(i_0)$，于是有两件事情发生：一是获得当前阶段的报酬 $r_0(i_0, f_0(i_0))$，二是阶段 1 时的状态为 $T_0(i_0, f_0(i_0))$。由目标函数的定义式(1.6)，可将阶段 0 时的报酬分开来写：

$$V(\pi, i_0) = r_0(i_0, f_0(i_0)) + \sum_{n=1}^{N} r_n(i_n, f_n(i_n))$$

其中右边第二项 $\sum_{n=1}^{N} r_n(i_n, f_n(i_n))$ 是另一个动态规划问题的目标函数，这个动态规划是原动态规划从阶段 1 至阶段 N 的一个子问题。

一般地，我们引入动态规划模型(1.2)的 ***n*-子问题**。注意到模型(1.2)是从阶段 0 到阶段 N 的。如果我们只考虑从阶段 n 到阶段 N，即

$$\{S_k, (A_k(i), i \in S_k), r_k(i, a), T_k(i, a), V_n, k=n, n+1, \cdots, N\}$$

其目标函数记为 V_n。显然，这也是一个多阶段动态决策问题，我们称之为模型(1.2)的 n-子问题。另一方面，策略 $\pi = (f_0, f_1, \cdots, f_N)$ 从 n 开始的部分 $\pi' = (f_n, f_{n+1}, \cdots, f_N)$ 恰好是 n-子问题的一个策略，我们称之为 π 的 ***n*-子策略**。类似地，n-子问题的目标函数与最优值函数分别定义如下：

$$V_n(\pi, i_n) = \sum_{k=n}^{N} r_k(i_k, f_k(i_k)),\ i_n \in S_n,\ \pi \in \Pi,\ n \geqslant 0 \tag{1.8}$$

$$V_n(i_n) = \sup_{\pi \in \Pi} V_n(\pi, i_n),\ i_n \in S_n,\ n \geqslant 0 \tag{1.9}$$

现在我们来看各子问题之间的关系。从式(1.8)不难看出：

$$V_n(\pi, i) = r_n(i, f_n(i)) + V_{n+1}(\pi, T_n(i, f_n(i))),\ i \in S_n,\ n \geqslant 0 \tag{1.10}$$

进而，我们来看各子问题的最优值函数之间的关系。

$V_n(i)$是在阶段 n 时处于状态 i 的条件下，从阶段 n 至阶段 N 的最大总报酬。系统在阶段 n 处于状态 i 时，将选择一个决策，若选择 $a \in A_n(i)$，则系统在阶段 n 时的报酬为 $r_n(i, a)$，而在阶段 $n+1$ 时转移到状态 $T_n(i, a)$，它从阶段 $n+1$ 至阶段 N 的最大总报酬为 $V_{n+1}(T_n(i, a))$。因此，在 n 时选择决策 a 的条件下，系统从阶段 n 至阶段 N 所得的最大的总报酬为 $r_n(i, a) + V_{n+1}(T_n(i, a))$。现在，决策 $a \in A_n(i)$是可选择的，其最大可能的值为 $\sup_{a \in A_n(i)} \{r_n(i, a) + V_{n+1}(T_n(i, a))\}$，它应该等于 $V_n(i)$，即

$$V_n(i) = \sup_{a \in A_n(i)} \{r_n(i, a) + V_{n+1}(T_n(i, a))\},\ i \in S_n,\ n = 0, 1, \cdots, N \tag{1.11}$$

这也是各子问题的最优值函数 V_n 所应满足的一个方程，我们称之为**最优方程**(Optimality Equation)。进而，我们约定

$$V_{N+1}(i) = 0,\ \forall i$$

为边界条件。此时，方程(1.11)对 $n=N$ 也就成立了。

下面我们来严格地证明最优方程。

定理 1.1(Bellman 最优性原理) 最优值函数 V_n 是最优方程(1.11)的解，且取到最优方程右边上确界的策略是最优策略，即设对 $n=0, 1, \cdots, N$，f_n^* 取到最优方程(1.11)中相应的上确界，则 $\pi^* = (f_0^*, f_1^*, \cdots, f_N^*)$是最优策略，而且 $V_n(\pi^*, i) = V_n(i)$，$i \in S_n$，$n = 0, 1, \cdots, N$。

证明 首先，由式(1.10)及最优值函数 $V_{n+1}(i)$的定义可得

$$\begin{aligned} V_n(\pi, i) &= r_n(i, f_n(i)) + V_{n+1}(\pi, T_n(i, f_n(i))) \\ &\leqslant r_n(i, f_n(i)) + V_{n+1}(T_n(i, f_n(i))) \\ &\leqslant \sup_{a \in A_n(i)} \{r_n(i, a) + V_{n+1}(T_n(i, a))\},\ i \in S_n,\ n \geqslant 0 \end{aligned}$$

在上式中对策略 $\pi \in \Pi$ 取上确界，由于不等式最右边项与 π 无关，得

$$V_n(i) \leqslant \sup_{a \in A_n(i)} \{r_n(i, a) + V_{n+1}(T_n(i, a))\},\ i \in S_n,\ n \geqslant 0$$

因此，对任一正常数 ε 及 $n \geqslant 0$，由上确界(sup)的定义知，对每一 $i \in S_n$，有决策 $f_n^*(i) \in A_n(i)$ 取到上式右边的 ε-上确界，即使得

$$\begin{aligned} V_n(i) &\leqslant \sup_{a \in A_n(i)} \{r_n(i, a) + V_{n+1}(T_n(i, a))\} \\ &\leqslant r_n(i, f_n^*(i)) + V_{n+1}(T_n(i, f_n^*(i))) + \varepsilon,\ i \in S_n \end{aligned} \tag{1.12}$$

对所得的 f_n^*，$n \geqslant 0$，我们定义策略 $\pi^* = (f_0^*, f_1^*, \cdots, f_N^*)$。下面用数学归纳法来证明此策略满足：

$$V_n(i) \leqslant V_n(\pi^*, i) + (N-n+1)\varepsilon,\ i \in S_n,\ n = N, N-1, \cdots, 1, 0 \tag{1.13}$$

对 $n=N$，由 $V_{N+1}(i)=0$ 及式(1.12)知式(1.13)对 $n=N$ 成立。归纳假设式(1.13)对某 $0<n+1\leqslant N$ 成立，即 $V_{n+1}(i)\leqslant V_{n+1}(\pi^*, i)+(N-n)\varepsilon$，$i\in S_{n+1}$。则对 n，由式(1.12)知：

$$\begin{aligned}V_n(i)&\leqslant r_n(i, f_n^*(i))+V_{n+1}(T_n(i, f_n^*(i)))+\varepsilon\\&\leqslant r_n(i, f_n^*(i))+V_{n+1}(\pi^*, T_n(i, f_n^*(i)))+(N-n)\varepsilon+\varepsilon,\ i\in S_n\end{aligned}$$

由式(1.10)知上式最后一行前两项的和为 $V_n(\pi^*, i)$，故

$$V_n(i)\leqslant V_n(\pi^*, i)+(N-n+1)\varepsilon,\ i\in S_n$$

因此，式(1.13)对 n 成立。

由数学归纳法知，式(1.13)对 $n=N, N-1, \cdots, 1, 0$ 均成立。

现在，再一次由式(1.10)和式(1.13)可得

$$\begin{aligned}V_n(\pi^*, i)&=r_n(i, f_n^*(i))+V_{n+1}(\pi^*, T_n(i, f_n^*(i)))\\&\geqslant r_n(i, f_n^*(i))+V_{n+1}(T_n(i, f_n^*(i)))-(N-n)\varepsilon,\ i\in S_n,\ n\geqslant 0\end{aligned}$$

由此及式(1.12)的第二个不等式，可得

$$V_n(\pi^*, i)\geqslant \sup_{a\in A_n(i)}\{r_n(i, a)+V_{n+1}(T_n(i, a))\}-(N-n+1)\varepsilon,\ i\in S_n,\ n\geqslant 0$$

再由 $V_n(i)\geqslant V_n(\pi^*, i)$ 及 ε 的任意性，得

$$V_n(i)\geqslant \sup_{a\in A_n(i)}\{r_n(i, a)+V_{n+1}(T_n(i, a))\},\ i\in S_n,\ n\geqslant 0$$

由此及式(1.12)中的第一个不等式知 V_n 满足最优方程。

最优方程的求解可以采用递推的算法，即先求得 $\{V_N(i), i\in S\}$，然后由最优方程求得 $\{V_{N-1}(i), i\in S\}$，依次不断求解，最后可求得 $\{V_0(i), i\in S\}$。此递推法称为动态规划的递推算法，也称为向后归纳法(Backward Induction)。

基于最优方程(1.11)，我们称定理1.1中的结论为最优性原理，它是动态规划的创始人 Bellman 首先提出的。

以上定理说明，π^* 不仅是最优的，即从阶段0至阶段 N 是最优的，而且对于从阶段 n 出发至阶段 N 的 n-子问题来说也是最优的，这比通常所谓的最优性原理的结论更强。

推论1.1(最优性原理的数学形式) 设 $\pi^*=(f_0^*, f_1^*, \cdots, f_N^*)\in \Pi$，$i_0^*$ 为初始状态，各中间状态分别为 $i_{n+1}^*=T_n(i_n^*, f_n^*(i_n^*))$，$n=0, 1, \cdots, N$，则 π^* 为从初始状态 i_0^* 出发的最优策略，即 $V(\pi^*, i_0^*)=V^*(i_0^*)$ 的充要条件是对任一 $n=0, 1, \cdots, N$，$\pi_n^*=(f_n^*, f_{n+1}^*, \cdots, f_N^*)$ 是阶段 n 从 i_n^* 出发的 n-子问题的最优策略，即 $V_n(\pi_n^*, i_n^*)=V_n(i_n^*)$。

我们再来看设备更新问题。

例1.4(设备更新问题例1.2续二) 将相应的值代入最优方程(1.11)，即可得到设备更新问题的最优方程：

$$\begin{aligned}V_n(i)&=\max\{r_n(i, O)+V_{n+1}(T_n(i, O)), r_n(i, R)+V_{n+1}(T_n(i, R))\}\\&=\max\{r_i-c_i+V_{n+1}(i+1), r_0-c_0-w+w_i+V_{n+1}(1)\},\ i<4\end{aligned}$$

$$V_n(4)=r_0-c_0-w+w_i+V_{n+1}(1),\ n=0, 1, 2, 3, 4$$

$$V_5(i)=0$$

设备参数 r_i，c_i，w_i 的值如表1.1所示，而 $w=5$。由于在最优方程中有 r_i-c_i，故将之算出，列于表1.1中最后一行。同时，$r_0-c_0-w=-1.5$。

表 1.1　设备更新问题中的参数

i	0	1	2	3	4
r_i	4	3.8	3.4	3.0	2.5
c_i	0.5	0.6	0.7	0.9	1.2
w_i	4	3.5	3.0	2.4	1.0
$r_i - c_i$	3.5	3.2	2.7	2.1	1.3

首先，由上面的最优方程可计算得到$V_4(i)$，以及在最优方程中取到最大值的决策$f_4(i)$，见表 1.2 中的第二行；再由V_4，利用最优方程可计算得到$V_3(i)$，$f_3(i)$，…；最后可计算得到$V_0(i)$与$f_0(i)$。计算结果如表 1.2 所示，其中$f_0(1)=O$，R 表示阶段 0 在状态 1 处决策 O 与 R 都是最优的。

表 1.2　设备更新问题的最优值函数与最优策略

i	0	1	2	3	4
V_4	3.5	3.2	2.7	2.1	0
V_3	6.7	5.9	5.2	4.6	3.2
V_2	9.4	8.4	7.9	7.3	5.9
V_1	11.9	11.1	10.4	9.8	8.4
V_0	14.6	13.6	13.1	12.5	11.1
f_4	O	O	O	O	R
f_3	O	O	R	R	R
f_2	O	O, R	R	R	R
f_1	O	O	R	R	R
f_0	O	O, R	R	R	R

由题设，我们求一台新复印机的五年使用计划。由表 1.2 中所给的数据，$f_0(0)=O$，因此，阶段 0 时的设备是新的，最优决策是 O，即继续运行，从而阶段 1 时的状态为 $T_0(0, O)=1$；而$f_1(1)=O$，阶段 1 时的最优决策仍是 O，于是阶段 2 时的状态为 $T_1(1, O)=2$；由$f_2(2)=R$，$f_3(1)=O$，$f_4(2)=O$ 知，设备在阶段 2、阶段 3、阶段 4 时的最优决策分别为 R，O，O，…，1，2，如图 1.1 所示。从表 1.2 中还可以求得初始状态为任一状态时的各阶段的最优决策，请读者给出。

$$0\xrightarrow{O}1\xrightarrow{O}2\xrightarrow{R}1\xrightarrow{O}2\xrightarrow{O}$$

图 1.1　设备更新问题最优策略下的路径

1.3　多阶段马尔可夫决策过程

在上节讨论的多阶段决策问题中，前后阶段的决策问题之间的关系是确定的：已知阶

段 n 的状态 i 及所选择的决策 a，则下一阶段的状态 $T_n(i, a)$ 是 S_{n+1} 中一个确定的状态。本节讨论如下的多阶段决策问题：下一阶段的状态是 S_{n+1} 中的一个随机变量。

1.3.1 模型

我们继续考虑更新复印机的例子。

例 1.5 我们继续考虑设备更新问题。用役龄来描述设备的老化程度，比较粗略。对于复印机，用已复印的页数来表示其老化程度应该更准确。为方便起见，我们假定状态集 $S=\{0, 1, 2, \cdots\}$，状态值越大，老化的程度越大，0 表示新设备。

如果设备在某个阶段初的状态为 i，例如选择"继续运行"决策，那么运行一年后(即下阶段初)的状态是什么呢？显然，它取决于今年的复印量，而这个复印量并不是一个确定的值，而是一个随机变量，记作 ξ_i，它依赖于所处的状态。如果继续使用上一节中的状态转移函数的记号，那么这里有 $T_n(i, O)=i+\xi_i$，$T_n(i, R)=\xi_0$，它们均为随机变量。这就不同于上一节中讨论的(确定性)动态规划了。

在概率论中，确定一个随机变量就意味着知道其概率分布。假定我们知道概率分布 $p_{ij}=P\{\xi_i=j\}$，$i, j=0, 1, 2, \cdots$，则称 $\boldsymbol{P}=(p_{ij})$ 为设备运行的状态转移概率矩阵，也常称之为自然状态转移概率阵。自然，这要满足概率的两个条件：$p_{ij}\geqslant 0$ 和 $\sum\limits_j p_{ij}=1$，$\forall i$。

因此，在上节讨论的动态规划中，当前阶段的状态与选择的决策对下一个阶段的状态的影响可能不是确定的，而是随机的，也即 $T_n(i, a)$ 不是 S_{n+1} 中的一个确定的状态，而是 S_{n+1} 中的一个随机变量。此时的多阶段决策问题，我们称之为马尔可夫决策过程(Markov Decision Process, MDP)，也称为随机动态规划。

一般地，如果系统在阶段 n 的状态为 $i\in S_n$，选择的决策是 $a\in A_n(i)$，则阶段 $n+1$ 的状态 $T_n(i, a)$ 是在集合 S_{n+1} 上的一个随机变量，其概率分布为

$$p_{ij}^n(a)=P\{T_n(i, a)=j\},\ j\in S_{n+1}$$

显然它应该满足条件 $p_{ij}^n(a)\geqslant 0$，$\sum\limits_{j\in S_{n+1}} p_{ij}^n(a)=1$。于是我们得到了一个**马尔可夫决策过程模型**：

$$\{S_n, (A_n(i), i\in S_n), r_n(i, a), p_{ij}^n(a), n=0, 1, \cdots, N, V\} \tag{1.14}$$

目标函数 V 的定义将在下面给出。

例 1.6(设备更新问题例 1.5 续一) 设备更新问题是一个 MDP 问题：

$$\{S, (A(i), i\in S), p_{ij}(a), r(i, a), V\}$$

其中状态转移概率 $p_{ij}(O)=p_{ij}$，$p_{ij}(R)=p_{0j}$(因为在状态 i 处更新，则设备立即为新设备，运行一个周期后状态为 j 的概率是 p_{0j})。

下面，我们将上一节中处理确定性多阶段决策问题的方法与概念推广至此。

上节中引入的决策函数以及策略只与状态集与决策集有关，在这里仍然适用。

记系统在阶段 n 的状态为 X_n，则 $\{X_0, X_1, \cdots, X_N\}$ 不再是确定的，而是一个随机序列。对此，我们有以下结论。

定理 1.2 在策略 $\pi=(f_0, f_1, \cdots, f_N)$ 下，状态过程 $\{X_0, X_1, \cdots, X_N\}$ 是一个有限长度的非时齐马尔可夫链，其在阶段 n 的状态转移概率矩阵为 $\boldsymbol{P}_n(f_n)=(p_{ij}^n(f_n))$。

记策略 π 下的概率分布为 P_π，数学期望为 E_π。记 $\boldsymbol{P}_n(f)$ 是第 (i, j) 元为 $p_{ij}^n(f)$ 的矩阵。

由马尔可夫链的知识知道，在策略 π 下，若初始状态为 $i\in S_0$，则对任一 n，阶段 n 的状态 X_n 的概率分布如下：

$$P_\pi\{X_n=j\mid X_0=i\}=[\boldsymbol{P}_0(f_0)\boldsymbol{P}_1(f_1)\cdots\boldsymbol{P}_{n-1}(f_{n-1})]_{ij}$$
$$=\sum_{i_1\in S_1}p_{ii_1}(f_0)\sum_{i_2\in S_2}p_{i_1i_2}(f_1)\cdots\sum_{i_{n-1}\in S_{n-1}}p_{i_{n-2}i_{n-1}}(f_{n-2})\,p_{i_{n-1}j}(f_{n-1}),\ j\in S_n$$

为方便起见，记 $P_{\pi,i}\{\cdot\}=P_\pi\{\cdot\mid X_0=i\}$ 和 $E_{\pi,i}\{\cdot\}=E_\pi\{\cdot\mid X_0=i\}$ 分别为在策略 π 下从初始状态 i 出发的概率分布、数学期望。进而，对 $n\geqslant1$，$i\in S_n$，$f\in F_n$，我们记

$$r_n(i,f)=r_n(i,f(i)),\ p_{ij}^n(f)=p_{ij}^n(f(i))$$

于是，若 $u(i)$ 是定义在状态集 S_n 上的一个函数，则

$$E_{\pi,i}u(X_n)=\sum_{j\in S_n}P_\pi\{X_n=j\mid X_0=i\}u(j)$$
$$=\sum_{j\in S_n}[\boldsymbol{P}_0(f_0)\boldsymbol{P}_1(f_1)\cdots\boldsymbol{P}_{n-1}(f_{n-1})]_{ij}u(j)\tag{1.15}$$

在策略 π 下，若初始状态为 $i\in S_0$，则阶段 n 的状态变量 X_n 是随机的，从而阶段 n 所得的报酬函数 $r_n(X_n,f_n)$ 也是一个随机变量，其数学期望可求得为

$$E_{\pi,i}r(X_n,f_n)=\sum_{j\in S_n}[\boldsymbol{P}_0(f_0)\boldsymbol{P}_1(f_1)\cdots\boldsymbol{P}_{n-1}(f_{n-1})]_{ij}r_n(j,f_n)$$

称之为策略 π 下从初始状态 i 出发在阶段 n 时的期望报酬。

于是从阶段 0 到阶段 N 的报酬之和 $\sum_{n=0}^{N}r_n(X_n,f_n)$ 也是随机的，其数学期望为

$$V(\pi,i)=E_{\pi,i}\sum_{n=0}^{N}r_n(X_n,f_n)=\sum_{n=0}^{N}E_{\pi,i}r_n(X_n,f_n)$$

它表示在策略 π 下从初始状态 i 出发从阶段 0 至阶段 N 的**期望总报酬**。定义**最优值函数**为

$$V(i)=\sup_{\pi\in\Pi}V(\pi,i),\ i\in S_0$$

其中 $V(i)$ 表示从初始状态 i 出发所能达到的阶段 0 至阶段 N 的最大期望总报酬。如果 $V(\pi^*,i)=V(i)$，$\forall i\in S_0$，就称策略 π^* 为**最优策略**。注意，在上面的定义中，我们要求对所有的初始状态 $i\in S_0$ 成立。

与上一节中讨论动态规划时一样，对 $n\geqslant0$，我们引入阶段 n 至阶段 N 的期望总报酬函数如下：

$$V_n(\pi,i)=E_\pi\Big\{\sum_{k=n}^{N}r_k(X_k,f_k)\mid X_n=i\Big\}$$
$$=\sum_{k=n}^{N}E_\pi\{r_k(X_k,f_k)\mid X_n=i\}$$
$$=\sum_{k=n}^{N}\sum_{j\in S_k}[\boldsymbol{P}_n(f_n)\boldsymbol{P}_{n+1}(f_{n+1})\cdots\boldsymbol{P}_{k-1}(f_{k-1})]_{ij}\,r_k(j,f_k),\ i\in S_n,\ \pi\in\Pi\tag{1.16}$$

$$V_n(i)=\sup_{\pi\in\Pi}V_n(\pi,i),\ i\in S_n$$

策略 π^* 称为 n-最优策略，如果 $V_n(\pi^*,i)=V_n(i)$，$\forall i\in S_n$。0-最优策略即为最优策略。

注 1.1　将模型(1.14)所要求的条件"$\sum_{j\in S_{n+1}}p_{ij}^n(a)=1$"减弱为"$\sum_{j\in S_{n+1}}p_{ij}^n(a)\leqslant1$"，不影响

以下所有的讨论。这相当于说，当系统在阶段 n 处于状态 i 选择决策 a 时，以概率 $1-\sum_{j\in S_{n+1}} p_{ij}^n(a)$ 终止。

注 1.2 马尔可夫决策过程也可看成是在一个马尔可夫链中引入决策与报酬机制得到的。下面考虑一个时齐的马尔可夫链，其状态集为 $S=\{1, 2, \cdots\}$。假设当系统处于状态 i 时，我们有可供选择的决策以影响系统的状态转移概率，设决策集为 $A(i)$。当在状态 i 处选择决策 a 时，系统在下一阶段转移到状态 $j\in S$ 的概率为 $p_{ij}(a)$，并且系统在当前阶段获得一项报酬 $r(i, a)$。这样便得到了马尔可夫决策过程。

1.3.2 最优方程与最优策略

现在我们来证明最优方程，思路仍是推广上一节中动态规划的相应方法。

各子问题的目标函数之间的关系，由上节中关于确定性多阶段决策的式(1.10)可知，在 MDP 中不再成立，因此需要作一定的改变。根据目标函数的定义可知：

$$\begin{aligned}
V_n(\pi, i) &= \sum_{k=n}^{N} E_\pi\{r_k(X_k, f_k) \mid X_n = i\} \\
&= r_n(i, f_n) + \sum_{k=n+1}^{N} E_\pi\{r_k(X_k, f_k) \mid X_n = i\} \\
&= r_n(i, f_n) + \sum_{k=n+1}^{N}\sum_{j\in S} P_\pi\{X_{n+1} = j \mid X_n = i\} E_\pi\{r_k(X_k, f_k) \mid X_n = i, X_{n+1} = j\} \\
&= r_n(i, f_n) + \sum_{k=n+1}^{N}\sum_{j\in S} p_{ij}^n(f_n) E_\pi\{r_k(X_k, f_k) \mid X_{n+1} = j\} \\
&= r_n(i, f_n) + \sum_{j\in S} p_{ij}^n(f_n) \sum_{k=n+1}^{N} E_\pi\{r_k(X_k, f_k) \mid X_{n+1} = j\} \\
&= r_n(i, f_n) + \sum_{j\in S} p_{ij}^n(f_n) V_{n+1}(\pi, j),\ i \in S_n,\ n \geqslant 0
\end{aligned}$$

这就证明了如下引理。

引理 1.1 对策略 $\pi=(f_0, f_1, \cdots, f_N)$，恒有

$$\begin{aligned}
V_n(\pi, i) &= r_n(i, f_n) + E V_{n+1}(\pi, T_n(i, f_n)) \\
&= r_n(i, f_n) + \sum_j p_{ij}^n(f_n) V_{n+1}(\pi, j),\ i \in S_n,\ n \geqslant 0 \qquad (1.17)
\end{aligned}$$

其中的数学期望 E 是关于随机变量 $T_n(i, f_n)$ 取的，边界条件为 $V_{N+1}(\pi, i)=0$。

式(1.17)表明，在任一策略下，过程可以一分为二：前一部分是当前阶段，后一部分是下一个阶段直至结束阶段。总报酬就等于这两个阶段的期望报酬之和。

由以上引理，容易推断出以下的定理，它是确定性动态规划中定理 1.1 的推广，对它可进行与定理 1.1 完全类似的证明。

定理 1.3 (1) 最优值函数满足以下的最优方程：

$$\begin{aligned}
V_n(i) &= \sup_{a\in A_n(i)} \{r_n(i, a) + \sum_{j\in S_{n+1}} p_{ij}^n(a) V_{n+1}(j)\},\ i\in S_n,\ n=0, \cdots, N \\
V_{N+1}(i) &= 0 \qquad (1.18)
\end{aligned}$$

(2) 设对 $n=0, 1, \cdots, N$，f_n^* 取到最优方程(1.18)中相应的上确界，则 $\pi^*=(f_0^*, f_1^*,$

…，f_N^*)是最优策略，而且

$$V_n(\pi^*, i)=V_n(i),\ i\in S_n,\ n=0, 1, \cdots, N$$

与式(1.17)一样，式(1.18)表明最优值也可以一分为二：前一部分是当前阶段，后一部分是下一个阶段直至结束阶段。详细地说，当前阶段的状态为 i 时，若选择决策 $a\in A(i)$，则系统在当前阶段获得报酬 $r_n(i, a)$，并在下一阶段以概率 $p_{ij}^n(a)$ 转移到状态 j，系统在下阶段于状态 j 出发至结束所能获得的最优的值是 $V_{n+1}(j)$，其期望值为 $\sum_j p_{ij}^n(a)V_{n+1}(j)$。于是两部分的报酬之和为 $r_n(i, a)+\sum_j p_{ij}^n(a)V_{n+1}(j)$。因为 $a\in A(i)$ 是可以选择的，所以我们选择一个使两部分报酬之和达到最大的决策。这就是式(1.18)。

最优方程的求解过程，与动态规划相同，仍采用向后归纳法。

例 1.7(设备更新问题例 1.5 续二)　假定设备的状态集为{0, 1, 2, 3, 4}，设备在运行时的状态转移概率矩阵 $\boldsymbol{P}=(p_{ij})$ 如下：

$$\boldsymbol{P}=\begin{bmatrix} 0.8 & 0.1 & 0.05 & 0.05 & 0 \\ 0 & 0.7 & 0.2 & 0.1 & 0 \\ 0 & 0 & 0.6 & 0.3 & 0.2 \\ 0 & 0 & 0 & 0.5 & 0.5 \\ 0 & 0 & 0 & 0 & 1 \end{bmatrix}$$

上述的 $\boldsymbol{P}$ 是上三角矩阵(即对角线元素以下均为0)，它表示设备不可能越用越好，设备的状态只会逐渐老化。设备的运行费仍如表 1.1 所示，$w=5$。此时，n 表示阶段数，则最优方程为

$$\begin{aligned} V_n(i) &= \max\left\{r_n(i, O)+\sum_j p_{ij}(O)V_{n+1}(j),\ r_n(i, R)+\sum_j p_{ij}(R)V_{n+1}(j)\right\} \\ &= \max\left\{r_i-c_i+\sum_j p_{ij}V_{n+1}(j),\ r_0-c_0+w_i-w+\sum_j p_{0j}V_{n+1}(j)\right\},\ i<4,\ n\leqslant 4 \end{aligned}$$

$$V_n(4)=r_n(4, R)+\sum_j p_{4j}(R)V_{n+1}(j)=r_0-c_0+w_4-w+\sum_j p_{0j}V_{n+1}(j),\ n\leqslant 4$$

$$V_5(i)=0$$

依次求解 $n=4, 3, 2, 1, 0$，可得最优值函数 $V_n(i)$ 及最优决策 $f_n(i)$，如表 1.3 所示。

表 1.3　设备更新问题(随机)的最优值函数与最优策略

i	0	1	2	3	4
V_4	3.5	3.2	2.7	2.1	−0.5
V_3	6.86	6.19	4.86	4.26	2.86
V_2	9.4	8.4	7.9	7.3	5.9
V_1	11.9	11.1	10.4	9.8	8.4
V_0	14.6	13.6	13.1	12.5	11.1
f_4	O	O	O	O	R
f_3	O	O	R	R	R
f_2	O	O, R	R	R	R
f_1	O	O	R	R	R
f_0	O	O, R	R	R	R

由此，我们可以从中观察到最优值函数与最优策略的一些性质。例如，最优值函数$V_n(i)$对n，i都是单调下降的，也就是说，剩下的阶段数越少(也即n越大)或者状态老化程度越大(也即i越大)，获利就越低。这与实际情况是一致的。而对于最优策略，我们从表1.3中发现对每个n，都存在一个临界状态i_n^*，使得当且仅当$i>i_n^*$时更新为优。这样的策略称为控制限策略。这也是设备更新文献中通常需要证明的一个结论。

有兴趣的读者可以比较表1.3与确定性设备更新问题的计算结果(表1.1)。

注1.3 在实际应用中，常会遇到模型中的各个参数与阶段n无关的情况，如前面所讨论的设备更新问题。此时，我们称之为时齐马尔可夫决策过程(简称**时齐MDP**)，其模型为

$$\{S, (A(i), i\in S), r(i, a), p_{ij}(a), V_n, n=0, 1, \cdots, N\} \tag{1.19}$$

其中V_n仍与阶段n有关。对时齐MDP，常将最优值函数$V_n(i)$定义为还剩n个阶段时从状态i出发的最优期望总报酬。此时，有

$$\begin{cases} V_n(i) = \sup\limits_{a\in A(i)}\{r(i, a) + \sum\limits_{j\in S} p_{ij}(a)V_{n-1}(j)\},\ i\in S,\ n=0, 1, \cdots, N \\ V_0(i) = 0,\ i\in S \end{cases} \tag{1.20}$$

比较方程(1.20)与原最优方程(1.18)可知，唯一的区别是最优方程右边项的V_{n+1}变为了V_{n-1}，而边界条件$V_{N+1}(i)=0$变为了$V_0(i)=0$。若用$f_n(i)$表示取到最优方程(1.20)中右边上确界的决策a，则$f_n(i)$表示系统在还剩n个阶段，所处的状态为i时的最优决策。

注1.4 如果$A(i)$为非空集，它可以是区间(可开、闭、半开半闭)，也可以是若干区间的并集，那么本节所有结论依然成立。

1.4 若干随机动态决策问题

在本节，我们运用马尔可夫决策过程来解决以下问题：一是期权的购买与执行问题；二是最优选择问题，它有多个方面的用途；三是产品定价问题。

1.4.1 期权的购买与执行问题

设有一个股票(证券)，记S_n为股票在第$n(\geqslant 0)$天的价格，金融学理论的文献中常假定股票价格满足以下随机游动模型：

$$S_{n+1} = S_n + X_{n+1} = S_0 + \sum_{k=1}^{n+1} X_i,\ n\geqslant 0$$

其中X_1，X_2，…互相独立且服从相同的分布F(具有有限的均值μ_F)，且与初始价格S_0也相互独立。

现在假定有一份期权：该期权含有一股股票，可在N天之内的任何一天执行期权，若在股票价格为s时执行，则获利是s，并支付交割价c；若不执行，则期权结束时的收益为零。

第一个问题是购买该期权的问题：给定该期权的初始支付价K、交割价c(在期权执行时支付)，是否购买?

如果购买了该期权，那么第二个问题就是如何执行该期权，即应该在N天中的哪一天

执行，可使期望利润达到最大。

显然，这两个决策问题是相关的，所以是一个动态决策问题。按照动态决策的求解思路，我们需要先求解第二个问题，如果能求得拥有该期权时的最优期望收益$V_N(s)$(设首天的股票价格为 s)，则只要比较它与 K 的大小即可，也即仅当$V_N(s)>K$ 时购买该期权。

下面我们来求解第二个问题，这还是一个 MDP 问题。为此，我们首先需要确定 MDP 模型的阶段、状态与决策。

显然，阶段为天，我们用 n 表示还剩下 n 天。这个问题中的决策是“是否执行期权”，因此我们有两个决策：“执行期权”与“不执行期权”，分别记为 P 和 O，于是决策集 $A=\{P, O\}$。决策的依据显然是股票的价格，因此我们定义状态 s 表示股票的价格。

我们再来看报酬函数与状态转移。当股票价格为 s 时，若执行期权，则获得收益 $r(s, P)=(s-c)^+$，过程结束；若不执行期权，则没有收益($r(s, O)=0$)，下一个阶段的状态(即明天的股票价格)为今天的股票价格加上一随机变量 X，它具有分布函数 F，即状态转移函数为

$$T(s, O)=s+X$$

它是一个随机变量。

为了描述在执行期权后过程结束，我们引入状态∞：$p_{s,\infty}(P)=1$。同时，在状态∞下只有一个决策 O:“不执行期权”，在此决策下股票价格将永远停留在此，而且没有收益。即 $A(\infty)=\{O\}$，$p_{\infty,\infty}(O)=1$，$r(\infty, O)=0$。

用$V_n(s)$表示股票的价格为 s，且还剩下 n 天可以执行期权时所能获得的最大期望利润。由于一旦进入状态∞，它将永远停留在此，且不会再有收益。因此，$V(\infty)=0$。由此，对有限的股票价格 s，$V_n(s)$满足以下的最优方程(注意，如果 $s<c$ 就不执行期权，所以价格为 s 时执行期权的利润为$(s-c)^+$)：

$$V_n(s)=\max\left\{(s-c)^+, \int_{-\infty}^{\infty} V_{n-1}(s+x)\mathrm{d}F(x)\right\}, \ n \geqslant 1 \tag{1.21}$$

边界条件为

$$V_0(s)=0$$

表示过期不执行期权时，即放弃期权。

注：如果熟悉该过程，就可以直接写出最优方程，不必再列出 MDP 模型的各要素，更不需要如上所述的虚拟状态。

要想求得$V_n(s)$的一个解析表达式是困难的，读者可以尝试着求解$V_1(s)$与$V_2(s)$。当然采用数值方法可以求解 $V_n(s)$。对应用来说，求得 $V_n(s)$的数值解就可以了。

在 MDP 的应用中，最优策略具有一些性质，可以帮助我们更好地理解实际问题，也可以使计算最优策略更简单、快捷。

那么，期权执行问题的最优策略具有哪些性质呢？

在直观上，当股价高时执行期权，股价低时不执行期权。用数学符号来描述，也就是在还剩 n 阶段，存在s_n使得 $s\geqslant s_n$时，执行期权为优；否则，以不执行期权为优。下面我们看看能否证明这一结论。

在还剩下 n 天且目前股票的价格为 s 时，由方程(1.21)知，立即执行期权当且仅当

$V_n(s)=s$。即

$$s_n:=\min\{s|V_n(s)-(s-c)^+=0\}$$

我们约定当上面的集合是空集时，s_n取为无穷大。如果$V_n(s)-(s-c)^+$是 s 的下降函数，则对 $s\geqslant s_n$，有

$$V_n(s)-(s-c)^+\leqslant V_n(s_n)-(s_n-c)^+=0$$

这就是证明了当目前价格为 s 且还剩 n 天时，当且仅当 $s\geqslant s_n$时执行期权是最优的。

下面证明对任一 n，$V_n(s)-(s-c)^+$是 s 的下降函数。我们用数学归纳法来证明。显然，对 $n=1$，$V_1(s)-(s-c)^+=0$ 显然对 s 下降，假设对某 $n\geqslant 1$，$V_{n-1}(s)-(s-c)^+$对 s 下降，则由方程(1.21)知

$$V_n(s)-(s-c)^+=\max\left\{0,\int_{-\infty}^{\infty}[V_{n-1}(s+x)-(s+x)]\mathrm{d}F(x)+\mu_F\right\}$$

其中μ_F表示 F 的均值。由归纳假设，对任一 x，$V_{n-1}(s+x)-(s+x)$对 s 下降，从而上式中的积分项对 s 下降，因此$V_n(s)-(s-c)^+$也对 s 下降。由数学归纳法知结论成立。

进而，我们来比较s_n与s_{n+1}。直观上，剩下的时间越多，对股票的要价应该越高，也就是说$s_n\leqslant s_{n+1}$，即s_n是递增的。由s_n的定义，只需要证明$V_n(s)$对 n 递增即可，见下面的注，请读者给出证明，作为练习。

注 1.5 由数学归纳法容易证明，$V_n(s)$对 s 上升且是一致连续的，而且对 n 也是递增的(见习题 3)。

由此，我们就证明了以下的性质。

命题 1.1 最优策略具有以下的性质：存在递增的数$s_1\leqslant s_2\leqslant\cdots\leqslant s_n\leqslant\cdots$使得当还剩下 n 天时，立即执行期权为优当且仅当目前股票的价格 $s\geqslant s_n$。

由此，最优策略的计算就从一个决策函数序列f_0，f_1，…简化为一个常数序列s_0，s_1，…。请读者考虑是否有更简单的计算最优的s_0，s_1，…的方法(比从最优方程中求最优策略简单)(见习题 4)。

注 1.6 上面的讨论说明，运用马尔可夫决策过程解决实际问题时，常常用数学归纳法来证明最优值函数或者最优策略满足一些特殊的性质。这是马尔可夫决策过程理论与应用中的常用方法。

1.4.2 最优选择问题

招聘经理要从 N 名备选者中选择最优秀者。备选者一个一个到达，当一位备选者到达时，决策者在面试(了解此人)后要立即决定是接受(从而整个选择过程结束)还是拒绝该备选者。一旦拒绝，就永远失去了这位备选者；而若接受，选择结束，不再考虑后来的备选者。在面试之前，假定招聘经理对各备选者的了解是相同的，也即各备选者是同质的。但在对一位备选者进行面试后，经理能比较出此备选者与前面已被拒绝的各备选者的优劣程度(哪位最优秀者)，最终决策是“希望使录用最优备选者的概率达到最大”。

显然，这个问题是一个序贯决策过程。很自然地，我们定义状态 i 为目前是第 i 位备选者且之前面试完的 $i-1$ 位备选者都已经被拒绝。相应的决策有两个：一是接受，二是拒绝。注意到经理的目标是“录用到最优备选对象的概率达到最大”，如果该备选者与之前被拒绝

的 $i-1$ 位备选者相比，还不如其中被拒绝的，那么“接受”该备选者，经理的目标值等于 0。这样，经理就应该“拒绝”该备选者。也就是说，经理此时的决策只有一个“拒绝”，从而无须做决策。

这就是说，我们要将状态 i 的定义稍作修改：目前是第 i 位备选者，之前面试完的 $i-1$ 位备选者都已经被拒绝，且目前这位备选者比之前被拒绝的备选者都优秀。记 $V(i)$为处于状态 i 时录用到最优秀者的最大概率，于是最优方程为

$$V(i)=\max\{P(i),\ H(i)\},\ i=1,\ 2,\ \cdots,\ N$$

其中 $P(i)$表示在处于状态 i 且接受第 i 位备选者时录用到最优秀者的概率。注意到 N 个备选对象的到达次序共有 $N!$ 种，它们出现的可能性是相同的。于是

$$P(i)=P\{\text{录用到最优秀者}\mid\text{录用到的是前 } i \text{ 位中的最优秀者}\}=\frac{1/N}{1/i}=\frac{i}{N}$$

而 $H(i)$则表示拒绝第 i 位备选者时能录用到最优秀者的最大概率值。于是

$$V(i)=\max\left\{\frac{i}{N},\ H(i)\right\},\ i=1,\ 2,\ \cdots,\ N \tag{1.22}$$

容易看出，$H(i)$就是当拒绝前 i 位备选者时录用到最优秀者的最大概率值。由于前 i 位被拒绝这种情况至少与前 $i+1$ 位被拒绝一样好，所以 $H(i)$是下降的。

由于 i/N 对 i 上升，$H(i)$对 i 下降，于是存在 j 使得

$$\frac{i}{N}\leqslant H(i),\ \text{若 } i\leqslant j$$

$$\frac{i}{N}>H(i),\ \text{若 } i>j$$

因此最优策略的形式为：存在 $j\leqslant N-1$，拒绝前 j 位备选者，从第 $j+1$ 位开始，一旦有比前面所有被拒绝的备选者均优的备选者(我们称之为较优者)时，则录用。同时我们称这一策略为 j 策略。

拒绝得越多，剩下的越少，能录用到最优者的概率也就越小。

对 $j<n$，记P_j^* 为在上述 j 策略下录用到最优秀者的概率，所以寻求最优策略也就是寻求使P_j^* 达到最大的那个 j。而由全概率公式，有

$$P_j^*=\sum_{i=1}^{N-j}P_j\{\text{录用到最优秀者}\mid\text{第 } j+i \text{ 位为第一个较优者}\}\cdot P_j\{\text{第 } j+i \text{ 位为第一个较优者}\}$$

其中：$P_j\{\text{录用到最优秀者}\mid\text{第 } j+i \text{ 位为第一个较优者}\}=\dfrac{1/N}{1/(j+i)}=\dfrac{j+i}{N}$，

$$\begin{aligned}&P_j\{\text{第 } j+i \text{ 位为第一个较优者}\}\\&=P\{\text{前 } j \text{ 位中的最优者也就是前 } j+i-1 \text{ 位中的最优者，第 } j+i \text{ 位为前 } j+i \text{ 位中的最优者}\}\\&=P\{\text{前 } j \text{ 位中的最优者也就是前 } j+i-1 \text{ 位中的最优者}\}\cdot P\{\text{第 } j+i \text{ 位为前 } j+i \text{ 位中的最优者}\}\\&=\frac{j}{j+i-1}\cdot\frac{1}{j+i}\end{aligned}$$

因此

$$P_j^* = \frac{j}{N}\sum_{i=1}^{N-j}\frac{1}{j+i-1} = \frac{j}{N}\sum_{k=j}^{N-1}\frac{1}{k}$$
$$\approx \frac{j}{N}\int_j^N \frac{1}{x}\mathrm{d}x = \frac{j}{N}\ln\frac{N}{j}$$

令 $g(x)=\frac{x}{N}\ln\frac{N}{x}$，则由 $g'(x)=\frac{1}{N}\ln\frac{N}{x}+\frac{1}{N}=0$ 可推知 $\ln\frac{N}{x}=1$，从而使 $g(x)$ 达到最大的 $x=N/\mathrm{e}$，最大的 $g(x)$ 值为 $g(N/\mathrm{e})=1/\mathrm{e}$。因此，当 N 足够大时，最优策略近似表述为：拒绝前 N/e 位备选者，然后接受之后的第一位较优者。在此策略下录用最优者的概率约为 $1/\mathrm{e}\approx 0.37$。

我们将上述讨论得到的结果总结在如下命题中。

命题 1.2　给定备选者总数 N，存在 i_N^* 使得最优策略是：拒绝前 i_N^*-1 位备选者，从第 i_N^* 位备选者开始，接受第一个较优者。近似地，当 N 趋于无穷大时，i_N^*/N 趋于 $1/\mathrm{e}$，最优策略下找到最优备选者的概率趋于 $1/\mathrm{e}$。

通常将这一最优选择问题称为秘书选择问题(Secretary Problem)：有若干个备选者，一个一个地到达，每到达一个，决策者对其进行了解。若接受所到达的备选者，则过程结束；否则，决策者再等待下一个备选者。依此，直到接受某一个备选者，或者没有接受备选者。我们在这里假定：决策者将永远失去所拒绝的备选者。

具有以上特征，或者近似具有以上特征的问题有很多。比如大学生在毕业前，会有很多公司来学校招聘。对于大学生来说，这些来招聘的公司就是备选者；对于公司来说，基于学生所采用的策略，就应该稍迟一些去学校。

我们在上面所得到的结论是，在最优策略下，得到最好结果(如：找到最好的工作、招聘到最好的员工等)的概率也不会超过 37%(1/e)。

对秘书选择问题感兴趣的读者，可参阅文献(Seale et al，2000)和 Alpern et al，2017)作进一步的了解与研究。

1.4.3　产品定价问题

假定某人有一件商品要在 N 天内出售，他在每一天的早晨需要确定当天的产品价格，价格的范围是 $p_1 \geqslant p_2 \geqslant \cdots \geqslant p_n$。如果价格为 p_k，那么当天能卖出此件商品的概率为 λ_k。于是此人要确定该商品每天的价格，以使他能得到的收益(为简单计，此处不考虑成本)最大。

此产品定价问题的阶段是天。每天的决策是要从 $p_1, p_2, \cdots, p_n$ 中选择一个，故决策集是 $A=\{p_1, p_2, \cdots, p_n\}$。决策的依据是出售的商品是否还在，故状态集为 $S=\{0, 1\}$，其中状态 0 表示此商品已经出售，而 1 则表示此商品还未出售。基于此，各阶段的期望报酬函数与状态转移概率相同，为

$$r(1, p_k)=\lambda_k p_k,\ p_{10}(p_k)=\lambda_k,\ p_{11}(p_k)=1-\lambda_k$$
$$r(0, p_k)=0,\ p_{00}(p_k)=1$$

记 $V_n(i)$ 表示还剩 n 天且状态为 i 时的最优值函数，显然，没有商品出售时的收益为零，即 $V_n(0)=0$，而 $V_n(1)$ 满足以下的最优方程：

$$V_n(1) = \max_{k=1,2,\cdots}\{\lambda_k p_k+(1-\lambda_k)V_{n-1}(1)\},\ n=1, 2, \cdots, N$$

$$V_0(1)=0$$

边界条件$V_0(1)=0$表示当在 N 天计划结束时，此商品的价值为零。这在很多实际问题中是成立的，如飞机票价在该航班起飞后其值就为零，旅馆某天的床位价格过了当天半夜 12 点后其值也为零。当然，也可取$V_0(1)$非零，表示结束时商品还有一定的残值。

例 1.8 设某人有一房产需要出售，每平方米的价格范围如下：

$$p_1=11\ 000\text{ 元},\ p_2=10\ 500\text{ 元},\ p_3=10\ 000\text{ 元},\ p_4=9500\text{ 元},\ p_5=9000\text{ 元}$$

而不同价格下房产能够售出的概率分别为

$$\lambda_1=0.5,\ \lambda_2=0.6,\ \lambda_3=0.7,\ \lambda_4=0.8,\ \lambda_5=0.9$$

我们先计算$\lambda_k p_k$的值如下：

$$\lambda_1 p_1=5500\text{ 元},\ \lambda_2 p_2=6300\text{ 元},\ \lambda_3 p_3=7000\text{ 元},\ \lambda_4 p_4=7600\text{ 元},\ \lambda_5 p_5=8100\text{ 元}$$

于是由前述最优方程即得

$$V_1(1)=\max_k \lambda_k p_k=8100\text{ 元},\ f_1(1)=p_5=9000\text{ 元}$$

从而

$$\begin{aligned}V_2(1)&=\max\{5500+0.5\times 8100,\ 6300+0.4\times 8100,\ 7000+0.3\times 8100,\\&\quad 7600+0.2\times 8100,\ 8100+0.1\times 8100\}\\&=\max\{9550,\ 9540,\ 9430,\ 9220,\ 8910\}\\&=9550\text{ 元}\end{aligned}$$

而$f_2(1)=p_1=11\ 000$ 元。因此，此人的最优策略是第一天(还剩 2 天时)出最高价$p_1=11\ 000$元，而在第二天(还剩 1 天时)出最低价$p_5=9000$ 元。在此策略下，他的期望收益能达到最大，为 9550 元。

我们上面考虑的只是一个最简单的产品定价问题。我们可以在此基础上考虑更实际的情形，如卖主可以采取一些促销手段来吸引更多(从而也可能是出价更高)的顾客，产品数量也可能是多件。在“收益管理”一章将深入研究定价问题。

1.5 模函数与单调策略

在 1.4.1 节中，我们得到了最优策略的单调性。这种单调性在 MDP 的应用研究中是常常需要讨论的。为此，本节将其一般化，即研究所谓的模函数(Modular Function)及其性质，并讨论其应用问题。

1.5.1 最优策略的单调性

最优方程的右边项是一个极值问题：给定状态变量 i 时求最优决策 a。将之一般化，我们考虑一个二元函数 $g(x, y)$，其中 x 是状态变量，y 是决策变量。为方便起见，先假定变量 x，y 均是连续变量。考虑对固定的 x，求 $g(x, y)$关于变量 y 的最大值。由于一般来说最大值点不一定唯一，记

$$y(x)=\sup\{y' \mid g(x, y')=\max_y g(x, y)\}$$

表示 $g(x, y)$对 y 的最大的最大值点。假定函数 $g(x, y)$使得对任意的 x，$y(x)$均存在(例如，$g(x, y)$是 y 的连续函数，且 y 的区域是闭的)，于是 $g(x, y(x))=\max_y g(x, y)$。现在

我们要讨论在什么条件下 $y(x)$是一个单调函数。

首先，对极大值问题，最简单的情形莫过于 $g(x, y)$是 y 的凹函数（对一切 x），此时，$y(x)$满足一阶条件$\frac{\partial g(x, y)}{\partial y}=0$。注意到$\frac{\partial g(x, y)}{\partial y}$是 y 的下降函数，要使得 $y(x)$单调上升，只需要$\frac{\partial g(x, y)}{\partial y}$随 x 上升即可。因此，我们得出结论：若 $g(x, y)$是 y 的凹函数（对一切 x），且$\frac{\partial^2 g(x, y)}{\partial x\partial y}\geqslant 0$，则 $y(x)$单调上升。这里假定了相应的导数存在。

下面我们将上述结论推广到 $g(x, y)$的导数不一定存在的一般情形。注意到导数的定义，我们近似地有$\frac{\partial g(x, y)}{\partial y}=g(x, y_1)-g(x, y)$，其中$y_1>y$。由此，我们推知保证"$\frac{\partial g(x, y)}{\partial y}$随 x 上升"的一个充分条件应该是

$$g(x_1, y_1)-g(x_1, y_2)\geqslant g(x_2, y_1)-g(x_2, y_2),\ x_1>x_2,\ y_1>y_2 \tag{1.23}$$

也即对任意的$y_1>y_2$，$g(x, y_1)-g(x, y_2)$为 x 的非下降函数。为证明当 $x_1>x_2$ 时有 $y(x_1)\geqslant y(x_2)$，只需证明如下充分条件成立：

$$\max_y g(x_1, y)=\max_{y\geqslant y(x_2)} g(x_1, y)$$

进而，它的一个充分条件是$\forall\, y\leqslant y(x_2)$，$g(x_1, y(x_2))\geqslant g(x_1, y)$，即 $g(x_1, y(x_2))-g(x_1, y)\geqslant 0$。在式(1.23)中取$y_1=y(x_2)$，$y_2=y<y(x_2)$，有

$$g(x_1, y(x_2))-g(x_1, y)\geqslant g(x_2, y(x_2))-g(x_2, y)\geqslant 0,\ y\leqslant y(x_2)$$

其中最右边的不等式由 $y(x_2)$的定义得到。

反过来，对$x_1>x_2$，若将上面的x_1与x_2互换，则式(1.23)中的不等号反向，这是 $y(x)$单调下降的一个充分条件。由此，我们给出如下定义。

定义 1.1 满足式(1.23)的函数 $g(x, y)$称为上模的(Supermodular)；若式(1.23)中的第一个不等号反向，则称函数 $g(x, y)$是子模的(Submodular)。

显然，若 $g(x, y)$是上模的，则$-g(x, y)$是子模的；反之亦然。由以上的讨论即可得出以下定理。

定理 1.4 若 $g(x, y)$是上模的，则 $y(x)$单调上升；若 $g(x, y)$是子模的，则 $y(x)$单调下降。

以上定理给出了模函数的主要性质。显然，用式(1.23)来判别一个函数是否是上模的或子模的，并非易事。与通常一样（如判别函数的凸性或者凹性那样），当函数 $g(x, y)$的二阶混合偏导数存在时，我们有以下简单的判别准则。

定理 1.5 若$\frac{\partial^2 g(x, y)}{\partial x\partial y}$存在，则 $g(x, y)$是上模的当且仅当$\frac{\partial^2 g(x, y)}{\partial x\partial y}\geqslant 0$；$g(x, y)$是子模的当且仅当$\frac{\partial^2 g(x, y)}{\partial x\partial y}\leqslant 0$。

证明 (1) 必要性。设 g 上模，由式(1.23)知：

$$\frac{g(x_1, y_1)-g(x_1, y)}{y_1-y}\geqslant\frac{g(x_2, y_1)-g(x_2, y)}{y_1-y},\ x_1>x_2,\ y_1>y$$

令$y_1\to y$，得

$$\frac{\partial g(x_1, y)}{\partial y} \geqslant \frac{\partial g(x_2, y)}{\partial y}, \ x_1 > x_2$$

所以$\frac{\partial^2 g(x, y)}{\partial x \partial y} \geqslant 0$。

充分性。对于$x_1 > x_2$，$y_1 > y_2$，有

$$\int_{y_2}^{y_1}\int_{x_2}^{x_1} \frac{\partial^2 g(x, y)}{\partial x \partial y} g(x, y)\mathrm{d}x\mathrm{d}y \geqslant 0$$

$$\int_{y_2}^{y_1} \frac{\partial}{\partial y}[g(x_1, y) - g(x_2, y)]\mathrm{d}y \geqslant 0$$

$$g(x_1, y_1) - g(x_1, y_2) \geqslant g(x_2, y_1) - g(x_2, y_2)$$

从而，g 是上模函数。

(2) 由(1)及定理 1.4，如果我们考虑对 $g(x, y)$取最小值，记$y_*(x)$为取到 $g(x, y)$最小值中的最大 y，即

$$y_*(x) = \max\{y' \mid g(x, y') = \min_y g(x, y)\}$$

则注意到上式中的条件等价于 $-g(x, y') = \max_y(-g(x, y))$，我们有如下定理。

定理 1.6 若 $g(x, y)$是上模函数，则$y_*(x)$下降；若 $g(x, y)$是子模函数，则$y_*(x)$上升。

定义 1.1 中并没有要求变量是连续的，如果 x 或 y 是离散的，则定理 1.4～1.6 仍成立，只要将相应的导数改为差分即可。如 $x=i=1, 2, \cdots$为离散变量，则二阶混合偏导数成为

$$\frac{\partial g(i, y)}{\partial i \partial y} = \frac{\partial}{\partial i}\left[\frac{\partial g(i, y)}{\partial y}\right] = \frac{\partial g(i+1, y)}{\partial y} - \frac{\partial g(i, y)}{\partial y}$$

而式(1.23)则可简化为

$$g(i+1, y_1) + g(i, y_2) \geqslant g(i+1, y_2) + g(i, y_1), \ \forall i, \ y_1 > y_2$$

当 y 为离散变量，或者 x 和 y 均为离散变量时，也是类似的。

关于模函数的深入研究，可参见文献(Topkis，1998)。

下面我们通过一个应用的例子，运用上面所讨论的模函数的性质，来证明其中的最优策略是单调的。

1.5.2 受罚款限制的最优分配问题

设我们分 N 个阶段去连续地完成 I 项工作，在每一阶段，我们投入一定的资金去完成一项工作。如投入的资金是 y，则完成此项工作的概率为 $P(y)$(P 是连续上升函数，满足 $P(0)=0$)。每一阶段结束时，我们能确定此项工作是否完成。在 N 个阶段结束时，如果还有 j 项工作没完成，则罚款 $C(j)$关于 j 单调上升。现在的问题是每一个阶段投入多少资金才使得总费用达到最小。

将未完成的项目数作为状态，用$V_n(i)$表示处于状态 i 还剩 n 阶段时的最小期望费用。于是最优方程为

$$\begin{cases} V_n(i) = \min\limits_{y \geqslant 0}\{y + P(y)V_{n-1}(i-1) + (1-P(y))V_{n-1}(i)\} \\ V_0(i) = C(i) \end{cases} \tag{1.24}$$

显然，$V_n(0)=0$。

首先，对 n 用归纳法来证明$V_n(i)$对 i 单调上升。实际上，$n=1$ 时，由以上最优方程

可得

$$V_1(i)=\{y+P(y)V_{n-1}(i-1)+(1-P(y))V_0(i)\}|_{y=0}=V_0(i),\ i\geqslant 0$$

归纳假设对某 $n\geqslant 1$，有$V_n(i)\geqslant V_{n-1}(i)$对所有 $i\geqslant 0$ 成立，则再次由最优方程得

$$\begin{aligned}V_{n+1}(i)&=\min_{y\geqslant 0}\{y+P(y)V_n(i-1)+(1-P(y))V_n(i)\}\\&\geqslant\min_{y\geqslant 0}\{y+P(y)V_{n-1}(i-1)+(1-P(y))V_{n-1}(i)\}\\&=V_n(i),\ i\geqslant 0\end{aligned}$$

由归纳法，我们证明了$V_n(i)$对 i 单调上升。

用$y_n(i)$表示取到式(1.24)下确界之 y 中的最大值，那么直观地，应有

$$y_n(i)\text{对 } i \text{ 单调上升，对 } n \text{ 单调下降} \tag{1.25}$$

即“剩下的工作越多，投资越大；剩下的时间越多，投资越少”。现在来考虑使(1.25)成立的关于函数 C 的条件。

由于是使费用最小，而不是最大，故由定理 3.3 知$y_n(i)$对 i 单调上升的一个充分条件是

$$\frac{\partial^2}{\partial i\partial y}\{y+P(y)V_{n-1}(i-1)+(1-P(y))V_{n-1}(i)\}\leqslant 0$$

即

$$P'(y)\frac{\partial}{\partial i}[V_{n-1}(i-1)-V_{n-1}(i)]\leqslant 0\ (\text{如果 } P'(y)\text{存在})$$

因为 $P(y)$单调上升，$P'(y)\geqslant 0$，所以

$$y_n(i)\text{对 } i \text{ 单调上升，如果}V_{n-1}(i-1)-V_{n-1}(i)\text{对 } i \text{ 单调下降} \tag{1.26}$$

类似地，有

$$y_n(i)\text{对 } n \text{ 单调下降，如果}V_{n-1}(i-1)-V_{n-1}(i)]\text{对 } n \text{ 单调上升} \tag{1.27}$$

因此，模函数的性质给出了最优值函数保证最优策略单调性的一个充分条件。现在我们来证明，如果 $C(i)$关于 i 是凸的，则式(1.26)和式(1.27)成立。

命题 1.3 若 $C(i)$是凸的，即 $C(i+2)-C(i+1)\geqslant C(i+1)-C(i)$，$i\geqslant 0$，则$y_n(i)$对 i 上升，对 n 下降。

证明 定义$A_{i,n}$，$B_{i,n}$，$C_{i,n}$分别表示如下三个不等式：

$$A_{i,n}:V_{n+1}(i+1)-V_{n+1}(i)\leqslant V_n(i+1)-V_n(i),\ i,\ n\geqslant 0$$

$$B_{i,n}:V_{n+1}(i)-V_n(i)\leqslant V_{n+2}(i)-V_{n+1}(i),\ i,\ n\geqslant 0$$

$$C_{i,n}:V_n(i+1)-V_n(i)\leqslant V_n(i+2)-V_n(i+1),\ i,\ n\geqslant 0$$

如能证明$A_{i,n}$，$C_{i,n}$，就得到了式(1.26)和式(1.27)，也就证明了本命题。显然，同时证明$B_{i,n}$更简单。

下面我们关于 $k=n+i$ 用归纳法来证明上述三个不等式。当 $k=0$ 时，$n=i=0$，三个不等式均成立。设对 $k>0$，当 $n+i<k$ 时，三个不等式均成立。下证 $n+i=k$ 时它们也都成立。

先证$A_{i,n}$成立。因为$V_n(i)$对 n 下降，$V_n(0)=0$，所以$A_{0,n}$成立。设 $i>0$，则存在 y'使

$$V_{n+1}(i)=y'+P(y')V_n(i-1)+(1-P(y'))V_n(i)$$

从而

$$V_{n+1}(i)-V_n(i)=y'+P(y')[V_n(i-1)-V_n(i)]$$

又

$$V_{n+1}(i+1)\leqslant y'+P(y')V_n(i)+(1-P(y'))V_n(i+1)$$

所以

$$V_{n+1}(i+1)-V_n(i+1)\leqslant y'+P(y')[V_n(i)-V_n(i+1)]$$

从而为证$A_{i,n}$，只需证 $V_n(i)-V_n(i+1)\leqslant V_n(i-1)-V_n(i)$，这就是$C_{i-1,n}$。于是，由归纳假设知$A_{i,n}$对 $n+i=k$ 成立。

对于$B_{i,n}$，存在 y'使

$$V_{n+2}(i)=y'+P(y')V_{n+1}(i-1)+(1-P(y'))V_{n+1}(i)$$

$$V_{n+2}(i)-V_{n+1}(i)=y'+P(y')[V_{n+1}(i-1)-V_{n+1}(i)]$$

又

$$V_{n+1}(i)\leqslant y'+P(y')V_n(i-1)+(1-P(y'))V_n(i)$$

于是

$$V_{n+1}(i)-V_n(i)\leqslant y'+P(y')[V_n(i-1)-V_n(i)]$$

从而为证$B_{i,n}$，只需证 $V_n(i-1)-V_n(i)\leqslant V_{n+1}(i-1)-V_{n+1}(i)$，这就是$A_{i-1,n}$。于是，由归纳假设知$B_{i,n}$对 $n+i=k$ 成立。

最后证$C_{i,n}$，由$B_{i+1,n-1}$成立得($i+1+n-1=n+i=k$)

$$2V_n(i+1)\leqslant V_{n-1}(i+1)+V_{n+1}(i+1)$$

从而为证$C_{i,n}$，只需证

$$V_{n-1}(i+1)+V_{n+1}(i+1)\leqslant V_n(i)+V_n(i+2) \tag{1.28}$$

由于存在 y'使

$$V_n(i+2)-V_{n-1}(i+1)=y'+[1-P(y')][V_{n-1}(i+2)-V_{n-1}(i+1)]$$

又

$$V_{n+1}(i+1)-V_n(i)\leqslant y'+[1-P(y')][V_n(i+1)-V_n(i)]$$

所以当下式成立时，式(1.27)成立从而$C_{i,n}$也成立：

$$V_n(i+1)-V_n(i)\leqslant V_{n-1}(i+2)-V_{n-1}(i+1)$$

由$A_{i,n-1}$得

$$V_n(i+1)-V_n(i)\leqslant V_{n-1}(i+1)-V_{n-1}(i)$$

从而只需证 $V_{n-1}(i+1)-V_{n-1}(i)\leqslant V_{n-1}(i+2)-V_{n-1}(i+1)$，这就是$C_{i,n-1}$。于是，由归纳假设知，不等式 $C_{i,n}$成立。

读者在学习完本章后，可继续阅读下一章，也可直接阅读应用部分(从第 7 章开始)中每章有限阶段部分的内容，如第 7 章 7.1.3 节之前的内容、第 8 章的前两节。

习　题

1. 从表 1.2 所示的例子中可以发现，对每个阶段 n 存在状态 i_n^* 使得最优策略满足 $f_n^*(i)=O$当且仅当$i\leqslant i_n^\square$，$\forall i\in S$，$n\geqslant 1$。对一般情况，试从设备更换的最优方程$V_n(i)=\max\{r_n(i,O)+V_{n+1}(T_n(i,O)),r_n(i,R)+V_{n+1}(T_n(i,R))\}$来证明最优策略具有这一性质。

2. 总结 1.2 节讨论动态决策问题的思路(或者步骤)。

3. 证明注 1.5，即由数学归纳法容易证明，$V_n(s)$对 s 上升且是一致连续的，而且对 n 也是递增的。

4. 根据命题 1.1，试计算最优策略中s_0，s_1，…的值。

5. 在秘书选择问题中，

(1) 在 1.4.2 节中只写出了最优方程，请写出 MDP 的各要素。

(2) 若将目标改成其他形式，那么 MDP 模型就会改变。例如，目标设定为：在 N 个备选对象中找到优秀程度尽量高。试建立此时的 MDP 模型。

6. (**获胜概率变化的赌博模型**)假定在赌博中，一个赌徒在每一盘赌博中所下的赌注不能超过他的全部资金，每盘中以一定的概率获胜，但这个获胜概率并不是固定的，它是一个分布函数为 F 的取值于[0，1]中的随机变量，它在每盘赌博开始前确定(如通过随机模拟)。在每一盘赌博中确定获胜概率后，赌徒必须确定他在这一盘下多少赌注。允许他进行 n 盘赌博，其目标是使 $u(X)$的期望值达到最大。这里 X 是赌博结束时赌徒的全部资金，u 是给定的一个单调上升的凹函数，表示该赌徒的效用函数。试建立上述问题的 MDP 模型，并讨论其最优策略的单调性。

7. 美国总统候选人×××有 D 元资金可用于 50 个州的竞选。如果他将 d 元用于第 t 个州的竞选，则他获胜的概率是$p_t(d)$，并获得该州所有s_t张选举人票。×××总共需要 K 张选举人票才能在大选中获胜。

(1) 试问×××应该如何使用其竞选资金，使得他获胜的概率达到最大?

(2) 如果×××认为他不可能获胜，但为了准备下一次的竞选，他需要扩大影响，因此，他的竞选目标是使获得的选举人票数达到最大，试帮助他确定最优策略。

参 考 文 献

ALPERN S，BASTON V. 2017. The secretary problem with a selection committee：Do conformist committees hire better secretaries Management Science，63(4)：1184 - 1197. http://dx.doi.org/10.1287/mnsc.2015.2377

SEALE D A，RAPOPORT A. 2000. Optimal stopping behavior with relative ranks：the secretary problem with unknown population size，J. Behavioral Decision Making，13，391 - 411.

第 2 章　离散时间马尔可夫决策过程：折扣准则

在很多实际问题中，阶段数非常大，这可以用无限阶段来近似。本章讨论无限阶段中的折扣准则，其分析思路与上一章讨论的有限阶段颇为相似，就是将上一章的方法推广过来。本章还将讨论求解最优策略的算法，这比上一章要复杂一些，当然内容也更丰富一些。

2.1　模型与折扣最优方程

2.1.1　模型

无限阶段时的 MDP 模型，就是将有限阶段 MDP 模型中的阶段数 N 取为无穷，即

$$\{S_n, A_n(i), r_n(i, a), p_{ij}^n(a), n=0, 1, 2, \cdots; V\}$$

我们还是按照上一章的思路来逐个推广。第一步，我们来定义目标函数 V。

首先，当阶段数无限时，策略可表示为一个无限序列 $\pi=(\pi_0, \pi_1, \pi_2, \cdots)$，其含义与有限阶段类似。此时，相应的状态序列$\{X_0, X_1, X_2, \cdots\}$是一个无限的马尔可夫链，所具有的性质与上一章给出的也类似。

对于目标函数，需要考虑无穷多个阶段的报酬之和 $\sum_{n=0}^{\infty} r_n(X_n, f_n)$，或者期望报酬之和 $\sum_{n=0}^{\infty} E_{\pi, i} r_n(X_n, f_n)$，这里需要考虑级数的收敛性问题。比如对$r_n(i, a)=1$这样简单的情形，这两个级数都是发散的。

在经济现象与经济学研究中，不同时期钱的实际价值是不同的。今年的一元钱和明年同期的一元钱相比并不等值，二者之间的关系可利用折扣因子或利率来反映。设每个阶段的利率$\rho>0$，其含义是阶段n时的一元钱等值于阶段$n+1$时的$1+\rho$元钱；反之，阶段$n+1$时的一元钱等值于阶段 n 时的 $1/(1+\rho)$ 元钱。我们称

$$\beta=\frac{1}{1+\rho} \tag{2.1}$$

为折扣因子，且 $\beta\in(0, 1)$。为方便起见，这里设定各阶段的利率或折扣因子是相同的。

易知，n 时的一元钱等值于 0 时的β^n元。因此，n 时的期望报酬$E_{\pi, i} r_n(X_n, f_n)$ 等值于 0 时的$\beta^n E_{\pi, i} r_n(X_n, f_n)$。于是我们定义无限阶段期望折扣总报酬为

$$V_\beta(\pi, i)=E_{\pi, i}\sum_{n=0}^{\infty}\beta^n r_n(X_n, f_n)=\sum_{n=0}^{\infty}\beta^n E_{\pi, i} r_n(X_n, f_n),\ i\in S_0,\ \pi\in \Pi \tag{2.2}$$

$V_\beta(\pi, i)$表示在策略 π 下从初始状态 i 出发无限多个阶段的期望折扣总报酬。以上第二个等

式中数学期望与求和号交换次序需要有一定的条件。本章先假定报酬函数一致有界①，即存在常数 $M>0$ 使得

$$|r_n(i, a)| \leqslant M, \ \forall i, a, n$$

此时，式(2.2)中的级数是收敛的，而且目标函数也是一致有界的：

$$|V_\beta(\pi, i)| \leqslant \sum_{n=0}^{\infty} \beta^n M = (1-\beta)^{-1} M, \ i \in S_0, \ \pi \in \Pi$$

定义最优值函数为

$$V_\beta(i) = \sup_{\pi \in \Pi} V_\beta(\pi, i), \ i \in S_0$$

它表示初始阶段状态为 i 时所能得到的最大期望折扣总报酬。对 $\varepsilon \geqslant 0$，如果 $V_\beta(\pi^*, i) \geqslant V_\beta(i) - \varepsilon$，$\forall i \in S_0$，则称策略 $\pi^* \in \Pi$ 为 ε -(折扣)最优策略。0 -最优策略称为**最优策略**。显然，此时必有 $V_\beta(\pi^*, i) = V_\beta(i)$，$i \in S_0$。求策略 π 使得期望折扣总报酬 $V_\beta(\pi, i)$ 达到最大的问题，我们称之为折扣准则问题。

至此，我们就建立了 MDP 模型。

为简单起见，我们在本章以下只考虑时齐的情形，即模型各参数与阶段 n 无关的情形：

$$\{S, A(i), r(i, a), p_{ij}(a), V_\beta\} \tag{2.3}$$

为方便起见，我们记集合 $\Gamma = \{(i, a): i \in S, a \in A(i)\}$，并假定转移概率满足条件 $\sum_j p_{ij}(a) = 1$，$\forall (i, a) \in \Gamma$。这就是说在 (i, a) 后系统必定会转移到某一个状态处，这在应用中总是成立的。但实际上，当有 (i, a) 使得 $\sum_j p_{ij}(a) < 1$ 时，我们引入一个虚设的状态，比如记为 ∞，定义 $p_{i\infty}(a) = 1 - \sum_j p_{ij}(a)$，$p_{\infty\infty}(a) = 1$，$r(\infty, a) = 0$，前述假定就满足了，而最优值函数、最优策略保持不变。

2.1.2　最优方程

为获得折扣准则中的最优方程，我们首先将上一章讨论的有限阶段中的一分为二(引理 1.1)推广到这里来。

给定策略 $\pi = (f_0, f_1, \cdots) \in \Pi$，及状态 $i \in S$，由目标函数的定义式(2.2)，参照有限阶段中的证明，我们有

$$\begin{aligned} V_\beta(\pi, i) &= r(i, f_0) + \beta \sum_{n=1}^{\infty} \beta^{n-1} E_\pi[r(X_n, \Delta_n) \mid X_0 = i]\} \\ &= r(i, f_0) + \beta \sum_{n=1}^{\infty} \beta^{n-1} \sum_j p_{ij}(f_0) E_\pi[r(X_n, \Delta_n) \mid X_0 = i, X_1 = j]\} \end{aligned}$$

定义策略 $\pi' = (f_1, f_2, \cdots)$ 表示阶段 0 采用决策函数 f_1，阶段 1 采用决策函数 f_2，依此类推，则上式可写为

$$V_\beta(\pi, i) = r(i, f_0) + \beta \sum_{n=0}^{\infty} \beta^n \sum_j p_{ij}(f_0) E_{\pi'}[r(X_n, \Delta_n) \mid X_0 = j]\}$$

---

① $r(i, a)$ 无界的情形，将在本章 2.4.1 节讨论。有界是无界的一种特殊情形。

注意该式与前一式的差别，其中用到了序列$\{X_n\}$的马尔可夫性质及策略π'的含义。由于报酬函数有界，上式中的两个求和号$\sum_{n=0}^{\infty}$和$\sum_j$可以交换次序。因此，我们有

$$\begin{aligned}V_\beta(\pi, i) &= r(i, f_0) + \beta\sum_j p_{ij}(f_0)\sum_{n=0}^{\infty}\beta^n E_{\pi', j} r(X_n, \Delta_n)\\ &= r(i, f_0) + \beta\sum_j p_{ij}(f_0) V_\beta(\pi', j)\end{aligned}$$

这就证明了如下定理。

定理 2.1 对$\pi=(f_0, f_1, \cdots)\in\Pi$，$i\in S$，有

$$V_\beta(\pi, i) = r(i, f_0) + \beta\sum_j p_{ij}(f_0) V_\beta(\pi', j) \tag{2.4}$$

其中策略$\pi'=(f_1, f_2, \cdots)$表示阶段 0 采用决策函数f_1，阶段 1 采用决策函数f_2，依此类推。

以上定理对应于上一章中有限阶段的引理 1.1，它说明无限阶段折扣准则函数也可一分为二：第一部分是当前阶段，余下的则为第二部分(即从下阶段起至无限)。两部分的期望折扣总报酬的折扣之和即为原问题的期望折扣总报酬$V_\beta(\pi, i)$。

由于模型是时齐的，我们猜测最优策略可能是时齐的，就是各阶段使用的决策函数相同：$\pi=(f, f, \cdots)$，我们记此策略$\pi=f^\infty$，或者就简记为f，称其为**平稳策略**。当策略为平稳策略$\pi=f$时，$\pi'=f$，从而式(2.4)简化为

$$V_\beta(f, i) = r(i, f) + \beta\sum_j p_{ij}(f) V_\beta(f, j),\ i\in S$$

以上方程是一个线性方程组。进而，对f，用$\boldsymbol{P}(f)$表示第(i, j)元为$p_{ij}(f)$的矩阵，$\boldsymbol{r}(f)$为第i元为$r(i, f)$的列向量，$\boldsymbol{V}_\beta(f)$为第i元为$\boldsymbol{V}_\beta(f, i)$的列向量。则前述结论是说，$\boldsymbol{V}_\beta(f)$是线性方程组$\boldsymbol{V}=\boldsymbol{r}(f)+\beta\boldsymbol{P}(f)\boldsymbol{V}$的有界解。由矩阵理论知，矩阵$\boldsymbol{I}-\beta\boldsymbol{P}(f)$可逆，从而$\boldsymbol{V}_\beta(f)$是该线性方程组的唯一有界解，且$\boldsymbol{V}_\beta(f)=[\boldsymbol{I}-\beta\boldsymbol{P}(f)]^{-1}\boldsymbol{r}(f)$。由定义式(2.2)知，

$V_\beta(f, i)=\sum_{n=0}^{\infty}\beta^n E_{f, i} r(X_n, f)=\sum_{n=0}^{\infty}\beta^n[P(f)^n r(f)]_i$，因此

$$\boldsymbol{V}_\beta(f) = \sum_{n=0}^{\infty}\beta^n\boldsymbol{P}(f)^n\boldsymbol{r}(f) = [\boldsymbol{I}-\beta\boldsymbol{P}(f)]^{-1}\boldsymbol{r}(f) \tag{2.5}$$

由于$\boldsymbol{r}(f)$可以是任意的，有等式$[\boldsymbol{I}-\beta\boldsymbol{P}(f)]^{-1}=\sum_{n=0}^{\infty}\beta^n\boldsymbol{P}(f)^n$，这在矩阵理论中是熟知的等式。这样，我们就得到了如下推论。

推论 2.1 对$f\in F$，$\{V_\beta(f, i), i\in S\}$是以下方程的唯一有界解：

$$u(i) = r(i, f(i)) + \beta\sum_j p_{ij}(f(i))u(j),\ i\in S \tag{2.6}$$

由以上定理，我们现在参照有限阶段中的证明方法来证明折扣准则最优方程。由有限阶段时的最优方程容易得出折扣准则最优方程应为

$$V(i) = \sup_{a\in A(i)}\{r(i, a) + \beta\sum_j p_{ij}(a)V(j)\},\ i\in S \tag{2.7}$$

为证明此最优方程，先证明"≤"时成立。对任一$\pi\in\Pi$，由式(2.4)可得

$$V_\beta(i) = \sup_{\pi\in\Pi} V_\beta(\pi, i) \leqslant \sup_{a\in A(i)}\{r(i, a) + \beta\sum_j p_{ij}(a) V_\beta(j)\},\ i\in S \tag{2.8}$$

由上确界的定义知，对任一 $\varepsilon \geqslant 0$，存在 $f \in F$ 取到上面的 ε-上确界，即

$$\begin{aligned} V_\beta(i) &\leqslant \sup_{a \in A(i)} \{r(i, a) + \beta \sum_j p_{ij}(a) V_\beta(j)\} \\ &\leqslant r(i, f) + \beta \sum_j p_{ij}(f) V_\beta(j) + \varepsilon,\ i \in S \end{aligned} \tag{2.9}$$

用向量形式表示有

$$\boldsymbol{V}_\beta \leqslant \boldsymbol{r}(f) + \beta \boldsymbol{P}(f) \boldsymbol{V}_\beta + \varepsilon \boldsymbol{e}$$

其中 $\boldsymbol{e}$ 是分量全为 1 的列向量。由此用归纳法可证得

$$\boldsymbol{V}_\beta \leqslant \sum_{n=0}^{N} \beta^n \boldsymbol{P}^n(f) \boldsymbol{r}(f) + \beta^{N+1} \boldsymbol{P}^{N+1}(f) \boldsymbol{V}_\beta + \sum_{n=0}^{N} \beta^n \varepsilon \boldsymbol{e},\ N \geqslant 0$$

令 $N \to +\infty$，知：

$$\begin{aligned} \boldsymbol{V}_\beta &\leqslant \sum_{n=0}^{\infty} \beta^n \boldsymbol{P}^n(f) \boldsymbol{r}(f) + (1-\beta)^{-1} \varepsilon \boldsymbol{e} \\ &= \boldsymbol{V}_\beta(f) + (1-\beta)^{-1} \varepsilon \boldsymbol{e} \end{aligned} \tag{2.10}$$

因此 f 为$(1-\beta)^{-1}\varepsilon$ 最优策略，由此及$\boldsymbol{V}_\beta$的定义即知：$V_\beta(i) = \sup\limits_{f \in F} V_\beta(f, i)$，$i \in S$。

再次由定理 2.1 以及式(2.10)和式(2.9)得

$$\begin{aligned} V_\beta(i) \geqslant V_\beta(f, i) &= r(i, f) + \beta \sum_j p_{ij}(f) V_\beta(f, j) \\ &\geqslant r(i, f) + \beta \sum_j p_{ij}(f) V_\beta(j) - \beta(1-\beta)^{-1} \varepsilon \\ &\geqslant \sup_a \{r(i, a) + \beta \sum_j p_{ij}(a) V_\beta(j)\} - \varepsilon - \beta(1-\beta)^{-1}\varepsilon,\ i \in S \end{aligned}$$

令 $\varepsilon \to 0^+$ 即知式(2.8)中不等号反向时仍然成立。因此$\boldsymbol{V}_\beta$是最优方程(2.7)的有界解。

下面再来证明最优方程(2.7)的有界解唯一。对任一 $\varepsilon > 0$，必存在 $g \in F$ 取到相应方程中的 ε-上确界，则 $\boldsymbol{V} \leqslant \boldsymbol{r}(g) + \beta \boldsymbol{P}(g) \boldsymbol{V} + \varepsilon \boldsymbol{e}$。由此与式(2.10)完全一样，即可以证明，$\boldsymbol{V} \leqslant \boldsymbol{V}_\beta(g) + (1-\beta)^{-1} \varepsilon \boldsymbol{e} \leqslant \boldsymbol{V}_\beta + (1-\beta)^{-1} \varepsilon \boldsymbol{e}$，由 ε 的任意性知 $\boldsymbol{V} \leqslant \boldsymbol{V}_\beta$。反过来，设 $\boldsymbol{V}$ 为式(2.7)的一个有界解，则对任一 $f \in F$ 都有 $\boldsymbol{V} \geqslant \boldsymbol{r}(f) + \beta \boldsymbol{P}(f) \boldsymbol{V}$。由此用归纳法可证得

$$\boldsymbol{V} \geqslant \sum_{n=0}^{N} \beta^n \boldsymbol{P}^n(f) \boldsymbol{r}(f) + \beta^{N+1} \boldsymbol{P}^{N+1}(f) \boldsymbol{V},\ N \geqslant 0$$

令 $N \to +\infty$，由 $\boldsymbol{V}$ 的有界性，即得 $\boldsymbol{V} \geqslant \boldsymbol{V}_\beta(f)$，从而 $\boldsymbol{V} \geqslant \sup\limits_{f \in F} \boldsymbol{V}_\beta(f) = \boldsymbol{V}_\beta$。因此 $\boldsymbol{V} = \boldsymbol{V}_\beta$，即式(2.7)的有界解唯一。(请读者考虑，是否有更简单的方法来证明唯一性?)

于是，我们证明了如下关于折扣准则最优方程的定理。

定理 2.2　最优值函数$V_\beta(i)$是最优方程(2.7)的唯一有界解，$V_\beta(i) = \sup\limits_{f \in F} V_\beta(f, i)$，$i \in S$。进而，对任一 $\varepsilon \geqslant 0$，取到最优方程右边 ε-上确界的 f 是$(1-\beta)^{-1}\varepsilon$-最优策略。

以上定理包含三个含义。其一，最优值函数是最优方程的唯一有界解；其二，最优值函数在平稳策略的范围内取得，我们也称模型具有平稳策略优势；其三，取到最优方程 ε-上确界的平稳策略为$(1-\beta)^{-1}\varepsilon$-最优策略。易知，当 $\varepsilon > 0$ 时，必有 f 取到最优方程 ε-上确界；等价地，对任一 $\varepsilon > 0$，必有 ε-最优平稳策略。

与有限阶段时的最优方程类似，这里的最优方程也将整个过程一分为二。以上定理的一个特例是，每个决策集 $A(i) = \{f(i)\}$ 只包含一个决策，此时即得推论 2.1。

如果有平稳策略 f 取到最优方程中的上确界，那么此策略一定是最优平稳策略。因此，当 $A(i)$ 均有限时，这样的策略一定存在。这一结论反过来是否成立呢？也就是说，"取到最优方程中上确界"是否是一个平稳策略为最优的充要条件？为此，定义在状态 i 处的**最优决策集**为取到最优方程相应状态处的决策所组成的集合，即

$$A^*(i)=\{a \mid a\in A(i),\ G(i,\ a)=0\},\ i\in S$$

其中 $G(i,\ a)=V_\beta(i)-\{r(i,\ a)+\beta\sum_{j\in S}p_{ij}(a)V_\beta(j)\}$，$i\in S$，$a\in A(i)$。显然，$G(i,\ a)$ 非负，$G(i,\ a)=0$ 表示决策 a 取到最优方程右边上确界。$A^*(i)$ 中的决策称为状态 i 处的最优决策。我们要证明如下的结论。

定理 2.3 f^* 是最优策略的充要条件是对任一 i，$f^*(i)$ 取到最优方程右边的上确界，即 $f^*(i)\in A^*(i)$。

证明 充分性已在定理 2.2 中证明，下面证明必要性，这里采用反证法。假设有 i_0 使得 $f^*(i_0)$ 没有取到最优方程中的上确界。记 $\varepsilon=G(i_0,\ f^*(i_0))>0$，则我们有

$$V_\beta(i)\geqslant r(i,\ f^*)+\beta\sum_j p_{ij}(f^*)V_\beta(j)+\varepsilon\delta_{i,i_0},\ i\in S$$

若记 $\boldsymbol{e}_{i_0}$ 是第 i_0 个分量为 1、其余分量均为零的单位列向量，则上式可用向量形式来写，为

$$\boldsymbol{V}_\beta\geqslant\boldsymbol{r}(f^*)+\beta\boldsymbol{P}(f^*)\boldsymbol{V}_\beta+\varepsilon\boldsymbol{e}_{i_0}$$

于是，与式(2.10)类似地，我们可证得 $\boldsymbol{V}_\beta\geqslant\boldsymbol{V}_\beta(f^*)+(1-\beta)^{-1}\varepsilon\boldsymbol{e}_{i_0}$，其第 i_0 个分量写出来为 $V_\beta(i_0)\geqslant V_\beta(f^*,\ i_0)+(1-\beta)^{-1}\varepsilon>V_\beta(f^*,\ i_0)$，故 f^* 不可能是最优策略。假设矛盾。

由上述定理，我们称决策函数 F 的一个子集 $F^*:=\prod_{i\in S}A^*(i)$ 为**最优策略集**，它表征了最优平稳策略集的一个有序结构。

注 2.1 本节所有的结论在状态集 S 和决策集 $A(i)$ 均为区间时也是成立的。当状态集为区间时，只需要将关于状态的求和改为积分；而当决策集为区间时，几乎不需要改变。有兴趣的读者可以自行给出相关的证明。

注 2.2 从 MDP 产生至 20 世纪 80 年代初期，研究折扣准则的常用方法是所谓的泛函分析中的不动点理论与方法。对有界向量 $\boldsymbol{V}$，定义向量 $T_f\boldsymbol{V}$ 和 $T\boldsymbol{V}$ 如下：

$$T_f\boldsymbol{V}(i)=r(i,\ f)+\beta\sum_j p_{ij}(f)V(j),\ i\in S,\ f\in F \tag{2.11}$$

$$T\boldsymbol{V}(i)=\sup_f(T_f\boldsymbol{V})(i)=\sup_a\{r(i,\ a)+\beta\sum_j p_{ij}(a)V(j)\},\quad i\in S \tag{2.12}$$

再定义 $M(S)$ 为 S 上有界函数组成的集合，其上的范数定义为上确界范数：

$$\|\boldsymbol{V}\|=\sup_i|\boldsymbol{V}(i)| \tag{2.13}$$

当 $\boldsymbol{V}$ 有界时，$T_f\boldsymbol{V}$ 和 $T\boldsymbol{V}$ 也有界，即 T_f 和 T 均是从 $M(S)$ 映射到 $M(S)$ 的算子，且有如下性质：

$$\begin{aligned}\|T_f\boldsymbol{V}-T_f\boldsymbol{V}'\|&=\sup_i|T_f\boldsymbol{V}(i)-T_f\boldsymbol{V}'(i)|\leqslant\sup_i\beta\sum_j p_{ij}(f)|\boldsymbol{V}(j)-\boldsymbol{V}'(j)|\\&\leqslant\beta\|\boldsymbol{V}-\boldsymbol{V}'\|,\ \boldsymbol{V},\ \boldsymbol{V}'\in M(S)\end{aligned} \tag{2.14}$$

$$\|T\boldsymbol{V}-T\boldsymbol{V}'\|\leqslant\beta\|\boldsymbol{V}-\boldsymbol{V}'\|,\ \boldsymbol{V},\ \boldsymbol{V}'\in M(S) \tag{2.15}$$

其中式(2.15)由下述性质可得：对实数 $u(a)$，$v(a)$，有

$$\inf_a\{u(a)-v(a)\}\leqslant\sup_a u(a)-\sup_a v(a)\leqslant\sup_a\{u(a)-v(a)\} \tag{2.16}$$

因此T_f和 T 均是$M(S)$上压缩系数为β的压缩算子，它们有唯一的不动点，分别记为$\boldsymbol{V}_f$和$\boldsymbol{V}^*$，满足$T_f\boldsymbol{V}_f=\boldsymbol{V}_f$，$T\boldsymbol{V}^*=\boldsymbol{V}^*$。这两个方程分别为式(2.6)和最优方程(2.7)。由压缩算子的性质即可推知对任一有界向量$\boldsymbol{V}$，有

$$\boldsymbol{V}_\beta(f)=\lim_{n\to\infty}(T_f)^n\boldsymbol{V}=\boldsymbol{V}_f$$

$$\boldsymbol{V}_\beta=\lim_{n\to\infty}T^n\boldsymbol{V}=\boldsymbol{V}^*$$

在此基础上可证明定理 2.2。

2.2 算　法

MDP 中的算法就是计算最优值函数、最优策略的算法，常用的算法有逐次逼近法(Successive Approximation)，也称值迭代法(Value Iteration)，策略迭代法(Policy Iteration)以及线性规划法。下面逐一讨论。

2.2.1 逐次逼近法(值迭代法)

我们在上一章中讨论了有限阶段 MDP，上一节又讨论了无限阶段折扣准则 MDP，随之而来的一个问题是这二者之间存在什么样的关系。我们首先来讨论模型，二者的模型很相似，只需要将有限阶段中的 N 取为无穷即可。这进一步提出问题：在考虑二者的关系时，对有限阶段取极限能否得到无限阶段呢?

其次是目标函数的定义，为比较双方的目标函数，我们需要在有限阶段的目标函数中也引入折扣因子，定义

$$V_{\beta,N}(\pi,i)=\sum_{n=0}^{N}\beta^n E_{\pi,i}r(X_n,f_n),\ i\in S,\ \pi\in\Pi$$

它表示阶段 0 至 N 中的期望折扣总报酬。不难看出，由于报酬函数一致有界，当 N 趋于无穷时，有限阶段的目标函数将收敛于无限阶段折扣准则的目标函数，即

$$V_\beta(\pi,i)=\lim_{N\to\infty}V_{\beta,N}(\pi,i),\ i\in S,\ \pi\in\Pi$$

由此产生了第三个问题：对于最优值函数是否也有类似的结论，从而在有限阶段最优方程中取极限即可得到无限阶段的最优方程?

对向量$\boldsymbol{V}$，我们在式(2.12)中定义了向量 $T\boldsymbol{V}$，其第 i 个分量 $TV(i)$表示系统从初始状态 i 出发，在下一周期终止，且终止于状态 j 的终止报酬为 $V(j)$时的最优值。这里仅将 T 作为一个记号来使用，并不需要注 2.2 中 T 作为算子的一些性质。利用记号 T，最优方程就可以写为 $\boldsymbol{V}_\beta=T\boldsymbol{V}_\beta$。

利用 $T\boldsymbol{V}$，我们归纳地定义$T^n\boldsymbol{V}$ 如下：

$$T^2\boldsymbol{V}=T(T\boldsymbol{V}),\ \cdots,\ T^{n+1}\boldsymbol{V}=T(T^n\boldsymbol{V}),\ \cdots$$

记

$$\boldsymbol{V}_n=T^n\boldsymbol{V}_0,\ n\geqslant 0$$

则$\boldsymbol{V}_n=T\boldsymbol{V}_{n-1}$，即$\boldsymbol{V}_n$满足方程

$$\boldsymbol{V}_n(i)=\sup_{a\in A(i)}\{r(i,a)+\beta\sum_j p_{ij}(a)\boldsymbol{V}_{n-1}(j)\},\ i\in S,\ n\geqslant 1$$

若取$\mathbf{V}_0=\mathbf{0}$，则由有限阶段 MDP 中的注 1.3 知，$\mathbf{V}_n(i)$就是还剩下 n 个阶段且目前状态为 i 时的最大期望折扣总报酬。若$\mathbf{V}\neq\mathbf{0}$，则$T^n\mathbf{V}$表示在终止于状态 j 时的终止报酬为$V(j)$的条件下，当系统还剩 n 个阶段，目前状态为 i 时的最大期望折扣总报酬。

对此，注意到$\mathbf{V}_\beta=T\mathbf{V}_\beta$，多次运用式(2.15)，即可得到以下结论。

定理 2.4 对任意的有界向量 $\mathbf{V}$，$\mathbf{V}'$及 $n\geqslant 0$，有

$$\| T^n\mathbf{V}-\mathbf{V}_\beta \| \leqslant \beta^{n-1} \| T\mathbf{V}-\mathbf{V}_\beta \| \leqslant \beta^n \| \mathbf{V}-\mathbf{V}_\beta \| \tag{2.17}$$

T_f亦有类似的结论($f\in F$)。

以上定理给出了计算最优值函数的一个方法：用$T^nV(i)$来近似最优值$V_\beta(i)$，我们称之为**逐次逼近法**。定理 2.4 说明这个算法是收敛的，且关于 i 一致收敛，进而收敛速度是指数级的。式(2.17)给出了用第 n 步迭代所得的$T^nV(i)$来近似最优值$V_\beta(i)$时的误差$T^nV(i)-V_\beta(i)$的一个界，初始值 V 越接近于最优值V_β，所需的迭代次数就越少。

由于我们并不知道$V_\beta(i)$的值，因此，式(2.17)中的这个界只是理论上的，在实际计算时不能得到精确的界的估计。为此通常有两种情况需考虑：一是用第一步迭代的误差$T\mathbf{V}-\mathbf{V}$的上下界来估计$T^n\mathbf{V}-\mathbf{V}_\beta$的误差，或式(2.17)中$\mathbf{V}-\mathbf{V}_\beta$的上下界；二是用第 n 次迭代与第 $n-1$ 次迭代的误差$T^n\mathbf{V}-T^{n-1}\mathbf{V}$的上下界来估计$\mathbf{V}-\mathbf{V}_\beta$的上下界。

第一种情况：$\mathbf{V}$ 是在计算前给定的，而$\mathbf{V}_\beta$是待求的。由定理 2.4，$T^n\mathbf{V}$ 收敛于$\mathbf{V}_\beta$。于是为求$\mathbf{V}-\mathbf{V}_\beta$的界，我们考虑$T^n\mathbf{V}-\mathbf{V}$的界。$n=1$ 时，给定 $\mathbf{V}$，记 $d=\sup_i[TV(i)-V(i)]$，$c=\inf_i[TV(i)-V(i)]$。c 和 d 可能是正的，也可能是负的。对 $n=2$，由式(2.16)，得

$$T^2V(i)-V(i)=[T^2V(i)-TV(i)]+[TV(i)-V(i)]\leqslant\beta d+d$$

由此猜测有$T^nV(i)-V(i)\leqslant \sum_{k=0}^{n-1}\beta^k d$。用数学归纳法可以证明这是成立的。同时，也可以证明$T^nV(i)-V(i)\geqslant \sum_{k=0}^{n-1}\beta^k c$。于是

$$\sum_{k=0}^{n-1}\beta^k c\leqslant T^nV(i)-V(i)\leqslant \sum_{k=0}^{n-1}\beta^k d,\ n\geqslant 1$$

令 $n\to\infty$ 得，$(1-\beta)^{-1}c\leqslant V_\beta(i)-V(i)\leqslant(1-\beta)^{-1}d$。由此及式(2.16)可得

$$\begin{aligned}V_\beta(i)-TV(i)&=TV_\beta(i)-TV(i)\\&\leqslant\beta\sup_a\sum_j p_{ij}(a)[V_\beta(j)-V(j)]\leqslant\beta(1-\beta)^{-1}d,\ i\in S\end{aligned}$$

由此用数学归纳法可证得$V_\beta(i)-T^nV(i)\leqslant\beta^n(1-\beta)^{-1}d$，$n\geqslant 0$。类似地，可证得$V_\beta(i)-T^nV(i)\geqslant\beta^n(1-\beta)^{-1}c$，$n\geqslant 0$。这给出了式(2.17)的一个可计算的上下界，也即将式(2.17)进一步改进为

$$T^nV(i)+\beta^n(1-\beta)^{-1}c\leqslant V_\beta(i)\leqslant T^nV(i)+\beta^n(1-\beta)^{-1}d,\ i\in S,\ n\geqslant 0 \tag{2.18}$$

第二种情况：用第 n 次迭代与第 $n-1$ 次迭代的误差$T^n\mathbf{V}-T^{n-1}\mathbf{V}$的上下界来估计$\mathbf{V}-\mathbf{V}_\beta$的上下界。这比较简单。给定初始有界向量$\mathbf{V}_0$，取$\mathbf{V}=T^{n-1}\mathbf{V}_0$，将 $T\mathbf{V}-\mathbf{V}$ 的上下界 d，c 分别记为d_n，c_n，即

$$d_n=\sup_i[T^nV_0(i)-T^{n-1}V_0(i)],\ c_n=\inf_i[T^nV_0(i)-T^{n-1}V_0(i)]$$

再在式(2.18)中取$\mathbf{V}=T^{n-1}\mathbf{V}_0$，$n=1$，得

$$T^nV_0(i)+(1-\beta)^{-1}c_n\leqslant V_\beta(i)\leqslant T^nV_0(i)+(1-\beta)^{-1}d_n,\ i\in S,\ n\geqslant 1$$

再取 $n=1$，$\boldsymbol{V}=T^n\boldsymbol{V}_0$，得

$$T^{n+1}V_0(i)+(1-\beta)^{-1}c_{n+1}\leqslant V_\beta(i)\leqslant T^{n+1}V_0(i)+(1-\beta)^{-1}d_{n+1},\ i\in S,\ n\geqslant 1$$

我们就得到了最优值$V_\beta(i)$的一个区间估计$[T^nV_0(i)-(1-\beta)^{-1}c_n,\ T^nV_0(i)+(1-\beta)^{-1}d_n]$，每一次迭代计算将会更新这个区间。我们可以推断下一步迭代得到的区间会变小，即得出以下的结论。

定理 2.5　对任一$\boldsymbol{V}_0\in\boldsymbol{B}$，设有常数 c，d 使得$c\boldsymbol{e}\leqslant T\boldsymbol{V}_0-\boldsymbol{V}_0\leqslant d\boldsymbol{e}$，则对 $n\geqslant 1$，$i\in S$ 均有

$$\begin{aligned}T^nV_0(i)+c_n&\leqslant T^{n+1}V_0(i)+c_{n+1}\\&\leqslant V_\beta(i)\\&\leqslant T^{n+1}V_0(i)+d_{n+1}\leqslant T^nV_0(i)+d_n\end{aligned}\tag{2.19}$$

其中：

$$\begin{aligned}c_n&=\beta(1-\beta)^{-1}\inf_i\{T^nV_0(i)-T^{n-1}V_0(i)\}\geqslant\beta^n(1-\beta)^{-1}c\\d_n&=\beta(1-\beta)^{-1}\sup_i\{T^nV_0(i)-T^{n-1}V_0(i)\}\leqslant\beta^n(1-\beta)^{-1}d\end{aligned}\tag{2.20}$$

证明　只需证明外层的两个不等式。令 $u(i)=T^nV_0(i)-T^{n-1}V_0(i)$，则由式(2.16)得

$$\beta\inf_i u(i)\leqslant T^{n+1}V_0(i)-T^nV_0(i)\leqslant\beta\sup_i u(i)$$

于是

$$T^{n+1}V_0(i)-T^nV_0(i)+c_{n+1}-c_n\geqslant\beta\inf_i u(i)+\beta(1-\beta)^{-1}\inf_i\beta u(i)-c_n=0$$

即式(2.19)中的第一个不等号成立。类似可证第四个不等号，再由式(2.18)即证得c_n，d_n中的不等号成立。

以上定理给出的上界是可以实际计算得到的，它给出了第 n 步迭代得到的值函数$T^nV_0(i)$与最优值函数$V_\beta(i)$ 的误差的上下界c_n，d_n，而且每经过一次迭代，它们会更接近：$[c_{n+1},\ d_{n+1}]\subset[c_n,\ d_n]$。因此，上下界是收敛的，而且由定理知是几何收敛的。给定$\boldsymbol{V}_0$，显然可取 $c=\inf_i[TV_0(i)-V_0(i)]$，$d=\sup_i[TV_0(i)-V_0(i)]$。定理 2.5 也说明收敛的快慢还与初值$\boldsymbol{V}_0$的选取有关。在特别的情况($\boldsymbol{V}_0=\boldsymbol{V}_\beta$)下，有 $c=d=0$。

由式(2.19)给出的界的估计比式(2.17)给出的要精细一些。同时这也告诉我们，初始值V_0应使得 c 与 d 尽量接近。因此可根据具体问题的先验知识来选择初始值，当无先验知识可用时，也可用模拟的方法随机均匀地选择若干个初始值加以比较，将 c 与 d 最接近的作为初始值。

根据上述定理，读者可给出相应的计算最优值函数与最优策略的算法。有趣的是，我们通过讨论有限阶段与无限阶段折扣准则之间的关系，得到了 MDP 的逐次逼近算法。

下面来进一步改进逐次逼近法。我们只要知道了最优值函数的上下界(如定理 2.5 给出的)，就能知道有一些决策不会是最优的(称 $a\in A(i)-A^*(i)$为状态 i 处的非最优决策)，从而可在迭代过程当中删除这些非最优的决策，其根据如下。

定理 2.6　设 $\boldsymbol{V}'$，$\boldsymbol{V}\in B$ 为最优值函数的上下界，即满足 $\boldsymbol{V}\leqslant\boldsymbol{V}_\beta\leqslant\boldsymbol{V}'$，则对$(i,\ a)\in\Gamma$，满足下式的 $a\notin A^*(i)$：

$$T_aV'(i)<TV(i)\quad 或者\quad T_aV'(i)<V(i)\tag{2.21}$$

证明　由第一个条件有 $T_aV_\beta(i)\leqslant T_aV'(i)<TV(i)\leqslant TV_\beta(i)=V_\beta(i)$，由第二个条件

有$T_aV_\beta(i)\leqslant T_aV'(i)<V(i)\leqslant V_\beta(i)$，即$a$没有取到最优方程右边的上确界，从而由定理2.3知$a\notin A^*(i)$。

对式(2.21)中给出的两个条件，由于$\boldsymbol{V}\leqslant\boldsymbol{V}_\beta$，$T^n\boldsymbol{V}\to\boldsymbol{V}_\beta$，因此可认为$T\boldsymbol{V}$比$\boldsymbol{V}$更接近$\boldsymbol{V}_\beta$，或者说$\boldsymbol{V}\leqslant T\boldsymbol{V}$的可能性较大(当然并非$\boldsymbol{V}\leqslant T\boldsymbol{V}$严格地成立)，从而用$T_aV'(i)<TV(i)$比用$T_aV'(i)<V(i)$要消去更多的非最优决策，但如果算法中本身并不需要计算$TV(i)$，那么用$T_aV'(i)<TV(i)$就要增加额外的计算量。因此用后一条件可能会更方便一些。

以下推论将定理2.3与定理2.5结合起来。

推论2.2 对$n\geqslant1$，$(i,a)\in\Gamma$，记$\boldsymbol{V}_n=T^n\boldsymbol{V}_0$，则满足以下任一条件的$a\notin A^*(i)$，其中的$d_n$，$c_n$由定理2.5中给出：

(1) $T_aV_n(i)<TV_n(i)-\beta(d_n-c_n)$或者$T_aV_n(i)<V_n(i)+c_n-\beta d_n$；

(2) $T_a(TV_n)(i)<T(TV_n)(i)-\beta^2(d_n-c_n)$或者$T_a(TV_n)(i)<TV_n(i)+\beta c_n-\beta^2 d_n$；

(3) 有$a'\in A(i)$使$T_a(TV_n)(i)<T_{a'}(TV_n)(i)-\beta^2(d_n-c_n)$。

证明 (1) 可由定理2.5和定理2.3证得。

(2) 由式(2.19)知$V_n(i)+c_n\leqslant V_\beta(i)\leqslant V_n(i)+d_n$，于是

$$TV_n(i)+\beta c_n\leqslant V_\beta(i)\leqslant TV_n(i)+\beta d_n$$

由此及定理2.3知(2)成立。注意到对任一$a'\in A(i)$，$T_{a'}(TV_n)(i)\leqslant T(TV_n)(i)$，于是(3)也成立。

在$A^*(i)$均非空的情形(即存在最优策略)下，消去非最优决策的逐次逼近法如下。

算法2.1 消去非最优决策的逐次逼近法的步骤如下：

(1) 取定精度$\delta>0$，任取一$\boldsymbol{V}\in\boldsymbol{B}$，记$\boldsymbol{V}_0=\boldsymbol{V}$，$n=0$，计算$c=\inf\limits_i[TV_0(i)-V_0(i)]$，$d=\sup\limits_i[TV_0(i)-V_0(i)]$。

(2) 计算$V_n(i)=TV_{n-1}(i)=\sup\limits_a\{r(i,a)+\beta\sum\limits_j p_{ij}(a)V_{n-1}(j)\}$，$i\in S$，按定理2.5中的式子计算$c_n$，$d_n$。

(3) 若$\max\{|c_n|,|d_n|\}<\delta$，则停止，取$\boldsymbol{V}_\beta\approx\boldsymbol{V}_n$，取到$T\boldsymbol{V}_n$中$\varepsilon$-上确界的$f$为$\delta$-最优策略，其中$\varepsilon\leqslant(1-\beta)[\delta-(d_n-c_n)]$；否则，转下一步。

(4) 根据推论2.2中的条件(其中之一或多个)从$A(i)$中消去非最优决策，然后令$n:=n+1$，转步骤(2)。

考虑了非最优决策消除的算法要比不考虑时的计算量小得多。对有限MDP，它在有限步内必终止于最优策略(请读者自行证明)。如果去掉步骤(4)，那么逐次逼近法终止时的策略f一般不是最优的。

逐次逼近法除了能计算最优值函数的近似值之外，还可用来进行理论研究。特别是当我们要证明折扣准则最优值函数或者最优策略的一些性质时，往往先证明有限阶段的最优值函数与最优策略具有给定的性质，然后用逐次逼近法证明无限阶段时也具有这样的性质。

2.2.2 策略迭代法

在本小节中，我们假定如下条件成立。

条件2.1 对任一有界向量$\boldsymbol{V}$，有$f\in F$使得$T_f\boldsymbol{V}=T\boldsymbol{V}$。

由此，最优策略存在。当 $A(i)$ 均有限时，条件 2.1 成立。

我们在上一小节中指出，逐次逼近法也称值迭代法，它的每次迭代改进了值函数，使得 $\boldsymbol{V}_n$ 越来越接近于最优值函数 $\boldsymbol{V}_\beta$。所以，其思路是：求得最优值函数的一个近似后，改进它，如此不断。与此类似，我们也可在求得一个策略后，再改进它，如此不断。改进的思路仍然是基于最优方程：给定 f_n，计算其目标函数值 $\boldsymbol{V}_\beta(f_n)$，求 $T\boldsymbol{V}_\beta(f_n)$ 并获得取到其中上确界的策略 f_{n+1}。

算法 2.2　策略迭代法的步骤如下：

(1) 令 $n=0$，任取 $f_0\in F$；

(2) 计算 $\boldsymbol{V}_\beta(f_n)$，例如通过求解线性方程组 $[\boldsymbol{I}-\beta\boldsymbol{P}(f_n)]\boldsymbol{u}=\boldsymbol{r}(f_n)$ 来得到 $\boldsymbol{V}_\beta(f_n)$(推论 2.1)。

(3) (策略改进)求 f_{n+1}，使得 $T_{f_{n+1}}\boldsymbol{V}_\beta(f_n)=T\boldsymbol{V}_\beta(f_n)$，即

$$\boldsymbol{r}(f_{n+1})+\beta\boldsymbol{P}(f_{n+1})\boldsymbol{V}_\beta(f_n)=\sup_f\{\boldsymbol{r}(f)+\beta\boldsymbol{P}(f)\boldsymbol{V}_\beta(f_n)\}\tag{2.22}$$

其中约定：对 $i\in S$，如果 $f_n(i)$ 也取到 $\sup\limits_f T_f V_\beta(f_n)(i)$ 的上确界，则取 $f_{n+1}(i)=f_n(i)$。

(4) 若 $f_{n+1}\neq f_n$，则令 $n:=n+1$，转步骤(2)；否则，停止迭代，f_n 即为最优策略。

策略迭代算法的收敛性和界的估计由以下定理给出。

定理 2.7　对算法 2.2 得到的策略序列 $\{f_n\}$ 有

(1) 对 $n\geqslant 0$ 均有

$$\boldsymbol{V}_\beta(f_{n+1})\geqslant\boldsymbol{r}(f_{n+1})+\beta\boldsymbol{P}(f_{n+1})\boldsymbol{V}_\beta(f_n)\geqslant\boldsymbol{V}_\beta(f_n)\tag{2.23}$$

当第二个不等号成为等号时，f_{n+1} 和 f_n 均为最优策略；否则，$\boldsymbol{V}_\beta(f_{n+1})>\boldsymbol{V}_\beta(f_n)$。

(2) 对 $i\in S$，$n\geqslant 0$ 有 $|V_\beta(f_n,i)-V_\beta(i)|\leqslant\beta^n\sup\limits_i|V_\beta(f_0,i)-V_\beta(i)|$，从而 $V_\beta(f_n,i)$ 对 i 一致收敛于 $V_\beta(i)$。

(3) 当决策函数集 F 有限时，策略迭代法在有限步内收敛。

证明　(1) 利用记号 T_f，由式(2.22)及推论 2.1 有

$$T_{f_{n+1}}\boldsymbol{V}_\beta(f_n)=T\boldsymbol{V}_\beta(f_n)\geqslant T_{f_n}\boldsymbol{V}_\beta(f_n)=\boldsymbol{V}_\beta(f_n)$$

即式(2.23)中第二个不等号成立。由此用归纳法可证 $T^m_{f_{n+1}}\boldsymbol{V}_\beta(f_n)$ 对 m 单调非降，且大于等于 $\boldsymbol{V}_\beta(f_n)$，令 $m\to\infty$，由引理 1.2 得

$$\boldsymbol{V}_\beta(f_{n+1})\geqslant T_{f_{n+1}}\boldsymbol{V}_\beta(f_n)\geqslant\boldsymbol{V}_\beta(f_n)\tag{2.24}$$

这就是式(2.23)。若式(2.23)中第二个不等号成为等号，则 $T\boldsymbol{V}_\beta(f_n)=T_{f_{n+1}}\boldsymbol{V}_\beta(f_n)=\boldsymbol{V}_\beta(f_n)$，即 $\boldsymbol{V}_\beta(f_n)$ 是最优方程的解，由此及式(2.24)知 $\boldsymbol{V}_\beta(f_{n+1})=\boldsymbol{V}_\beta(f_n)=\boldsymbol{V}_\beta$。若式(2.23)中的等号不成立，则 $\boldsymbol{V}_\beta(f_{n+1})>\boldsymbol{V}_\beta(f_n)$。

(2) 对任一 $n\geqslant 0$，由推论 2.1 及(1)有

$$\begin{aligned}\boldsymbol{V}_\beta(f_n)&=T_{f_n}\boldsymbol{V}_\beta(f_n)\leqslant T\boldsymbol{V}_\beta(f_n)=T_{f_{n+1}}\boldsymbol{V}_\beta(f_n)\\&\leqslant T_{f_{n+1}}\boldsymbol{V}_\beta(f_{n+1})=\boldsymbol{V}_\beta(f_{n+1})\leqslant\boldsymbol{V}_\beta\end{aligned}$$

由此及式(2.16)知

$$|V_\beta(i)-V_\beta(f_{n+1})(i)|\leqslant|V_\beta(i)-TV_\beta(f_n)(i)|\leqslant\beta|V_\beta(i)-V_\beta(f_n)(i)|,\ i\in S$$

由此及归纳法即可证得结论。

(3) 当决策函数集 F 有限时，上述的(1)和(2)说明，每一步迭代，要么得到最优策略而算法停止，要么严格地改进原策略，因此，算法必在有限步内收敛。

当 S 和 $A(i)$ 均有限时(称为有限 MDP)，决策函数集 F 有限。对有限 MDP，策略迭代法必在有限步内收敛。

请读者考虑定理 2.6 中消除非最优决策的思路是否可以运用到策略迭代法中(见习题 2)。

在实际中，策略迭代法的用途在于：企业往往先使用某一种策略，之后再考虑如何改进这一策略，此时可用策略迭代法来改进。这一思路也是人工智能所研究的。

2.2.3 线性规划法

本小节假定状态集 S 与决策集 $A(i)$，$i\in S$ 均是有限集。

在 2.1.2 节证明最优方程时，我们首先证明了$\boldsymbol{V}_\beta\leqslant T\boldsymbol{V}_\beta$，其次证明了若平稳策略 f 取到 $T\boldsymbol{V}_\beta$中的上确界，即$\boldsymbol{V}_\beta\leqslant T\boldsymbol{V}_\beta=T_f\boldsymbol{V}_\beta$，则 f 是最优策略。因此，为求最优策略，不等式方程$\boldsymbol{V}_\beta\leqslant T\boldsymbol{V}_\beta$就足够了，无须再去证明等式。一般地，当 $\boldsymbol{V}\leqslant T\boldsymbol{V}$ 时，序列$\{T^n\boldsymbol{V}\}$有何性质？请读者思考这个问题。下面考虑另一个不等式 $T\boldsymbol{V}\leqslant\boldsymbol{V}$。

用数学归纳法不难证明：若列向量 $\boldsymbol{V}$ 满足 $T\boldsymbol{V}\leqslant\boldsymbol{V}$，则对任意的 $n\geqslant 0$ 均有$T^n\boldsymbol{V}\leqslant\boldsymbol{V}$。由定理 2.4 知$T^n\boldsymbol{V}\to\boldsymbol{V}_\beta$，故$\boldsymbol{V}_\beta\leqslant\boldsymbol{V}$。由于$\boldsymbol{V}_\beta$也满足条件 $T\boldsymbol{V}\leqslant\boldsymbol{V}$，因此最优值函数$\boldsymbol{V}_\beta$是满足条件 $T\boldsymbol{V}\leqslant\boldsymbol{V}$ 的 $\boldsymbol{V}$ 中的最小者，也即$\boldsymbol{V}_\beta$是以下多目标线性规划的最优解：

$$\begin{aligned}&\min V(i),\ i\in S\\&\text{s. t. } r(i,a)+\beta\sum_{j\in S}p_{ij}(a)V(j)\leqslant V(i),\ i\in S,\ a\in A(i)\end{aligned}\tag{2.25}$$

由于最优策略是对所有初始状态同时达到最优值函数，因此以上问题的多目标函数 $\min\boldsymbol{V}$ 等价于使$\{V(i),i\in S\}$的任一正的线性组合最小。即以上的多目标线性规划等价于以下的单目标线性规划：

$$\begin{aligned}&\min\sum_i\alpha_iV(i)\\&\text{s. t. } r(i,a)+\beta\sum_{j\in S}p_{ij}(a)V(j)\leqslant V(i),\ i\in S,\ a\in A(i)\end{aligned}\tag{2.26}$$

其中$\{\alpha_i>0,i\in S\}$是满足条件 $\sum\limits_i\alpha_i=1$ 的任一组常数。

记线性规划(2.26)的最优解为$V^*(i)$，显然有 $V^*(i)=V_\beta(i)$，$i\in S$；同时，对于任意的 $i\in S$，$a\in A(i)$，若对应于(i,a)的约束方程成立等号，则必有 $a\in A^*(i)$；反过来，若 $a\in A^*(i)$，则对应于(i,a)的约束方程必成立等号。因此，求解线性规划(2.26)，我们可以同时得到最优值函数与最优策略。

但从计算的角度来说，此线性规划的约束方程较多，而且变量不要求非负。要想运用线性规划法，需先将式(2.26)化为标准型，此时，对每个约束方程引入一个变量，同时需要将每一个变量规范起来，即令 $V(i):=V^+(i)-V^-(i)$。因此，其计算量会很大。

在线性规划中，常常求解对偶线性规则。为此，我们考虑问题(2.26)的对偶规划：

$$\begin{aligned}&\max\sum_{i\in S}\sum_{a\in A(i)}x(i,a)r(i,a)\\&\text{s. t. }\sum_{i\in S}\sum_{a\in A(i)}\{\delta_{ij}-\beta p_{ij}(a)\}x(i,a)=\alpha_j,\ j\in S\\&\qquad x(i,a)\geqslant 0,\ i\in S,\ a\in A(i)\end{aligned}\tag{2.27}$$

它的变量是 $x(i,a)$，其约束方程的数量刚好与状态数相同，远少于原线性规划(2.26)的约束方程数。更重要的是，这里已经是一个标准型的线性规划了，从而可用线性规划中的现有算法来计算其最优解，例如用单纯形法可计算得到最优基可行解。

那么，由线性规划(2.27)的最优基可行解，能否得到 MDP 的最优平稳策略呢？（线性规划中一些基本概念，请参阅线性规划方面的有关教材。）由线性规划的对偶理论知道，原规划问题(2.26)的约束条件对(i, a)成立等号(从而$a\in A^*(i)$)，当且仅当线性规划(2.27)有最优基可行解x^*满足$x^*(i, a)>0$。现在的问题是，是否对每个状态i都有a使得$x^*(i, a)>0$？实际上，给定线性规划(2.27)的一个基可行解$x=\{x(i, a)\}$，由其约束条件可得

$$\sum_{a\in A(j)} x(j, a) = \alpha_j + \sum_{i\in S}\sum_{a\in A(i)} \beta p_{ij}(a)x(i, a) \geqslant \alpha_j > 0,\ j\in S$$

故对每个$j\in S$，至少存在一个$a_j\in A(j)$使得$x(j, a_j)>0$。而x是基可行解，其非零分量的个数不超过约束条件数(也即状态数)，因此$x(j, a)=0$，$a\neq a_j$，也即对$j\in S$，a_j是唯一的。于是，我们可定义唯一的平稳策略(记为$F(\boldsymbol{x})$)如下：

$$F(\boldsymbol{x})(j)=a_j,\ j\in S$$

因此，对线性规划(2.27)的一个最优基可行解$\boldsymbol{x}^*$，$f^*:=F(\boldsymbol{x}^*)$是 MDP 的最优平稳策略。

由以上的讨论通过求解线性规划(2.27)以得到马尔可夫决策过程的解的算法如下。

算法 2.3　(线性规划法)步骤如下：

(1) 根据马尔可夫决策过程模型写出线性规划(2.27)。

(2) 求解线性规划(2.27)，得到最优基可行解$\boldsymbol{x}^*$。

(3) 根据$\boldsymbol{x}^*$求得最优平稳策略$f^*=F(\boldsymbol{x}^*)$，再求解线性方程组$[\boldsymbol{I}-\beta\boldsymbol{P}(f^*)]\boldsymbol{V}=\boldsymbol{r}(f^*)$得到$\boldsymbol{V}=\boldsymbol{V}_\beta(f^*)$，此即最优值函数$\boldsymbol{V}_\beta$。

下面我们从数学的角度来作进一步的讨论。

给定线性规划的一个基可行解$\boldsymbol{x}$，都有唯一的一个平稳策略$F(x)$与之对应。考虑其相反的情形：给定一个平稳策略f，是否有对偶线性规划(2.27)的一个基可行解$\boldsymbol{x}$与之对应呢？若有，能否求得$\boldsymbol{x}$的表达式？由上述内容可知，必有$x(i, a)=0$，$a\neq f(i)$。为此，用$\boldsymbol{\alpha}$表示第j个分量为α_j的行向量，$\boldsymbol{x}$表示第i个分量为$\sum_a x(i, a)=x(i, f(i))$的行向量，则线性规划(2.27)的约束方程可写为$\boldsymbol{\alpha}=\boldsymbol{x}[\boldsymbol{I}-\beta\boldsymbol{P}(f)]$，等价于$\boldsymbol{\alpha}[\boldsymbol{I}-\beta\boldsymbol{P}(f)]^{-1}=\boldsymbol{x}$，也即$\boldsymbol{x}=\boldsymbol{X}(f)$，其中的行向量$\boldsymbol{X}(f)$定义如下：

$$\boldsymbol{X}(f)(i, f(i))=\sum_j \alpha_j \sum_{n=0}^{\infty} \beta^n \boldsymbol{P}^n(f)_{ji},\ a=f(i)$$

进而，我们推测映射X与F是互逆的，也即有$F(X(f))=f$，$X(F(x))=x$。前者由F和X的定义易知；而后者由于

$$X(F(x))(i, a)=\{\boldsymbol{\alpha}[\boldsymbol{I}-\beta\boldsymbol{P}(F(x))]^{-1}\}_i \cdot \frac{x(i, a)}{\sum_{a\in A(i)} x(i, a)} = x(i, a)$$

这就证明了以下结论。

引理 2.1　MDP 的平稳策略与线性规划(2.27)的基可行解之间一一对应。

进一步地，我们猜想将映射$X(f)$和$F(\boldsymbol{x})$局限在 MDP 的最优平稳策略与线性规划(2.27)的最优基可行解之间，那么它们也应该是一一对应的关系。下面对比详细讨论。

只要涉及最优性，就要讨论对偶线性规划(2.27)的目标函数与 MDP 的目标函数$\boldsymbol{V}_\beta(f)$

之间的关系。由线性规划对偶理论可知，式(2.27)的最优值与原线性规划(2.26)的最优值$\boldsymbol{\alpha}\boldsymbol{V}_\beta$相等。进而，对任一$f$，由引理2.1可知$X(f)$是线性规划(2.27)的基可行解，从而由$X(f)$的定义知：

$$\begin{aligned}\sum_{i,a}X(f)(i,a)r(i,a) &= \sum_i X(f)(i,f(i))r(i,f(i))\\ &= \sum_i\sum_j \alpha_j \sum_{n=0}^{\infty}\beta^n P^n(f)_{ji}r(i,f(i))\\ &= \sum_j \alpha_j V_\beta(f,j) = \boldsymbol{\alpha}\boldsymbol{V}_\beta(f)\end{aligned}$$

上式就建立了平稳策略f下折扣准则$\boldsymbol{V}_\beta(f)$与线性规划(2.27)的目标函数之间的关系。

于是，若$\boldsymbol{x}^*$是线性规划(2.27)的最优基可行解，则我们说$f^*=F(\boldsymbol{x}^*)$是MDP的最优策略，因为由$\boldsymbol{x}^*$的最优性知，对任一f均有

$$\begin{aligned}\boldsymbol{\alpha}\boldsymbol{V}_\beta(f) &= \sum_{i,a}X(f)(i,a)r(i,a)\leqslant \sum_{i,a}x^*(i,a)r(i,a)\\ &= \sum_{i,a}X(f^*)(i,a)r(i,a) = \boldsymbol{\alpha}\boldsymbol{V}_\beta(f^*)\end{aligned}$$

反之，若f^*是MDP的最优策略，则$\boldsymbol{x}^*=X(f^*)$是线性规划(2.27)的最优基可行解。这就证明了如下定理。

定理2.8　$\boldsymbol{x}^*$是线性规划(2.27)的最优基可行解，当且仅当$F(\boldsymbol{x}^*)$是MDP的最优平稳策略。

最后，请读者比较求解原线性规划(2.26)来得到最优值函数与最优策略与求解线性规划(2.27)来得到最优值函数与最优策略这两种方法，看谁的计算量小。

本节介绍了求解最优策略的三种算法。在一般情况下，线性规划法是最有效的，它将问题转化为求解一个线性规划问题。由于求解线性规划的算法便捷，而且有很多相关的商业软件可用，使得用线性规划法求解MDP十分方便。在计算量方面，线性规划法也优于逐次逼近法和策略迭代法。另外，线性规划法还适用于研究一类有约束条件的MDP。

逐次逼近法、策略迭代法可推广到强化学习的情形(具体介绍见第6章)。此外，逐次逼近法在理论研究上得到了广泛使用。

2.3　应　　用

本节讨论MDP的两个应用问题，即最优停止问题和多臂赌博机。

2.3.1　最优停止问题

我们在1.4.1节中讨论了一个期权的购买与执行问题，现在我们将其中的具体含义“期权”去掉，只剩下一个一般性的问题：周期性观察一个系统，其状态的变化遵从一个马尔可夫链，本周期处于状态i时，下一周期转移到状态j的概率为p_{ij}；当系统在某个周期初处于状态i时，决策者可以选择“停止”，此时他将得到收益$R(i)$，系统终止；决策者也可以选择“运行”，此时他将付出成本$C(i)$。决策者要确定何时停止使得其总收益达到最大，故称这一类问题为最优停止问题。

我们引入一个虚设状态∞表示系统终止，系统在状态∞处只有一个决策，系统将一直停留在∞，且没有报酬，则此问题可表示成一个马尔可夫决策过程。用 S 表示决策“停止”，O 表示决策“运行”。相应的状态转移概率和报酬函数如下：

$$r(i, S)=R(i), \quad p_{i\infty}(S)=1, \ i\geqslant 0$$
$$r(i, O)=-C(i), \quad p_{ij}(O)=p_{ij}, \ i\geqslant 0$$
$$r(\infty, O)=0, \quad p_{\infty,\infty}(O)=1$$

一般地，我们假定运行成本 $C(i)$ 和终止报酬 $R(i)$ 都是非负的。报酬函数的一致有界性等价于

$$\sup_i R(i)<\infty, \ \inf_i C(i)>0$$

即终止报酬有上界，而运行成本有下界。

显然，在任一策略下，系统一旦到达状态∞，就将永远停留在此状态，且没有任何报酬或者成本。因此，$V(\pi, \infty)=0$，$\forall \pi$，从而在∞处的最优值也为零：$V(\infty)=0$。由此，我们得到在状态有限时($i<\infty$)的折扣准则最优方程为

$$V_\beta(i) = \max\{R(i), -C(i)+\beta\sum_j p_{ij} V_\beta(j)\}, \ i \geqslant 0$$

注：熟悉后，我们无须引入虚设状态∞，可直接得到最优方程。

下面考虑最优策略。如果我们已经求得了最优值函数$\boldsymbol{V}_\beta$，那么对任一状态 i，取到以上最优方程中最大值的决策为 S(也即停止)的充要条件是 $R(i)\geqslant -C(i)+\beta\sum_j p_{ij} V_\beta(j)$。为此，我们定义状态子集

$$B = \{i \mid R(i) \geqslant \beta\sum_j p_{ij} V_\beta(j) - C(i)\}$$

它表示停止是最优的当且仅当系统进入到 B 中的状态，所以称 B 为系统的**最优停止集**。显然，当系统停止时，$V_\beta(i)=R(i)$。因此，最优停止集也可等价写为 $B=\{i|V_\beta(i)=R(i)\}$。于是，当状态 $i\in B$ 时，最优策略是“停止”；否则，最优策略是“运行”。

为计算最优停止集，需要事先求得最优值函数。记$V_0(i)=0$，$i\geqslant 0$，$V_n(i)$表示系统在还剩 n 阶段并处于状态 i 时所能得到的最优期望折扣总报酬，则由逐次逼近法知 $V_\beta(i)=\lim_n V_n(i)$。于是 B 可用$B_n:=\{i|R(i)\geqslant \beta\sum_j p_{ij} V_n(j)-C(i)\}$来近似，它是将 B 的定义式右边项中的最优值$V_\beta(i)$改为$V_n(i)$而得到的。特别地，有

$$B_1=\{i|R(i)\geqslant \beta\sum_j p_{ij}R(j)-C(i)\}$$

B_1的计算是非常容易的，但一般$B_1\neq B$。注意到 $i\in B_1$ 表示系统到达状态 i 时，立即停止比运行一个阶段后再停止要好。容易猜想，如果系统进入到B_1中后不会离开B_1(即状态子集B_1是闭集)，那么系统一旦进入到B_1就应立即停止，也就是说，此时停止优于运行。我们称此策略为**向前看一步策略** (One-stage Look-ahead Policy)。下面我们来证明这个结论。

命题 2.1　如果集合B_1是闭集，即$p_{ij}=0$，$i\in B_1$，$j\notin B_1$，则$B_1=B$，从而在最优策略下系统停止当且仅当 $i\in B_1$。

证明　首先，我们有以下的有限阶段最优方程：

$$V_{n+1}(i)=\max\{R(i), -C(i)+\beta\sum_j p_{ij} V_n(j)\}, \ i\geqslant 0, \ n\geqslant 0$$

基于此，我们用数学归纳法来证明

$$V_n(i)=R(i),\ i\in B_1,\ n\geqslant 1 \tag{2.28}$$

对 $n=1$，$i\in B_1$，我们由B_1的定义知有 $R(i)\geqslant\beta\sum\limits_j p_{ij}R(j)-C(i)\geqslant -C(i)$。从而$V_1(i)=R(i)$。归纳假设结论对某 $n\geqslant 1$ 成立，下面来证明结论对 $n+1$ 也成立。实际上，对 $i\in B_1$，有

$$\begin{aligned}V_{n+1}(i) &= \max\{R(i),\ -C(i)+\beta\sum_j p_{ij}\,V_n(j)\}\\ &= \max\{R(i),\ -C(i)+\beta\sum_{j\in B_1} p_{ij}\,V_n(j)\}\quad（B_1\text{ 是闭集}）\\ &= \max\{R(i),\ -C(i)+\beta\sum_{j\in B_1} p_{ij}R(j)\}\quad（\text{归纳假设}）\\ &= R(i)\quad（B_1\text{ 的定义}）\end{aligned}$$

由归纳法，前述结论(2.28)得证。由此，在式(2.28)中令 $n\to\infty$，由逐次逼近法可知 $V_\beta(i)=\lim\limits_{n\to\infty}V_n(i)=R(i)$，$i\in B_1$。因此，$B_1\subset B$。

另一方面，对任一 $i\notin B_1$，系统在 i 运行一个阶段后再停止的策略比在 i 处立即停止要好，因此，在 i 停止的策略不是最优的，故$V_\beta(i)>R(i)$。从而，$B\subset B_1$。

因此，$B_1=B$。

下面列举关于最优停止问题的三个例子。

例 2.1　(出售资产)某人有一套房子(资产)要出售，有购房需求的顾客每天到达一个。到达的顾客对资产有一个报价，他报价为 i 的概率是p_i，$i\geqslant 0$(报价为零表示当天没有顾客到达)。假定各顾客的报价相互独立。当有顾客报价时，资产持有人必须决定是接受还是拒绝。被拒绝的顾客将永远失去。持有资产的费用是每天 C 元。试问，资产持有人为了使其所获得的期望折扣总利润达到最大，他应该采用什么策略？

这是一个 MDP 问题。资产持有人的决策是每天面对报价时，选择接受或拒绝。因此，问题的状态是当天的报价 i，$i\geqslant 0$。当资产所有人接受顾客的报价时系统停止，否则，系统运行。因此，这是一个最优停止问题，在状态 i(即顾客报价为 i)时停止的报酬为 $R(i)=i$，而资产持有人保持一天的成本为 $C(i)=C$，与状态无关。进而，系统运行时的状态转移概率 $p_{ij}=p_j$。于是，最优停止集(即接受报价的集合)为

$$B=\{i\mid i\geqslant\beta\sum_j p_j\,V_\beta(j)-C\}$$

记

$$i^*=\beta\sum_j p_j\,V_\beta(j)-C$$

则资产持有人接受超过i^* 的报价，拒绝 $i<i^*$ 的报价 i。i^* 是资产持有人的最低可接受价。

此时，向前看一步策略不是最优的。实际上，此时$B_1=\{i\mid i\geqslant\beta\sum\limits_j j\,p_j-C\}$不是闭集。所以前面命题 2.1 的条件不满足，从而不能应用其结论。

进一步考虑假定“被拒绝的顾客将永远失去”不成立时的情形。例如，资产持有人与被拒绝的顾客保持联系，这些顾客也不会转而去别处购买类似的资产，他们仍然愿意购买这一资产。显然，资产持有人只需关心之前的最高报价。于是，我们定义状态 j 是所有到达顾客报价中的最高者。此时，状态转移概率p_{ij}为

$$p_{ij} = \begin{cases} 0, & j < i \\ \sum_{k=0}^{i} p_k, & j = i \\ p_j, & j > i \end{cases}$$

式中，$j<i$ 的概率为零表示在现在的条件下，状态不可能变小，这是显然的；$j=i$ 表示当天顾客的报价不高于当前最高报价 i，故其报价为 0，1，…，i 之一；$j>i$ 则表示当天顾客的报价高于当前最高报价 i。此时，向前看一步策略的停止集为

$$\begin{aligned} B_1 &= \{i \mid i \geqslant \beta i \sum_{k=0}^{i} p_k + \beta \sum_{k=i+1}^{\infty} k\, p_k - C\} \\ &= \{i \mid C \geqslant \beta \sum_{k=i+1}^{\infty} (k-i)\, p_k - (1-\beta) i\} \\ &= \{i \mid C \geqslant \beta E(X-i)^+ - (1-\beta) i\} \end{aligned}$$

其中，随机变量 X 表示顾客的报价，即 $P(X=j)=p_j$，$j\geqslant 0$；而对任一个实数 x 来说，$x^+=\max(x, 0)$表示其正部。

因为 $E[(X-i)^+]-(1-\beta)i$ 是 i 的下降函数，而在现有的状态转移下，状态会越来越大，所以以上的集合B_1是闭集，从而由命题 2.1 知向前看一步策略是最优的。记

$$i^{**}=\min\{i \mid C\geqslant \beta E[(X-i)^+]-(1-\beta)i-(1-\beta)i\}$$

为最低可接受价。则最优策略是：接受 $i\geqslant i^{**}$ 的报价。

思考题

(1) 请比较以上i^*与i^{**}的大小；

(2) 如果有多项资产，将会出现什么问题？如何解决？(见习题 3)

例 2.2　(探险)有一位探险者，每一次探险成功的概率为 p，如果成功，则以概率p_j获得资产j，$j\geqslant 0$，满足 $\sum_j p_j=1$；如果失败，则会失去一切(比如生命或者自由)。每次探险的成本是 C。如果不考虑生命的价值，试问此探险者何时继续探险、何时停止？

这是一个最优停止问题。探险者要确定何时继续探险、何时停止，无疑要依据其已有的财富。为描述“失去一切”，我们引入状态$-\infty$来表示当探险者失败时进入状态$-\infty$且不能继续探险，故$V_\beta(-\infty)=0$。我们定义状态为此探险者总财富。由 $R(i)=i$，$C(i)=C$，最优方程为

$$V_\beta(i) = \max\left\{i,\ p\beta \sum_{j=0}^{\infty} p_j V_\beta(i+j) - C\right\},\ i \geqslant 0$$

其中获得财富 j 当且仅当探险成功(概率为 p)且此次探险获得财富 j(在探险成功的条件下获得财富 j 的概率是p_j)，故其概率为 pp_j；失去一切的概率为 $1-p$，此时，探险者进入状态$-\infty$，他失去一切财富，并且不可能继续获得财富。向前看一步策略的停止集为

$$B_1 = \left\{i \mid i \geqslant p\beta \sum_{j=0}^{\infty} (i+j)\, p_j - C\right\} = \left\{i \mid i \geqslant \frac{p}{1-p\beta} E(L) - C\right\}$$

其中 $E(L)=\sum_j j p_j$表示一次成功的探险所得到的财富的期望值。由于状态是非降的，所以B_1不是闭集，向前看一步策略不是最优的。

实践中有很多类型的最优停止问题，除了上面讨论的，以及在第 1 章中所讨论的期权

执行问题、秘书选择问题之外，还有最优的工作搜寻问题、最优搜索问题等。

2.3.2 项目管理：Bandit 问题

一个项目的进展，往往可分为若干个阶段，也称之为状态，记为 $i=0, 1, 2, \cdots, I$。从时间上来说，从开始时起，以周为一个单位。记X_n表示第 n 周的状态。

实际上，项目主管每周要作出一个决策：本周推进、暂停休息、彻底放弃。理性来说，如果我们只有一件事情可做，那么“暂停”是不合理的，是不会被选择的，所以，只能选择推进或彻底放弃项目。如果我们选择推进项目，那么用数学来描述时，转移概率 p_{ij} 表示项目在今天的状态是 i，下一周期的状态是 j 的概率。若在项目状态为 i 时推进，则能获得一项报酬 $r(i)$(也可能是成本)。如果我们选择放弃(也称为退休)则获得报酬 M。注：这个报酬也可以与退休时的状态 i 相关，为 $M(i)$。

进而，如果我们要实施多个项目，且每个项目具有不同的状态，那么在周期初始，应选择其中的某个项目进行推进或放弃所有项目(退休)。

上述问题叫作 Bandit 问题，可描述如下：某个人有 K 件项目(事情)要同时处理，记为 $k=1, 2, \cdots, K$。每个项目都需要花费多天处理，每天处理后会达到一定的状态。也就是说，可以用状态来描述一个项目的进展状况。此人每天只能处理其中的一个项目，处理后该项目的状态发生一定的变化。假定当此人处理状态为 i 的项目 k 时，工作一个周期能得到报酬$r^k(i)$，项目 k 的状态转移到 j 的概率是p_{ij}^k，未处理的其他项目的状态保持不变。此人还可选择退休，这意味着：(1) 立即获得一项报酬 M；(2) 不再做任何事情。此人面临的问题是每天选择退休或者处理哪个项目，使得其获得的期望折扣总报酬达到最大(设折扣因子 $\beta\in[0, 1)$)。

我们也可以将“人”换为团队、公司，将“事情”换为(工程的、研究的)项目、论文、家务事，也可以是股市上的多只股票。所以这个问题具有非常广泛的应用。

1. 单个项目

我们先考虑只有一个项目的情形，即 $K=1$。记其状态为 i，状态集为 S，状态转移概率是 p_{ij}，则 Bandit 问题的最优方程为

$$V_\beta(i, M) = \max\{M, r(i) + \beta\sum_j p_{ij} V_\beta(j, M)\}, \ i \in S$$

自然，这也是一类最优停止问题：$R(i)=M$，$C(i)=r(i)$。引入有限阶段的最优方程，用数学归纳法，容易证得如下引理(习题 6)。

引理 2.2 对任一给定 i，$V_\beta(i, M)-M$ 随 M 单调下降。

由此引理可知，对给定的状态 i，$V_\beta(i, M)-M=0$ 是一个有意义的方程，记其最小的根为

$$M(i)=\min\{M: V_\beta(i, M)=M\}$$

由于$V_\beta(i, M)$关于 M 连续，以上定义的 $M(i)$存在。因此，$M(i)$表示在状态 i 处退休是最优策略的最小的 M 值。这样，我们就证明了如下的定理。

定理 2.9 对单个项目 Bandit 问题，在状态 i 处退休当且仅当 $M(i)\leqslant M$。

上述定理也可以这样说，对给定的退休金 M，退休集为$S_M:=\{i\in S|M(i)\leqslant M\}$：当且

仅当状态进入S_M时退休。$M(i)$的含义是在状态 i，退休与否是无差别的，故称 $M(i)$为状态 i 的无差别退休金。

2. 多个项目

记 $\boldsymbol{x}=(i_1,i_2,\cdots,i_K)$为 K 个项目的状态向量，其全体记为 X；$\boldsymbol{x}(n)$是 n 时的状态向量；$k(n)$是在 n 时处理的项目；$R(n)=r^{k(n)}(i_{k(n)})$是 n 时获得的报酬；于是，折扣准则最优方程为

$$V_\beta(\boldsymbol{x}, M)=\max\{M, \max_k L^k V_\beta(\boldsymbol{x}, M)\}, \ \boldsymbol{x}\in X \tag{2.29}$$

其中$L^k V_\beta(\boldsymbol{x}, M)=r^k(i_k)+\beta E[V_\beta(\boldsymbol{x}(n+1))\,|\,\boldsymbol{x}(n)=\boldsymbol{x}, k(n)=k]$表示在 n 时的状态向量为 $\boldsymbol{x}$，处理项目 k 时所能获得的最大期望折扣总报酬。显然，有

$$L^k V_\beta(\boldsymbol{x}, M) = r^k(i_k)+\beta\sum_{j\in S^k} p^k_{i_k j}\, V_\beta(\boldsymbol{x}_{-k}, j, M)$$

其中的$(\boldsymbol{x}_{-k}, j)=(i_1, \cdots, i_{k-1}, j, i_{k+1}, \cdots, i_K)$表示在状态 $\boldsymbol{x}$ 中除了第 k 个分量改为 j 之外其他分量不变。

如果单项目时有无差别退休金 $M(i)$，那么我们猜想在多项目时如下的策略是最优的：在状态 $x=(i_1,i_2,\cdots,i_N)$，若 $M\geqslant M(i_k)$，$\forall k=1, 2, \cdots, K$ 则退休；若 $M(i_{k^*})=\max\limits_k M(i_k)>M$则选择项目$k^*$。

为证明这样的策略是最优的，我们先来讨论$V_\beta(\boldsymbol{x}, M)$作为 M 的函数的一些性质。我们假定各项目是同质的，即各项目的状态集、状态转移概率是相同的，分别记为 S，p_{ij}。引入如下引理。

引理 2.3　给定 $\boldsymbol{x}$，$V_\beta(\boldsymbol{x}, M)$是 M 的递增凸函数。

证明　给定策略 π，T 表示在策略 π 下的退休时间，则目标函数值可写为

$$V_\beta(\pi, \boldsymbol{x}, M)=E_{\pi,\boldsymbol{x}}\{\text{在 } T \text{ 前的折扣总报酬}+\beta T_M\}$$

由此可知$V_\beta(\pi, \boldsymbol{x}, M)$是 M 的线性函数，因此，最优值函数$V_\beta(\boldsymbol{x}, M)=\sup\limits_\pi V_\beta(\pi, \boldsymbol{x}, M)$是凸函数(见习题 6)。最后，$V_\beta(\boldsymbol{x}, M)$的递增性是显然的。

引理 2.4　给定初始状态 $\boldsymbol{x}$，T_M表示最优的退休时间，则当$\partial V_\beta(\boldsymbol{x}, M)/\partial M$ 存在时①，必定有

$$\frac{\partial}{\partial M}V_\beta(\boldsymbol{x}, M)=E(\beta^{T_M}\,|\,\boldsymbol{x}(0)=\boldsymbol{x})$$

证明　给定 M 值及初始状态 $\boldsymbol{x}$，f^* 是最优平稳策略，于是T_M是f^*下的退休时间。将策略f^*用于一个终止报酬为 $M+\varepsilon$ 的问题($\varepsilon>0$)，获得的报酬是

$$T_M\text{前的期望折扣总报酬}+(M+\varepsilon)\beta^{T_M}$$

由此及最优值函数的定义知$V_\beta(\boldsymbol{x}, M+\varepsilon)\geqslant V_\beta(\boldsymbol{x}, M)+\varepsilon\beta^{T_M}$。类似地，将策略$f^*$用于一个终止报酬为 $M-\varepsilon$ 的问题($\varepsilon>0$)，获得的报酬是

$$T_M\text{前的期望折扣总报酬}+(M-\varepsilon)\beta^{T_M}$$

由此及最优值函数的定义知$V_\beta(\boldsymbol{x}, M-\varepsilon)\geqslant V_\beta(\boldsymbol{x}, M)-\varepsilon\beta T_M$。从而

① 由凸函数的理论知，凸函数的导数几乎处处存在。

$$\frac{V_\beta(\boldsymbol{x},\ M+\varepsilon)-V_\beta(\boldsymbol{x},\ M)}{\varepsilon}\geqslant\beta^{T_M},\ \frac{V_\beta(\boldsymbol{x},\ M)-V_\beta(\boldsymbol{x},\ M-\varepsilon)}{\varepsilon}\leqslant\beta^{T_M}$$

令 $\varepsilon\to 0$ 即得引理。

我们前面猜测：系统在状态 $\boldsymbol{x}=(i_1,i_2,\cdots,i_K)$下，如果单独考虑项目 k，则由前一小节知，推进它当且仅当 $M(i_k)\geqslant M$，或者等价地，放弃它当且仅当 $M(i_k)\leqslant M$。考虑到有 K 个项目，我们猜测多项目 Bandit 问题有如下的最优策略：

(1) 放弃项目 k，当且仅当 $M(i_k)\leqslant M$，$k=1, 2, \cdots, K$；

(2) 退休，当且仅当 $M(i_k)\leqslant M$，$\forall k=1, 2, \cdots, K$。

给定系统的状态 $\boldsymbol{x}=(i_1, i_2, \cdots, i_K)$，$T^k$ 表示项目 k 是仅有的项目时的最优退休时间，也即该项目首次到达满足 $M(i_k)\leqslant M$ 的状态的时间，$V_\beta^k(i, M)$为其最优值函数。T 表示有 K 个项目时的最优退休时间。由于各个项目的状态变化不受其他项目的影响，$T^1, T^2, \cdots, T^K$ 互相独立，且

$$T=\sum_{k=1}^{K}T^k$$

因此，有

$$E(\beta^T)=E(\beta^{\sum_{k=1}^{K}T^k})=\prod_{k=1}^{K}E(\beta^{T^k})$$

由此及引理 2.4(其中$V_\beta^k(i_k, M)$表示只有项目 k 时的折扣最优值函数)，得

$$\frac{\partial}{\partial M}V_\beta(\boldsymbol{x},\ M)=\prod_{k=1}^{K}\frac{\partial}{\partial M}V_\beta^k(i_k,\ M) \tag{2.30}$$

式(2.30)将多项目与单项目的 Bandit 过程联系起来，它是解决多项目 Bandit 过程的关键。

我们提出如下的条件，假定在本节中成立。

条件 2.2 报酬函数一致有界，即存在 $0<l<L<\infty$ 使得$(1-\beta)l\leqslant r^k(i)\leqslant(1-\beta)L$，$\forall i, k$。

在此条件下，在任一不是立即退休的策略 π 下，期望折扣总报酬为

$$\begin{aligned}&E_\pi\left[\sum_{n=0}^{T}\beta^n r^{i_{k_n}}(i_{k_n})+\beta^{T+1}M\right]\leqslant\sup_{N>0}\left[\sum_{n=0}^{N}\beta^n(1-\beta)L+\beta^{N+1}M\right]\\&=\sup_{N>0}\left[(1-\beta^{N+1})L+\beta^{N+1}M\right]\end{aligned}$$

因此，当 $M\geqslant L$ 时，上式右边小于 M，故立即退休是最优的，即

$$V_\beta(\boldsymbol{x},\ M)=M,\ M\geqslant L$$

对 $M\leqslant L$，在方程(2.30)两边积分，得

$$\int_M^L\frac{\partial}{\partial m}V_\beta(\boldsymbol{x},\ m)\mathrm{d}m=\int_M^L\prod_{k=1}^{K}\frac{\partial}{\partial m}V_\beta^k(i_k,\ m)\mathrm{d}m$$

等价地，有

$$M-V_\beta(\boldsymbol{x},\ M)=\int_M^L\prod_{k=1}^{K}\frac{\partial}{\partial m}V_\beta(i_k,\ m)\mathrm{d}m$$

因此

$$V_\beta(\boldsymbol{x},\ M)=M-\int_M^L\prod_{k=1}^{K}\frac{\partial}{\partial m}V_\beta(i_k,\ m)\mathrm{d}m,\ M\leqslant L \tag{2.31}$$

容易验证上式给出的$V_\beta(\boldsymbol{x},M)$满足最优方程(2.29)。由于最优方程的解唯一，因此证明了如下的定理(Ross，1983)。

定理 2.10　最优值函数$V_\beta(\boldsymbol{x}, M)$由式(2.31)给出。进而，在状态 $\boldsymbol{x}=(i_1, i_2, \cdots, i_K)$下，若对所有的 $k=1, 2, \cdots, K$ 都有 $M(i^k)\leqslant M$，则退休是最优的；若 $M(i^k)=\max\limits_j M(i_j)>M$，则选择项目 k。

以上定理证明了有 K 个项目的 Bandit 问题可以分解为 K 个单项目的 Bandit 问题。

以上定理中，称 $M(i)$为 Gittings 指标(Whittle，1980)。

注 2.3　(1) 上面的结论对项目不同质时也是成立的。

(2) 如果在上面增加一个约束条件“某个项目处于某些给定的状态时必须工作，直到它的状态转移到别的状态”，那么上述结论依然成立。

(3) 如果多个项目可以同时工作，那么定理 2.9 就不再成立。

(4) 我们上面假定每个项目都不会结束。如果项目有结束的情形，那么结论也是依然成立的。进而，对于一个项目只有在结束时才获得报酬这一情形，下面将进行介绍。(见习题 4。)

2.4　MDP 模型的推广

本节介绍 MDP 模型的三个推广：一种报酬无界条件、非可数决策集、一般策略集。前两者在应用中比较常见，一般策略集在理论研究上具有一定的意义。读者跳过本节，不影响后面的阅读。

2.4.1　一种无界报酬条件

本章前面的讨论是在报酬函数一致有界的条件下给出的。本小节我们提出一种无界报酬条件，在此条件下折扣目标函数是有定义的，进而证明 2.1 节中的所有结论。同时，在节尾给出研究 MDP 的一种方法。

我们先讨论无界报酬的条件，并假定该条件在本小节中恒成立。

条件 2.3　(1) $\sum\limits_j p_{ij}(a)r(j, f(j))$绝对收敛，$\forall (i, a)\in\Gamma$，$f\in F$；

(2) 存在常数 $c\in(0, 1)$及 S 上的非负函数 μ，使得对$(i, a)\in\Gamma$，$f\in F$ 均有

$$\left|\sum_j p_{ij}(a)r(j, f(j))-r(i, a)\right|\leqslant\mu(i) \tag{2.32}$$

$$\beta\sum_j p_{ij}(a)\mu(j)\leqslant c\mu(i)$$

(3) 记 $L(i)=\inf\limits_{a\in A(i)} r(i, a)$，$U(i)=\sup\limits_{a\in A(i)} r(i, a)$，则 $L(i)$和 $U(i)$均是有限的。

在实际问题中，状态的先后次序是不重要的，所以我们要求满足条件 2.3 中的(1)。由此，若某阶段在状态 i 时选择 a，下阶段按决策函数 f 选择决策，则下阶段的报酬的期望值是存在的。条件 2.3 中的(2)是说，两相邻阶段的期望报酬之差有上界 $\mu(i)$，而且这个界的下一阶段的折扣期望值不超过当前阶段的界 $\mu(i)$的一个压缩即缩小 β。条件 2.3 中的(3)只是说，报酬函数在每个状态处对于决策有一致的上界和下界。

在条件 2.3 下，利用上下确界的性质易证对$(i, a)\in\Gamma$，级数 $\sum\limits_j p_{ij}(a)U(j)$和 $\sum\limits_j p_{ij}(a)L(j)$均

是绝对收敛的，而且在条件 2.3 中的(1)和(3)成立时，式(2.32)等价于对任意的$(i, a)\in\Gamma$均有

$$\begin{cases} \left| \sum_j p_{ij}(a)L(j) - r(i, a) \right| \leqslant \mu(i) \\ \left| \sum_j p_{ij}(a)U(j) - r(i, a) \right| \leqslant \mu(i) \end{cases} \tag{2.33}$$

当$r(i, a)$有界M时，不难看出可取$U(i)=M$，$L(i)=-M$，$\mu(i)=2M$，$c=\beta$。一般地，条件 2.3 广于有界报酬，下面举例说明。

例 2.3 设状态集$S=\{\pm 1, \pm 2, \pm 3, \cdots\}$，决策集$A(i)=\{a, b\}$。对$i=1, 2, \cdots$，报酬函数和状态转移概率分别为

$$r(i, a)=\beta^{-i},\ r(i, b)=\beta^{-i}+i,\ r(-i, a)=r(-i, b)=-\beta^{-i}$$

$$p_{ii}(a)=1,\ p_{-i,-i}(a)=1$$

$$p_{ij}(b)=\begin{cases} \dfrac{1+\beta}{2} & j=i+1 \\ \dfrac{1-\beta}{2} & j=-(i+1), \end{cases} \qquad p_{-ij}(b)=\begin{cases} \dfrac{1-\beta}{2} & j=i+1 \\ \dfrac{1+\beta}{2} & j=-(i+1) \end{cases}$$

$\beta\in(0, 0.5)$为折扣因子。

对$i=1, 2, \cdots$，$U(i)=\beta^{-i}+i$，$L(i)=\beta^{-i}$，$U(-i)=L(-i)=-\beta^{-i}$，于是条件 2.3 中的(1)和(3)显然成立。

对于条件 2.3 中的(2)，我们有

(1) $\sum_j p_{ij}(a)U(j)-r(i, a)=U(i)-r(i, a)=i$

(2) $\sum_j p_{ij}(a)L(j)-r(i, a)=L(i)-r(i, a)=0$

(3) $\sum_j p_{-i,j}(a)U(j)-r(-i, a)=U(-i)-r(-i, a)=0$

(4) $\sum_j p_{-i,j}(a)L(j)-r(-i, a)=0$

(5) $\sum_j p_{ij}(b)U(j)-r(i, b)=\dfrac{1+\beta}{2}-\dfrac{1-\beta}{2}i$

(6) $\sum_j p_{ij}(b)L(j)-r(i, b)=-i$

(7) $\sum_j p_{-i,j}(b)U(j)-r(-i, b)=\dfrac{1-\beta}{2}+\dfrac{1-\beta}{2}i$

(8) $\sum_j p_{-i,j}(b)L(j)-r(-i, b)=0$

若取$\mu(i)=\mu(-i)=i$，$i\geqslant 1$，则可知式(2.33)成立，也即式(2.32)成立。而

$$\beta\sum_j p_{ij}(a)\mu(j) = \beta\mu(i),\ \beta\sum_j p_{-i,j}(a)\mu(j) = \beta\mu(-i)$$

$$\beta\sum_j p_{ij}(b)\mu(j) = \beta(i+1),\ \beta\sum_j p_{-i,j}(b)\mu(j) = \beta(i+1)$$

令$c=2\beta$，由于$\beta\in(0, 0.5)$，故$c\in(0, 1)$。因此$\beta\sum_j p_{ij}(A)\mu(j)\leqslant c\mu(i)$，$i\in S$，$A=a, b$。

综上，条件 2.3 成立。显然，本例中的报酬函数不是有界的。

下面来证明在条件 2.3 下，目标函数存在且有限。先来证明如下引理。

引理 2.5　对任一策略 $\pi=(f_0, f_1, \cdots)$ 及 $i\in S$，$n\geqslant 0$，有

(1) $|E_{\pi,i}\{r(X_{n+1}, \Delta_{n+1})-r(X_n, \Delta_n)\}|\leqslant (c/\beta)^n\mu(i)$

(2) $|E_{\pi,i}\{r(X_n, \Delta_n)-r(X_0, \Delta_0)\}|\leqslant \sum_{t=0}^{n-1}(c/\beta)^t\mu(i)$

证明　首先我们证明 $E_{\pi,i}r(X_n, \Delta_n)$ 存在且有限。由策略的定义可知，在策略 $\pi=(f_0, f_1, \cdots)$ 下，k 时的决策 $\Delta_k=f_k(X_k)$ 由 k 时的状态 X_k 确定，$k=0, 1, \cdots$。因此，对 S 上的任一向量 $\mathbf{V}$，有

$$E_{\pi,i}V(X_n)=\sum_{i_1\in S}p_{ii_1}(f_1)\sum_{i_2\in S}p_{i_1i_2}(f_2)\cdots\sum_{i_n\in S}p_{i_{n-1}i_n}(f_{n-1})V(i_n) \tag{2.34}$$

于是由条件 2.3 的(2)及数学归纳法可证得

$$E_{\pi,i}\mu(X_n)\leqslant\left(\frac{c}{\beta}\right)^n\mu(i),\ n\geqslant 0 \tag{2.35}$$

对 $V=U$，由式(2.34)、条件 2.3 的(3)及式(2.33)可得

$$\begin{aligned}\sum_j P_{\pi,i}\{X_n=j\}U(j)&=\sum_{j'}P_{\pi,i}\{X_{n-1}=j'\}\sum_j p_{j'j}(f_{n-1})U(j)\\&\leqslant\sum_j P_{\pi,i}\{X_{n-1}=j\}\{U(j)+\mu(j)\},\ n\geqslant 1,\ i\in S\end{aligned}$$

由此及式(2.35)，用数学归纳法可以证得

$$\sum_j P_{\pi,i}\{X_n=j\}U(j)\leqslant U(i)+\sum_{t=0}^{n-1}\left(\frac{c}{\beta}\right)^t\mu(i)<\infty,\ n\geqslant 0 \tag{2.36}$$

同样可以证得

$$\sum_j P_{\pi,i}\{X_n=j\}L(j)\geqslant L(i)-\sum_{t=0}^{n-1}\left(\frac{c}{\beta}\right)^t\mu(i)<\infty,\ n\geqslant 0 \tag{2.37}$$

由于 $L\leqslant U$，因此由以上两式及级数知识知，级数 $\sum_j P_{\pi,i}\{X_n=j\}U(j)$ 和 $\sum_j P_{\pi,i}\{X_n=j\}L(j)$ 均是绝对收敛的，从而 $E_{\pi,i}U(X_n)$ 和 $E_{\pi,i}L(X_n)$ 均存在且有限。现在，有

$$\begin{aligned}0&\leqslant E_{\pi,i}\{r(X_n, \Delta_n)-L(X_n)\}\leqslant E_{\pi,i}\{U(X_n)-L(X_n)\}\\&\leqslant U(i)-L(i)+2\sum_{t=0}^{n-1}\left(\frac{c}{\beta}\right)^t\mu(i)<\infty,\ n\geqslant 0\end{aligned}$$

因此对 $n\geqslant 0$，$E_{\pi,i}r(X_n, \Delta_n)=E_{\pi,i}\{r(X_n, \Delta_n)-L(X_n)\}+E_{\pi,i}L(X_n)$ 总存在且有限，从而引理 2.5 中的(1)和(2)中的数学期望也都存在且有限。

(1) 由条件 2.3、式(2.33)及式(2.35)有

$$\begin{aligned}&E_{\pi,i}\{r(X_{n+1}, \Delta_{n+1})-r(X_n, \Delta_n)\}\\&=\sum_{i_1\in S}p_{ii_1}(f_1)\sum_{i_2\in S}p_{i_1i_2}(f_2)\cdots\sum_{i_n\in S}p_{i_{n-1}i_n}(f_{n-1})\Big\{\sum_j p_{i_nj}(f_n)r(j, f_{n+1})-r(i_n, f_n)\Big\}\\&\leqslant\sum_{i_1\in S}p_{ii_1}(f_1)\sum_{i_2\in S}p_{i_1i_2}(f_2)\cdots\sum_{i_n\in S}p_{i_{n-1}i_n}(f_{n-1})\mu(i_n)\\&=E_{\pi,i}\mu(X_n)\leqslant\left(\frac{c}{\beta}\right)^n\mu(i)\end{aligned} \tag{2.38}$$

同样可以证明 $E_{\pi,i}\{r(X_{n+1}, \Delta_{n+1})-r(X_n, \Delta_n)\}\geqslant -\left(\frac{c}{\beta}\right)^n\mu(i)$。所以(1)成立。

(2) 由引理 2.5 的(1)及数学归纳法即可证明。

引理 2.5 的(1)给出了两相邻阶段的期望报酬之差的一个上界，(2)则给出了任一阶段与初始阶段的期望报酬之差的一个上界。

有了引理 2.5，我们就可以证明目标函数存在且有限。我们记常数 $\rho=\beta(1-\beta)^{-1}(1-c)^{-1}$。

定理 2.11 对任一 $\pi=(\pi_0, \pi_1, \cdots)\in\Pi$ 及 $i\in S$，有

$$\lim_{n\to\infty}V_n(\pi, i)=V_\beta(\pi, i)$$

$$|V_\beta(\pi, i)-(1-\beta)^{-1}V_0(\pi, i)|\leqslant\rho\mu(i)$$

其中$V_0(\pi, i)=E_{\pi, i}r(X_0, \Delta_0)$表示阶段 0 的期望报酬。

证明 由引理 2.5 可得

$$\begin{aligned}
|V_\beta(\pi, i)| &\leqslant \sum_{n=0}^{\infty}\beta^n|E_{\pi, i}\{r(X_n, \Delta_n)\}| \\
&\leqslant \sum_{n=0}^{\infty}\beta^n|E_{\pi, i}\{r(X_n, \Delta_n)-r(X_0, \Delta_0)\}|+\sum_{n=0}^{\infty}\beta^n|E_{\pi, i}\{r(X_0, \Delta_0)\}| \\
&\leqslant \sum_{n=0}^{\infty}\beta^n\sum_{k=0}^{n-1}(c/\beta)^k\mu(i)+\sum_{n=0}^{\infty}\beta^n\max\{|U(i)|, |L(i)|\} \\
&= \rho\mu(i)+(1-\beta)^{-1}\max\{|U(i)|, |L(i)|\}
\end{aligned}$$

所以$V_\beta(\pi, i)$作为 β 的级数是绝对收敛的，从而$\lim\limits_{n\to\infty}V_n(\pi, i)=V_\beta(\pi, i)$。

进而，由引理 2.5 可知：

$$\begin{aligned}
V_\beta(\pi, i)-(1-\beta)^{-1}V_0(\pi, i) &= \sum_{n=0}^{\infty}\beta^nE_{\pi, i}\{r(X_n, \Delta_n)-r(X_0, \Delta_0)\} \\
&\leqslant \sum_{n=0}^{\infty}\beta^n\sum_{k=0}^{n-1}(c/\beta)^k\mu(i) \\
&= \rho\mu(i)
\end{aligned}$$

因此，定理得证。

以上定理证明了折扣目标函数$V_\beta(\pi, i)$存在，且关于 $\pi\in\Pi$ 一致有界(对每一个 i)，从而最优值函数$V_\beta(i)$也有定义且有限。

进一步讨论最优方程。为此，我们定义 S 上的向量集合 $B:=\{\boldsymbol{V}:\boldsymbol{V}$ 是 S 上的列向量，且$(1-\beta)^{-1}\boldsymbol{L}-\rho\boldsymbol{\mu}\leqslant\boldsymbol{V}\leqslant(1-\beta)^{-1}\boldsymbol{U}+\rho\boldsymbol{\mu}\}$。

由定理 2.10 知：对 $\pi\in\Pi$ 均有$\boldsymbol{V}_\beta(\pi)\in\boldsymbol{B}$，即 B 是折扣目标函数值空间。

当报酬有界时，B 为有界向量集，从而得出以下引理。

引理 2.6 对任一 $\pi=(\pi_0, \pi_1, \cdots)\in\Pi$，$\boldsymbol{V}\in\boldsymbol{B}$，均有

$$\lim_{n\to\infty}\beta^nE_{\pi, i}\{\boldsymbol{V}(X_n)\}=0, \ i\in S \tag{2.39}$$

证明 由 B 的定义，我们只需对 $\boldsymbol{V}=\boldsymbol{\mu}$，$\boldsymbol{V}=\boldsymbol{L}$，$\boldsymbol{V}=\boldsymbol{U}$ 来证明式(2.39)即可。由式(2.35)知 $\boldsymbol{V}=\boldsymbol{\mu}$ 时成立。对 $\boldsymbol{V}=\boldsymbol{L}$ 和 $\boldsymbol{V}=\boldsymbol{U}$，由引理 2.5 的证明中的式(2.36)和式(2.37)证得。

如果我们将 $\boldsymbol{V}$ 解释为系统结束时的终止报酬，则以上引理是说，当终止时间趋于无穷

时，折扣期望终止报酬趋于零。

以下定理是报酬有界时的定理 2.1。

定理 2.12　对 $\pi=(f_0, f_1, \cdots)\in\Pi$，$i\in S$，有

$$V_\beta(\pi, i)=r(i, f_0)+\beta\sum_j p_{ij}(f_0)V_\beta(\pi', j) \tag{2.40}$$

其中策略 $\pi'=(f_1, f_2, \cdots)$表示阶段 0 采用决策函数f_1，阶段 1 采用决策函数f_2，依此类推。

证明　我们有

$$\begin{aligned}V_\beta(\pi, i)&=r(i, f_0)+\beta\sum_{n=1}^{\infty}\beta^{n-1}E_\pi[r(X_n, \Delta_n)\mid X_0=i]\}\\&=r(i, f_0)+\beta\sum_{n=1}^{\infty}\beta^{n-1}\sum_j p_{ij}(f_0)E_\pi[r(X_n, \Delta_n)\mid X_0=i, X_1=j]\}\\&=r(i, f_0)+\beta\sum_{n=0}^{\infty}\beta^{n}\sum_j p_{ij}(f_0)E_{\pi'}[r(X_n, \Delta_n)\mid X_0=j]\}\end{aligned}$$

注意上面最后两行之间的差别。我们需要证明最后一行中的两个求和号 $\sum_{n=1}^{\infty}$ 和 $\sum_j$ 可以交换次序。对此，我们有

$$\begin{aligned}&\sum_{n=0}^{\infty}\beta^{n}\sum_j p_{ij}(f_0)E_{\pi'}[r(X_n, \Delta_n)\mid X_0=j]\}\\&=\sum_{n=0}^{\infty}\beta^{n}\sum_j p_{ij}(f_0)E_{\pi', j}\{r(X_n, \Delta_n)-r(X_0, \Delta_0)\}+\\&\quad\sum_{n=0}^{\infty}\beta^{n}\sum_j p_{ij}(f_0)E_{\pi', j}\{r(X_0, \Delta_0)\}\\&=I_1+I_2\end{aligned}$$

而由条件 2.3 可得

$$|I_1|\leqslant\sum_{n=0}^{\infty}\beta^{n}\sum_j p_{ij}(f_0)\sum_{t=0}^{n-1}\left(\frac{c}{\beta}\right)^{t}\mu(j)\leqslant\sum_{n=0}^{\infty}\beta^{n}\sum_{t=0}^{n-1}\left(\frac{c}{\beta}\right)^{t+1}\mu(i)<+\infty$$

由于级数绝对收敛，从而I_1中的两求和号可交换次序；而I_2中的求和号自然是可交换次序的。因此

$$\begin{aligned}V_\beta(\pi, i)&=r(i, f_0)+\beta\sum_j p_{ij}(f_0)\sum_{n=0}^{\infty}\beta^{n}E_{\pi', j}\{r(X_n, \Delta_n)-r(X_0, \Delta_0)\}+\\&\quad\beta\sum_j p_{ij}(f_0)\sum_{n=0}^{\infty}\beta^{n}E_{\pi', j}\{r(X_0, \Delta_0)\}\\&=r(i, f_0)+\beta\sum_j p_{ij}(f_0)V_\beta(\pi', j)\end{aligned}$$

这就证明了定理。

容易看出，当报酬函数一致有界时，以上定理的证明可大为简化，因为此时容易看出求和号 $\sum_{n=1}^{\infty}$ 和 $\sum_j$ 可以交换次序。

基于以上定理，就可以证明定理 2.2 在这里也是成立的，只需将其中“唯一有界解”改为“B 中的唯一解”即可。定理 2.3 的结论也成立。

注 2.4 空间 B 中的上确界范数不存在。实际上，$\sup_i\{(1-\beta)^{-1}U(i)+\rho\mu(i)\}$可为无穷大，由于同一空间上的不同范数之间等价，因此 B 上不存在范数。从而，过去用算子理论中的不动点定理来证明折扣准则最优方程的方法(见注 2.3)就不再适用。

注 2.5 通过本小节的讨论，结合 2.1 节的内容，可以看出 MDP 的研究遵循如下的步骤，可以说这是研究期望总报酬准则(包括折扣准则、甚至下一章的平均准则)的方法。

(1) 给出一组条件，证明其下目标函数$V_\beta(\pi, i)$有定义，如前面对折扣因子 $\beta\in(0, 1)$的条件 2.3，在定理 2.10 下证明了$V_\beta(\pi, i)$有定义且对 π 有界。

(2) 证明式(2.40)，即定理 2.11 成立。

(3) 证明最优值函数满足最优方程，而且是某种条件下的唯一解，如下面的定理 2.12 在条件 2.3 下证明最优值函数是最优方程在空间 B 中的唯一解。

(4) 讨论取到最优方程上确界的策略是否为最优策略。

(5) 讨论能否用逐次逼近法、策略迭代法、线性规划法等方法来求最优策略与最优值函数。

2.4.2 非可数决策集

在很多应用问题中，决策集 $A(i)$是非可数无限集。例如，在排队系统的最优控制、可靠性系统的最优更换/维修、存储控制等问题中，决策集常是一个区间。正式地，本节讨论如下的模型：

$$\{S, ((A(i), \mathcal{A}(i)), i\in S), p_{ij}(a), r(i, a), V_\beta\} \tag{2.41}$$

其中除 $A(i)$和 $\mathcal{A}(i)$外均与式(2.3)中的相同，$A(i)$是任意的非空集，$\mathcal{A}(i)$是其上包含所有单点集的 Borel 域。通常 $A(i)$为某个实数区间，$\mathcal{A}(i)$则为该区间上的 Borel 可测集全体。

测度概念的引入使模型(2.41)比模型(2.3)要复杂一些，幸运的是，只要状态空间仍然是可数的，2.1 节中的所有结论就仍然成立。2.2 节与 2.3 节中的内容在叙述上只需进行适当改变，若不要求 $A(i)$有限，则也均成立。由于 $A(i)$非有限，最优策略不一定存在，因此本小节主要讨论什么时候存在最优策略，也即最优方程上确界能否取到。

由数学分析的知识知道，连续函数在闭区间上可取到其最大值，此处将其予以推广。关于拓扑空间的知识我们不再介绍，可参见有关书目。记 $R=(-\infty, +\infty)$为实数集，$\bar{R}=[-\infty, +\infty]$为广义实数集。这里我们引入半连续的概念。

定义 2.1 (1) 设$(X, \mathcal{X})$为一拓扑空间，称映射 $w: X\to\bar{R}$为上半连续函数(Upper Semi-continuous)，如果对任意的x_n，$x\in X$，由$\lim\limits_n x_n=x$ 可推知$\limsup\limits_n w(x_n)\leqslant w(x)$；

(2) 称映射 $w: X\to\bar{R}$为下半连续函数(Lower Semi-continuous)，如果$-w$ 是上半连续函数，即对任意的x_n，$x\in X$，由$\lim\limits_n x_n=x$ 可推知$\liminf\limits_n w(x_n)\geqslant w(x)$；

(3) 如果 w 是上半连续函数或下半连续函数，则称 w 是半连续函数。

易知，w 为连续函数，当且仅当 w 既是上半连续函数又是下半连续函数。对函数 w：

$R\to R$，若对任一 $x\in R$，函数 w 在 x 处的左极限 $w(x^-)$ 和右极限 $w(x^+)$ 均存在且 $w(x)\geqslant\max\{w(x^-), w(x^+)\}$，则 w 是上半连续函数，但 w 不一定连续。上半连续函数的另一个例子如下：设 S 为可数集，赋以离散拓扑，在离散拓扑中，$\lim\limits_n x_n=x$ 是指当 n 足够大时，$x_n=x$。因此 $\limsup\limits_n w(x_n)\leqslant w(x)$ 总成立，即赋以离散拓扑后，可数集上的函数总是上半连续的。

半连续函数的一些基本性质如下。

引理 2.7　设 $(X, \mathcal{X})$ 为一拓扑空间，u 和 v 均是 X 上的广义实值函数：$X\to\overline{R}$。

(1) 设 u 和 v 均是上半连续函数，$u+v$ 有定义，则 $u+v$ 亦是上半连续函数；

(2) 设 u 和 v 均是取有限值的上半连续函数，$u\geqslant 0$，$v\geqslant 0$，则 $u\cdot v$ 亦是上半连续函数；

(3) 设 $u\geqslant 0$ 为下半连续函数，$v\leqslant 0$ 为上半连续函数，则 $u\cdot v$ 是上半连续函数；

(4) 设 $u_n\leqslant 0$ 均是单调非增的上半连续函数，则其极限 u 亦是上半连续的。

证明　设 $x=\{x_n\}$ 和 $y=\{y_n\}$ 是 $\overline{R}$ 中的两个序列，记序列 $xy=\{x_n y_n\}$。

(1) 由 $\limsup(x_n+y_n)\leqslant\limsup x_n+\limsup y_n$ 即可得证。

(2) 当 $x_n\geqslant 0$，$y_n\geqslant 0$ 且有限时，易知有 $\limsup(x_n y_n)\leqslant\limsup x_n\cdot\limsup y_n$，由此可得所证结论。

(3) 当 $x_n\geqslant 0$，$y_n\geqslant 0$ 时，$\liminf(x_n y_n)\geqslant\liminf x_n\cdot\liminf y_n$，而 $u\geqslant 0$ 和 $-v\geqslant 0$ 均为下半连续函数，故由上式可知 $-u\cdot v$ 是下半连续的，从而 $u\cdot v$ 是上半连续的。

(4) 设 $\lim\limits_n x_n=x$，$\varepsilon>0$，$k\geqslant 0$，则由 u_k 的上半连续性知存在 $N(\varepsilon, k)$ 使得 $u_k(x_n)\leqslant u_k(x)+\varepsilon$，$n\geqslant N(\varepsilon, k)$；再由 u_k 的单调非增性知 $u(x_n)\leqslant u_k(x_n)\leqslant u_k(x)+\varepsilon$，$n\geqslant N(\varepsilon, k)$，从而 $\limsup u(x_n)\leqslant u_k(x)+\varepsilon$。由此及 k，ε 的任意性即可知 $\limsup\limits_n u(x_n)\leqslant\lim\limits_k u_k(x)=u(x)$。因此，$u$ 是上半连续的。

引理 2.8　紧致集 X 上的上半连续函数 $w: X\to\overline{R}$ 取到 X 上的上确界。

证明　设 $d=\sup\limits_{x\in X}w(x)$，则存在一列 $x_n\in X$ 使得 $\lim\limits_n w(x_n)=d$。而由 X 的紧致性知有 x_n 的一个子列 x_{n_k} 收敛于某 $x^*\in X$，于是由 w 的上半连续性知 $w(x^*)\geqslant\limsup\limits_k w(x_{n_k})=d$，从而 $w(x^*)=d$。

下面定理将以上引理中的结论用于马尔可夫决策过程中。

定理 2.13　设 MDP 满足以下条件：

(1) 对任一 $i\in S$，$A(i)$ 为紧致集；

(2) 对任意的 $i, j\in S$，$p_{ij}(a)$ 是 $a\in A(i)$ 的下半连续函数，$r(i, a)$ 是 $a\in A(i)$ 的上半连续函数；

(3) 无界报酬条件 2.3 成立，且对任一 $i\in S$，$\sum\limits_j p_{ij}(a)V(j)$ 当 $\boldsymbol{V}=\boldsymbol{U}$ 或 $\boldsymbol{\mu}$ 时是上半连续函数；

则存在 $f\in F$ 取到最优方程的上确界，即 $\boldsymbol{V}_\beta=T\boldsymbol{V}_\beta=T_f\boldsymbol{V}_\beta$，且 f 为最优策略。

证明　设 $i\in S$，$\lim\limits_n a_n=a\in A(i)$，$\boldsymbol{V}\in B$，由引理 2.7 的(2)知 $p_{ij}(a)[V(j)-(1-\beta)^{-1}$

$U(j)-\rho\mu(j)]$ 是上半连续的，从而由实变函数中的 Fatou 引理(见 3.4 节的引理 A.2)及定理 2.13 的条件(3)知：

$$\begin{aligned}\limsup_n \sum_j p_{ij}(a_n)V(j) &\leqslant \limsup_n \sum_j p_{ij}(a_n)[V(j)-(1-\beta)^{-1}U(j)-\rho\mu(j)]+\\ &\quad \limsup_n \sum_j p_{ij}(a_n)[(1-\beta)^{-1}U(j)+\rho\mu(j)]\\ &\leqslant \sum_j p_{ij}(a)[V(j)-(1-\beta)^{-1}U(j)-\rho\mu(j)]+\\ &\quad \sum_j p_{ij}(a)[(1-\beta)^{-1}U(j)+\rho\mu(j)]\\ &= \sum_j p_{ij}(a)V(j)\end{aligned}$$

即对任一 $\boldsymbol{V}\in B$ 及 $i\in S$，$\sum_j p_{ij}(a)V(j)$ 是 $a\in A(i)$ 的上半连续函数。由引理 2.7 的(1)知 $r(i,a)+\beta\sum_j p_{ij}(a)V_\beta(j)$ 是 $a\in A(i)$ 的上半连续函数。再由引理 2.8 知有 f 取到最优方程的上确界。由定理 2.2 知 f 为最优策略。

2.4.3 一般策略集

为将策略的概念推广到一般的情形，我们先来定义 MDP 的历史，它由相继的状态和决策组成，其形式为

$$h_n=(i_0,a_0,i_1,a_1,\cdots,i_{n-1},a_{n-1},i_n),\ n\geqslant 0$$

其中对 $k=0,1,2,\cdots,n-1$，$i_k\in S$ 和 $a_k\in A(i_k)$ 分别表示系统在第 k 个周期所处的状态和采取的决策，$i_n\in S$ 为系统当前所处的状态，h_n 为系统到 n(即第 n 个决策时刻)时的一个历史，其全体记为 H_n。若使用记号 $\Gamma:=\{(i,a)\mid i\in S,\ a\in A(i)\}$，则有 $H_n=\Gamma^n\times S$，$n\geqslant 0$。有时我们也称 Γ^n 中的元素为历史，它与 H_n 中的元素相比，少了 n 时的状态。

系统的一个策略 π 是指一个序列 $\pi=(\pi_0,\pi_1,\cdots)$：若系统到 n 时的历史为 h_n，则按 $A(i_n)$ 上的概率分布 $\pi_n(\cdot\mid h_n)$ 选择决策。策略全体记为 Π，并称之 MDP 的策略空间。

下面引入一些特殊的策略类。一个策略 π 如果满足条件：

$$\pi_n(\cdot\mid h_n)=\pi_n(\cdot\mid i_0,i_n),\ h_n\in H_n,\ n\geqslant 0$$

即它只依赖于开始时的状态 i_0 以及决策时刻的状态 i_n，则称 π 是半马尔可夫(Semi-Markov)策略，其全体记为 Π_{sm}。进而，如果

$$\pi_n(\cdot\mid h_n)=\pi_n(\cdot\mid i_n),\ h_n\in H_n,\ n\geqslant 0$$

与历史完全无关，而只依赖于决策时刻的状态，则称 π 为随机马尔可夫策略，其全体记为 Π_m。在随机马尔可夫策略下，系统在 n 时所采取的决策仅仅依赖于所处的决策时刻 n 和状态 i_n。进一步地，对 $\pi\in\Pi_m$，如果还有 $\pi_n(\cdot\mid i_n)=\pi_0(\cdot\mid i_n)$ 与 n 无关，则称之为随机平稳策略，简记为 π_0^∞，其全体记为 Π_s。

我们在本章之前的讨论中，用到的策略是 $\pi=(f_0,f_1,\cdots)$，称之为确定性马尔可夫策略。它是马尔可夫策略，即 $\pi\in\Pi_m$，而且还是确定性的。其全体记为 Π_m^d。最特殊的策略是此前已经引入的(确定性)平稳策略 f^∞，其全体记为 Π_s^d，它与决策函数值 F 一一对应。

在策略 $\pi=(\pi_0, \pi_1, \cdots)$下，系统各阶段的状态和所采取的决策所组成的序列$(X_0, \Delta_0, X_1, \Delta_1, \cdots)$将不再是一个马尔可夫过程。但在马尔可夫策略下它是一个(非时齐的)马尔可夫过程。仅当在随机平稳策略 $\pi=(\pi_0, \pi_0, \cdots)$下，它是一个时齐马尔可夫过程，其状态转移概率矩阵为

$$\boldsymbol{P}_{ij}(\pi_0)=\sum_{a\in A(i)}\pi_0(a\mid i)\,p_{ij}(a), \qquad i, j\in S$$

我们指出，本章前述所有结论均可以推广到一般的策略集中。比如，此时的定理 2.2 是说平稳策略在一般策略集中具有优势。不再具体一一指出。

下面，我们再引入两个概念。

给定策略 π 及历史$h_n=(i_0, a_0, i_1, a_1, \cdots, i_{n-1}, a_{n-1}, i_n)$(其中 $n\geqslant 0$)，称历史h_n是策略 π 下的可实现历史，如果在策略 π 下历史h_n发生的概率为正，即

$$\pi_0(a_0\mid i_0)\,p_{i_0i_1}(a_0)\cdots\pi_{n-1}(a_{n-1}\mid i_0, a_0, i_1, \cdots, i_{n-1})\,p_{i_{n-1}i_n}(a_n)>0$$

类似可定义策略 π 下的可实现历史$k_n=(h_n, a_n)\in\Gamma^{n+1}$。对$h_0=(i_0)$，我们总称它为 π 下的可实现历史，而k_{-1}表示无历史，当然也是可实现的。

另一个概念是对策略的截取。对策略 $\pi=(\pi_0, \pi_1, \cdots)\in\Pi$ 及历史$k_n=(i_0, a_0, \cdots, i_n, a_n)$，定义策略$\pi^{k_n}=(\pi_0', \pi_1', \cdots)$如下：

$$\pi_m'(\cdot\mid h_m)=\pi_{m+n+1}(\cdot\mid k_n, h_m),\ m\geqslant 0,\ h_m\in H_m$$

策略π^{k_n}相当于原策略 π 在发生历史k_n之后的部分。

容易证明，在策略集 Π 上，平稳策略仍具有优势，即$V_\beta(i)=\sup\limits_{\pi\in\Pi}V_\beta(\pi, i)=\sup\limits_{f\in F}V_\beta(f, i)$，$i\in S$。因此，本章前面所有的结论，在策略集 Π 上也都成立。

2.5　期望总报酬准则

一般来说，目标函数$V_\beta(\pi, i)$作为一个级数和不一定存在。为此，我们需对模型作一些假定，通常的假定可分两类：一类是使$V_\beta(\pi, i)$存在且值有限(实际上常常是关于 π 一致有界的，如前面 2.4.1 节中讨论的)；另一类是使其值存在，但可为正无穷或负无穷，常见的条件有正报酬($r(i, a)\geqslant 0$)和负报酬($r(i, a)\leqslant 0$)两种情形。前一类常常要求折扣因子 $\beta\in[0, 1)$，后者只要求 β 非负即可。习惯上，将前一类称为折扣准则(或折扣目标)，将后一类称为总报酬准则。

因为这两类所使用的方法较为接近，很多时候可统一处理，所以也就常将它们放在一起讨论。我们可以说期望总报酬准则就是折扣因子不一定小于 1 的折扣准则。本节考虑的 MDP 模型仍是$\{S, A(i), r(i, a), p_{ij}(a), V_\beta\}$，只要求折扣因子 $\beta>0$。

当报酬函数无界或当折扣因子 $\beta>1$ 时，准则函数$V_\beta(\pi, i)$或最优值函数$V_\beta(i)$ 可取值无穷(正无穷或负无穷)，这在数学上是很不方便的。在 MDP 中最基本的(或最弱的)前提条件如下：

条件 2.4　对任一策略 $\pi\in\Pi$ 及状态 $i\in S$，$V_\beta(\pi, i)$均存在。

在正报酬、负报酬下，条件 2.4 成立。其含义如下。首先，这意指对任一策略 π、状态 i 及 $n\geqslant 0$，$E_{\pi,i}r(X_n, \Delta_n)$有定义(可取值无穷)。这里我们约定对于一个随机变量 X，其正部

和负部分别定义为$X^+=\max(X, 0)$和$X^-=\max(-X, 0)$；当$E(X^+)$或$E(X^-)$有限时定义X的数学期望$E(X):=E(X^+)-E(X^-)$；否则，$E(X)$无定义。其次，作为级数$V_\beta(\pi, i)$是收敛的，即极限$\lim\limits_{N\to\infty}\sum\limits_{n=0}^{N}\beta^n E_{\pi, i} r(X_n, \Delta_n)$存在(可取值正无穷或负无穷)。因此，我们是在广义实数$[-\infty, +\infty]$的范围内来讨论的。

显然，条件 2.4 是讨论问题所必需的，因此也是最一般的。在本节中我们假定条件 2.4 总成立。要注意的是，本节是在一般的策略集Π中讨论的，若是较小的策略集Π_s或Π_m^d，某些结论则可能会改变。

在条件 2.4 下，由于$V_\beta(\pi, i)$可取值无穷，故需对$\varepsilon(\geqslant 0)$最优策略的定义稍作修改。对$\varepsilon>0$，称π^*为ε-最优策略，若

$$V_\beta(\pi^*, i)\geqslant\begin{cases}V_\beta(i)-\varepsilon, & V_\beta(i)\text{有限}\\ 1/\varepsilon, & V_\beta(i)=+\infty\end{cases}$$

由于当$V_\beta(i)=-\infty$时，对任一π均有$V_\beta(\pi, i)=-\infty$，因此上式不考虑此种情形。若约定$1/0=\infty$，则上述定义也适用于$\varepsilon=0$，此时称π^*为最优策略。

2.5.1 模型缩减

我们先给出状态集和决策集缩减的概念，缩减是本节的主要方法。以下概念将马尔可夫决策过程限制在一个状态子集中。

定义 2.2 (1) 称S的子集S_0是 MDP 的一个状态闭集(简称闭集)，如果

$$\sum_{j\notin S_0} p_{ij}(a)=0, i\in S_0, a\in A(i)$$

(2) 设S_0为闭集，将 MDP 局限在S_0上，即得

$$\{S_0, (A(i), i\in S_0), p_{ij}(a), r(i, a), V_\beta^{S_0}\}$$

它亦是一个马尔可夫决策过程，称之为S_0的导出子 MDP，记为S_0- MDP。

上面所引入的闭集的概念，也是马尔可夫过程中闭集概念的推广，也就是说，在此集中的任一状态处，不管选择什么样的决策，系统都将保持在此集之中。S_0- MDP 显然是原 MDP 限制在状态子集S_0中的部分，因为S_0是闭集，所以S_0- MDP 确实是一个 MDP。

设S_0为一个闭集，记$H_n(S_0)$为S_0- MDP 到n时的历史集，则$H_n(S_0)\subset H_n(n\geqslant 0)$。对任一策略$\pi=(\pi_0, \pi_1, \cdots)\in\Pi$，若将$\pi_n(\cdot|h_n)$局限在$h_n\in H_n(S_0)$上，那么$\pi$亦是$S_0$- MDP 的一个策略，而且$S_0$- MDP 的各类策略均可如此得到。其期望折扣总报酬准则记为$V_\beta^{S_0}(\pi)$。由闭集的定义容易得到如下定理。

引理 2.9 设$S_0\subset S$是一个闭集，则$V_\beta(\pi, i)=V_\beta^{S_0}(\pi, i)$，$\pi\in\Pi$，$i\in S_0$。

综上所述，对于闭集S_0，MDP 与其导出S_0- MDP 的期望折扣总报酬准则函数局限在状态子集S_0上是相同的。因此：① 当S_0和$S-S_0$均是闭集时，原 MDP 就可分为两个子 MDP：S_0- MDP 和$(S-S_0)$- MDP；② 当S_0为闭集，而 MDP 在$S-S_0$上已知(即$V_\beta(i)$在$S-S_0$上已知，或者可求得$S-S_0$上的最优策略或ε-最优策略)时，我们只需讨论它在S_0上的限制S_0- MDP即可。这样就将状态集从S缩小为S_0，达到了状态集的缩减这一目标。

与状态集的缩减相对应的是决策集的缩减。

定义 2.3　设 $A'(i)\subset A(i)$，$i\in S$，将原 MDP 的决策集 $A(i)$ 改为 $A'(i)$ 得到的新 MDP 记为 MDP′(其状态转移概率 $p_{ij}(a)$ 和报酬函数 $r(i, a)$ 均局限在 $a\in A'(i)$ 上，相应的记号上加一上标“′”)。如果对 MDP 的任一策略 π，均有 MDP′的策略 π' 使得

$$V_\beta(\pi, i)\leqslant V'_\beta(\pi', i), i\in S \tag{2.42}$$

则原 MDP 与决策集缩减后的 MDP′等价，并称 $A(i)$ 可缩减为 $A'(i)$。

显然，MDP′的任一策略 π' 也一定是 MDP 的一个策略，且 $V_\beta(\pi', i)=V'_\beta(\pi', i)$，$i\in S$。由此，MDP 与 MDP′的最优值函数相等，($\varepsilon$-)最优策略(如存在)也可取相同的，从而两者是等价的。于是可将 $V'_\beta(\pi, i)$ 仍记为 $V_\beta(\pi, i)$。

我们在 2.2 节中讨论的非最优决策消去法也是一种决策集的缩减。

2.5.2　报酬函数的有限性

本小节我们讨论在条件 2.4 下报酬函数具有的一些性质。与 2.4.1 节中一样，对 $i\in S$，记 $U(i)=\sup\limits_{a\in A(i)} r(i, a)$ 表示报酬函数 $r(i, a)$ 对决策 a 的上确界。定义状态集

$$W=\{i\mid 存在\ \pi\in\Pi,\ n\geqslant 0\ 使得 E_{\pi, i}r(X_n, \Delta_n)=+\infty\} \tag{2.43}$$

易知，W 是有策略的单阶段期望报酬达到正无穷大的那些状态所成之集。

由条件 2.4 知，对 $i\in W$，存在策略 π 使得 $V_\beta(\pi, i)=V_\beta(i)=+\infty$，即此策略在状态 i 处是最优的。进而，我们猜测有以下定理(Hu et al, 1999)。

定理 2.14　(1) 存在策略 π 在 W 上是最优的：$V_\beta(\pi, i)=V_\beta(i)=+\infty$，$i\in W$。

(2) $S-W$ 为闭集，且对 $i\in S-W$，决策集 $A(i)$ 可缩减为

$$A_1(i)=\{a\in A(i)\mid r(i, a)>-\infty\} \tag{2.44}$$

缩减后，报酬函数 $r(i, a)$ 满足以下条件：

$$-\infty<r(i, a)\leqslant U(i)<+\infty,\ i\in S-W,\ a\in A_1(i) \tag{2.45}$$

由定理 2.13，我们可在 $S-w$ 上来考虑 MDP，决策集 $A(i)$ 可缩减为 $A_1(i)$，也即可以将 $A(i)-A_1(i)$ 中的决策去除掉。因此，下面假定报酬函数满足式(2.45)，也即考虑如下 MDP：$\{S-W, A_1(i), p_{ij}(a), r(i, a), V_\beta\}$。

2.5.3　最优值函数的有限性及最优方程

由 2.1 节、2.4.1 节的讨论可知，为获得最优方程还需要一定的条件，它对证明最优方程起着重要的作用。本节以下假定条件 2.5 总成立。

条件 2.5　对 $\pi\in\Pi$，$i\in S$ 有

$$V_\beta(\pi, i)=\sum_{a\in A(i)}\pi_0(a\mid i)\{r(i, a)+\beta\sum_j p_{ij}(a)V_\beta(\pi^{i, a}, j)\} \tag{2.46}$$

折扣准则函数将各个阶段所得之期望报酬的折扣总和作为一个整体看待；而式(2.46)则将当前阶段(即第 0 阶段)与余下各阶段进行了分离。所以，我们称条件 2.5 为**可分离性条件**。

条件 2.5 成立意味着右边的两个级数 $\sum\limits_{a\in A_1(i)}$ 和 $\sum\limits_j$ 都是有定义的。由于报酬函数总满足式(2.45)，式(2.46)中的“+”总有意义。当报酬函数 $r(i, a)$ 非负或非正时，易证条件 2.5 成立；当 $\beta\in(0, 1)$ 且条件 2.3 成立时，由定理 4.2 知条件 2.5 亦成立。

为保证对任意的$(i, a)\in\Gamma$，作为级数，$\sum_j p_{ij}(a)V_\beta(j)$有定义，可将状态集$S-W$划分为如下三个子集：

$$S_\infty:=\{i|V_\beta(i)=+\infty\},\ S_{-\infty}:=\{i|V_\beta(i)=-\infty\},\ S_0:=S-W-S_\infty-S_{-\infty}$$

分别表示最优值为正无穷大、负无穷大和有限的那些状态所成之集。显然，$S_\infty\cup S_{-\infty}\cup S_0=S-W$且三者互不相交。再定义状态集：

$$S_{=\infty}:=\{i|\text{存在}\ \pi\ \text{使得}V_\beta(\pi, i)=+\infty\}$$

表示最优值为正无穷且有最优策略的那些状态所成之集。显然，$S_{=\infty}\subset S_\infty$。至此，我们可得到如下的重要结论。

定理 2.15 对于原 MDP 来说：

(1) 在$S_{-\infty}$上，所有策略均是最优的；

(2) 在S_∞上，作为一类特殊的问题，其上的最优值函数恒为正无穷，其中在$S_{=\infty}$上有最优策略，在$S_\infty-S_{=\infty}$上不存在最优策略；

(3) 在S_0上，原决策集$A_1(i)$可缩减为

$$A'(i)=\{a\in A_1(i)|r(i, a)>-\infty,\ p_{iS_{-\infty}}(a)=0$$

且

$$\sum_{j\in S_0}p_{ij}(a)V_\beta(j)>-\infty\},\ i\in S_0 \tag{2.47}$$

对缩减后的 MDP(称之为S_0- MDP)：

$$\{S_0,\ A'(i),\ r(i, a),\ p_{ij}(a),\ V_\beta\}$$

最优值函数V_β满足最优方程：

$$V_\beta(i)=\sup_{a\in A'_3(i)}\{r(i, a)+\beta\sum_{j\in S_0}p_{ij}(a)V_\beta(j)\},\ i\in S_0 \tag{2.48}$$

我们说最优方程(2.48)是有意义的，是指其中的级数是有定义的，右边的两项之和不会出现$\infty-\infty$这种无意义的情况。因此，最优方程如果有意义，就一定是成立的。由前面的讨论可知，如果最优方程无意义，那么我们可以通过缩减决策集和状态集，使得最优方程在最优值有限的状态子集上成立。这一结论，也是本章区别于其他文献中的主要之处。

由上定理，我们只需讨论S_0- MDP 即可，且我们还可假定以下条件满足：对任意的$(i, a)\in\Gamma$，有

$$-\infty<r(i, a)\leqslant U(i)<+\infty,\ V_\beta(i)\ \text{和}\ \sum_j p_{ij}(a)V_\beta(j)\in(-\infty, +\infty) \tag{2.49}$$

在此条件下，V_β满足最优方程(2.48)。

总的来说，本节上面得到的结论是：如果最优方程有定义(即方程右边的级数项$\sum_j p_{ij}(a)V_\beta(j)$总是有定义的，二项之和$r(i, a)+\beta\sum_j p_{ij}(a)V_\beta(j)$也有定义，即不会出现$\infty-\infty$)，那么最优值函数是最优方程的一个解；否则，可以将那些使得最优方程右边项没定义的决策去掉，将状态集S缩减为$S_0=:\{i\in S|V_\beta(i)\text{有限}\}$，缩减后的 MDP 的最优方程右边项有定义，从而最优值函数满足最优方程。这些是在条件 2.4 和条件 2.5 下得到的，至于折扣因子β的取值，只要$\beta\geqslant0$即可。当然，不同的β可能会影响条件 2.4 和条件 2.5 是否满足。

最后，我们给出如下定理。

定理 2.16　在正报酬下，最优值函数V_β是最优方程的最小非负解；在负报酬下，最优值函数V_β是最优方程的最大非正解。

本节所有定理的证明，以及条件 2.4 和条件 2.5 的若干充分条件、取到最优方程上确界的平稳策略的最优性条件及逐次逼近法的收敛性，有兴趣的读者可参见文献(Hu et al, 1999)。

习　题

1. 试写出非时齐 MPD 模型的折扣准则最优方程。

2. 请将定理 2.6 中给出的消除非最优决策的思路运用到策略迭代法中，写出新的算法。

3. 对例 2.1 中的研究，(1) 请比较$i^{\square}$与$i^{\square\square}$的大小；(2) 如果有多项资产，这里的问题如何解决?

4. (渔业管理)在一特定的捕鱼区域有 N 种鱼，每次捕捞最多只能捕到一条鱼，其概率是 γ；当捕到一条鱼时，它是第 j 种鱼的概率为p_j，$j=1, 2, \cdots, N$，此概率与其他因素无关。每个阶段，决策者可以以成本 C 进行捕捞，或者退出。退出时，收益 $R(n)$是他捕捞到的鱼的种类数 n 的函数。试确定其最优策略。

提示：定义状态 S 是已经捕捞到的鱼的种类的集合，$|S|$表示集合 S 中的元素数量，$\bar{P}(S)=\sum_{i\notin S} p_i$表示捕捞到的鱼的种类不在集合 S 中的概率。

5. (1) 证明引理 2.2；(2) 证明引理 2.3 中的最优值函数$V_\beta(x, M)=\sup_\pi V_\beta(\pi, x, M)$是凸函数。

6. 设有函数 $a(\mu)$与 $b(\mu)$，其中 μ 在某个闭区间上取值。进而，定义函数 $f(x)=\max_\mu[a(\mu)+b(\mu)x]$，试证明 $f(x)$是凸函数。

7. 试证明定理 2.9 对非同质项目也是成立的。所谓非同质项目，是指报酬与转移概率 $r(i)$，p_{ij}均与项目 k 有关，分别为$r^k(i)$，p_{ij}^k。

8. 在多项目 Bandit 问题中，假定项目会结束，而且一个项目在结束之前不产生报酬，仅当结束时才有报酬，$r^k(i)$表示项目 k 结束时的状态为 i 时的结束报酬。试讨论这一情形。

9. 最初的 Bandit 问题是老虎赌博机：每次投币，以一定的概率 p 赢得 1 块钱(一个单位的钱)，或以概率 $1-p$ 输 1 块钱。p 未知，且遵循一个先验的概率分布，如均匀分布。任何时候可以退出，一旦选择退出即获得一项瞬时报酬 M。试讨论之。

10. (技术搜索问题)有一个技术池(即有很多的技术)，其中的每一项技术的价值未知。企业想要了解技术池中某项技术的价值，需要支付费用 $k>0$。假定所需时间忽略不计，也即企业支付相应的费用后就可以立即知道该项技术的价值。在了解了技术的价值之后，企业需要决定是否采用该项技术。如果决定采用，那么企业的获利就是该项技术的价值，搜索停止；否则，企业继续在技术池中搜索。假定技术池中各项技术的价值是独立同分布的(在搜索之前)，折扣因子 $\beta\in(0, 1)$。

技术搜索问题分为两类：一类是可召回(Recall)的，即过去的技术可以继续采用；另一类是不可召回的，搜索新技术而放弃的技术不可采用。

（1）试建立该问题的 MDP 模型，并讨论最优策略；

（2）试证明召回、不召回的最优策略相同。

参 考 文 献

HU Q, XU C. 1999. The finiteness of the reward function and the optimal value function in Markov decision processes, Mathematics Methods in Ope. Res., 49(2), 255 - 266.

ROSS S M. 1983. Introduction to Stochastic Dynamic Programming, Academic Press, INC.

WHITTLE P. 1980. Multi-armed bandits and the Gittins index. J. Roy. Statist. Soc. Sect. B 42, 143 - 149.

第 3 章　离散时间马尔可夫决策过程：平均准则

在前面几章中，我们所讨论的准则是各阶段的报酬之和或折扣报酬之和。另一种常用的准则是平均准则，它考虑的是平均每个阶段的期望报酬，即阶段 0 至阶段 N(共有 $N+1$ 个阶段)的期望报酬的平均值为$\frac{1}{N+1}V_{0,N}(\pi, i)$。显然，如果 N 给定，那么这与有限阶段期望总报酬是等价的。令 N 趋于无穷大，由于其极限可能不存在，因此取下极限，即定义

$$V(\pi, i)=\liminf_{N\to\infty}\frac{1}{N+1}V_{0,N}(\pi, i),\ i\in S,\ \pi\in\Pi \tag{3.1}$$

为策略 π 下从状态 i 出发长期运行平均每阶段的期望报酬，简称为 π 下从状态 i 出发的平均报酬。类似于折扣准则，定义平均准则最优值函数为

$$V^*(i)=\sup_{\pi\in\Pi}V(\pi, i),\ i\in S$$

称策略$\pi^*\in\Pi$为(平均准则)最优策略，如果 $V(\pi^*, i)=V^*(i)$，$i\in S$。求策略 π 使得平均报酬 $V(\pi, i)$达到最大的问题，称为平均准则。

平均准则与折扣准则的区别是明显的。在折扣准则中，由于阶段 n 的报酬在整个目标函数中要乘以折扣因子 β 的 n 次方，因此，n 越小，阶段 n 的期望报酬$E_{\pi,i}r_n(X_n, f_n)$在整个目标函数$V_\beta(\pi, i)$中越重要；反之，n 越大，阶段 n 的期望报酬$E_{\pi,i}r_n(X_n, f_n)$在整个目标函数$V_\beta(\pi, i)$中越不重要。在平均准则中，任一阶段 n 的报酬值在整个目标函数中不起作用，它只考虑长期运行下的极限，即将来的变化趋势。因此，折扣准则与平均准则是相反的：折扣准则着重于前面阶段的报酬，平均准则只考虑将来阶段报酬的变化趋势。

与折扣准则中所讨论的内容类似，我们先讨论平均准则的最优方程，再讨论算法：策略迭代法和线性规划法，最后讨论平均准则中特殊的最优不等式。在本章附录中给出文中的几个引理。

3.1　平均准则的最优方程

研究平均准则的方法有多种，这里将第 1、2 两章中的方法与结论推广到平均准则。

3.1.1　平均准则的最优方程与最优策略

我们首先讨论平均准则与前面讨论的折扣准则之间的关系。从二者的定义来看，平均准则是阶段 n 的期望报酬值$C_n=E_{\pi,i}r(X_n, \Delta_n)$的有限项均值的极限，而折扣准则是$C_n$的折扣和。比较这二者，我们自然会想到联系这二者的 Laplace 定理(本章附录推论 A.1)。对序列$\{C_n, n\geqslant 0\}$使用推论 A.1，我们可得到以下推论。

推论 3.1　对任一策略 π 状态 i，及折扣因子 $\beta\in(0, 1)$，设$V_\beta(\pi, i)$均存在且有限，则

$$V(\pi, i)\leqslant\lim_{\beta\uparrow 1}\inf(1-\beta)V_\beta(\pi, i)$$

进而，对平稳策略 f，极限$\lim\limits_{\beta\uparrow 1}(1-\beta)V_\beta(f, i)$存在，且上式中等号成立 ①，即

$$V(f, i)=\lim_{\beta\uparrow 1}(1-\beta)V_\beta(f, i), i\in S$$

以上推论给出了平均准则与折扣准则的目标函数之间的关系，进而还可得到二者最优值函数之间的关系。对此，由上推论有

$$V(\pi, i)\leqslant\lim_{\beta\uparrow 1}\inf(1-\beta)V_\beta(\pi, i)\leqslant\lim_{\beta\uparrow 1}\inf(1-\beta)V_\beta(i)$$

在上式中，对 π 取上确界可得平均准则与折扣准则的最优值函数之间的关系：

$$V^*(i)\leqslant\lim_{\beta\uparrow 1}\inf(1-\beta)V_\beta(i), i\in S \tag{3.2}$$

由于对任一折扣因子 β 均存在 β-折扣最优平稳策略，而对平稳策略，推论 3.1 中的不等式成为等式。因此，我们猜想式(3.2)中等号很可能成立，至少在一定条件下等号成立。于是，我们可先假定极限

$$\rho(i):=\lim_{\beta\uparrow 1}(1-\beta)V_\beta(i), i\in S$$

存在(至于存在所需的条件，我们留待后面讨论)。

下面进一步考虑能否从折扣准则的最优方程推得平均准则的最优方程。我们知道，折扣准则最优方程为$V_\beta(i)=\sup\limits_{a\in A(i)}\{r(i, a)+\beta\sum\limits_j p_{ij}(a)V_\beta(j)\}$。为利用上面的极限$\lim\limits_{\beta\uparrow 1}$，我们在折扣准则最优方程的两边同乘以 $1-\beta$，有

$$(1-\beta)V_\beta(i)=\sup_{a\in A(i)}\{(1-\beta)r(i, a)+\beta\sum_j p_{ij}(a)(1-\beta)V_\beta(j)\}, i\in S$$

令 $\beta\uparrow 1$(我们假定极限$\lim\limits_{\beta\uparrow 1}$与上确界 $\sup\limits_{a\in A(i)}$ 以及与求和 $\sum\limits_j$ 可交换次序)，推得 $\rho(i)$应该满足以下方程：

$$\rho(i)=\sup_{a\in A(i)}\sum_j p_{ij}(a)\rho(j), i\in S \tag{3.3}$$

这个方程中没有报酬函数 $r(i,a)$。

为在最优方程中保留 $r(i,a)$，我们也可在折扣准则最优方程的两边同时减去 $\beta V_\beta(i)$，得

$$\begin{aligned}(1-\beta)V_\beta(i) &= V_\beta(i)-\beta V_\beta(i)\\ &=\sup_{a\in A(i)}\Big\{r(i, a)+\beta\sum_j p_{ij}(a)V_\beta(j)-\beta V_\beta(i)\Big\}\\ &=\sup_{a\in A(i)}\Big\{r(i, a)+\beta\sum_j p_{ij}(a)[V_\beta(j)-V_\beta(i)]\Big\}, i\in S\end{aligned}$$

为在上式中取极限 $\beta\uparrow 1$，我们假定$i_0\in S$ 为任意取定的一个状态，极限

$$h(i)=\lim_{\beta\uparrow 1}[V_\beta(i)-V_\beta(i_0)], i\in S$$

均存在(同样，所需的条件在后面再讨论)，则在前式中取极限 $\beta\uparrow 1$(仍假定极限$\lim\limits_{\beta\uparrow 1}$与上确

① 实际上，由马尔可夫链极限概率方面的知识(本章附录引理 A.4)知，对任一平稳策略 f，极限

$$V(f, i)=\lim_{N\to\infty}\frac{1}{N+1}\sum_{n=0}^N E_{f,i}r(X_n, \Delta_n), i\in S$$

存在。故由 Laplace 定理可得等式成立。

界 $\sup\limits_{a\in A(i)}$ 以及求和 $\sum\limits_j$ 可交换次序)，可得

$$\begin{aligned}\rho(i) &= \sup_{a\in A(i)}\Big\{r(i,a)+\sum_j p_{ij}(a)\lim_{\beta\uparrow 1}\{[V_\beta(j)-V_\beta(i_0)]-[V_\beta(i)-V_\beta(i_0)]\}\Big\}\\ &= \sup_{a\in A(i)}\Big\{r(i,a)+\sum_j p_{ij}(a)[h(j)-h(i)]\Big\}\\ &= \sup_{a\in A(i)}\Big\{r(i,a)+\sum_j p_{ij}(a)h(j)\Big\}-h(i),\ i\in S\end{aligned}$$

从而得到方程

$$h(i)+\rho(i) = \sup_{a\in A(i)}\Big\{r(i,a)+\sum_j p_{ij}(a)h(j)\Big\},\quad i\in S \tag{3.4}$$

从 $\rho(i)$ 的定义及 Laplace 定理知，$\rho(i)$ 表示从状态 i 出发长期运行每周期的最优期望报酬(称为长期运行单位时间最优平均报酬)。由此就可以解释式(3.3)与式(3.4)的含义，请读者自行给出。

在平均准则中，最优方程由式(3.3)与式(3.4)组成，未知变量是 $\{\rho(i),\ h(i),\ i\in S\}$。我们称式(3.3)与式(3.4)为平均准则最优方程系(the Set of Average Criterion Optimality Equations，ACOEs)。自然，我们关心其解的存在性以及它与最优策略之间的关系。如果决策集 $A(i)=\{f(i)\}$ 均是单点集，那么这两个方程就成为

$$\rho_f(i) = \sum_j p_{ij}(f)\rho_f(j)$$

$$\rho_f(i)+h_f(i)=r(i,f)+\sum_j p_{ij}(f)h_f(j),\quad i\in S$$

这给出了计算平稳策略 f 下平均准则目标函数值 $V(f,i)$ 的方法。但我们对此不作更多的讨论，有兴趣的读者可参阅文献(胡奇英等，2000)。

我们在这里考虑一种特殊情况：

$$\rho(i)=\rho,\ i\in S$$

此时，最优方程系中的第一个方程(3.3)成为平凡的(即变成恒等式)，而第二个方程(3.4)简化为如下的形式：

$$\rho+h(i) = \sup_{a\in A(i)}\Big\{r(i,a)+\sum_j p_{ij}(a)h(j)\Big\},\ i\in S \tag{3.5}$$

其中，ρ 是常数，h 为 S 上的函数。上述方程的一个解是 $\{\rho,\ h(i),\ i\in S\}$。我们称式(3.5)为平均准则最优方程(the Average Criterion Optimality Equation，ACOE)。如果将 $h(i)$ 解释为在状态 i 处的终止报酬，则 ACOE 右边项是运行一个周期后终止的最优期望报酬，它与立即终止所得的报酬差一个常数项 ρ，可以认为 ρ 是最优的长期运行平均期望报酬。

$\rho(i)=\rho$(常数)的这种特殊情况，在实际中是否常见？如果不常见，那么研究这个特例就失去意义了。实际上，如果平稳策略 f^* 是最优的，且马尔可夫链 $P(f^*)$ 是遍历的，其稳态概率分布记为 $P_j^*(f^*)$，$j\in S$，则由附录引理 A.4 知，$\rho(i)=V(f^*,i)=\sum\limits_j P_j^*(f^*)r(j,f^*)$ 为常数。由于遍历链在实际应用中是比较常见的，如排队系统、存储系统等，所以研究 $\rho(i)$ 为常数的情形是有意义的。

与折扣准则类似，方程(3.5)能否作为平均准则的最优方程，取决于以下两点：它有解；有解时取到最优方程右边上确界的策略是最优的。下面我们先来讨论取到最优方程右

边上确界的策略是最优的。

假定平均准则最优方程(3.5)有一个解$\{\rho, h\}$，我们约定方程(3.5)右边大括号中的项存在且有限，其上确界自然亦有限，则对$\varepsilon>0$，一定有f取到最优方程(3.5)的ε-上确界，则

$$\rho+h(i)\leqslant r(i, f)+\sum_j p_{ij}(f)h(j)+\varepsilon,\ \forall i\in S$$

所以

$$\rho+h(X_t)\leqslant r(X_t, f)+\sum_j p_{X_t, j}(f)h(j)+\varepsilon,\ t\geqslant 0$$

任意状态i，在上式中关于$E_{f,i}$取数学期望，得

$$\rho+E_{f,i}h(X_t)\leqslant E_{f,i}r(X_t, f)+E_{f,i}h(X_{t+1})+\varepsilon,\ t\geqslant 0$$

再将上式对t从0到$n-1$求和，再除以n，整理可得

$$\rho\leqslant\frac{1}{n}\sum_{t=0}^{n-1}E_{f,i}r(X_t, f)+\frac{1}{n}E_{f,i}h(X_n)-\frac{1}{n}h(i)+\varepsilon,\ n\geqslant 1 \tag{3.6}$$

为了在上式中对$n\to\infty$求下极限，我们需要假定h满足如下条件：

$$\liminf_{n\to\infty}\frac{1}{n}E_{f,i}h(X_n)\leqslant 0,\ f\in F,\ i\in S$$

在此条件下，在式(3.6)中对$n\to\infty$取下极限，得$\rho\leqslant V(f, i)+\varepsilon\leqslant V^*(i)+\varepsilon$。由此及$\varepsilon$的任意性知$\rho\leqslant V^*(i)$，$i\in S$。若能证明$\rho\geqslant V^*(i)$，$i\in S$，则前述$f$为平均准则$\varepsilon$-最优策略。

下面来证明$\rho\geqslant V^*(i)$，$i\in S$。为此，将前述不等式反向。首先，由式(3.5)得

$$\rho+h(i)\geqslant r(i, a)+\sum_j p_{ij}(a)h(j),\ \forall i\in S,\ a\in A(i)$$

从而，$\rho+h(X_t)\geqslant r(X_t, f)+\sum_j p_{X_t, j}(f)h(j)$，$t\geqslant 0$。由此可以证明，若条件

$$\lim_{n\to\infty}\frac{1}{n}E_{\pi,i}h(X_n)=0,\ \pi\in\Pi,\ i\in S \tag{3.7}$$

成立，则对任意的策略π及初始状态i，有$\rho\geqslant V(\pi, i)$，$i\in S$。由此及π的任意性得$\rho\geqslant V^*(i)$，$i\in S$。

这样，我们就证明了以下定理。

定理 3.1 设平均准则函数$V(\pi, i)$对π，i均有限，平均准则最优方程(ACOE)(3.5)有解$\{\rho, h\}$且满足式(3.7)，则$\rho=V^*(i)$，$i\in S$，且取到ACOE中ε-上确界的策略f为ε-最优策略，$\varepsilon\geqslant 0$。

在第2章中，折扣准则最优方程的有界解是唯一的，但对于平均准则最优方程，有界解不再是唯一的了。实际上，若$\{\rho, h\}$为方程(3.5)的解，则对任一常数c，$\{\rho, h+c\}$亦是方程(3.5)的解。但定理3.1说明，只要h满足式(3.7)(如有界)，则$\rho=V^*(i)$是唯一的。本章下面引理3.4中将要证明在一定条件下，h除一个常数因子外亦是唯一的。此时，$A^*(i)$也唯一确定，但一般地，$A^*(i)$依赖于$\{\rho, h\}$从而不是唯一确定的。读者也可从定理3.1推知$A^*(i)$具有一定的唯一性。

注 3.1 (1) 若h是有界的，则式(3.7)成立，此时称ACOE存在有界解。

(2) 从定理3.1可知，一个平稳策略f只要对其正常返状态i取到ACOE中i的上确界，那么f就可能是最优的，而对非正常返状态i，$f(i)$可以不取到ACOE的上确界，这一点不同于折扣准则。因此，最优策略f不必属于$\times_i A^*(i)$。但此类例子目前还未曾见到。

上面导出最优方程的过程中，在得到 ACOE 的解$\{\rho, h\}$的同时也得到了结论 $\rho \geqslant V^*(i)$，$i \in S$。此时就可以减弱条件(3.7)。与定理 3.1 中一样可证得以下推论，其中对平稳策略 f，记 $R(f)$为时齐马尔可夫链 $P(f)$的正常返状态集①。

推论 3.2　设 ACOE 有解$\{\rho, h\}$满足 $\rho \geqslant V^*(i)$，$i \in S$，则

(1) 对 $\varepsilon \geqslant 0$，若 f 取到 ACOE 的 ε-上确界，且满足以下条件，则 f 为 ε-最优策略：

$$\limsup_{n\to\infty}\frac{1}{n}E_{f,i}h(X_n) \leqslant 0,\ i \in S \tag{3.8}$$

(2) 设 f 为最优策略且满足式(3.7)，则对 $i \in R(f)$，$f(i)$取到 ACOE 的上确界。

在式(3.7)中，我们要求等号成立，而式(3.8)只要求非正。

下面我们来讨论第二个问题：ACOE 有解的条件。一个自然的思路是，保证极限号与求和号的次序交换以及极限存在的条件。

条件 3.1　设存在一列折扣因子$\beta_n \uparrow 1$，S 上的非负函数 L、常数 $M>0$、状态$i_0 \in S$，使得

(1) 对每个β_n，无界报酬条件 2.3 成立；

(2) $|(1-\beta_n)V_{\beta_n}(i_0)| \leqslant M$，$n \geqslant 1$；

(3) $|h_{\beta_n}(i)| \leqslant L(i)$，$i \in S$，$n \geqslant 1$，其中$h_{\beta_n}(i) = V_{\beta_n}(i) - V_{\beta_n}(i_0)$；

(4) 对任一 $i \in S$，$\sum\limits_j p_{ij}(a)L(j)$对 $a \in A(i)$一致收敛。

下面我们讨论为什么需要上述条件，以及为何上述条件能保证最优方程有解。

首先，本节前面讨论的极限$\lim\limits_{\beta\uparrow 1}$可减弱为对某一折扣因子列$\beta_n \uparrow 1$时的极限$\lim\limits_{n\to\infty}$。对这些折扣因子，要保证折扣准则最优方程成立，这就是条件 3.1 中的(1)。当报酬有界时(1)自然是成立的。由此及定理 2.2 知，折扣因子为β_n时的折扣最优方程成立：

$$V_{\beta_n}(i) = \sup_a\Big\{r(i,a) + \beta_n\sum_j p_{ij}(a)V_{\beta_n}(j)\Big\},\ i \in S,\ n \geqslant 1$$

于是，对 $n \geqslant 1$，存在$f_n \in F$ 取到以上方程中的 $1/n$-上确界。为导出最优方程(3.5)，我们下面考虑分别证明最优方程中的“$\leqslant$”和“$\geqslant$”这两种情形。

其次，设$i_0 \in S$ 是一个特定的状态，记$u_n = (1-\beta_n)V_{\beta_n}(i_0)$，则有

$$\begin{aligned} u_n + h_{\beta_n}(i) &= \sup_a\Big\{r(i,a) + \beta_n\sum_j p_{ij}(a)h_{\beta_n}(j)\Big\} \\ &\leqslant r(i,f_n) + \beta_n\sum_j p_{ij}(f_n)h_{\beta_n}(j) + \frac{1}{n},\ i \in S \end{aligned} \tag{3.9}$$

要在式(3.9)中取极限或子极限，由数学分析的知识知道，需要其中的数列是有界的，这就提出了条件 3.1 中的(2)和(3)。于是，利用对角线法，可知存在β_n的一个子列β_{n_k}使得以下极限均存在：

$$\lim_k u_{n_k} = \rho,\ \lim_k h_{n_k}(i) = h(i),\ i \in S$$

$$\lim_k r(i, f_{n_k}),\ \lim_k p_{ij}(f_{n_k}),\ i, j \in S$$

自然，$|h(i)| \leqslant L(i)$，$i \in S$。不妨设$\{\beta_{n_k}\}$就为$\{\beta_n\}$，对式(3.9)中的不等式，令 $n \to \infty$，可得

① 在时齐马尔可夫链中，一个状态称为正常返状态，如果从此状态出发必定会回到该状态，且回到该状态所需的平均时间有限。

$$\begin{aligned}\rho+h(i)&\leqslant\lim_n r(i,\ f_n)+\sum_j\lim_n p_{ij}(f_n)h(j)\\&=\lim_n\left\{r(i,\ f_n)+\sum_j p_{ij}(f_n)h(j)\right\}\\&\leqslant\sup_a\left\{r(i,\ a)+\sum_j p_{ij}(a)h(j)\right\},\ i\in S\end{aligned}$$

其中，为了保证极限号与求和号可以交换次序，就需要条件 3.1 中的(4)。于是，就提出了条件 3.1 中的 4 个条件。

为了证明最优方程，由式(3.9)中的等式，有

$$u_n+h_{\beta_n}(i)\geqslant r(i,\ a)+\beta_n\sum_j p_{ij}(a)h_{\beta_n}(j),\ a\in A(i),\ i\in S$$

两边令 $n\to\infty$ 取极限，我们又可得到

$$\rho+h(i)\geqslant r(i,\ a)+\lim_n\beta_n\sum_j p_{ij}(a)h_{\beta_n}(j)\geqslant r(i,\ a)+\sum_j p_{ij}(a)h(j),\ \forall a,\ i$$

从而，有

$$\rho+h(i)\geqslant\sup_a\{r(i,\ a)+\sum_j p_{ij}(a)h(j)\},\ i\in S$$

因此，$\{\rho,\ h\}$满足 ACOE。这就证明了以下定理。

定理 3.2 在条件 3.1 下，ACOE 有解$\{\rho,\ h\}$，且$|h(i)|\leqslant L(i)$，$i\in S$。

关于条件 3.1，我们给出注 3.2 来做进一步的讨论。

注 3.2 (1) 条件 3.1 中的(3)等价于：存在非负的 $L(i,\ j)$使得$|V_{\beta_n}(i)-V_{\beta_n}(j)|\leqslant L(i,\ j)$，$i,\ j\in S$，$n\geqslant 1$。这说明状态$i_0$是可以任意选取的。

(2) 在以下的任一情况下，条件 3.1 中的(4)成立：① 状态集 S 有限；② 对每一 i，$\{j\mid$存在$a\in A(i)$使得$p_{ij}(a)>0\}$为有限集(这在很多排队模型和存储模型中总是成立的)；③ 决策集 $A(i)$均有限且级数 $\sum_j p_{ij}(a)L(j)$对 $a\in A(i)$均收敛。

(3) 条件 3.1 中较简单的情形是$h_{\beta_n}(i)$有界且$\lim_n p_{ij}(f_n)$仍为概率分布，此时 ACOE 存在有界解。另一方面，当 ACOE 存在有界解时，$h_\beta(i):=V_\beta(i)-V_\beta(i_0)$对 β 和 i 有界(Fernandez-Gaucherand，et al，1990)。这说明$h_\beta(i)$有界与 ACOE 存在有界解是大致等价的。

结合定理 3.1 和定理 3.2 可得存在 ε-最优策略的条件，注意到推论 A.2 和推论 3.1，我们可以得出推论 3.3。

推论 3.3 设条件 3.1 成立，$\varepsilon\geqslant 0$，f 取到 ACOE 中的 ε-上确界，且对 $i\in S$ 均有 $\lim_{n\to\infty}\frac{1}{n}E_{f,\ i}L(X_n)=0$，则 f 为 ε-最优策略。

以上推论中的条件，仅对给定的平稳策略 f 成立。如果我们给条件 3.1 增加以下条件：

$$\lim_{n\to\infty}\frac{1}{n}E_{f,\ i}L(X_n)=0,\ \forall f\in F,\ i\in S$$

则取到 ACOE 中 ε-上确界的 f 必为 ε-最优策略。

注 3.3 我们进一步讨论平稳策略 f 为最优策略时，是否取到最优方程中的上确界。为此，记$A^*(i)$为状态 $i\in S$ 处取到最优方程右边上确界的决策所成之集。我们用反证法。设有状态$i_0\in R(f)$使得 $f(i_0)$没取到最优方程中的上确界，即

$$\varepsilon_0:=\rho+h(i_0)-\{r(i_0,\ f)+\sum_j p_{i_0 j}(f)h(j)\}>0$$

若记向量 $\boldsymbol{\varepsilon}$ 表示第 i_0 个分量为 ε_0，其余分量为 0；e 是分量分为 1 的列向量，则由最优方程，有

$$\rho \boldsymbol{e}+\boldsymbol{h} \geqslant \boldsymbol{r}(f)+\boldsymbol{P}(f)\boldsymbol{h}+\boldsymbol{\varepsilon}$$

记 $\boldsymbol{P}_{ij}^{n}(f)$ 为 $\boldsymbol{P}^{n}(f)$ 的第 (i,j) 元。$\boldsymbol{P}^{*}(f)$ 为 $\boldsymbol{P}^{n}(f)$ 的 Cesaro 极限（本章附录引理 A.3 后面第 2 行的定义），由马尔可夫链的知识（胡奇英等，2017）和引理 A.4 可知，$\boldsymbol{P}^{*}(f)$ 恒存在，且

$$P_{ij}^{*}(f)\begin{cases}>0, & i=j\in R(f)\\ =0, & i\in S,\ j\notin R(f)\end{cases}$$

则可以证明

$$\rho \geqslant V(f,i)+\sum_{j\in R(f)} P_{ij}^{*}(f)\varepsilon \geqslant V(f,i)+P_{ii}^{*}(f)\varepsilon_0 > V(f,i),\ i\in R(f) \tag{3.10}$$

这与 f 是最优策略相矛盾。因此，在最优策略 f 下，对 $i\in R(f)$ 必有 $f(i)\in A^{*}(i)$。这样，我们就证明了如下结论。

结论　若 f 为最优策略，则对 $i\in R(f)$，$f(i)$ 取到 ACOE 中分量 i 的上确界。

3.1.2　常返性条件

条件 3.1 中给出的 4 个条件，需要事先计算得到折扣准则的最优值函数（对所有折扣因子 β_n），但在多数情况下这是不可行的。在本小节，我们讨论基于马尔可夫链常返性的若干条件，以保证 ACOE 有解。这里假定报酬函数总有界 M。关于马尔可夫链常返性方面的知识，读者可参考马尔可夫链方面的书籍（胡奇英等，2017）。

对状态子集 $D\subset S$，定义 $T_D=\min\{t\geqslant 1 \mid X_t\in D\}$ 为首达 D 中状态的时间。当 $D=\{i\}$ 为单状态集时，简记 T_D 为 T_i。

条件 3.2　设存在折扣因子列 $\beta_n \uparrow 1$，$f_n\in F(n\geqslant 1)$，S 上的正函数 y，使得对 $n\geqslant 1$，f_n 是当折扣因子为 β_n 时的 n^{-1}-最优策略，进而存在状态 $s_n\in S$ 使得

$$E_{f_n,i}T_{s_n} \leqslant y(i),\ i\in S \tag{3.11}$$

式(3.11)要求在策略 f_n 下，从状态 i 出发到达状态 s_n 的期望首达时间，对 n 一致地不超过 $y(i)$。

定理 3.3　在条件 3.2 下，对任意的 $i,j\in S$ 均存在正数 $N(i,j)$，使得 $|V_{\beta_n}(i)-V_{\beta_n}(j)|\leqslant N(i,j)$，从而条件 3.1 中的(3)成立。

证明　对 $n\geqslant 1$，有

$$V_{\beta_n}(f_n,i)=E_{f_n,i}\sum_{t=0}^{T_{s_n}-1}\beta^t r(X_t,\Delta_t)+E_{f_n,i}\sum_{t=T_{s_n}}^{\infty}\beta^t r(X_t,\Delta_t),\ i\in S$$

从而

$$\begin{aligned}
&|V_{\beta_n}(f_n,i)-V_{\beta_n}(f_n,s_n)|\\
\leqslant &\left|E_{f_n,i}\sum_{t=0}^{T_{s_n}-1}\beta_n^t r(X_t,\Delta_t)\right|+\left|E_{f_n,i}\sum_{t=T_{s_n}}^{\infty}\beta_n^t r(X_t,\Delta_t)-V_{\beta_n}(f_n,s_n)\right|\\
\leqslant &\left|E_{f_n,i}\sum_{t=0}^{T_{s_n}-1}\beta_n^t r(X_t,\Delta_t)\right|+|V_{\beta_n}(f_n,s_n)|(1-E_{f_n,i}\beta_n^{T_{s_n}})
\end{aligned}$$

对上式右边第一项，由报酬函数 $r(i, a)$有界 M 可得

$$|E_{f_n, i}\sum_{t=0}^{T_{s_n}-1}\beta_n^t r(X_t, \Delta_t)|\leqslant E_{f_n, i}(MT_{s_n})\leqslant My(i)$$

对第二项，由引理 A.3(Jensen 不等式)可得

$$\begin{aligned}|V_{\beta_n}(f_n, s_n)|(1-E_{f_n, i}\beta_n^{T_{s_n}})&\leqslant(1-\beta_n)^{-1}M(1-\beta_n^{E_{f_n, i}T_{s_n}})\\&\leqslant(1-\beta_n)^{-1}M(1-\beta_n^{y(i)})\leqslant My(i)\end{aligned}$$

记 $H(i)=2My(i)$，则$|V_{\beta_n}(f_n, i)-V_{\beta_n}(f_n, s_n)|\leqslant H(i)$，从而

$$\begin{aligned}|V_{\beta_n}(i)-V_{\beta_n}(j)|&\leqslant|V_{\beta_n}(i)-V_{\beta_n}(f_n, i)|+|V_{\beta_n}(f_n, i)-V_{\beta_n}(f_n, s_n)|+\\&\quad|V_{\beta_n}(f_n, s_n)-V_{\beta_n}(f_n, j)|+|V_{\beta_n}(f_n, j)-V_{\beta_n}(j)|\\&\leqslant H(i)+H(j)+2, n\geqslant 1\end{aligned}$$

令 $N(i, j)=H(i)+H(j)+2$，即知定理成立。

显然，当 $y(i)$有界时，相应的$h_{\beta_n}(i)$和 $h(i)$均有界。在条件 3.2 中，求得所有f_n并非易事。因此，稍强一点的条件就是要求式(3.11)对所有 f 成立且 s_n相同。这就得到了强于条件 3.2 的如下条件。

条件 3.2′ 设存在 S 上的正函数 y 及状态 s^* 使得$E_{f, i}T_{s^*}\leqslant y(i)$，$i\in S$，$f\in F$。

下面再给出几个充分条件。

条件 3.3 (1) 存在有限状态子集 D 及常数 $K>0$，使得对所有的 $i\in S$ 及 $f\in F$ 均有 $E_{f, i}T_D<K$。进而，任一 $f\in F$ 对应的马尔可夫链 $\boldsymbol{P}(f)$中不存在两个不相交的闭集。

(2) 存在常数 $K>0$，对任一 $f\in F$ 均存在状态 $j(f)$使得

$$E_{f, i}T_{j(f)}<K, i\in S$$

(3) (Simultaneous Doeblin)存在有限状态子集 D，正整数 $\nu\geqslant 1$ 及常数 $\gamma\in(0, 1)$使得

$$\sum_{j\in D}P_{ij}^{\nu}(f)\geqslant\gamma, i\in S, f\in F$$

进而，任一 $f\in F$ 对应的马尔可夫链 $\boldsymbol{P}(f)$中不存在两个不相交的闭集。

(4) 存在正整数 $\nu\geqslant 1$ 及常数 $\gamma\in(0, 1)$使得对任一 $f\in F$ 均有

$$\sum_j\min\{P_{i_1, j}^{\nu}(f), P_{i_2, j}^{\nu}(f)\}\geqslant\gamma, i_1, i_2\in S$$

(5) (遍历性)存在正整数 $\nu\geqslant 1$ 及常数 $\gamma\in(0, 1)$，使得对任一 $f\in F$，均存在 S 上的概率分布$\{\eta_j(f), j\in S\}$，从而

$$\sum_j|P_{ij}^n(f)-\eta_j(f)|\leqslant 2(1-\gamma)^{[n/\nu]}, i\in S, n\geqslant 1$$

其中$[x]$表示不超过 x 的最大整数。

以上五个条件之间有一定的联系，对于它们是否能够保证最优方程有解，有以下的结论。

定理 3.4 在条件 3.3 中：

(1) 条件 3.3 中的(1)、(2)、(3)互相等价；进而，如果对任一 $f\in F$，过程 $P(f)$是非周期的，则 5 个条件互相等价；当 5 个条件中有一个成立且报酬函数 $r(i, a)$有界时，ACOE 存在有界解。

(2) 条件(2)成立的充要条件是：存在常数 $K>0$ 使得对任一有界的报酬函数 r，存在常数 ρ 及 S 上的有界函数 h 满足 ACOE，且$\|h\|\leqslant K\|r\|$，其中$\|\cdot\|$为上确界范数。

定理的证明可参见文献(胡奇英，2000)。定理 3.4 给出了保证 ACOE 存在有界解的若

干常返性条件；反过来，定理 3.4 的(2)说明常返性条件 3.3 的(1)、(2)与 ACOE 存在有界解是等价的，在非周期情形下，条件 3.3 的(4)、(5)亦与之等价。这说明条件 3.3 是很强的，即使条件均不成立也可以存在最优平稳策略。但是，在实际应用中，强的条件一般比弱的条件容易验证，因此本小节仍列出了上述几个常返性条件。前文中的条件 3.1 和条件 3.2 是对文献(Ross，1983)中条件的进一步弱化。

在 ACOE 成立的条件下，若有最优策略 f，则 $V(f, i)=\rho$ 为常数。另外，由本章附录中引理 A.4 中的式(3.56)及马尔可夫的知识知道，当所有状态在 $\boldsymbol{P}(f)$下互通、正常返时，$\boldsymbol{P}^*(f)$的各行相同，从而 $V(f, i)$为常数，与 i 无关；当 $\boldsymbol{P}(f)$下有多个正常返子类时，$\boldsymbol{P}^*(f)$各行不相同，从而$V(f, i)$与 i 有关。因此，ACOE 成立相当于要求所有状态互通(在某个 $\boldsymbol{P}(f)$下)、正常返，这在某种程度上也解释了定理 3.4。

3.1.3　有限 MDP

在本节最后，我们来讨论状态集和决策集均有限的 MDP，称之为有限 MDP。此时，决策函数集 F 也是有限的。在上面的讨论中，我们都是令折扣因子趋于 1，通过折扣准则最优方程来得到平均准则的最优方程。下面不考虑最优方程，只是从折扣准则与平均准则的目标函数之间的关系出发来讨论。

设$\beta_n\in(0, 1)$是单调上升趋于 1 的一个数列，对固定的 n，设f_n是β_n-折扣最优的（由定理 2.3 知f_n是存在的）。由于决策函数集 F 有限，因此至少有一个f^*在策略序列$\{f_n\}$中出现无穷多次。设有$\{\beta_n\}$的子列$\{\beta_{n_k}\}$使得$f_{n_k}=f^*$（对一切 k），从而

$$V_{\beta_{n_k}}(f^*)=V_{\beta_{n_k}}^*\geqslant V_{\beta_{n_k}}(\pi),\ \forall \pi\in\Pi$$

容易猜测，以上的f^*应该是平均准则最优的。实际上，对任一策略 π，有

$$(1-\beta_{n_k})V_{\beta_{n_k}}(f^*)\geqslant(1-\beta_{n_k})V_{\beta_{n_k}}(\pi),\ \forall k$$

由此及推论 3.1，得

$$\begin{aligned}V(f^*, i)&=\lim_{N\to\infty}\frac{1}{N}V_N(f^*, i)=\lim_{\beta\uparrow 1}(1-\beta)V_\beta(f^*, i)\\&\geqslant\liminf_{\beta\uparrow 1}(1-\beta)V_\beta(\pi, i)\geqslant V(\pi, i),\ \forall \pi, i\end{aligned}$$

因此，f^*是平均准则最优的。

进而，当 k 足够大时，β_{n_k}在 1 的附近密集分布。由此，我们提出问题：f^*对于 1 附近的其他β，是否也是β-折扣最优策略呢？由于$V_\beta(f^*, i)$和$V_\beta(f, i)$均是β的有理函数①，其差$V_\beta(f^*, i)-V_\beta(f, i)$亦是$\beta$的有理函数。因此，由复变函数的理论知道，这个差或者恒为零，或者只存在有限个零点，记$\beta(f, i)$为其中的最大零点(恒为零时，则取$\beta(f, i)=0$)，于是当$\beta\in[\beta(f, i), 1)$时，差值非负，即

$$V_\beta(f^*, i)-V_\beta(f, i)\geqslant 0,\ \beta\in[\beta(f, i), 1),\ i\in S$$

记$\beta_0=\max\{\beta(f, i)\mid f\in F, i\in S\}$。由于 F, S 均有限，故$\beta_0<1$。从而

$$V_\beta(f^*, i)-V_\beta(f, i)\geqslant 0,\ \beta\in[\beta_0, 1),\ i\in S,\ f\in F$$

---

① 有理函数就是通过多项式的加减乘除得到的函数。一个有理函数 h 可以写为：$h=f/g$，这里 f 和 g 都是多项式函数。有理函数的零点个数有限。

由此及$V_\beta^*(i)=\sup\{V_\beta(f,i)\mid f\in F\}$知，对$\beta\in[\beta_0,1)$，$f^*$均为$\beta$-折扣最优策略。策略$f^*$也称为 **Blackwell 最优策略**，因为它是由 Blackwell 最先提出并证明的(Blackwell，1962)。进而，该策略也是平均准则最优的，所以 Blackwell 最优策略具有一种非常强的最优性。这就证明了以下定理。

定理 3.5 对有限 MDP，存在 Blackwell 最优策略。

值得指出的是，最优策略f^*下的最优目标函数值$V(f^*,i)$可与i有关。

对平均准则的研究远比折扣准则困难。从本节的前两小节可以发现，平均准则与马尔可夫链的遍历行为有密切联系，如果状态空间和决策空间均有限，则由有限状态空间马尔可夫过程的较为完善的遍历理论及决策集F的有限性容易推断出最优策略的存在。但当状态空间无限时，决策集不再有限。而由马尔可夫过程的知识(胡奇英等，2017)知道，可数状态空间上的马尔可夫链遍历理论远比有限状态空间上的复杂。因此，需要有一定的条件(如常返性条件)来保证问题可解。

实际上，对平均准则来说，即使当决策集均有限时也不一定存在最优策略；甚至不一定具有平稳策略优势(所谓平稳策略优势，是指对任一策略π，均存在平稳策略f使得$V(f)\geqslant \boldsymbol{V}(\pi)$)；也不一定存在$\varepsilon$-最优平稳策略。具体的反例可见文献(Ross，1983)或(胡奇英等，2000)。

3.2 算　　法

与折扣准则类似，平均准则的主要算法也包括策逐次逼近法(值迭代法)、略迭代法、线性规划法，本节分别讨论这三种算法。在讨论之前，先引入几个概念。

如果对任意的两个状态i，j，有策略f及正整数n使得$P_{ij}^n(f)>0$，则称该 MDP 是互通 MDP(Communicating MDP)的。此定义是说，在平稳策略f下，从状态i出发经过n步转移可到达状态j。这等价于存在一个平稳策略(可以是随机的)，在此策略下，所有状态同属于一个遍历类。互通 MDP 在应用中是较常见的，如存储系统、排队系统和维修系统等。

如果对任一f，$\boldsymbol{P}(f)$下的马尔可夫链均是遍历的，即所有状态互通、非周期、正常返，则称该 MDP 是遍历的。

如果对任一$f\in F$，马尔可夫链$\boldsymbol{P}(f)$下只有一个正常返链(加上若干非常返状态)，则称该 MDP 是单链的。显然，一个遍历 MDP 必定也是单链的、互通的，反之却不一定。

从定义来验证遍历、互通 MDP 是困难的，Porteus 于 1975 年分别提出了验证遍历 MDP 互通 MDP 的多项式算法，Filar 和 Schultz 于 1988 年提出了线性规划算法。

本节中我们假定状态集$S=\{1,2,\cdots,K\}$及决策集$A(i)$均有限，且$\sum\limits_j p_{ij}(a)=1$，$\forall(i,a)\in\Gamma$。由定理 3.5 知，此时存在平均准则最优平稳策略。

3.2.1 逐次逼近法

本小节讨论逐次逼近法，我们先给出如下条件，假定它在本小节中恒成立。

条件 3.4 (1) 状态集S可数，决策集$A(i)$均有限，报酬函数$r(i,a)$有界；

(2) 对任一平稳策略f，$\boldsymbol{P}(f)$是非周期的；

(3) 条件 3.3 中的(1)～(5)之一成立。

由定理 3.4 知，在条件 3.4 下，条件 3.3 中的五个条件均成立，且方程(3.5)有一个有界解 $\{\rho^*, h^*\}$。进而，对任一平稳策略 f，马尔可夫链 $\boldsymbol{P}(f)$的极限分布存在，记为$\{\eta_j(f), j\in S\}$。再记 $R(f)$为链 $\boldsymbol{P}(f)$的正常返状态所成之集，$F^*=\{f\in F \mid$ 存在方程(3.5)的一个有界解 $\{\rho, \boldsymbol{h}\}$使得 $T\boldsymbol{h}=T_f\boldsymbol{h}\}$。于是，由定理 3.1 知 $f\in F^*$ 均为最优策略，故F^*表示最优平稳策略集。

逐次逼近法如下：

$$v_{n+1}(i)=Tv_n(i)=\sup_{a\in A(i)}\left\{r(i,a)+\sum_j p_{ij}(a)v_n(j)\right\},\ i\in S,\ n\geqslant 0 \qquad (3.12)$$

其中假定初始值$\boldsymbol{v}_0$是有界的。我们首要的问题是要证明其收敛性。注意到平均准则最优方程中变量的含义，这里逐次逼近法的收敛性是指

$$e_n(i)=v_n(i)-n\rho^*-h^*(i),\ i\in S,\ n\geqslant 1$$

的收敛性。实际上，下面要讨论$e_n(i)$的收敛性且其极限与 $i\in S$ 无关。为此，我们先证明其有界性。

引理 3.1　设v_0有界，则存在常数 M 使得$|e_n(i)|\leqslant M$, $i\in S$, $n\geqslant 1$。

证明　由于v_0有界，用归纳法可证$\boldsymbol{v}_n$亦有界。于是$e_1(i)$也有界。对 $n\geqslant 0$，设 $T_{f_n}\boldsymbol{v}_n=T\boldsymbol{v}_n$，$T_f\boldsymbol{h}^*=T\boldsymbol{h}^*$，于是

$$\begin{aligned}e_{n+1}(i)&=v_{n+1}(i)-(n+1)\rho^*-h^*(i)\\&=Tv_n(i)-n\rho^*-Th^*(i)\\&\leqslant T_{f_n}v_n(i)-n\rho^*-T_{f_n}h^*(i)=\sum_j p_{ij}(f_n)e_n(j)\end{aligned}$$

同样，我们有

$$e_{n+1}(i)\geqslant\sum_j p_{ij}(f)e_n(j) \qquad (3.13)$$

由此用归纳法可证$e_n(i)$一致有界 M。

以下引理讨论概率分布收敛时相应数学期望的收敛性。

引理 3.2　设$\{\gamma_n(i), i\in S\}$，$(n\geqslant 1)$和$\{\gamma(i), i\in S\}$均是 S 上的概率分布，$h_n(\cdot)$是 S 上的有界函数，对任一 $i\in S$，$\gamma_n(i)$收敛于 $\gamma(i)$，$h_n(i)$收敛于 $h(i)$，则

$$\lim_{n\to\infty}\sum_j h_n(j)\gamma_n(j)=\sum_j h(j)\gamma(j)$$

证明　设$|h_n(j)|\leqslant M$。任给 $N\geqslant 1$，有

$$\begin{aligned}&\left|\sum_j h_n(j)\gamma_n(j)-\sum_j h(j)\gamma(j)\right|\\\leqslant&\left|\sum_{j\leqslant N}(h_n(j)-h(j))\gamma_n(j)\right|+\left|\sum_{j\leqslant N}h(j)(\gamma_n(j)-\gamma(j))\right|+\\&\left|\sum_{j>N}(h_n(j)-h(j))\gamma_n(j)\right|+\left|\sum_{j>N}h(j)(\gamma_n(j)-\gamma(j))\right|\end{aligned}$$

由此即证得本引理。

引理 3.3　设$\boldsymbol{v}_0$有界，$f\in F^*$，C 是 $\boldsymbol{P}(f)$下的一个正常返子链(由条件 3.4 知 C 是遍历链)，则对 $i\in C$，$\lim\limits_n e_n(i)$存在、有限且与 $i\in C$ 无关。

证明　任取 $l\in C$，设 c，d 是$e_n(l)$的两个极限点。由对角线法及$e_n(i)$的有界性知，有自然数列的两个子列$\{n_k\}$和$\{m_k\}$使得对 $i\in S$，$e_{n_k}(i)$收敛(记极限为 $c(i)$)且 $c(l)=c$，$e_{m_k}(i)$也收

敛(记极限为 $d(i)$)且 $d(l)=d$。自然 $c(i)$和 $d(i)$均是有界的。我们来证明有常数 w 使得

$$c(i)=d(i)=w,\ i\in C \tag{3.14}$$

由此及 $l\in C$ 的任意性就可知道定理成立。设$T_f\boldsymbol{h}^*=T\boldsymbol{h}^*$。于是由式(3.13)可得

$$e_{n+m}(i)\geqslant \sum_j P_{ij}^m(f)e_n(j),\ i\in S,\ n,\ m\geqslant 1 \tag{3.15}$$

而由马尔可夫链知识知道，在条件 3.4 下，对 $i,\ j\in C$，$P_{ij}^m(f)$的极限$\eta_j(f)$存在且与 $i\in C$ 无关，同时

$$\eta_j(f)>0,\ j\in C;\ \sum_{j\in C}\eta_j(f)=1$$

现在我们要证明：

$$d(i)\geqslant \sum_{j\in C}c(j)\eta_j(f),\ c(i)\geqslant \sum_{j\in C}d(j)\eta_j(f),\ i\in C \tag{3.16}$$

由对称性，我们只需证明第一式即可。为此，对任一 k，选择正整数 $t(k)$使得 $t_k:=m_{t(k)}-n_k>k$，在式(3.15)中取 $n=n_k$，$m=t_k$，令 $k\to\infty$，由引理 3.2 即得式(3.16)中的第一式。将第一式代入第二式，再将第二式代入第一式，可得

$$d(i)\geqslant \sum_{j\in C}d(j)\eta_j(f),\ c(i)\geqslant \sum_{j\in C}c(j)\eta_j(f),\ i\in C$$

上述两式均乘以$\eta_i(f)$，再对 $i\in C$ 相加即可知以上两式中的等号均成立，从而 $d(i)$和 $c(i)$均为常数。由此及式(3.16)知 $d(i)=c(i)$，从而式(3.14)成立。

引理 3.4 设 $\boldsymbol{d}$ 为 S 上的有界向量且$\{\rho^*,\ \boldsymbol{h}^*+\boldsymbol{d}\}$为 ACOE 的解，则 $d(i)$为常数。

证明 设$T_f\boldsymbol{h}^*=T\boldsymbol{h}^*$，$T_g(\boldsymbol{h}^*+\boldsymbol{d})=T(\boldsymbol{h}^*+\boldsymbol{d})$，由于 $\boldsymbol{d}$ 有界，因此由定理 3.1 知 f 和 g 均是最优策略。于是

$$\begin{aligned} d(i) &= [\rho^*+h^*(i)+d(i)]-[\rho^*+h^*(i)] \\ &= T(h^*+d)(i)-Th^*(i)\geqslant \sum_j P_{ij}(f)d(j),\ i\in S \end{aligned}$$

由此用数学归纳法可证得

$$d(i)\geqslant \sum_j P_{ij}^n(f)d(j),\ i\in S,\ n\geqslant 1$$

令 $n\to\infty$，由条件 3.4 及引理 3.2 知：

$$d(i)\geqslant \sum_j \eta_j(f)d(j):=d_f,\ i\in S$$

用反证法可证，上式对常返状态 $i\in R(f)$等号成立；类似可证得

$$d(i)\leqslant \sum_j \eta_j(g)d(j):=d_g,\ i\in S \tag{3.17}$$

且式(3.17)对 $i\in R(g)$等号成立。而由条件 3.4 知，若 $R(f)\cap R(g)$为空集，令策略 $f^*(i)=f(i)$，$i\in R(f)$；$f^*(i)=g(i)$，$i\notin R(f)$，则 $R(f)$和 $R(g)$均是 $P(f^*)$的闭集，与条件 3.3 矛盾。因此$d_f=d(i)=d_g$，$i\in R(f)\cap R(g)$。由此及上面两式即得引理。

在以上几个引理的基础上，我们证明逐次逼近法的收敛性。

定理 3.6 设$\boldsymbol{v}_0$有界，则当 $n\to\infty$时，$e_n(i)$的极限存在、有限且与 $i\in S$ 无关。

证明 由逐次逼近法的定义(即$\boldsymbol{v}_{n+1}=T\boldsymbol{v}_n$)可知：

$$e_{n+1}(i)=\max_a\{h(i,\ a)+\sum_j p_{ij}(a)e_n(j)\},\ i\in S \tag{3.18}$$

其中：

$$h(i, a)=-G(i, a)=r(i, a)+\sum_j p_{ij}(a)h^*(j)-\rho^*-h^*(i)\leqslant 0$$

显然，$h(i, a)$满足$\max\limits_{a\in A(i)} h(i, a)=0$。对$i\in S$，记

$$M(i)=\limsup_{n\to\infty} e_n(i),\ m(i)=\liminf_{n\to\infty} e_n(i)$$

分别表示$e_n(i)$的上极限与下极限。由引理 3.1 知，M 和 m 均有界。下面证明

$$m(i)\geqslant \max_{a\in A(i)}\Big\{h(i, a)+\sum_j p_{ij}(a)m(j)\Big\},\ i\in S \tag{3.19}$$

$$M(i)\leqslant \max_{a\in A(i)}\Big\{h(i, a)+\sum_j p_{ij}(a)M(j)\Big\},\ i\in S \tag{3.20}$$

任取$i_0\in S$，由对角线法和引理 3.1 知，有子列$\{n_k\}$使得$e_{n_k}(i_0)$有极限 $m(i_0)$，而$e_{n_k-1}(i)$也有极限 $\gamma(i)$。于是，对 $\varepsilon>0$，存在k_0使

$$e_{n_k}(i_0)\leqslant m(i_0)+\varepsilon,\ k\geqslant k_0$$

进一步地，由 $A(i_0)$的有限性及引理 3.2 知，还可使得对任意的 $a\in A(i_0)$及 $k\geqslant k_0$ 均有

$$\sum_j p_{i_0, j}(a)\, e_{n_k-1}(j)\geqslant \sum_j p_{i_0, j}(a)\gamma(j)-\varepsilon$$

由此及式(3.18)可知，$m(i_0)+2\varepsilon$ 大于等于式(3.19)中 $i=i_0$时的右边项，由i_0，ε 的任意性知式(3.19)成立。类似可证式(3.20)。

设 $f\in F$ 取到式(3.20)右边最大值，则由式(3.19)和式(3.20)，我们有

$$h(i, f)+\sum_j p_{ij}(f)m(j)\leqslant m(i)\leqslant M(i)\leqslant h(i, f)+\sum_j p_{ij}(f)M(j),\ i\in S \tag{3.21}$$

由 $\boldsymbol{P}(f)$的非周期性知$\eta_{ij}(f)=\lim\limits_{n\to\infty}P_{ij}^n(f)$存在，在式(3.21)最后一个不等式两边同乘以$\eta_{ki}(f)$，对 $i\in S$ 相加，由

$$\sum_i \eta_{ki}(f)p_{ij}(f)=\eta_{kj}(f),\ j\in S$$

可得

$$\sum_i \eta_{ki}(f)h(i, f)\geqslant 0,\ \forall k\in S \tag{3.22}$$

由 h 的非正性及$\eta_{ii}(f)>0$，$i\in R(f)$，可知 $h(i, f)=0(i\in R(f))$，从而 $f(i)$取到 ACOE 中的上确界，取$f^*\in F^*$使得$f^*(i)=f(i)(i\in R(f))$，则由引理 3.3 知，对 $i\in R(f)$，$m(i)=M(i)$。再由式(3.21)知：

$$0\leqslant M(i)-m(i)\leqslant \sum_j p_{ij}(f)[M(j)-m(j)],\ i\in S$$

由此迭代，取极限，由马尔可夫链的知识(胡奇英，2017)可得

$$0\leqslant M(i)-m(i)\leqslant \sum_j \eta_{ij}(f)[M(j)-m(j)]=\sum_{j\in R(f)}\eta_{ij}(f)[M(j)-m(j)]=0,\ i\in S$$

故 $M(i)=m(i)$，从而$e_n(i)$的极限均存在。

现在，由(3.19)和(3.20)两式知：

$$m(i)=\max_a\Big\{h(i, a)+\sum_j p_{ij}(a)m(j)\Big\},\ i\in S$$

代入 $h(i, a)$可知$\{\rho^*, h^*(i)+m(i)\}$也满足最优方程，于是由引理 3.4 即知 $m(i)$与 i 无关。

任取$i_0 \in S$，对 $i \in S$，$n \geqslant 1$，定义

$$\rho_n = v_n(i_0) - v_{n-1}(i_0),\ h_n(i) = v_n(i) - v_n(i_0)$$

由定理 3.6 知以下推论。

推论 3.4 $\{\rho_n, h_n(\cdot)\}$收敛到 ACOE 的有界解$\{\rho^*, h^* - h^*(i_0)e\}$，从而基于方程(3.5)的平均准则逐次逼近法是收敛的。

关于收敛的界的估计，类似于折扣准则逐次逼近法中的定理 2.5，我们有以下结论(Federgruen et al, 1978)。

定理 3.7 对 $n \geqslant 1$，设$T_{f_n} v_n = T v_n$，则

$$\begin{aligned}\inf_i\{v_n(i) - v_{n-1}(i)\} &\leqslant \inf_i\{v_{n+1}(i) - v_n(i)\} \leqslant \rho^* \leqslant V(f_n, i) \\ &\leqslant \sup_i\{v_n(i) - v_{n-1}(i)\} \leqslant \sup_i\{v_{n+1}(i) - v_n(i)\}\end{aligned} \tag{3.23}$$

思考题 有了界的估计，我们就可像折扣准则逐次逼近法中那样考虑非最优决策的消去，读者可以自己动手试一试。另一方面，上述结果中的条件 3.4 是较强的，读者也可考虑将其减弱。

3.2.2 策略迭代法

Howard (1960 年)提出的策略迭代法也适用于多链 MDP，称之多链策略迭代法(MCPIA)，但它在单链 MDP 中将得到很大的简化，称简化后的算法为单链策略迭代法(UCPIA)。Haviv et al,1991)针对互通 MDP 的特殊结构对 UCPIA 作了改进，提出了互通的策略迭代法(CPIA)。

算法 3.1 互通策略迭代法(CPIA)的步骤如下：

(1) 初始化。

令 $n := 0$，任取$f_0 \in F$，如果f_0是单链的，令 UC＝Y，转步骤(2)的②；否则，令 UC＝N，转步骤(2)的①。

(2) 求值运算。

① (UC＝N)求 K 维向量$\boldsymbol{V}(f_n)$和$\boldsymbol{v}_n$满足

$$\boldsymbol{P}(f_n)\boldsymbol{V}(f_n) = \boldsymbol{V}(f_n) \tag{3.24}$$

$$\boldsymbol{v}_n + \boldsymbol{V}(f_n) = \boldsymbol{r}(f_n) + \boldsymbol{P}(f_n)\boldsymbol{v}_n \tag{3.25}$$

若$\boldsymbol{V}(f_n)$为常数向量，则转步骤(3)的②；否则，转步骤(3)的①。

② (UC＝Y)求常数ρ_n($= V(f_n, i)$)和向量$\boldsymbol{v}_n$使得

$$\boldsymbol{v}_n + \rho_n \boldsymbol{e} = \boldsymbol{r}(f_n) + \boldsymbol{P}(f_n)\boldsymbol{v}_n \tag{3.26}$$

转步骤(3)的②。

(3) 策略改进。

① 记$S_0 = \{i \in S \mid V(f_n, i) = \max_j V(f_n, j)\}$，令$f_{n+1}(i) = f_n(i)$，$i \in S_0$，$T = S - S_0$。重复以下步骤，直到 $T = \phi$：

$$\begin{cases} \text{取 } j \in T,\ a \in A(j) \text{ 使得}(j, a) = \arg\max\limits_{j \in T,\ a \in A(j)} \sum\limits_{i \in S_0} p_{ji}(a) \\ \text{令} f_{n+1}(j) = a,\ S_0 = S_0 \cup \{j\},\ T := T - \{j\} \end{cases} \tag{3.27}$$

令 $n := n+1$，UC＝Y，转步骤(2)的②。

② 选择f_{n+1}满足：

$$f_{n+1}=\arg\max_{f\in F}\{\boldsymbol{r}(f)+\boldsymbol{P}(f)\boldsymbol{v}_n\} \tag{3.28}$$

对 $i\in S$，当$f_n(i)$为最大值时，取$f_{n+1}(i)=f_n(i)$。若$f_{n+1}=f_n$，停止算法；否则，令$n:=n+1$，UC=N，转步骤(2)的①。

我们对以上算法作一解释，算法开始时任取一初始平稳策略，最好将之取成单链，此时，标记 UC=Y，这可通过所有平稳策略的随机组合来实现；否则，标记 UC=N。

如果 UC=Y，则用式(3.26)求得ρ_n和$\boldsymbol{v}_n$，然后，通过式(3.28)进行策略改进，由于所得策略不一定是单链的，此时记 UC=N。

如果 UC=N，进入步骤(2)的①，由式(3.24)和式(3.25)进行求值运算，并由此判别所得策略的平均准则函数值是否为常数（f_n为单链时，$V(f_n, i)$为常数，但f_n为多链时，$V(f_n, i)$也可能为常数）。当$V(f_n, i)$为常数时，算法进入单链的改进步骤(3)的②，继续如上迭代。如果$\boldsymbol{V}(f_n)$不是常数向量，就进入步骤(3)的②，其目的是要求出一个比f_n好的单链策略，方法如下：将状态集分为互不相交的两个子集S_0和 T，S_0中的状态使得$V(f_n, i)$达到最大，由于 S 有限，$V(f_n, i)$非常数，故S_0和 T 均非空。

互通性保证至少有一对(i, j)使 $i\in S_0$，$j\in T$，及有 $a\in A(j)$使$p_{ji}(a)>0$。由于对任一$f\in F$，$V(f, i)$是$\{V(f, j), j\in S\}$的加权平均且只对在 f 下从 i 可达的状态处才有正的权向量。因此，在f_n下如果从S_0中的某个状态出发，则系统将不会离开S_0，即S_0是f_n下的一个闭集。类似地，在f_n下，从 T 中某个状态出发以正概率不到S_0中。因此，我们可以改进f_n在 T 上的部分使得最终以概率 1 到达S_0中。由有限性可知，这样做是可行的，如此的策略f_{n+1}，其值$V(f_{n+1}, i)$将与 i 无关，如果S_0是单链的，则f_{n+1}下只有一个链，而$V(f_{n+1}, i)$恒等于S_0上的$V(f_n, i)$。此时标记 UC=Y，下一步可转入单链迭代。

上述解释也提供了算法 CPIA 的收敛性证明，当进入步骤(3)的①时可改进策略。当进入步骤(3)的②时也可证明能改进策略。因此，当算法终止时，即得到最优策略。

定理 3.8　对于互通 MDP，算法 3.1 停止时得到的策略是最优平稳策略。

对 CPIA 作如下 4 个方面的改进可能是有用的，即能减少算法的计算量。

(1) 对步骤(3)的②作如下改进。在式(3.28)中，取一随机平稳策略使得以下的决策 a 均以正概率取到：

$$r(i, a)+\sum_j p_{ij}(a)v_n(j)>r(i, f_n)+\sum_j p_{ij}(f_n)v_n(j)$$

这不一定能保证所得到的策略是单链的，但将是最大程度的。

(2) 判断$V(f_n, i)$是否为常数，可计算$\max\limits_i V(f_n, i)-\min\limits_i V(f_n, i)$，并将之与某事先给定的阈值进行比较，即步骤(2)中并不一定要精确计算出$\boldsymbol{V}(f_n)$，只要有一种近似的计算即可。

(3) 在步骤(3)的①中扩大S_0的方法可改为求 j 及$a\in A(j)$，使对某 $i\in S_0$有$p_{ji}(a)>0$。

(4) 当从步骤(3)的①进入步骤(2)的②时，$\boldsymbol{V}(f_n)$可保留，而式(3.25)只解$\boldsymbol{v}_n$。

上述讨论都可减少每一步的计算量，当然相应地会增加迭代的次数。

当 MDP 是遍历的时，对所有的 f，$P(f)$是遍历的，从而在算法 3.1 中 UC=Y 恒成立，故算法中的步骤(2)的①及步骤(3)的①，可去掉。我们将其重写为算法 3.2。

算法 3.2 遍历策略迭代法(EPIA)的步骤如下：

(1) 初始化。令 $n := 0$，任取 $f_0 \in F$。

(2) 求值运算。求常数 $\rho_n (= V(f_n, i))$ 和向量 $\boldsymbol{v}_n$，使得

$$\boldsymbol{v}_n + \rho_n \boldsymbol{e} = \boldsymbol{r}(f_n) + \boldsymbol{P}(f_n)\boldsymbol{v}_n$$

(3) 策略改进。选择 f_{n+1} 满足

$$f_{n+1} = \arg\max_{f \in F}\{\boldsymbol{r}(f) + \boldsymbol{P}(f)\boldsymbol{v}_n\}$$

对 $i \in S$，当 $f_n(i)$ 为最大值时，取 $f_{n+1}(i) = f_n(i)$。若 $f_{n+1} = f_n$，则停止算法；否则，令 $n := n+1$，转步骤(2)。

将 CPIA 应用于非互通 MDP 时可能会产生无穷循环。因为进入步骤(3)的①时，可能有 $f_{n+1} = f_n$，而 f_n 非最优。所以，它只适用于互通 MDP。

可以看出，这里的策略迭代法与第 2 章中讨论的折扣准则的策略迭代法是相同的。因此，算法 3.1 实际上是折扣准则策略迭代法的推广。

对于平均准则而言，各种算法的收敛性将与最优策略一样依赖于状态的结构。因此，算法的研究也要比折扣准则中复杂得多，所研究的内容也较为丰富。

3.2.3 线性规划法

我们下面分别讨论遍历 MDP、单链 MDP 和互通 MDP 的线性规划法，对于不同类型的 MDP，相应的线性规划法所能得到的结论有所不同。

易知，在任一情况下，MDP 的最优值函数 $V^{\square}(i) = \rho$ 均为常数。与折扣准则的线性规划法类似，若 ACOE 有解 $\{\rho, h(i)\}$，则 $\{\rho, h(i)\}$ 是以下线性规划的解：

$$\begin{aligned} &\min \rho \\ &\text{s.t. } \rho + \sum_j [\delta_{ij} - p_{ij}(a)]h(j) \geqslant r(i, a), (i, a) \in \Gamma \end{aligned} \tag{3.29}$$

由最优方程的性质知，在最优解下，对每个状态 i，一定有 $a \in A(i)$(有限集)使得约束条件式中的等号成立。于是，通过求解线性规划(3.29)就可得到最优值 ρ 及最优平稳策略。

与折扣准则相同，求解式(3.29)的计算量比较大，故考虑求解其对偶线性规划(计算量要小)：

$$\begin{aligned} &\max \sum_i \sum_a r(i, a)x(i, a) \\ &\text{s.t. } \sum_{i, a} [\delta_{ij} - p_{ij}(a)]x(i, a) = 0, j \in S \\ &\qquad \sum_{i, a} x(i, a) = 1 \\ &\qquad x(i, a) \geqslant 0, (i, a) \in \Gamma \end{aligned} \tag{3.30}$$

通常，我们并不知道 ACOE 是否有解。下面讨论线性规划(3.30)的解与 MDP 的策略和最优策略之间的关系。

首先，我们来解释对偶线性规划(3.30)的约束条件，后两式说明 $x(i, a)$ 是关于状态和决策选取的一个概率分布，而第一个约束条件可写为 $\sum_a x(j,a) = \sum_{i,a} x(i, a)p_{ij}(a)$，由马尔可夫链知识知道这是二维马尔可夫链 (X_n, Δ_n) 的稳态概率所满足的方程，因此 $x(i,a)$ 表示在稳态时处于状态 i 并选择决策 a 的概率。

由线性规划对偶理论知，对式(3.30)的最优基可行解$x^*(i, a)$，若$x^*(i, a)>0$，则式(3.30)的约束条件中相应方程中的等号成立，从而决策 a 取到 ACOE 中方程 i 的上确界：$a\in A^*(i)$为 i 处的最优决策。

下面分别针对遍历 MDP、单链 MDP 及互通 MDP 进行讨论。

1. 遍历 MDP

对遍历 MDP，对任一随机平稳策略π_0，$\boldsymbol{P}(\pi_0)$亦是遍历的。进而，二维时齐马尔可夫链(X_n, Δ_n)亦是遍历的。记

$$X(\pi_0)(i, a):=\lim_{n\to\infty}P_{\pi_0}\{X_n=i, \Delta_n=a\}=P^*_{ii}(\pi_0)\pi_0(a|i) \tag{3.31}$$

为相应的极限(稳态)概率分布，即系统(X_n, Δ_n)在稳态时处于(i, a)的概率。另一方面，任给线性规划(3.30)的一个可行解 $x=\{x(i, a)\}$，定义一个随机平稳策略 $\Pi(x)$如下：

$$\Pi(x)(a\mid i)=\frac{x(i, a)}{\sum_a x(i, a)} \tag{3.32}$$

当其中分母为零时，$\Pi(x)$可任意取值。对于以上定义的映射 X 和Π，我们有以下结论，它与折扣准则中的结论完全类似。

定理 3.9　对于遍历 MDP：

(1) 映射 X 和Π 是在 MDP 的随机平稳策略集Π_s和线性规划(3.30)的可行解集之间的一对一的互逆映射，也是在 MDP 的平稳策略集 F 和线性规划(3.30)的基可行解集之间的一对一的互逆映射。

(2) 设x^*是线性规划(3.30)的最优基可行解，则 $\Pi(x^*)\in F$ 是 MDP 的最优策略。$\Pi(x^*)$至多在一个状态处随机，在其他状态处取唯一值。

证明　(1) X 和Π 显然是映射。设 $x=\{x(i, a)\}$是(3.30)的可行解，自然 $\Pi(x)\in\Pi_s$。反过来，对任一随机平稳策略π_0，由 S 及$A(i)$的有限性及(3.31)式可知，对任一 $j\in S$，

$$\begin{aligned}\sum_{i, a}X(\pi_0)(i, a)p_{ij}(a)&=\lim_{n\to\infty}\sum_i\sum_a P_{\pi_0}\{X_n=i, \Delta_n=a\}p_{ij}(a)\\&=\lim_{n\to\infty}P_{\pi_0}\{X_{n+1}=j\}\\&=\lim_{n\to\infty}\sum_a P_{\pi_0}\{X_{n+1}=j, \Delta_{n+1}=a\}=\sum_a X(\pi_0)(j, a)\end{aligned}$$

由此可知 $X(\pi_0)$是线性规划(3.30)的一个可行解。

为证映射Π 与X 互逆，我们证明$\Pi(X(\pi_0))=\pi_0$和 $X(\Pi(x))=x$。前者显然成立，下面证明后一式。由于

$$X(\Pi(x))(i, a)=P^*_{ii}(\Pi(x))\Pi(x)(a\mid i)=P^*_{ii}(\Pi(x))\frac{x(i, a)}{\sum_a x(i, a)}$$

于是，为证 $X(\Pi(x))=x$，只需证明$P^*_{ii}(\Pi(x))=\sum_a x(i, a)>0$，$i\in S$。由于对遍历 MDP，$P^*_{ii}(\Pi(x))$是极限概率，从而也是稳态概率，于是由马尔可夫链的知识知道，它是以下稳态方程的唯一解：

$$p_i\geqslant 0,\ \sum_i p_i=1,\ p_i=\sum_j p_j p_{ji}(\Pi(x)),\ i\in S$$

我们说$\{\sum_a x(i, a), i\in S\}$也是以上方程的解。实际上，线性规划(3.30)的第一个约束条

件可写为

$$\sum_a x(i,a)=\sum_{j,a}p_{ji}(a)x(j,a)=\sum_j\left(\sum_b x(j,b)\right)\sum_a p_{ji}(a)\frac{x(j,a)}{\sum_b x(j,b)}$$
$$=\sum_j\left(\sum_b x(j,b)\right)p_{ji}(\Pi(x))$$

由于遍历链的稳态概率唯一，$P_{ii}^*(\Pi(x))=\sum_a x(i,a)>0$，$i\in S$。这就证明了 $X(\Pi(x))=x$。

现在，(1)中的后一结论是显然成立的。

(2) 注意到在遍历 MDP 中，$V(f,i)=\sum_j P_{jj}^*(f)r(j,f)$，由此即可知 $\Pi(x^*)$的最优性。

由定理 3.9 的(1)可知 $x=\{x(i,a)\}$是某 $P(\pi_0)$的极限概率(由式(3.31)定义)的充要条件是 x 满足线性规划(3.30)的约束条件，此时由引理 A.4 知 $V(\pi_0,i)=\sum_{j,a}x(j,a)r(j,a)$。于是，求$\pi_0$使得 $V(\pi_0,i)$达到最大的问题等价于求解线性规划(3.30)。所以在平均准则中，对偶线性规划(3.30)是很直观的。

思考题 从数学上考虑，定理 3.9 的(2)中的条件是否是充分必要的，请读者考虑。

2. 单链 MDP

对于单链 MDP，与定理 3.9 的(1)类似的结论不成立。但我们有以下结论，它弱于定理 3.9。

定理 3.10 对于单链 MDP，设x^*是线性规划(3.30)的一个最优基可行解，定义状态子集$S^*:=\{j|\sum_a x^*(j,a)>0\}$，再取平稳策略$f^*\in F$满足：对 $i\in S^*$，$x^*(i,f^*(i))>0$，则 f^*是 MDP 的最优平稳策略，且S^*是链 $\boldsymbol{P}(f^*)$下的正常返状态集。

从应用的角度来说，求得了线性规划(3.30)的一个最优基可行解后，我们就能获得原 MDP 的一个最优平稳策略及其相应的平均准则(也就是最优值函数)。因此，以上定理的结论比定理 3.9 要差，但也满足了我们的目的：求解最优平稳策略与最优值函数。

以上定理的证明，以及本节中其他未给出的证明，均可参见文献(Dekker et al, 1988)。

3. 互通 MDP

在互通的情形，定理 3.10 中的f^*还不足以成为一个最优策略。也就是说，对 $i\notin S^*$，$f^*(i)$不能随意。对此，我们用以下算法来确定$f^*(i)$，$i\notin S^*$。

算法 3.3(互通 MDP) 步骤如下：

(1) 设x^*为线性规划(3.30)的一个最优基可行解，对 $i\in S^*$，$f^*(i)$由定理 3.10 中确定；

(2) 若$S^*=S$，则f^*为最优策略，停止算法；否则，转至步骤(3)；

(3) ① 对 $i\notin S^*$，选择$a_i\in A(i)$，$j\in S^*$使$p_{ij}(a_i)>0$；② 记$f^*(i)=a_i$，$S^*=S^*\cup\{i\}$，转至步骤(2)。

由于 MDP 是互通的，算法 3.3 中步骤(3)的①是可实现的。注意到步骤(3)与算法 3.1 中的步骤(3)的①是相同的。

定理 3.11　算法 3.3 在有限步内终止，终止时的 f^* 为最优策略，且 $\boldsymbol{P}(f^*)$ 是单链。

对于一般的情况(即不是上面所讨论的遍历 MDP、单链 MDP、或互通 MDP)，线性规划也是有效的算法之一，对此的讨论可参见本书 5.5 节(胡奇英等，2000)，或者文献(Kallenberg，1983)和(Kallenberg，1994)。

最后我们给出以下的注。

注 3.4　当对策略有某些约束条件时，线性规划法能很容易符合这些约束条件。例如，我们要求系统在某个状态(设 i^*)处停留时间的百分比不超过 γ，则只要在线性规划(3.30)中增加约束条件 $\sum_a x(i^*, a)\leqslant\gamma$。因此，对于约束条件 MDP，线性规划法尤其适用(胡奇英等，2000)。

3.3 最优不等式

现在我们对 3.1.1 节的讨论作再思考：进一步减弱所需的条件，也就是将其推导过程精简，保留尽量弱的条件，能得到所要的结论即可。这也是一种研究方法。

首先，我们将讨论推广到广义实数的范围。

仔细检查定理 3.1 的证明，我们发现不需要平均准则最优方程。实际上，我们有比定理 3.1 更弱的关于(ε-)最优平稳策略的结论，这就是下面的定理。

定理 3.12　设 $\rho\geqslant V^*(i)$，$i\in S$，$\varepsilon\geqslant 0$，S 上的广义实值函数 v 和 $f\in F$ 满足如下两个条件：

$$\limsup_{n\to\infty}\frac{1}{n}E_{f,i}v(X_n)\leqslant 0,\ i\in S \tag{3.33}$$

$$\rho+v(i)\leqslant r(i,f)+\sum_j p_{ij}(f)v(j)+\varepsilon,\ i\in S \tag{3.34}$$

则 $V(f,i)\geqslant\rho-\varepsilon$，$\forall i\in S_v$，从而 f 为 S_v 上的 ε-最优策略，其中 $S_v:=\{i\,|\,v(i)>-\infty\}$。

证明　首先假定 $S_v=S$，即 $v>-\infty$。由式(3.34)有

$$\rho+v(X_n)\leqslant r(X_n,f)+E_f(v(X_{n+1})\,|\,X_n)+\varepsilon,\ n\geqslant 0$$

不等式两边关于 $E_{f,i}$ 取数学期望，得

$$\rho+E_{f,i}v(X_n)\leqslant E_{f,i}r(X_n,f)+E_{f,i}v(X_{n+1})+\varepsilon,\ n\geqslant 0,\ i\in S \tag{3.35}$$

由 $\rho\geqslant V^*(i)\geqslant V(f,i)$，$i\in S$，及 $V(f,i)$ 的定义即知 $E_{f,i}r(X_n,f)<+\infty$。注意到若对某 n 有 $E_{f,i}v(X_n)>-\infty$，则由式(3.35)即可得到 $E_{f,i}r(X_n,f)>-\infty$，$E_{f,i}v(X_{n+1})>-\infty$。由此用归纳法及式(3.35)即可证明 $E_{f,i}r(X_n,f)>-\infty$，$E_{f,i}v(X_{n+1})>-\infty$，$\forall i,n$。于是对一切 i 和 n，$E_{f,i}r(X_n,f)$ 和 $E_{f,i}v(X_n)$ 均有限。

将式(3.35)关于 $n=0,\cdots,N-1$ 相加，除以 N，得

$$\frac{1}{N}\sum_{n=0}^{N-1}E_{f,i}r(X_n,f)\geqslant\rho+\frac{1}{N}v(i)-\frac{1}{N}E_{f,i}v(X_N)-\varepsilon \tag{3.36}$$

取 $\liminf_N$ 可得 $V(f,i)\geqslant\rho-\varepsilon$，从而 f 是 ε-最优的。当式(3.36)中左边项的极限存在时，在其中取 $\limsup_N$ 也可得到 $V(f,i)\geqslant\rho-\varepsilon$，所以条件(3.33)中的“lim sup”可减弱为“lim inf”。

设 $S_v\neq S$，则对任一满足 $v(i)>-\infty$ 的状态 i，由式(3.34)可得 $\sum_{j\in S_v}p_{ij}(f)=1$，即 S_v 是

$\boldsymbol{P}(f)$下的一个闭集。因此，当初始状态$i\in S_v$时，问题可局限在S_v中，于是结论成立。

以上定理与定理 3.1(或推论 3.1)类似，只不过这里是在广义实值范围内进行讨论的。

下面，我们来研究在什么条件下式(3.34)有解(ρ, v, f)。这其实就是减弱条件 3.1，但其中的(1)和(2)是不能再减弱的。

条件 3.5 存在一列折扣因子$\beta_n\uparrow 1$使得折扣准则函数$V_{\beta_n}(\pi,i)$和平均准则函数$V(\pi,i)$均有定义，进而$V_{\beta_n}(i)$均有限且满足折扣最优方程，$n\geqslant 1$。

条件 3.6 存在状态i_0使得$(1-\beta_n)V_{\beta_n}(i_0)$对 $n\geqslant 0$ 有界。

于是利用对角线法知，存在$\{\beta_n\}$的一个子列(不妨设为$\{\beta_n\}$本身)使得以下极限均存在：

$$\rho=\lim_{n\to\infty}(1-\beta_n)V_{\beta_n}(i_0),\ \lim_{n\to\infty}p_{ij}(f_n),\ i,\ j\in S \tag{3.37}$$

我们有以下引理。

引理 3.5 设条件 3.5 和条件 3.6 成立，$h_{\beta_n}(i):=V_{\beta_n}(i)-V_{\beta_n}(i_0)$对 n 有上界，则$\rho\geqslant V^*(i)$，$i\in S$。

证明 设有 $L(i)$使得$h_{\beta_n}(i)\leqslant L(i)$，$\forall\, n,\ i$，则

$$(1-\beta_n)V_{\beta_n}(i)=(1-\beta_n)h_{\beta_n}(i)+(1-\beta_n)V_{\beta_n}(i_0)\leqslant(1-\beta_n)L(i)+(1-\beta_n)V_{\beta_n}(i_0)$$

在上式中令 $n\to\infty$，由式(3.37)知 $\rho\geqslant\lim_{n\to\infty}\inf(1-\beta_n)V_{\beta_n}(i)$，$i\in S$，再由式(3.2)即得待证结论。

关于$h_{\beta_n}(i)$的有界性条件，还要保证在式(3.9)中极限$\lim_{n\to\infty}$与求和号$\sum_j$交换次序。由于在式(3.9)中是不等号$\leqslant$，因此交换次序时值变大也可以。基此，我们提出如下条件，其中需要用到以下表达式：

$$\lim_{n\to\infty}\sup\sum_j p_{ij}(f_n)V(j)\leqslant\sum_j\lim_{n\to\infty}p_{ij}(f_n)V(j)<+\infty,\quad i\in S \tag{3.38}$$

此时，我们说 $\boldsymbol{V}$ 满足式(3.38)。由法都引理可知非负向量 $\boldsymbol{V}$ 满足式(3.38)当且仅当

$$\lim_{n\to\infty}\sum_j p_{ij}(f_n)V(j)=\sum_j\lim_{n\to\infty}p_{ij}(f_n)V(j)<+\infty,\quad i\in S$$

条件 3.7 以下两个条件之一成立：

(1) 存在非负函数 $L(i)$和 $M(i)$使得 $M+L$ 满足(3.38)，且

$$-M(i)\leqslant h_{\beta_n}(i)\leqslant L(i),\quad i\in S,\ n\geqslant 0$$

(2) 存在满足(3.38)的非负函数 $L(i)$使得

$$h_{\beta_n}(i)\leqslant L(i),\quad i,\ n$$

而且存在 $f\in F$，使得

$$\lim_{n\to\infty}r(i,\ f_n)=r(i,\ f),\ \lim_{n\to\infty}p_{ij}(f_n)=p_{ij}(f),\ i,\ j \tag{3.39}$$

以上条件中的①是说，相对值函数$h_{\beta_n}(i)$对 n 有上、下界，且其上、下界之和满足式(3.38)。条件中的②只要求相对值函数对 n 有上界 L，但它还要求式(3.39)，这在某种程度上相当于要求决策函数序列$\{f_n,\ n\geqslant 0\}$有极限 f(在式(3.39)的意义下)。所以，上述条件弱于条件 3.5 中的(3)。

记

$$h(i)=\lim_{n\to\infty}\sup h_{\beta_n}(i),\quad i\in S$$

显然，$h(i)\leqslant L(i)$，$i\in S$。进而，如条件 3.7 中的(1)成立，则 $-M(i)\leqslant h(i)\leqslant L(i)$，$i\in S$。且由对角线法我们可以假定 $h(i)=\lim\limits_{n\to\infty}h_{\beta_n}(i)$，$i\in S$。关于条件 3.7，下面的注给出了若干充分条件。

注 3.5　(1) 在以下几种情况下，L 或 $M+L$ 满足(3.38)式：

① S 有限；

② 对任一 i，集合 $\{j\,|\,有\ a\in A(i)使 p_{ij}(a)>0\}$有限，这在很多排队系统和存贮系统中均成立；

③ L 或 $M+L$ 有界。

(2) 式(3.39)在以下两种情况下均成立：

① 对每一个状态 $i\in S$，决策集 $A(i)$均为紧致集且 $r(i, a)$和 $p_{ij}(a)$满足一定的连续性条件；

② 对 $i\in S$，集合$\{f_n(i), n\geqslant 1\}$均有限(特别地，$A(i)$本身是有限集)，实际上，此时$\{f_n\}$存在一个极限点 f，即存在 $N(i)$使得 $f_n(i)=f(i)$，$n\geqslant N(i)$。

由此可知式(3.39)成立，且 L 和 $M+L$ 均满足式(3.38)。

(3) 由条件 3.6 和条件 3.7 可知，所谓的特定状态i_0实际上是可以任意的。

在条件 3.7 下，在不等式(3.9)中取极限，我们有以下的结论。

引理 3.6　(1) 若条件 3.7 中的(1) 成立，则

$$\rho+h(i)\leqslant\limsup_{n\to\infty}\{r(i, f_n)+\sum_j p_{ij}(f_n)h(j)\},\ i\in S \tag{3.40}$$

(2) 若条件 3.7 中的(2)成立，则

$$\rho+h(i)\leqslant r(i, f)+\sum_j p_{ij}(f)h(j),\ i\in S \tag{3.41}$$

证明　(1) 若条件 3.7 中的(1) 成立，则由所给条件及法都(Fatou)引理(本章附录引理 A.2)可得

$$\begin{aligned}
&\limsup_{n\to\infty}\sum_j p_{ij}(f_n)\{h_{\beta_n}(j)-h(j)\}\\
&=\limsup_{n\to\infty}\sum_j p_{ij}(f_n)\{[h_{\beta_n}(j)-h(j)]-[L(j)+M(j)]+[L(j)+M(j)]\}\\
&\quad\leqslant\sum_j\lim_{n\to\infty}p_{ij}(f_n)\{[h(j)-h(j)]-[L(j)+M(j)]\}+\\
&\qquad\limsup_{n\to\infty}\sum_j p_{ij}(f_n)[L(j)+M(j)]\leqslant 0
\end{aligned}$$

所以

$$\limsup_{n\to\infty}\sum_j p_{ij}(f_n)\,h_{\beta_n}(j)\leqslant\liminf_{n\to\infty}\sum_j p_{ij}(f_n)h(j),\ i\in S$$

从而在式(3.9)中取$\limsup\limits_n$即得式(3.40)。

(2) 由所给条件和法都引理可得

$$\begin{aligned}
\limsup_{n\to\infty}\sum_j p_{ij}(f_n)h_{\beta_n}(j)&=\limsup_{n\to\infty}\sum_j p_{ij}(f_n)\{h_{\beta_n}(j)-L(j)+L(j)\}\\
&\leqslant\sum_j\lim_{n\to\infty}p_{ij}(f_n)[h(j)-L(j)]+\limsup_{n\to\infty}\sum_j p_{ij}(f_n)L(j)\\
&\leqslant\sum_j\lim_{n\to\infty}p_{ij}(f_n)h(j)
\end{aligned}$$

在式(3.9)中取$\limsup_n$可得结论。

要使条件3.7的(2)中的平稳策略f是最优的，需要定理3.12中的条件(3.33)，这就是下面的条件。

条件3.8　$\limsup\limits_{n\to\infty}\frac{1}{n}E_{f,i}h(X_n)\leqslant 0$，$i\in S$。

此条件隐含着当n充分大时，对任一i，$E_{f,i}h(X_n)$有定义且小于$+\infty$。因此我们可以假定$E_{f,i}h(X_n)<\infty$对所有的i和n成立。如果极限$\lim\limits_{n\to\infty}\frac{1}{n}E_{f,i}\sum\limits_{t=0}^{n-1}r(X_t,f)$存在(对所有$i$)，则条件3.8中的“lim sup”可减弱为“lim inf”。

本节下面假定上述的条件3.5～条件3.8总成立。

结合定理3.12和引理3.6，我们可得以下定理。

定理3.13　(1) 若条件3.7(1)成立且存在满足条件3.8的平稳策略f及常数$\varepsilon\geqslant 0$，使得

$$\limsup_{n\to\infty}\{r(i,f_n)+\sum_j p_{ij}(f_n)h(j)\}\leqslant r(i,f)+\sum_j p_{ij}(f)h(j)+\varepsilon,\ i\in S \quad (3.42)$$

则$V(f,i)\geqslant\rho-\varepsilon$，$i\in S$，即$f$是$\varepsilon$-最优的；

(2) 若条件3.7(2)成立，则f在$S_h:=\{i|h(i)>-\infty\}$上最优，且$\rho=V^*(i)$，$i\in S_h$；

(3) 下式当其右边有定义时成立，即对任意的(i,a)，$\sum\limits_j p_{ij}(a)h(j)$有定义(可无穷)。(特别地，若$\sum\limits_j p_{ij}(a)L(j)<\infty$)，则

$$\rho+h(i)\leqslant\sup_a\{r(i,a)+\sum_j p_{ij}(a)h(j)\},\ i\in S \quad (3.43)$$

且对任意的$\varepsilon\geqslant 0$，当g取到其右边的ε-上确界且满足条件3.8时，g为在S_h上的ε-最优策略。

定理的3.13的(1)和(2)表示，相应的平稳策略f是ε-最优的，或者在S_h上是最优的；而(3)表示，当不等式(3.43)右边有意义时，即成立。

条件3.8不能去掉(Sennott，1989)：它满足条件3.5～条件3.7，但不满足条件3.8，定理3.13中的结论不成立。

从前两章对折扣准则的讨论知道，最优方程有两个含义。首先，最优值函数是它的一个解；其次，在一定条件下，取到最优方程ε-上确界的平稳策略f是ε'-最优的，其中当$\varepsilon\to 0$时，$\varepsilon'\to 0$。对于平均准则，由定理3.13可知，式(3.43)也具有类似的含义，所以其作用与最优方程相同，我们称之为(平均准则)最优不等式(Average Criterion Optimality Inequality，ACOI)。注意到式(3.41)也具有部分的此种含义，所以我们也可将式(3.41)看作为最优不等式。

这里的条件是对条件3.1的弱化，如果加强到使条件3.1成立，那么式(3.43)就成为了式(3.5)：

$$\rho+h(i)=\sup_a\{r(i,a)+\sum_j p_{ij}(a)h(j)\},\ i\in S \quad (3.44)$$

反过来，在所给的条件3.5～条件3.8下，最优方程(3.44)是否一定成立？进一步地，是否存在S上的实函数$\hat{h}$使得$\{\rho,\hat{h}\}$是式(3.44)的解？回答均是否定的，反例可见文献(胡奇英等，2000)．

平均准则最优不等式这一概念，最早是由 Sennott(1989)提出的，她后来将胡奇英于1992年提出的无界条件结合起来，减弱了其条件。本节给出的条件则更弱。

注 3.6　对于折扣准则，我们在前一章中已经看到，在很弱的条件下折扣最优值函数 V_β 满足最优方程，而且取到最优方程上确界的平稳策略为最优策略。然而，在平均准则中，所能得到的结果却远远没有这么好。首先，既使当决策集有限时最优策略也不一定存在；其次，也不一定存在平稳策略优势，甚至平稳策略下的最优值 $\sup\limits_f V(f, i)$ 与最优值函数 $V^*(i)$ 还有一定的差距。

本章给出了一些条件，这些条件不算太强，并且在这些条件下，我们得到了与折扣准则中类似的一些结论。

思考题　设有最优平稳策略 f^*，试利用马尔可夫链 $\boldsymbol{P}(f^*)$ 的状态分类等性质讨论平均准则最优值函数 $V^*(i)$ 的性质。

最后我们指出，本章的所有结果，除了特别要求的之外，均对 $A(i)$ 非可数无穷集成立。

本章附录：若干引理

这里给出本章前面小节用到的几个引理，第一个即是所谓的 Abel 定理及其推广形式，它对于讨论平均准则很有用，其中的“有界变差函数”为实变函数论中的一个概念，在有些文献中也称为囿变函数(郑维行等，1980)，这里不再给出其定义，因为我们常见的函数都是囿变函数。

引理 A.1　设 $g(t)$ 在任一区间 $[0, t]$ 上均是有界变差函数，$g(0)=0$，对 $\alpha>0$，$f(\alpha):=\int_0^\infty e^{-\alpha t}dg(t)$ 均存在且有限，则

$$f(\alpha)=\alpha\int_0^\infty e^{-\alpha t}g(t)dt \tag{3.45}$$

且对任意的常数 $\gamma\geqslant 0$ 和常数 D 均有

$$\lim_{\alpha\to 0^+}\sup|\alpha^\gamma f(\alpha)-D|\leqslant\lim_{t\to\infty}\sup|g(t)t^{-\gamma}\Gamma(\gamma+1)-D| \tag{3.46}$$

$$\lim_{\alpha\to\infty}\sup|\alpha^\gamma f(\alpha)-D|\leqslant\lim_{t\to 0^+}\sup|g(t)t^{-\gamma}\Gamma(\gamma+1)-D| \tag{3.47}$$

其中 $\Gamma(\gamma)=\int_0^\infty t^{\gamma-1}e^{-t}dt$，$\gamma>0$ 为伽马函数。进而，有

$$\lim_{\alpha\to 0}\inf\alpha f(\alpha)\geqslant\lim_{t\to\infty}\inf\frac{1}{t}g(t) \tag{3.48}$$

若极限 $\lim\limits_{t\to\infty}\frac{1}{t}g(t)$ 存在且有限，则式(3.48)中的等号成立。

证明　式(3.45)～式(3.47)可参阅文献(Widder，1946)中的定理 1。

对式(3.48)，首先我们假定 $c=\lim\limits_{t\to\infty}\inf\frac{1}{t}g(t)$ 有限，令 $g^*(t)=\min\{g(t), ct+te^{-t}\}$，于是 $g^*(t)\leqslant g(t)$，再由式(3.45)知 $f^*(\alpha):=\int_0^\infty e^{-\alpha t}dg^*(t)\leqslant f(\alpha)$ 有定义且值有限。从而 $\lim\limits_{\alpha\to 0}\inf\alpha f(\alpha)\geqslant\lim\limits_{\alpha\to 0}\alpha f^*(\alpha)=c$，其中最后的等式由 $\lim\limits_{t\to\infty}\frac{1}{t}g^*(t)=c$ 以及式(3.46)和式(3.47)

得到(取 $\gamma=1$, $D=c$)。当$\lim\limits_{t\to\infty}\frac{1}{t}g(t)$存在且有限时，由式(3.46)和式(3.47)即知式(3.48)中的等号成立。

当$c=\liminf\limits_{t\to\infty}\frac{1}{t}g(t)=-\infty$时结论自然成立。下设$c=+\infty$，从而$\lim\limits_{t\to\infty}\frac{1}{t}g(t)=+\infty$，故对任一$\varepsilon>0$，存在$M>0$使得当$t\geqslant M$时，$g(t)>t/\varepsilon$。所以由式(3.45)得

$$\begin{aligned}\alpha f(\alpha)&=\alpha\int_0^\infty \mathrm{e}^{-\alpha t}\mathrm{d}g(t)=\alpha^2\int_0^\infty \mathrm{e}^{-\alpha t}g(t)\mathrm{d}t\\&\geqslant\alpha^2\int_0^M \mathrm{e}^{-\alpha t}g(t)\mathrm{d}t+\alpha^2\int_M^\infty \mathrm{e}^{-\alpha t}\frac{t}{\varepsilon}\mathrm{d}t\\&=\alpha^2\int_0^M \mathrm{e}^{-\alpha t}g(t)\mathrm{d}t-\frac{\alpha^2}{\varepsilon}\int_0^M \mathrm{e}^{-\alpha t}t\mathrm{d}t+\frac{1}{\varepsilon}\end{aligned}$$

从而有$\liminf\limits_{\alpha\to 0}\alpha f(\alpha)\geqslant 1/\varepsilon$。由$\varepsilon$的任意性即知式(3.48)仍成立。

取式(3.48)中的$g(t)=\sum\limits_{n=0}^{\infty}\chi(n\leqslant t)c_n$，$\beta=\mathrm{e}^{-\alpha}$即可得到引理1.1的如下离散形式。

推论 A.1 设$\{c_n\}$是一有限数列，对任一$\beta\in(0,1)$，$\sum\limits_{n=0}^{\infty}c_n\beta^n$收敛且有限，记$s_n=\sum\limits_{k=0}^{n}c_k$是其部分和，则

$$\liminf_{\beta\uparrow 1}(1-\beta)\sum_{n=0}^{\infty}c_n\beta^n\geqslant\liminf_{n\to\infty}\frac{1}{n}s_n \tag{3.49}$$

进而若极限$\lim\limits_{n\to\infty}\frac{1}{n}s_n$存在且有限，则式(3.49)中的等号成立。

我们要给出的第二个引理包括法杜(Fatou)引理和控制收敛定理，它们是关于(上、下)极限号与积分号(或求和号)交换次序。这在实变函数论中是熟知的，其证明可见文献(郑维行等，1980)中的定理3.3和定理3.4。

引理 A.2 (1)(Fatou引理)设$f_n(x)$是非负可测函数列，则

$$\int_0^\infty \liminf_{n\to\infty}f_n(x)\mathrm{d}x\leqslant\liminf_{n\to\infty}\int_0^\infty f_n(x)\mathrm{d}x \tag{3.50}$$

(2)(控制收敛定理)设可测函数列$f_n(x)$满足：$f(x)=\lim\limits_{n\to\infty}f_n(x)$存在，有可测函数$g(x)$使得$|f_n(x)|\leqslant g(x)$，$\forall n$，但$\int_0^\infty g(x)\mathrm{d}x$有限，则$\int_0^\infty f(x)\mathrm{d}x$存在、有限，且

$$\int_0^\infty \lim_{n\to\infty}f_n(x)\mathrm{d}x=\int_0^\infty f(x)\mathrm{d}x \tag{3.51}$$

通常所见的函数都是可测函数。可测函数正式的定义可参见实变函数论的书籍(郑维行等，1980)。

式(3.50)的离散形式为：设$a_n(j)$非负，则

$$\sum_j\liminf_{n\to\infty}a_n(j)\leqslant\liminf_{n\to\infty}\sum_j a_n(j) \tag{3.52}$$

对任一$N>0$，由于$a_n(j)$非负，因此有

$$\liminf_{n\to\infty}\sum_{j=0}^{\infty}a_n(j)\geqslant\liminf_{n\to\infty}\sum_{j=0}^{N}a_n(j)=\sum_{j=0}^{N}\liminf_{n\to\infty}a_n(j)$$

再在上式中令$N\to\infty$即得式(3.52)。

由式(3.52)可知，若$b_n(j)$非正，则

$$\limsup_{n\to\infty}\sum_j b_n(j)\leqslant\sum_j\limsup_{n\to\infty}b_n(j) \tag{3.53}$$

式(3.51)的离散形式为：设$\lim\limits_{n\to\infty}a_n(j)=a(j)$，$|a_n(j)|\leqslant b(j)$，而$\sum\limits_j b(j)<\infty$，则

$$\lim_{n\to\infty}\sum_j a_n(j)=\sum_j\lim_{n\to\infty}a_n(j)=\sum_j a(j)<\infty \tag{3.54}$$

以下的不等式讨论的是求随机变量函数的数学期望与函数交换次序，其证明可参见测度论或者概率论基础方面的书籍，如严士健的《概论论基础》一书。

引理 A.3(Jensen 不等式)　设 $f(x)$是凸函数，X 为随机变量，则不等式 $Ef(X)\geqslant f(EX)$中只要两个数学期望存在就成立。

对决策函数 $f\in F$，$\boldsymbol{P}(f)$是状态空间为 S 的时齐马尔可夫链的状态转移概率矩阵。记$\boldsymbol{P}^n(f)$的 Cesaro 极限$\boldsymbol{P}^*(f):=\lim\limits_{N\to\infty}\frac{1}{N}\sum\limits_{n=0}^{N-1}\boldsymbol{P}^n(f)$，此马尔可夫链的非常返状态集为$D$，零常返状态集为$C^0$，正常返等价类依次为$C_1^+$，$C_2^+$，…，则由文献(胡奇英等，2017)中的定理5.4.4和5.4.5)知$\boldsymbol{P}^*(f)$总存在，且

$$P_{ij}^*(f)=\begin{cases}0, & j\in D\cup C^0\text{或}(i\in C^0,\ j\notin C^0)\text{或}(i\in C_m^+,\ j\notin C_m^+,\ m\geqslant1)\\ \dfrac{1}{\mu_{jj}}, & i,j\in C_m^+,\ m\geqslant1\\ \dfrac{f_{ij}}{\mu_{jj}}, & i\in D,\ j\in C_m^+,\ m\geqslant1\end{cases}$$

其中μ_{jj}是状态j 的期望首次返回时间，f_{ij}是从状态i 首次到达状态j 的首达概率。我们有以下结论。

引理 A.4　对 $f\in F$，$\boldsymbol{P}^*(f)$满足

$$\boldsymbol{P}^*(f)\boldsymbol{P}(f)=\boldsymbol{P}(f)\boldsymbol{P}^*(f)=\boldsymbol{P}^*(f)\boldsymbol{P}^*(f)=\boldsymbol{P}^*(f) \tag{3.55}$$

从而当 $r(i,f)$有界时，对 $i\in S$ 有

$$V(f,i)=\lim_{N\to\infty}\frac{1}{N}\sum_{n=0}^{N-1}E_{f,i}\{r(X_n,\Delta_n)\}=[\boldsymbol{P}^*(f)\boldsymbol{r}(f)]_i \tag{3.56}$$

证明　由文献(胡奇英等，2017)中的定理 5.4.4 和 5.4.5 知式(3.55)成立，再由$E_{f,i}\{r(X_n,\Delta_n)\}=[\boldsymbol{P}^n(f)\boldsymbol{r}(f)]_i$即得到式(3.56)。

以上引理对于随机平稳策略也是成立的。式(3.56)说明，若能求得矩阵$P^*(f)$，那么平稳策略的平均准则函数值$V(f,i)$的计算是很简单的。

习　题

1. 在算法 3.1 步骤(3)中，试比较式(3.27)给出的方法与以下方法，谁的计算量小：取$j\in T$，取$a=\operatorname{argmax}\limits_{a\in A(j)}\sum\limits_{i\in S_0}p_{ji}(a)>0$，令$f_{n+1}(j)=a$，$S_0=S_0\cup\{j\}$，$T:=T-\{j\}$。

2. 对线性规划(3.30)的最优基可行解$\{x^*(i,a)\}$，由$\sum\limits_a x^*(j,a)=\sum\limits_{i,a}x^*(i,a)p_{ij}(a)$可知，对每个状态$j$，至少有一个$a$ 使得$x^*(j,a)>0$。由于式(3.30)的约束方程个数是

$|S|+1$，这也是基变量的个数。于是至多在一个状态处有两个 a 使 $x^*(j,a)>0$，而在其他至少 $|S|-1$ 个状态处，只有唯一的 a 使 $x^*(j,a)>0$。试问该证明是否正确？

3. 策略迭代法、线性规划法中都没考虑多链时的情形，请读者考虑之。

4. 设有最优平稳策略 f^*，试利用马尔可夫链 $P(f^*)$ 的状态分类等性质讨论平均准则最优值函数 $V^*(i)$ 的性质。

5. 在 3.1 节中，证明在条件 3.2 下条件 3.1 的(2)成立。

6. 若线性规划(3.29)有最优解 $\{\rho, h(i)\}$，它是否就是平均准则最优方程的解？如果不是，那么 ρ 与平均准则最优值函数 $V^*(i)$ 之间有什么关系？$V^*(i)$ 为常数吗？

参考文献

胡奇英，刘建庸. 2000. 马尔可夫决策过程引论. 西安：西安电子科技大学出版社.

胡奇英，毛用才. 2017. 随机过程. 2 版. 西安：西安电子科技大学出版社.

郑维行，王声望. 1980. 实变函数与泛函分析概要(第一册). 北京：人民教育出版社.

BLACKWELL D. 1962. Discrete dynamic programming, Ann. Math. Statist., 33: 719 - 726.

DEKKER R, HORDIJK A. 1988. Average sensitive and Blackwell optimal policies in denumerable Markov decision chains with unbounded rewards, Math. Ope. Res., 13: 395 - 420.

FEDERGRUEN A, TIJMS H C. 1978. The optimality equation in average cost denumerable state semi-Markov decision problems, recurrence conditions and algorithms, J. Appl. Probab., 15: 356 - 373.

HAVIV M, PUTERMAN M L. 1991. An improved algorithm for solving communicating average reward Markov decision processes, 28: 229 - 242.

HOWARD R. 1960. Dynamic Programming and Markov Decision Processes. Cambridge, MS: MIT Press.

HU Q. 1992. Discounted and Average Markov Decision Processes with Unbounded Rewards: New Conditions. J. Math. Anal. Appl., 171(1): 111 - 124.

KALLENBERG L C M. 1983. Linear programming and finite Markovian control problems. Math. Centre Tracts #148, Amsterdam.

KALLENBERG L C M. 1994. Survey of linear programming for standard and nonstandard Markovian control problems. Part I: theory, ZOR-Methods and Models Oper. Res., 40, 1 - 42; Part II: applications, 40, 127 - 143.

ROSS S M. 1983. Introduction to stochastic dynamic programming. Academic Press, INC.

SENNOTT L I. 1989. Average cost optimal stationary policies in infinite state Markov decision processes with unbounded costs., Ope. Res., 37: 626 - 633.

WIDDER D V. 1946. The Laplace Transform. Princeton, New Jersey: Princeton University Press.

第 4 章　半马尔可夫决策过程

前几章所讨论的离散时间马尔可夫决策过程，它所依据的随机过程是离散时间马尔可夫链，其中假定决策时刻是等周期的，或者说不考虑时间因素，而仅仅考虑决策时刻的先后次序。在随机过程中，考虑时间因素的有连续时间马尔可夫过程、半马尔可夫过程等。相应地，在马尔可夫决策过程中考虑时间因素的也有连续时间马尔可夫决策过程和半马尔可夫决策过程(Semi-Markov Decision Processes, SMDP)。

本章先在离散时间 MDP 模型的基础上建立半马尔可夫决策过程的模型，然后就折扣准则和平均准则，分别将模型中的元素进行简化。基此，我们将半马尔可夫决策过程转化为等价的离散时间马尔可夫决策过程，这样就可以将离散时间马尔可夫决策过程中的丰富结论直接推广到这里，而不必重新去研究半马尔可夫决策过程。我们称这样的方法为**转换方法**。下一章也将使用转换方法讨论连续时间马尔可夫决策过程。

4.1　半马尔可夫决策过程模型

4.1.1　SMDP 模型

本章所讨论的 SMDP 模型由如下六重组构成：

$$\{S, (A(i), i\in S), p_{ij}(a), T(\cdot|i, a, j), r(i, a), V\} \tag{4.1}$$

这里的决策时刻是系统转移到新的状态的时刻。以上模型中各元的含义如下：

(1) 状态集 S 和决策集 $A(i)$ 的含义与 DTMDP 模型中的相同，我们仍假定它们都是可数集；当它们为非可数集时也可进行类似处理，只是需要用到一般状态空间的半马尔可夫过程与测度论的知识。

(2) 当系统在某个决策时刻点处于状态 i，采取决策 a 时，将出现以下三种情况：

① 系统于下一决策时刻点以概率 $p_{ij}(a)$ 转移到状态 j，$p_{ij}(a)$ 非负，$\sum_j p_{ij}(a)=1$。但本章结论在 $\sum_j p_{ij}(a)\leqslant 1$ 时也成立。

② 系统转移到状态 j 所需的时间是一个非负随机变量，服从分布函数 $T(\cdot|i, a, j)$，我们也称此转移时间为系统在状态 i 的停留时间。在有些实际问题中，转移时间与下阶段将要到达的状态 j 无关，即 $T(\cdot|i, a, j)$ 与 j 无关。

③ 系统立即获得一项报酬 $r(i, a)$。

(3) V 为准则函数，与离散时间马尔可夫决策过程中的含义类似，可以是期望总报酬准则函数(包括折扣准则函数)，也可以是平均准则函数等。本书只讨论期望总报酬准则函数和平均准则函数。它们的详细定义将在后面给出。

我们指出，如果决策集 $A(i)$是单点集，那么在任一状态处无须选择，从而上面(2)中描述的即是半马尔可夫过程。

从上述 SMDP 的模型及其说明来看，如果转移时间是常数，则它就是前几章中所讨论的 DTMDP，因此 SMDP 是 DTMDP 的推广。反过来，我们将要证明，SMDP 又可转化为 DTMDP，这也是本章处理半马尔可夫决策过程的方法。

对 $n\geqslant 0$，记X_n，Δ_n，t_n分别表示决策周期n 时系统所处的状态、选择的决策、所停留的时间。第 n 个决策时刻记为T_n，从而

$$T_0=0,\ T_{n+1}=T_n+t_n,\ n\geqslant 0$$

我们常将$[T_n, T_{n+1})$称为系统的第 n 个周期，故也称T_n为周期 n 的开始时刻。

策略 $\pi=(\pi_0, \pi_1, \cdots)$的定义与 DTMDP(第 2 章)中的相同，这里不再详述。为方便起见，我们只考虑马尔可夫策略 $\pi=(f_0, f_1, \cdots)$。策略的全体记为 Π。对策略 $\pi\in\Pi$，记 $\mathcal{L}(\pi)=\{X_0, \Delta_0, t_0, X_1, \Delta_1, t_1, X_2, \Delta_2, t_2, \cdots\}$为策略 π 下系统的状态、决策、停留时间序列。不难看出，对马尔可夫策略 $\pi\in\Pi_m$，$\mathcal{L}(\pi)$是一个非时齐半马尔可夫过程；对平稳策略 $\pi\in\Pi_s$，$\mathcal{L}(\pi)$则是一个时齐半马尔可夫过程。一般地，在策略 $\pi=(f_0, f_1, \cdots)$下系统的动态变化过程如下：若系统在周期 n 时处于状态i_n，则选择决策$a_n=f_n(i_n)$，即$\Delta_n=a_n$，而 X_{n+1}由转移概率$p_{i_n, j}(a_n)$确定，设为i_{n+1}，即$X_{n+1}=i_{n+1}$。由此，系统的转移时间(或说在状态i_n处的停留时间)t_n由分布函数 $T(\cdot|i_n, a_n, i_{n+1})$确定。系统的变化如此循环以至无穷。

4.1.2 正则性条件

在半马尔可夫过程中，需满足以下条件：系统不会在有限时间内发生无穷多次转移。为此，在半马尔可夫过程中引入了所谓的“正则性条件”来保证系统不会在有限时间内发生无穷多次转移。与此相对应，我们在半马尔可夫决策过程中引入如下的正则性条件，本章假定它恒成立。

正则性条件 1 存在常数 $0<\theta<1$ 及 $\delta>0$ 使

$$\sum_j p_{ij}(a)T(\delta|i, a, j)\leqslant 1-\theta,\ \forall (i, a)\in\Gamma$$

对$(i, a)\in\Gamma$，记

$$T(t|i, a)=\sum_j p_{ij}(a)T(t|i, a, j) \tag{4.2}$$

表示在某决策时刻系统处于状态 i，采取决策 a(简称为系统处于(i, a))时的转移时间(或在(i, a)处的停留时间)的分布函数。所以正则性条件 1 可写为 $T(\delta|i, a)\leqslant 1-\theta$，它表示在$(i, a)$处的停留时间不超过 δ 的概率至多为正的数 $1-\theta$，它对(i, a)一致成立。以下引理以及本节其他几个引理的证明可参见文献(Ross，1983)或(胡奇英等，2000)。

引理 4.1 在正则性条件 1 下，系统在有限时间内不会发生无穷多次状态转移。

因此，当正则性条件 1 成立时，在任一策略下，系统在有限时间内均不会发生无穷多次状态转移(以概率 1)。

现在的时间是连续的，连续时的折扣因子称为连续折扣因子，记为 $\alpha\geqslant 0$，其含义为 t 时若一个单位的报酬值为 0，则连续折扣因子为$e^{-\alpha t}$。自然地，我们要考虑一个阶段的折扣因子，即系统在某转移时刻处于状态 i、选择决策 a 并将在下一个阶段转移到状态 j 的条件

下，下一个阶段初一个单位的报酬值折算到本阶段初的值，为

$$\beta_\alpha(i,\ a,\ j)=\int_0^\infty \mathrm{e}^{-\alpha t}T(\mathrm{d}t\mid i,\ a,\ j)$$

进而，系统在某转移时刻处于状态 i、选择决策 a 的条件下，下一个阶段初一个单位的报酬值折算到本阶段初的值，为

$$\beta_\alpha(i,\ a)=\sum_j p_{ij}(a)\beta_\alpha(i,\ a,\ j)=\int_0^\infty \mathrm{e}^{-\alpha t}T(\mathrm{d}t\mid i,\ a)$$

称之为$(i,\ a)$处的(一阶段)期望折扣因子，因为它表示当系统在T_n时处于$(i,\ a)$时，在下一决策时刻T_{n+1}所获得的单位报酬仅当T_n时的$\beta_\alpha(i,\ a)$。再记

$$\beta_\alpha=\sup_{i,\ a}\beta_\alpha(i,\ a)$$

为一阶段期望折扣因子对$(i,\ a)$的上确界，也即一阶段期望折扣因子不会超过 β_α。$\alpha=0$ 表示不考虑折扣时的情形。

在 SMDP 模型中，如果在各状态处的停留时间相同，均为常数t^*，即 $T(t|i,\ a,\ j)=\chi(t\geqslant t^*)$与 $i,\ a,\ j$ 均无关，则容易算得 $\beta_\alpha=\beta_\alpha(i,\ a)=\beta_\alpha(i,\ a,\ j)=\mathrm{e}^{-\alpha t^*}$，即 DTMDP 中的折扣因子。

在 DTMDP 折扣准则中，我们要求折扣因子小于 1。这里也有类似的要求。

正则性条件 2　存在常数 $\alpha>0$ 使 $\beta_\alpha<1$。

这是另一个正则性条件，它表示期望折扣因子对$(i,\ a)$一致小于 1，它保证下面所定义的折扣准则函数中的级数收敛，在后面常被用到。正则性条件 1 来自半马尔可夫过程(Ross，1970)，是从半马尔可夫过程的概率特性出发的，它保证我们所研究的系统是正则的(即在有限时间内不会发生无穷多次转移)。如下引理进一步证明这两个正则性条件是等价的。

引理 4.2　正则性条件 1 与正则性条件 2 等价，当它们成立时，对任一 $\alpha>0$，均有$\beta_\alpha<1$。

基于以上引理，如果正则性条件 1 成立或正则性条件 2 成立，就称正则性条件成立。本章总假定正则性条件成立，不再具体指出。

下面考虑一个阶段的期望转移时间。对$(i,\ a)\in\Gamma$，我们引入如下变量：

$$\tau(i,\ a)=\sum_j p_{ij}(a)\int_0^\infty tT(\mathrm{d}t\mid i,\ a,\ j)\tag{4.3}$$

它表示系统在某周期开始时处于状态 i、采取决策 a 的条件下该周期的期望长度，也称为在$(i,\ a)$的期望停留时间。对此，由正则性条件 1，有

$$\begin{aligned}\tau(i,\ a)&=\int_0^\infty tT(\mathrm{d}t\mid i,\ a)\geqslant\int_\delta^\infty tT(\mathrm{d}t\mid i,\ a)\\&\geqslant\delta\int_\delta^\infty T(\mathrm{d}t\mid i,\ a)=\delta[1-T(\delta\mid i,\ a)]\mathrm{d}t\geqslant\delta\theta\end{aligned}$$

即证明了下述引理。

引理 4.3　$\inf\limits_{i,\ a}\tau(i,\ a)\geqslant\delta\theta>0$。

以上引理是说，期望停留时间 $\tau(i,a)$有一致的正的下界。这也容易理解，当系统在各状态的期望停留时间有一致的正的下界时，就不会在有限时间内转移无穷多次了。但$\tau(i,\ a)$下

有界推导不出正则性条件。

4.1.3 准则函数

系统在第 n 个周期 $[T_n, T_{n+1})$ 开始时获得报酬 $r(X_n, \Delta_n)$，折算到时刻 0 时为 $e^{-\alpha T_n} r(X_n, \Delta_n)$。对任一策略 π 及状态 $i \in S$，系统在策略 π 下从初始状态 i 出发，于周期 n 获得的期望报酬折算到时刻 0 时的值为 $E_{\pi, i}\{e^{-\alpha T_n} r(X_n, \Delta_n)\}$。由此，我们定义在策略 π 下从初始状态 i 出发的 $N+1$ 阶段期望折扣总报酬为

$$V_{N, \alpha}(\pi, i) = \sum_{n=0}^{N} E_{\pi, i}\{e^{-\alpha T_n} r(X_n, \Delta_n)\}, \ i \in S \tag{4.4}$$

定义系统在策略 π 下从初始状态 i 出发的期望折扣总报酬为

$$V_{\alpha}(\pi, i) = \sum_{n=0}^{\infty} E_{\pi, i}\{e^{-\alpha T_n} r(X_n, \Delta_n)\}, \ i \in S \tag{4.5}$$

我们用$V_N(\pi, i) = V_{N, 0}(\pi, i)$表示系统从开始到第 $N+1$ 次状态转移之前所获得的期望总报酬，其中涉及的时间跨度是$[0, T_{N+1})$，于是我们定义系统在策略 π 下从初始状态 i 出发的平均期望报酬为

$$V(\pi, i) = \liminf_{N\to\infty} \frac{V_N(\pi, i)}{E_{\pi, i}\{T_{N+1}\}}, \ i \in S \tag{4.6}$$

这里定义折扣准则最优值函数为$V_{\alpha}(i) = \sup\{V_{\alpha}(\pi, i) \mid \pi \in \Pi\}$，$N$ 阶段期望折扣总报酬准则的最优值函数为$V_{N, \alpha}(i) = \sup\{V_{N, \alpha}(\pi, i) \mid \pi \in \Pi\}$，平均准则的最优值函数为$V^*(i) = \sup\{V(\pi, i) \mid \pi \in \Pi\}$。对于这三个准则，($\varepsilon$-)最优策略的定义与 DTMDP 中的完全一样，这里不再赘述。

值得指出的是，正则性条件保证了在所定义的准则函数中，将 n 从 0 到无穷大相加时，在正则性条件下得到的最优值函数是在时间区间$[0, \infty)$上的；否则只是在一个有限的时间区间上的。

如果系统在有限时间内发生无穷多次状态转移，则以上所定义的$V_{\alpha}(\pi, i)$就不是系统在无限时段$[0, \infty)$上获得的期望折扣总报酬。正则性条件能避免这种情况的出现，但正则性条件只是我们讨论的充分条件，而非必要条件。例如随机环境马尔可夫决策过程中正则性条件不成立(Hu et al, 1998b)。

4.2 转换为离散时间马尔可夫决策过程

我们将 SMDP 转化为 DTMDP 时，但准则函数不同，具体的转换方法也不尽相同。本节针对期望折扣总报酬准则和平均准则分别讨论相应的转换。

4.2.1 期望折扣总报酬准则

由式(4.4)和式(4.5)，我们将 SMDP 折扣准则函数中的一般项具体写出来。对任一策略 $\pi = (\pi_0, \pi_1, \cdots) \in \Pi$，状态 $i \in S$ 及 $n \geq 0$，由 $T_n = t_0 + t_1 + \cdots + t_{n-1}$，运用全期望公式有

$$
\begin{aligned}
& E_{\pi, i}\{\mathrm{e}^{-\alpha T_n} r(X_n, \Delta_n)\} \\
= & \sum_{a_0} \pi_0(a_0 \mid i) \sum_{i_1} p_{i, i_1}(a_0) \int_0^{\infty} \mathrm{e}^{-\alpha t_0} T(\mathrm{d}t_0 \mid i, a_0, i_1) \cdots \sum_{i_n} p_{i_{n-1}, i_n}(a_{n-1}) \cdot \\
& \int_0^{\infty} \mathrm{e}^{-\alpha t_{n-1}} T(\mathrm{d}t_{n-1} \mid i_{n-1}, a_{n-1}, i_n) \sum_{a_n} \pi_n(a_n \mid i, a_0, i_1, \cdots, i_n) r(i_n, a_n) \\
= & \sum_{a_0} \pi_0(a_0 \mid i) \sum_{i_1} \beta_\alpha(i, a_0, i_1) p_{i, i_1}(a_0) \cdots \sum_{i_n} p_{i_{n-1}, i_n}(a_{n-1}) \cdot \\
& \beta_\alpha(i_{n-1}, a_{n-1}, i_n) \sum_{a_n} \pi_n(a_n \mid i, a_0, i_1, \cdots, i_n) r(i_n, a_n)
\end{aligned}
$$

为了将上式写成离散时间 MDP 中的样子，我们引入 $\bar{p}_{ij}(a)=\beta_\alpha^{-1}\beta_\alpha(i, a, j)p_{ij}(a)$，它将 SMDP 中的转移概率$p_{ij}(a)$与一阶段折扣因子$\beta_\alpha(i, a, j)$(二者都依赖于当前状态 i、决策 a 及下一个阶段的状态 j)组合在一起。这样我们就将**折扣准则 DTMDP** 定义为

$$
\{S, (A(i), i\in S), \bar{p}_{ij}(a), r(i, a), \beta_\alpha\} \tag{4.7}
$$

其中状态集 S、决策集 $A(i)$、报酬函数 $r(i, a)$与 SMDP 模型的相同，β_α为折扣因子。$E_{\pi, i}^{(D)}$表示在式(4.7)中取的期望，N 阶段和无限阶段期望折扣总报酬准则函数分别记为$V_{N, \beta}^{(D)}(\pi)$和$V_\beta^{(D)}(\pi)$，则前面的式子可以继续写为

$$
\begin{aligned}
& E_{\pi, i}\{\mathrm{e}^{-\alpha T_n} r(X_n, \Delta_n) \\
= & \beta_\alpha^n \sum_{a_0} \pi_0(a_0 \mid i) \sum_{i_1} \bar{p}_{i, i_1}(a_0) \cdots \sum_{i_n} \bar{p}_{i_{n-1}, i_n}(a_{n-1}) \sum_{a_n} \pi_n(a_n \mid i, a_0, i_1, \cdots, i_n) r(i_n, a_n) \\
= & \beta_\alpha^n E_{\pi, i}^{(D)}\{r(X_n, \Delta_n)\}
\end{aligned}
$$

由此就证明了 DTMDP 和 SMPD 的折扣准则相等，即它们是等价的。

定理 4.1　对于$\pi\in\Pi$，$V_\alpha(\pi)=V_\beta^{(D)}(\pi)$，$V_{N, \alpha}(\pi)=V_{N, \beta}^{(D)}(\pi)$，从而对于有限阶段和无限阶段的期望折扣总报酬准则而言，式(4.1)与式(4.7) 在策略集 Π 范围内等价。

定理 4.1 中的两个等式表示当等式两边的函数有一个有定义时，另一个也有定义，且两者相等。于是，我们可以将第 2 章中所有结论推广到式(4.1)中来。

对于折扣准则，当报酬函数 $r(i, a)$一致有界时，2.1 节与 2.2 节中所有结论对 SMDP 也成立，从而$V_\alpha(i)$是以下最优方程的唯一有界解：

$$
V_\alpha(i) = \sup_{a\in A(i)}\{r(i, a) + \sum_j \beta_\alpha(i, a, j)\, p_{ij}(a)\, V_\alpha(j)\}, \ i \in S
$$

进而，f 是最优策略当且仅当 f 取到上述最优方程右边的上确界。第 2 章中讨论的逐次逼近法、线性规划法等也都成立。

对期望总报酬准则，2.5 节中的条件 2.4 和条件 2.5 应用于 SMDP 中成为以下两个条件。

条件 4.1　由式(4.5)给出的$V_\alpha(\pi, i)$恒有定义，$\forall \pi, i$。

条件 4.2　对任一策略 $\pi\in\Pi$ 及状态 $i\in S$，下式成立：

$$
V_\alpha(\pi, i) = \sum_{a\in A(i)} \pi_0(a \mid i)\{r(i, a) + \sum_j \beta_\alpha(i, a, j)\, p_{ij}(a)\, V_\alpha(\pi^{i, a}, j)\} \tag{4.8}
$$

由定理 4.1 所示的等价性以及 2.5 节中的定理 2.13 和定理 2.14 可得以下定理。

定理 4.2　设条件 4.1 和条件 4.2 成立，则对 SMDP 模型式(4.1)，有

(1) 在$S_{-\infty}$上，所有策略均是最优策略；

(2) 在S_∞上，最优值函数取正无穷，其中在$S_{=\infty}$上存在最优策略，而在$S_\infty - S_{=\infty}$上不存在最优策略；

(3) 在S_0上，$A(i)$可缩简为

$$A_3(i)=\Big\{a\in A(i)\,|\,r(i,a)>-\infty,\ p_{iS_{-\infty}}(a)=0$$

且
$$\sum_{j\in S_0}\beta_\alpha(i,a,j)\,p_{ij}(a)\,V_\alpha(j)>-\infty\Big\}$$

对缩简后的S_0-SMDP，$V_\alpha(i)=\sup_{\pi\in\Pi}V_\alpha(\pi,i)$满足最优方程：

$$V_\alpha(i)=\sup_{a\in A_3(i)}\{r(i,a)+\sum_j\beta_\alpha(i,a,j)\,p_{ij}(a)\,V_\alpha(j)\},\ i\in S_0$$

从上面对折扣SMDP的讨论中可知，折扣SMDP与折扣DTMDP的区别在于：在折扣SMDP中，折扣因子本质上是$\beta_\alpha(i,a,j)$，它依赖于所处的状态i、采取的决策a和下一个阶段的状态j；而在通常的DTMDP中，折扣因子为常数。我们可将$\beta_\alpha(i,a,j)$与转移概率$p_{ij}(a)$结合，再将其与(i,j,a)相关的部分代入$\bar{p}_{ij}(a)$，从而使折扣因子成为常数。

4.2.2 平均准则

下面讨论在平均准则时如何将SMDP转换为DTMDP。首先，对任一策略$\pi\in\Pi$，状态$i\in S$及整数$n\geqslant 0$，我们有

$$\begin{aligned}E_{\pi,i}\{t_n\}&=\sum_{j,a}P_{\pi,i}\{X_n=j,\Delta_n=a\}\sum_{j'}p_{jj'}(a)\int_0^\infty tT(\mathrm{d}t\mid j,a,j')\\&=\sum_{j,a}P_{\pi,i}\{X_n=j,\Delta_n=a\}\tau(j,a)\\&=E_{\pi,i}\{\tau(X_n,\Delta_n)\}\end{aligned}$$

这也证明了如下引理。

引理4.4 对任一策略$\pi\in\Pi$，其平均准则值为

$$V(\pi,i)=\liminf_{N\to\infty}\frac{E_{\pi,i}\Big\{\sum_{n=0}^{N}r(X_n,\Delta_n)\Big\}}{E_{\pi,i}\Big\{\sum_{n=0}^{N}\tau(X_n,\Delta_n)\Big\}},\ i\in S \tag{4.9}$$

由上述引理，就平均准则而言，SMDP的转移时间可简化为确定的实数$\tau(i,a)$，且只依赖于(i,a)，与下一个阶段的状态j无关。也就是说，就平均准则而言，SMDP模型(4.1)在Π内可等价地化为以下的SMDP模型：

$$\{S,(A(i),i\in S),p_{ij}(a),\tau(i,a),r(i,a),V\} \tag{4.10}$$

这是一个DTMDP模型，只是通常的DTMDP中转移时间是一个固定不变的常数，而这里的转移时间$\tau(i,a)$则是与所处状态及所采取的决策有关的一个实数，但不再是随机的了。

SMDP与DTMDP最大的一个区别是，SMDP中有停留时间$\tau(i,a)$，这在DTMDP中为单位时间1。因此，报酬函数$r(i,a)$在DTMDP中是一次转移所得或者是在单位时间内所得的；而在SMDP中则是在时间段$\tau(i,a)$中所得的，于是有必要将时间段换算成单位时间，即$r(i,a)/\tau(i,a)$。

DTMDP平均准则的最优方程是

$$\rho+h(i)=\sup_{a\in A(i)}\{r(i,a)+\sum_j p_{ij}(a)h(j)\},\ i\in S \tag{4.11}$$

其中 ρ 是在系统长期运行下单位时间内获得的最优报酬。注意到式(4.11)表示一次转移，那么在 SMDP 中，如果最优方程也是一次转移的，ρ 应乘以系数 $\tau(i,a)$，这需要放到方程右边的上确界中。也就是说，SMDP 的平均准则最优方程的形式可能是

$$h(i)=\sup_{a\in A(i)}\{r(i,a)-\rho\tau(i,a)+\sum_j p_{ij}(a)h(j)\},\ i\in S \tag{4.12}$$

从第 3 章对最优方程的讨论可知，式(4.12)要成为 SMDP 平均准则的最优方程，需要证明两点：一是如果式(4.12)有解，那么取到其上确界的策略是平均准则最优策略，ρ 是平均准则最优值函数；二是式(4.12)有解。

我们先证明取到其 ε 上确界的平稳策略 f 是否是 ε -最优策略，也就是引理 4.2。

引理 4.5 设 $\varepsilon\geqslant 0$，常数 ρ 及 S 上的实值函数 h 和平稳策略 f 满足

$$h(i)\leqslant r(i,f)-\rho\tau(i,f)+\sum_j p_{ij}(f)h(j)+\varepsilon,\ i\in S \tag{4.13}$$

$$\limsup_{n\to\infty} E_{f,i}h(X_n)\Big/\sum_{t=0}^{n-1}E_{f,i}\tau(X_t,f)\leqslant 0,\ i\in S \tag{4.14}$$

则 $\rho\leqslant V(f,i)+(\delta\theta)^{-1}\varepsilon$，$i\in S$。从而当 $\rho\geqslant V^*(i)$，$i\in S$ 时，f 为 $(\delta\theta)^{-1}\varepsilon$ -最优策略。

证明 首先与定理 3.1 一样可证对 $i\in S$，$n\geqslant 0$，$E_{f,i}h(X_n)$ 和 $E_{f,i}r(X_n,f)$ 均存在且有限，于是又可推知 $E_{f,i}\tau(X_n,f)$ 是有限的，从而由式(4.13)可得

$$E_{f,i}h(X_t)\leqslant E_{f,i}r(X_t,f)+\varepsilon-\rho E_{f,i}\tau(X_t,f)+E_{f,i}h(X_{t+1}),\ i\in S,\ t\geqslant 0$$

两边对 t 从 0 至 $n-1$ 相加，再将 ρ 移至右边并将其系数除去，可得

$$\rho\leqslant\frac{\sum_{t=0}^{n-1}E_{f,i}r(X_t,f)+n\varepsilon}{\sum_{t=0}^{n-1}E_{f,i}\tau(X_t,f)}+\frac{E_{f,i}h(X_n)-h(i)}{\sum_{t=0}^{n-1}E_{f,i}\tau(X_t,f)}$$

由此及引理 4.1、式(4.14)可证得 $\rho\leqslant V(f,i)+(\delta\theta)^{-1}\varepsilon$，$i\in S$。

进而，我们可以证明如下推论。

推论 4.1 设最优方程(4.12)有解 $\{\rho,h(i),i\in S\}$，且此解满足如下条件：

$$\limsup_{n\to\infty} E_{\pi,i}h(X_n)\Big/\sum_{t=0}^{n-1}E_{\pi,i}\tau(X_t,\Delta_t)=0,\ \forall\pi\in\Pi,\ i\in S \tag{4.15}$$

则 $\rho=V^*(i)$，$i\in S$。

证明 由最优方程有 $h(i)\geqslant r(i,a)-\rho\tau(i,a)+\sum_j p_{ij}(a)h(j)$，$\forall i,a$。因此，对任意的策略 π 及状态 i，有

$$E_{\pi,i}h(X_t)\geqslant E_{f,i}r(X_t,\Delta_t)-\rho E_{\pi,i}\tau(X_t,\Delta_t)+E_{\pi,i}h(X_{t+1}),\ t\geqslant 0$$

由此，可以证明 $\rho\geqslant V(\pi,i)$，$i\in S$，从而 $\rho\geqslant V^*(i)$，$i\in S$。

因此，方程(4.12)确实是 SMDP 的最优方程。

下面考虑第二个问题，即最优方程何时有解。对此，我们考虑是否可以将方程(4.12)转换为一个 DTMDP 的平均准则最优方程。为此，我们需要将 ρ 移到方程的左边。注意不能直接在方程两边除以 $\tau(i,a)$。我们分别对方程(4.12)范围扩至不等式“$\geqslant$”和“$\leqslant$”情况进行讨论。

假定 $\{\rho,h\}$ 为式(4.12)的解，则

$$h(i)\geqslant r(i,a)-\rho\tau(i,a)+\sum_j p_{ij}(a)h(j),\ (i,a)\in\Gamma$$

方程两边同除以 $\tau(i,a)$，得

$$\rho+\frac{h(i)}{\tau(i,a)}\geqslant\frac{r(i,a)}{\tau(i,a)}+\frac{1}{\tau(i,a)}\sum_j p_{ij}(a)h(j),\ (i,a)\in\Gamma$$

若要将上述不等式化为平均准则最优方程的形式，则需将左边项 $h(i)/\tau(i,a)$ 移到右边，同时左边要保留 $h(i)$ 或 $\gamma h(i)$，$\gamma>0$ 为某个常数①，即

$$\begin{aligned}\rho+\gamma h(i)&\geqslant\frac{r(i,a)}{\tau(i,a)}+\frac{1}{\tau(i,a)}\sum_j[p_{ij}(a)-\delta_{ij}]h(j)+\gamma h(i)\\&=\frac{r(i,a)}{\tau(i,a)}+\frac{1}{\gamma\tau(i,a)}\sum_j[p_{ij}(a)-\delta_{ij}]\gamma h(j)+\gamma h(i)\\&=\bar{r}(i,a)+\sum_j\bar{p}_{ij}(a)\gamma h(j),\ (i,a)\in\Gamma\end{aligned}$$

其中

$$\begin{cases}\bar{p}_{ij}(a)=\dfrac{1}{\gamma\tau(i,a)}[p_{ij}(a)-\delta_{ij}]+\delta_{ij}\\\bar{r}(i,a)=\dfrac{r(i,a)}{\tau(i,a)}\end{cases}\tag{4.16}$$

若再令 $\bar{h}(i)=\gamma h(i)$，则上述不等式为

$$\rho+\bar{h}(i)\geqslant\bar{r}(i,a)+\sum_j\bar{p}_{ij}(a)\bar{h}(j),\ (i,a)\in\Gamma$$

从而

$$\rho+\bar{h}(i)\geqslant\sup_{a\in A(i)}\{\bar{r}(i,a)+\sum_j\bar{p}_{ij}(a)\bar{h}(j)\},\ i\in S\tag{4.17}$$

注 4.1 严格来说，我们还需要验证式(4.16)中定义的 $\bar{p}_{ij}(a)$ 是转移概率，即满足条件：

$$\bar{p}_{ij}(a)\geqslant 0,\ \sum_j\bar{p}_{ij}(a)=1$$

显然有 $\bar{p}_{ij}(a)\geqslant 0(i\neq j)$，$\sum_j\bar{p}_{ij}(a)=1$，而 $\bar{p}_{ii}(a)\geqslant 0$ 等价于 $\dfrac{1}{\gamma\tau(i,a)}[p_{ii}(a)-1]+1\geqslant 0$，即 $\gamma\geqslant[1-p_{ii}(a)]\big/\tau(i,a)$，$\forall a\in A(i)$ 使 $p_{ii}(a)<1$，亦即

$$\gamma\geqslant\gamma^*=\sup\left\{\frac{1-p_{ii}(a)}{\tau(i,a)}\,|\,p_{ii}(a)<1,\ (i,a)\in\Gamma\right\}$$

约定空集的上确界为 0，即 γ 可任取正值。由引理 4.1 知，$\tau(i,a)\geqslant\delta\theta$，故

$$\gamma^*\leqslant\sup\left\{\frac{1-p_{ii}(a)}{\delta\theta}\,|\,p_{ii}(a)<1,\ (i,a)\in\Gamma\right\}\leqslant\frac{1}{\delta\theta}$$

$\gamma\geqslant(\delta\theta)^{-1}$ 即可使 $\bar{p}_{ij}(a)$ 成为转移概率。此时，若 $r(i,a)$ 有界，则 $\bar{r}(i,a)$ 亦有界。

下面进一步证明上述式子在不等号反向时也成立。对此，由式(4.12)知，对任一 $n\geqslant 1$，存在 $f_n\in F$ 使对 $n\geqslant 1$ 及 $i\in S$ 均有

① 请读者考虑，这里为什么要引入 γ？

$$h(i)-\frac{1}{n}\leqslant r(i,\ f_n)-\rho\tau(i,\ f_n)+\sum_j p_{ij}(f_n)h(j)$$

两边同除以 $\tau(i,\ f_n)$，与上面类似可推得

$$\rho+\bar{h}(i)-(n\tau(i,\ f_n))^{-1}\leqslant\bar{r}(i,\ f_n)+\sum_j\bar{p}_{ij}(f_n)\bar{h}(j)$$
$$\leqslant\sup_{a\in A(i)}\{\bar{r}(i,\ a)+\sum_j\bar{p}_{ij}(a)\bar{h}(j)\},\ \forall i,\ n$$

由引理 4.3，$\tau(i,\ a)\geqslant\delta\theta$，在上式中令 $n\to\infty$，可知式(4.17)中不等号反向时也成立，即 $\{\rho,\ \bar{h}\}$ 为以下方程的解：

$$\rho+h(i)=\sup_{a\in A(i)}\{\bar{r}(i,\ a)+\sum_j\bar{p}_{ij}(a)h(j)\},\ i\in S \tag{4.18}$$

这是以下**平均准则 DTMDP** 的最优方程：

$$\{S,\ (A(i),\ i\in S),\ \bar{p}_{ij}(a),\ \bar{r}(i,\ a),\ V\} \tag{4.19}$$

类似地，我们也可像 3.3 节那样考虑平均准则不等式。SMDP 的平均准则不等式为

$$h(i)\leqslant\sup_{a\in A(i)}\{r(i,\ a)-\rho\tau(i,\ a)+\sum_j p_{ij}(a)h(j)\},\ i\in S \tag{4.20}$$

而式(4.19)的平均准则最优不等式(3.43)为

$$\rho+h(i)\leqslant\sup_{a\in A(i)}\{\bar{r}(i,\ a)+\sum_j\bar{p}_{ij}(a)h(j)\},\ i\in S \tag{4.21}$$

这样，我们就证明了定理 4.3 的(1)，其中对平均准则最优不等式之间等价性的证明是与此类似的。

定理 4.3　取 $\gamma\geqslant(\delta\theta)^{-1}$。

(1) 若 $\{\rho,\ \boldsymbol{h}\}$ 为式(4.12)或式(4.20)的解，则 $\{\rho,\ \gamma\boldsymbol{h}\}$ 为式(4.18)或式(4.21)的解。反过来，设 $\{\rho,\ \boldsymbol{h}\}$ 为式(4.18)或式(4.21)的解，且 $\tau(i)=\sup_{a\in A(i)}\tau(i,\ a)$ 均有限，则 $\{\rho,\ \gamma^{-1}\boldsymbol{h}\}$ 为式(4.12)或式(4.20)的解。

(2) 若 $\rho\geqslant V^*(i)$，$i\in S$ 满足最优方程(4.12)或最优不等式(4.20)，f 取到右边的 ε-上确界且满足条件(4.14)，则 f 是 $(\delta\theta)^{-1}\varepsilon$-最优的。

定理 4.3 证明了式(4.1)和式(4.19)的平均准则最优方程等价、平均准则最优不等式也等价。定理 4.3 的(1)和(2)是互逆的，但(2)中需要条件“$\tau(i)$有限”，(1)却不需要。

注 4.2　在平均准则中，一个平稳策略下相应的马尔可夫链的极限概率不一定存在，原因是状态可能是周期性的。但在转换方法(4.16)下，由于总有 $\bar{p}_{ij}(a)>0$，因此在任一平稳策略下，任一状态都是非周期性的。于是，条件 3.3 与定理 3.4 中“非周期性”就自动满足了。这是该转换方法的一个优点。

以上所讨论的仅仅是 SMDP 与 DTMDP 的平均准则最优方程(或最优不等式)间的等价性。关于准则函数之间，我们也可以类似考虑。任取一平稳策略 f，若将决策集缩简为 $A(i)=\{f(i)\}$，$i\in S$，则由定理 4.3 可立得以下的推论，其中讨论方程：

$$\rho+h(i)=\bar{r}(i,\ f)+\sum_j\bar{p}_{ij}(f)h(j),\ i\in S \tag{4.22}$$

$$h(i)=r(i,\ f)-\rho\tau(i,\ f)+\sum_j p_{ij}(f)h(j),\ i\in S \tag{4.23}$$

推论 4.2　对 $f\in F$，$\{\rho,\ \boldsymbol{h}\}$ 为式(4.22)的解当且仅当 $\{\rho,\ \gamma^*\boldsymbol{h}\}$ 为式(4.23)的解。

4.3 马尔可夫型SMDP

本节讨论在各状态处的停留时间均为指数分布时的 SMDP，这与连续时间马尔可夫过程中一样，故称之为马尔可夫型 SMDP。其模型为

$$\{S, (A(i), i\in S), p_{ij}(a), T(\cdot|i, a), r(i, a), V\} \tag{4.24}$$

其中

$$\begin{cases} T(t|i, a)=1-e^{-\lambda_{i,a}t}, \lambda_{i,a}\geqslant 0 \\ \Lambda=\sup\limits_{i,a}\lambda_{i,a}<\infty \end{cases} \tag{4.25}$$

这就是说，在(i, a)处的停留时间服从参数为$\lambda_{i,a}$的指数分布，而且与将要到达的状态 j 无关。在(i, a)处的期望停留时间 $\tau(i, a)=1/\lambda_{i,a}$。条件 $\Lambda<\infty$实际上就是 SMDP 中的正则性条件。目标函数可是折扣准则$V_\alpha(\pi, i)$或平均准则 $V(\pi, i)$。

作为一个通常的 SMDP 模型，我们可以运用上节的转换方法，采用折扣准则和平均准则，分别将其转换为 DTMDP 模型，其中，式(4.16)中的常数可取为 $\gamma=\Lambda$，从而可将上节中的所有结论应用于式(4.24)。具体过程请读者自行给出(见习题 2)。

由 4.2.1 节中的讨论，式(4.24)的折扣准则最优方程为

$$V_\alpha(i) = \sup_{a\in A(i)}\left\{r(i, a)+\frac{\lambda_{i,a}}{\lambda_{i,a}+\alpha}\sum_j p_{ij}(a)V_\alpha(j)\right\}, i\in S \tag{4.26}$$

运用上节中的平均准则等价性定理(即定理 4.3)的证明方法，可证明以上方程等价地转换为如下方程：

$$V'_\alpha(i) = \sup_{a\in A(i)}\left\{r'(i, a)+\frac{\Lambda}{\Lambda+\alpha}\sum_j p'_{ij}(a)V'_\alpha(j)\right\}, i\in S \tag{4.27}$$

它是如下马尔可夫型 SMDP 的最优方程(对比式(4.26)可知)：

$$\{S, (A(i), i\in S), p'_{ij}(a), T'(\cdot|i, a, j), r'(i, a), V'\} \tag{4.28}$$

其中

$$\begin{cases} p'_{ij}(a)=\lambda_{i,a}[p_{ij}(a)-\delta_{ij}]/\Lambda+\delta_{ij} \\ T'(t|i, a, j)=1-e^{-\Lambda t}, \lambda'_{i,a}=\Lambda \\ r'(i, a)=\dfrac{\lambda_{i,a}+\alpha}{\Lambda+\alpha}r(i, a) \end{cases} \tag{4.29}$$

式(4.28)在各状态处的停留时间分布相同，均服从参数为 Λ 的指数分布，这是与模型(4.24)的主要不同之处。因此这实际上也是一个 DTMDP，其折扣因子 $\beta=\Lambda/(\Lambda+\alpha)$。将折扣准则下的目标函数和最优值函数分别记为$V'_\alpha(\pi, i)$和$V'_\alpha(i)$。

转换式(4.29)可作如下的解释：将一个以参数为 Λ 的指数想象为时钟触发的铃，发生转移当且仅当铃响，进而铃响时的状态转移由$p'_{ij}(a)$确定。

由转换式(4.29)易得以下定理。

定理 4.4　设 V 有限(即 $V(i)$均有限)，则 V 是式(4.26)的解当且仅当 V 是式(4.27)的解。从而当式(4.26)和式(4.27)中一个方程有唯一有界解时，另一个方程也有唯一有界解，且$V'_\alpha=V_\alpha$。

对于平均准则，也可得到类似的转换，在式(4.29)中取 $\alpha=0$ 即可。将平均准则下的目

标函数和最优值函数分别记为 $V'(\pi, i)$和$V'^*(i)$，可得到以下性质。

定理 4.5　对任一平稳策略 f，设$\boldsymbol{V}_\alpha(f)$存在且有限，则$\boldsymbol{V}'_\alpha(f)$也存在且$\boldsymbol{V}'_\alpha(f)=\boldsymbol{V}_\alpha(f)$；进而，若对所有 $\alpha>0$，$\boldsymbol{V}_\alpha(f)$均存在、有限且 $\boldsymbol{V}(f)$也有限，则 $\boldsymbol{V}'(f)=\boldsymbol{V}(f)$。

证明　取决策集 $A(i)=\{f(i)\}$，$i\in S$，由定理 4.4 即可得到前一结论。再由 Laplace 定理(引理 3.A.1)知，在定理所给条件下，有

$$\boldsymbol{V}(f)=\lim_{\alpha\to 0}\alpha\, \boldsymbol{V}_\alpha(f)=\lim_{\alpha\to 0}\alpha\, \boldsymbol{V}'_\alpha(f)=\boldsymbol{V}'(f)$$

即可得证。

定理 4.5 说明，对于马尔可夫型 SMDP 来说，其转换式(4.26)具有比 4.2 节中的转换方法更好的性质，上节平均准则只得到了推论 4.2，它仅适用于 $\boldsymbol{P}(f)$为单链的情形。

上面的讨论说明，转换式(4.29)既适用于折扣准则，也适用于平均准则。

当报酬函数非负、或非正、或一致有界时，引用第 3 章中的有关结论易证得以下推论。

推论 4.3　对于折扣准则或平均准则，若 SMDP 模型的式(4.24)和式(4.28)均具有平稳策略优势，则两者的(折扣或平均)最优值函数相等，ε-最优平稳策略也相同。

马尔可夫型 SMDP 的转换方法式(4.29)在文献中称之为 Lippman's Device，它是由 Lippman(1975)首先提出的，并广泛运用于排队系统的最优控制。他假定$p_{ii}(a)=0$，在证明中利用了马尔可夫过程的概率性质(利用无穷小生成算子)。而我们用代数方法来证明等价性，显然更直观、简单，也不需要假定$p_{ii}(a)=0$。

最后，我们给出如下的思考题，有兴趣的读者可考虑(习题 3 与习题 4)。

思考题

(1) 转换方法式(4.29)与式(4.16)有所不同，那么马尔可夫型 SMDP 的式(4.24)与式(4.28)的平均准则最优方程是否等价？

(2) SMDP 模型的式(4.24)和的式(4.28)何时具有平稳策略优势？读者可从第 2、3 章中找到此问题的答案。

本章讨论了“转换”这一研究 SMDP 的方法，据此，我们可以通过对 DTMDP 的研究(通常更简单一些)或引用 DTMDP 中的已有结果来得到关于 SMDP 的结果。在下一章讨论连续时间 MDP 时，我们仍采用这一种方法。

4.4　模型推广：报酬函数的一般形式

报酬函数可以有比前面假定的 $r(i, a)$更一般的形式。

最一般的报酬函数的形式如下：在某周期 n 转移到状态 i、采取决策 a、下一个阶段转移到状态 j 且转移时间为 t 的条件下，系统在时间段$[0, u]$($u\leqslant t$)中所获得的报酬为 $r(u, i, a, j, t)$ ①。实际问题中常见的报酬函数形式为

$$r(u, i, a, j, t)=r_1(i, a, j)+\delta_t(u)r_2(i, a, j)+r_3(i, a, j)u \tag{4.30}$$

① 由于数学处理上的要求，我们假定函数 r 是 u 的有界变差函数，是 t 的 Lebesgue 可测函数。由有界变差函数及 Lebesgue 可测函数的定义(郑维行等，1980)，常见的函数都是满足前述条件的。本章所述的关于时间变量的可测均指的是 Lebesgue 可测，关于时间变量的积分亦是 Lebesgue 的，故将“Lebesgue”省略。

其中对给定的 t，函数 $\delta_t(u)$仅在 $u=t$ 处取值 1，在 $u\neq t$ 处取值 0。式(4.30)表示系统在状态 i、采取决策 a、下一决策时刻转移到状态 j、转移时间为 t 的条件下，于转移一开始就获得 一项瞬时报酬 $r_1(i, a, j)$，于转移结束时刻($u=t$)获得一项瞬时报酬 $r_2(i, a, j)$，在转移途中单位时间内获得的报酬(即报酬率)为 $r_3(i, a, j)$。不同的是 $r_k(i, a, j)=r_k(i, a)(k=1, 2, 3)$均与 j 无关，从而 $r(u,i,a,j,t)$也与 j 无关。当然，可能三项报酬中的某一项或某两项为零。

对$(i, a)\in\Gamma$，$j\in S$，$t\geqslant 0$，$\alpha\geqslant 0$，定义①

$$r_\alpha(i, a, j, t) = \int_0^t \mathrm{e}^{-\alpha u}\,\mathrm{d}r(u, i, a, j, t) \tag{4.31}$$

这表示在某周期处于(i, a)、下一周期将处于状态 j、在 i 的停留时间为 t 的条件下，在该周期中获得的折扣到周期初时计算的折扣总报酬。从 $r(u, i, a, j, t)$到$r_\alpha(i, a, j, t)$，我们简化掉了一个变量 u。当无折扣，即 $\alpha=0$ 时，简记$r_0(i,a,j,t)$为 $r(i, a, j, t)$。由于 $r(u, i, a, j, t)$和 $r(i, a, j, t)$具有不同的含义，因此使用同一个变量 r。当报酬函数为式(4.30)时，一周期折扣总报酬为

$$r_\alpha(i, a, j, t)=r_1(i, a, j)+r_2(i, a, j)\mathrm{e}^{-\alpha t}+r_3(i, a, j)\alpha^{-1}(1-\mathrm{e}^{-\alpha t})$$

由上，系统在第 n 个周期$[T_n, T_{n+1})$中所获得的报酬折算到周期 n 开始时刻，其值为 $r_\alpha(X_n, \Delta_n, X_{n+1}, t_n)$，进而将之折算到时刻 0 时，其值为$\mathrm{e}^{-\alpha T_n}r_\alpha(X_n, \Delta_n, X_{n+1}, t_n)$。对任一策略 π 及状态 $i\in S$，系统在策略 π 下，从初始状态 i 出发于周期 n 获得的期望报酬折算到统一的时间起点——时刻 0 时的值为

$$E_{\pi, i}\{\mathrm{e}^{-\alpha T_n}r_\alpha(X_n, \Delta_n, X_{n+1}, t_n)\}$$

报酬函数可进一步简化。实际上，记

$$r_\alpha(i, a) = \sum_j p_{ij}(a)\int_0^\infty r_\alpha(i, a, j, t)T(\mathrm{d}t \mid i, a, j),\ (i, a)\in\Gamma,\ \alpha\geqslant 0 \tag{4.32}$$

表示系统在一周期内所获得的、折扣到周期开始时刻计算的该周期的期望折扣总报酬，此项报酬是在周期开始时刻获得的。以下我们假定对所考虑的折扣因子 α，$r_\alpha(i, a)$总是存在的(可为无穷)。简记 $r(i, a)=r_0(i, a)$为无折扣时的一周期期望总报酬，则

$$E_{\pi, i}\{\mathrm{e}^{-\alpha T_n}r_\alpha(X_n, \Delta_n, X_{n+1}, t_n)\}=E_{\pi, i}\{e^{-\alpha T_n}r_\alpha(X_n, \Delta_n)\},\ i\in S,\ n\geqslant 0 \tag{4.33}$$

该等式表示等号两边中有一边存在时，另一边也存在且两者相等。当等式两边有一边存在时，有

$$\begin{aligned}
& E_{\pi, i}\{\mathrm{e}^{-\alpha T_n}r_\alpha(X_n, \Delta_n, X_{n+1}, t_n)\} \\
&= \sum_{j, a} P_{\pi, i}\{X_n = j, \Delta_n = a\}\cdot \\
&\quad E_{\pi, i}\{\mathrm{e}^{-\alpha T_n}\sum_{j'} p_{jj'}(a)\int_0^\infty T(\mathrm{d}t \mid j, a, j')\, r_\alpha(j, a, j', t) \\
&\quad \mid X_n = j, \Delta_n = a\} \\
&= \sum_{j, a} P_{\pi, i}\{X_n = j, \Delta_n = a\}\, E_{\pi, i}\{\mathrm{e}^{-\alpha T_n}\, r_\alpha(j, a) \mid X_n = j, \Delta_n = a\} \\
&= E_{\pi, i}\{\mathrm{e}^{-\alpha T_n}\, r_\alpha(X_n, \Delta_n)\}
\end{aligned}$$

① 由于 $r(u, i, a, j, t)$是 u 的有界变差函数，故$r_\alpha(i, a, j, t)$存在且是 t 的可测函数。

习　题

1. 试证明：若对某$i_0 \in S$，存在$a_0 \in A(i_0)$取到式(4.18)或式(4.21)中的上确界，则在定理 4.3 的(1)的证明中对i_0可取 $\varepsilon=0$，从而不需要假设 $\tau(i_0)<\infty$。因此如果对每一 i，$\tau(i)<+\infty$或者相应方程中能取到分量 i 的上确界，则定理 4.3 的(1)仍成立；特别地，当决策集 $A(i)$有限时，此条件是成立的。

2. 对于 4.3 节中的马尔可夫型 SMDP，作为一个通常的 SMDP 模型，可以运用 4.2 节中的转换方法，采用折扣准则和平均准则，分别将其转换为 DTMDP 模型，其中，转换式(4.16)中的常数可取为 $\gamma=\Lambda$。

3. 转换方法式(4.29)与式(4.16)有所不同，那么马尔可夫型 SMDP 的式(4.24)与式(4.28)的平均准则最优方程是否等价？

4. SMDP 模型的式(4.24)和式(4.28)何时具有平稳策略优势？读者可从第 2、3 章中找到此问题的答案。

参考文献

胡奇英，刘建庸. 2000. 马尔可夫决策过程引论. 西安：西安电子科技大学出版社.

HU Q，WANG J. 1998b. Mixed Markov Decision Process in a Semi-Markov Environment with Discounted Criterion. J. Math. Anal. Appl.，219：1 - 20.

LIPPMAN S A. 1975. Applying a new device in the optimization of exponential queueing systems，Oper. Res.，23(4)：687 - 710.

ROSS S M. 1970. Applied Probability Models with Optimization Applications，San Francisco：Holden-Day.

ROSS S M. 1983. Introduction to Stochastic Dynamic Programming. Academic Press，INC.

第 5 章 连续时间马尔可夫决策过程

前面几章研究了离散时间马尔可夫决策过程和半马尔可夫决策过程，它们都只是在一些离散时间点处采取决策。本章将要研究连续观察系统并且连续选择决策的连续时间马尔可夫决策过程。

连续时间马尔可夫决策过程与离散时间马尔可夫决策过程(及半马尔可夫决策过程)之间的另一个区别是，描述离散时间马尔可夫决策过程的是状态转移概率。类似地，连续时间马尔可夫决策过程也可以用状态转移概率函数$\{P_{ij}(t): i, j\in S, t\geqslant 0\}$来描述，但在实际中其确定可能是很困难的，而且在连续时间 MDP(Continuous Time MDP, CTMDP)中，此转移概率函数还依赖于决策，这样就更难确定，甚至是不可能确定。与连续时间马尔可夫决策过程类似，我们转而考虑确定其转移速率族，它只要用短时间的观察资料就可近似地确定。这样在 CTMDP 中，我们需要研究一个与所选决策相关的转移速率族，能够唯一地确定一个连续时间马尔可夫过程。这是本章第一节要讨论的内容。

与第 4 章中研究 SMDP 模型的方法相同，我们采用转换方法对时齐模型进行讨论。无论是期望折扣总报酬准则还是平均准则，我们都将 CTMDP 模型转换为等价的 DTMDP 模型，这在本章第二节和第三节中加以讨论。第四节我们讨论非时齐模型。

5.1 时 齐 模 型

本章前三节讨论时齐的连续时间马尔可夫决策过程(CTMDP)模型：

$$\{S, (A(i), i\in S), q_{ij}(a), r(i, a), U\} \tag{5.1}$$

式中U是目标函数，它可以是期望折扣总报酬准则，也可以是平均准则，具体的定义将在后面给出。该模型所描述的是一个动态概率决策系统，决策者在$[0, \infty)$上连续地观察系统，系统的状态空间S和在状态$i\in S$处可用的决策集$A(i)$均假定是可数集，它们的具体含义与前面几章讨论的离散时间马尔可夫决策过程和半马尔可夫决策过程中的相同。在任一时刻$t\geqslant 0$，如果观察到系统处于状态i，从决策集$A(i)$中选择一决策a，则出现以下两种情况：

(1) 系统在单位时间内获得的报酬(称之为报酬率)是$r(i, a)$。需要注意的是，这里的$r(i, a)$是单位时间内获得的报酬，它区别于在 DTMDP 中一个阶段获得的报酬。

(2) 系统的状态转移概率由转移速率$q_{ij}(a)$来确定，其具体含义如下：对充分小的$\Delta t>0$，当系统在时间区间$[t, t+\Delta t]$内只要处于状态i时就采取决策a，则系统于时刻$t+\Delta t$转移到状态$j(ji)$的概率为$q_{ij}(a)\Delta t+o(\Delta t)$，停留在状态$i$处的概率为$1+q_{ii}(a)\Delta t+o(\Delta t)$，做两次或更多次状态转移的概率为$o(\Delta t)$。

为方便起见，记$\Gamma=\{(i, a)|i\in S, a\in A(i)\}$，则对任何的$(i, a)\in\Gamma$我们要求：

$$q_{ij}(a) \geqslant 0, j \neq i; \quad \sum_{j \in S} q_{ij}(a) = 0, i \in S$$

以上条件是在连续时间马尔可夫过程中常常要求的(即转移速率是保守的)。

转移速率族 q 与所选取决策的交互作用，决定系统的变化发展。

我们仍称 $F = \underset{i \in S}{\times} A(i)$ 为决策函数集，其元素称为决策函数。系统中的一个策略 $\pi = (\pi_t, t \geqslant 0)$，它表示如果系统在时刻 t 处于状态 i，则服从 $A(i)$ 上的概率分布 $\pi_t(a|i)$ 选择决策。由于此种策略与过去时刻无关，故我们称之为随机马尔可夫策略，其全体记为 Π_m①。

对策略 $\pi \in \Pi_m$，如果 $\pi_t(\cdot|i)$ 是退化的，即存在决策函数 $f_t \in F$，使得对任意的 i 有 $\pi_t(f_t(i)|i) = 1$，则称 π 是(确定性)马尔可夫策略，简记为 $\pi = (f_t, t \geqslant 0)$，其全体记为 Π_m^d。最为简单的策略是平稳策略，即 $\pi = (f_t | t \geqslant 0) \in \Pi_m^d$ 满足 $f_t \equiv f$，简记为 f，其全体仍记为 F。另一类平稳策略是所谓的随机平稳策略，即 $\pi = (\pi_t)$ 中 $\pi_t \equiv \pi_0$，简记 π 为 π_0，其全体记为 Π_s。从定义来看，π_0 和 f 与 $DTMDP$ 中的 π_0 和 f 是相同的。

对策略 π 及 $t \geqslant 0$，定义矩阵 $\boldsymbol{Q}(\pi, t) = (q_{ij}(\pi, t))$ 如下：

$$q_{ij}(\pi, t) = \sum_{a \in A(i)} q_{ij}(a)\pi_t(a|i), \ i, j \in S$$

显然，$\boldsymbol{Q}(\pi, t)$ 有定义，它是系统在策略 π 下于 t 时的转移速率矩阵。由前面的条件可知，$\boldsymbol{Q}(\pi, t)$ 也是保守的，即其非对角线上的元素非负，每行的和为零。当 π 是随机平稳策略 π_0 或平稳策略 f 时，$\boldsymbol{Q}(\pi, t)$ 与 t 无关，简记为 $\boldsymbol{Q}(\pi_0)$ 或 $\boldsymbol{Q}(f)$。

熟悉连续时间马尔可夫决策过程的读者知道，一般地说，一个转移速率矩阵 $\boldsymbol{Q}$ 并不能唯一地决定一个转移概率矩阵(称之为 $\boldsymbol{Q}$ -矩阵)，因此 q 不能是任意的。于是我们的第一个问题是 q 满足什么条件才能保证所有的 $\boldsymbol{Q}(\pi, t)$-矩阵唯一存在。第二个问题是给定初始分布 $\{p_i, i \in S\}$ 与转移概率矩阵，是否概率为 1 地决定一个连续时间马尔决策可夫决策过程？只有当这些问题的回答是肯定的时，下面对连续时间 MDP 的讨论才是有意义的。为此，我们引入的第一个条件如下，本章中假定它恒成立。

条件 5.1　q 一致有界，即 $\lambda = \sup_{i, a}\{-q_{ii}(a)\} < \infty$。

Kakumanu(1969 年)提出，对任一策略 $\pi \in \Pi_m$，$\{\boldsymbol{Q}(\pi, t), t \geqslant 0\}$ 唯一地决定一个标准的、绝对连续的转移概率矩阵 $\boldsymbol{P}(\pi) = \{P_{ij}(\pi, s, t) | i, j \in S, t \geqslant s \geqslant 0\}$，它唯一地满足(其中 $\boldsymbol{I}$ 是单位矩阵)：

$$\frac{\partial}{\partial t}\boldsymbol{P}(\pi, s, t) = \boldsymbol{P}(\pi, s, t)\boldsymbol{Q}(\pi, t), \ t > s \geqslant 0 \tag{5.2}$$

$$\boldsymbol{P}(\pi, s, t) = \boldsymbol{P}(\pi, s, u)\boldsymbol{P}(\pi, u, t), \ t \geqslant u \geqslant s \tag{5.3}$$

$$\boldsymbol{P}(\pi, s, s) = \boldsymbol{I}, \ s \geqslant 0 \tag{5.4}$$

式中 $P_{ij}(\pi, s, t)$ 表示在策略 π 下，若在 s 时处于状态 i 则于 t 时转移到 j 的概率。简记 $\boldsymbol{P}(\pi, t) = \boldsymbol{P}(\pi, 0, t)$，$t \geqslant 0$。进而，由文献(Chung，1960)中的定理Ⅱ.19.1 系 1，定理Ⅱ.18.3知，对任一随机平稳策略 π_0，$\boldsymbol{Q}(\pi_0)$ 也唯一地决定一个标准的随机转移概率矩阵

① 对任意的 $(i, a) \in \Gamma$，我们要求 $\pi_t(a|i)$ 是 t 的Lebesgue可测函数。本章中的可测、可积等均是关于 Lebesgue 测度的。对于非马尔可夫的策略，所研究的是非马尔可夫决策过程，这超出了本书的范围，我们不作讨论。

$\boldsymbol{P}(\pi_0, t)$，它是以下方程组的满足条件 $\boldsymbol{P}(\pi_0, 0)=\boldsymbol{I}$ 的唯一有界解：

$$\frac{\mathrm{d}}{\mathrm{d}t}\boldsymbol{P}(\pi_0, t)=\boldsymbol{P}(\pi_0, t)\boldsymbol{Q}(\pi_0)=\boldsymbol{Q}(\pi_0)\boldsymbol{P}(\pi_0, t) \tag{5.5}$$

这样就回答了上面的第一个问题。注意到在策略π_0下，$\boldsymbol{P}(\pi_0, s, t)=\boldsymbol{P}(\pi_0, 0, t-s)$是时齐的。

第二个问题的答案也是肯定的，只要用第 4 章中的结果即可。因此，任给的策略$\pi\in\Pi_m$及初始分布$\{p_i, i\in S\}$，以概率为 1 地决定一个马尔可夫决策过程$\{X_t(\pi), t\geqslant 0\}$，这里$X_t(\pi)$表示在策略$\pi$下系统在$t$时的状态，其转移概率矩阵$\boldsymbol{P}(\pi, s, t)$满足式(5.2)～式(5.4)，这也是称$\pi=(\pi_t)$为马尔可夫策略的另一个原因。

5.2 期望折扣总报酬准则

5.2.1 折扣准则

$\Delta_t(\pi)$表示策略π下系统在时刻t时采取的决策。如同在离散时间马尔可夫决策过程中一样，$\{(X_t(\pi), \Delta_t(\pi)), t\geqslant 0\}$表示一个二维的马尔可夫过程。

对策略$\pi\in\Pi_m$及状态$i\in S$，定义

$$r_i(\pi, t)=\sum_{a\in A(i)} r(i, a)\pi_t(a|i)$$

为策略π下系统在t时处于状态i的期望报酬率。$\boldsymbol{r}(\pi, t)$表示第i个分量为$\boldsymbol{r}_i(\pi, t)$的列向量。当$\pi=\pi_0$时，$\boldsymbol{r}(\pi_0, t)$与t无关，简记为$\boldsymbol{r}(\pi_0)$。$r(f)$的定义类似。

设$\alpha\geqslant 0$为考虑期望折扣总报酬准则时的(连续)折扣因子，含义与第 4 章中的相同。

在策略π下，系统在t时的报酬率为$r(X_t(\pi), \Delta_t(\pi))$。若初始状态为$i$，则$t$时的期望报酬率$E_{\pi,i}r(X_t(\pi), \Delta_t(\pi))=\sum_j P_{ij}(\pi, t)r_j(\pi, t)$，再折扣到 0 时为$\mathrm{e}^{-\alpha t}E_{\pi,i}r(X_t(\pi), \Delta_t(\pi))$。于是，我们定义系统在策略$\pi$下从初始状态$i$出发在$[0, \infty)$上的期望(连续)折扣总报酬为

$$\begin{aligned}U_\alpha(\pi, i)&=\int_0^\infty \mathrm{e}^{-\alpha t}E_{\pi,i}\{r(X_t(\pi), \Delta_t(\pi))\}\mathrm{d}t\\&=\int_0^\infty \mathrm{e}^{-\alpha t}\sum_j P_{ij}(\pi, t)r_j(\pi, t)\mathrm{d}t, \quad i\in S\end{aligned} \tag{5.6}$$

为保证目标函数有定义，我们规定如下条件。

条件 5.2 $r(i, a)$一致有界且$\alpha>0$。

由条件 1.2 易知，$r_i(\pi, t)$总有定义，如上的$U_\alpha(\pi, i)$也总是有定义的，且$|U_\alpha(\pi, i)|\leqslant M/\alpha$。

将$U_\alpha(\pi, i)$写成向量形式，则有

$$\boldsymbol{U}_\alpha(\pi)=\int_0^\infty \mathrm{e}^{-\alpha t}\boldsymbol{P}(\pi, t)\boldsymbol{r}(\pi, t)\mathrm{d}t$$

记最优值函数为$U_\alpha^*(i)=\sup\{U_\alpha(\pi, i)|\pi\in\Pi_m\}$。对$\varepsilon\geqslant 0$，$\pi^*\in\Pi_m$，如：

$$U_\alpha(\pi^*, i)\geqslant\begin{cases}U_\alpha^*(i)-\varepsilon, & U_\alpha^*(i)<\infty\\1/\varepsilon, & U_\alpha^*(i)=\infty\end{cases}$$

则称π^*是在 i 处的折扣ε-最优策略；如$U_\alpha(\pi^*, i)=U_\alpha^*(i)$，则称$\pi^*$是在 i 处的折扣最优策略；当π^*是在所有 i 处的折扣(ε-)最优策略时，称π^*是折扣(ε-)最优策略。

注 5.1　我们也可定义折扣准则函数为

$$U_\alpha(\pi, i) = E_{\pi, i}\int_0^\infty \mathrm{e}^{-\alpha t} r(X_t(\pi), \Delta_t(\pi))\mathrm{d}t \tag{5.7}$$

可以证明，在条件 5.2 下，式(5.6)和式(5.7)所定义的折扣准则函数是相同的。

下面将连续时间 MDP 转换为离散时间 MDP，前者的折扣准则函数是级数和，后者是积分。对随机平稳策略π_0，由式(5.6)及矩阵论的知识得

$$\begin{aligned}\boldsymbol{U}_\alpha(\pi_0) &= \int_0^\infty \mathrm{e}^{-\alpha t}\boldsymbol{P}(\pi_0, t)\boldsymbol{r}(\pi_0)\mathrm{d}t \\ &= \int_0^\infty \mathrm{e}^{-\alpha t}\ \mathrm{e}^{\boldsymbol{Q}(\pi_0)t}\mathrm{d}t\boldsymbol{r}(\pi_0) = [\alpha\boldsymbol{I} - \boldsymbol{Q}(\pi_0)]^{-1}\boldsymbol{r}(\pi_0)\end{aligned}$$

上式等号两边左乘以 $\alpha\boldsymbol{I}-\boldsymbol{Q}(\pi_0)$，整理可得 $\alpha\boldsymbol{U}_\alpha(\pi_0)=\boldsymbol{r}(\pi_0)+\boldsymbol{Q}(\pi_0)\boldsymbol{U}_\alpha(\pi_0)$。这就是说 $U_\alpha(\pi_0)$是以下方程的有界解：

$$\alpha\boldsymbol{u} = \boldsymbol{r}(\pi_0) + \boldsymbol{Q}(\pi_0)\boldsymbol{u} \tag{5.8}$$

参照第 2 章中的相应结论，我们证明以下引理。

引理 5.1　设 $\varepsilon\geqslant 0$ 为常数，$\boldsymbol{u}$ 为一有界向量，策略$\pi_0\in\Pi_s$，则

(1) 若 $\alpha\boldsymbol{u}\leqslant\boldsymbol{r}(\pi_0)+\boldsymbol{Q}(\pi_0)\boldsymbol{u}+\varepsilon\boldsymbol{e}$，则 $\boldsymbol{u}\leqslant\boldsymbol{U}_\alpha(\pi_0)+\alpha^{-1}\varepsilon\boldsymbol{e}$；

(2) 若 $\alpha\boldsymbol{u}\geqslant\boldsymbol{r}(\pi_0)+\boldsymbol{Q}(\pi_0)\boldsymbol{u}-\varepsilon\boldsymbol{e}$，则 $\boldsymbol{u}\geqslant\boldsymbol{U}_\alpha(\pi_0)-\alpha^{-1}\varepsilon\boldsymbol{e}$；

(3) $\boldsymbol{U}_\alpha(\pi_0)$是方程(5.8)的唯一有界解。

证明　(1) 所给条件可写为$[\alpha\boldsymbol{I}-\boldsymbol{Q}(\pi_0)]\boldsymbol{u}\leqslant\boldsymbol{r}(\pi_0)+\varepsilon\boldsymbol{e}$，左乘以$[\alpha\boldsymbol{I}-\boldsymbol{Q}(\pi_0)]^{-1}$，即得 $\boldsymbol{u}\leqslant[\alpha\boldsymbol{I}-\boldsymbol{Q}(\pi_0)]^{-1}[\boldsymbol{r}(\pi_0)+\varepsilon\boldsymbol{e}]=\boldsymbol{U}_\alpha(\pi_0)+\alpha^{-1}\varepsilon\boldsymbol{e}$。

(2) 证明同(1)。

(3) 若 $\boldsymbol{u}$ 是方程(5.8)的一个有界解，则由(1)与(2)可知 $\boldsymbol{u}=\boldsymbol{U}_\alpha(\pi_0)$。我们分析可推知 $\boldsymbol{U}_\alpha(\pi_0)$是方程(5.8)的有界解，因此$\boldsymbol{U}_\alpha(\pi_0)$是方程(5.8)的唯一有界解。

引理 5.1 对于连续时间 MDP 来说，相当于定理 2.2 在离散时间 MDP 中的作用。

之前我们用到以下等式：

$$[\alpha\boldsymbol{I} - \boldsymbol{Q}(\pi_0)]^{-1} = \int_0^\infty \mathrm{e}^{-\alpha t}\boldsymbol{P}(\pi_0, t)\mathrm{d}t \tag{5.9}$$

这也可以由引理 5.1 的(3) 知矩阵 $\alpha\boldsymbol{I}-\boldsymbol{Q}(\pi_0)$可逆，由此及 $r(i, a)$的任意性可推得式(5.9)。

在 DTMDP 中，$\boldsymbol{V}_\beta(f)$满足方程 $\boldsymbol{u}=\boldsymbol{r}(f)+\beta\boldsymbol{P}(f)\boldsymbol{u}$，参照它与最优方程的关系，由方程(5.8)可以猜想 CTMDP 折扣准则最优方程为

$$\alpha u(i) = \sup_{a\in A(i)}\{r(i, a) + \sum_j q_{ij}(a)u(j)\},\ i\in S$$

注 5.2　读者可以尝试由引理 5.1 直接来证明以上方程是 CTMDP 折扣准则的最优方程，即在条件 5.2 下：(1) $\boldsymbol{U}_\alpha^*$ 是以上方程的唯一有界解；(2) 取到以上方程上确界的平稳策略是最优策略。(见习题 1)

下面用转换方法来证明这一猜想，我们先假定这一猜想成立，然后求得折扣准则最优方程与以上最优方程等价的 DTMDP 模型。注意上述方程中的$q_{ii}(a)\leqslant 0$。为此，我们将上

式改写为如下等价的形式：

$$\alpha u(i)=\sup_{a\in A(i)}\{r(i,a)+\sum_{j\neq i}q_{ij}(a)u(j)+q_{ii}(a)u(i)\},\ i\in S$$

取 λ 满足条件 5.1，上式两边加 $\lambda u(i)$，得

$$(\lambda+\alpha)u(i)=\sup_{a\in A(i)}\{r(i,a)+\sum_{j\neq i}q_{ij}(a)u(j)+(\lambda+q_{ii}(a))u(i)\},\ i\in S$$

两边同除以 $\lambda+\alpha$，就得到了如下方程：

$$\begin{aligned}u(i)&=\sup_{a\in A(i)}\left\{\frac{r(i,a)}{\lambda+\alpha}+\frac{1}{\lambda+\alpha}\sum_{j\neq i}q_{ij}(a)u(j)+\frac{\lambda+q_{ii}(a)}{\lambda+\alpha}u(i)\right\}\\&=\sup_{a\in A(i)}\left\{\frac{r(i,a)}{\lambda+\alpha}+\frac{\lambda}{\lambda+\alpha}\left[\sum_{j\neq i}\lambda^{-1}q_{ij}(a)u(j)+(\lambda^{-1}q_{ii}(a)+1)u(i)\right]\right\},\ i\in S\end{aligned}$$

这是以下 **DTMDP 模型**的折扣准则最优方程：

$$\{S,(A(i),i\in S),p_{ij}(a),r'(i,a),V_\beta\}\tag{5.10}$$

转移概率、报酬函数和折扣因子分别为

$$\begin{cases}p_{ij}(a)=\lambda^{-1}q_{ij}(a)+\delta_{ij}\\r'(i,a)=\dfrac{r(i,a)}{\lambda+\alpha}\\\beta=\dfrac{\lambda}{\lambda+\alpha}\end{cases}\tag{5.11}$$

需要注意的是，报酬函数 $r'(i,a)$和折扣因子 β 均与 CTMDP 中的折扣因子 α 有关。这一转换与 5.3 节中马尔可夫 SMDP 的转换是类似的。

若X_n和Δ_n分别表示 DTMDP 在 n 时所处的状态和选择的决策，则式(5.10)的折扣准则函数为 $V_\beta(\pi,i)=\sum_{n=0}^{\infty}\beta^nE_{\pi,i}\{r'(X_n,\Delta_n)\}$，$\pi\in\Pi$，$i\in S$。当 $r(i,a)$分别有界、非负或非正时，$V_\beta(\pi,i)$总有定义且分别一致有界、非负或非正。式(5.10)的最优值函数 $V_\beta^*=\sup\{V_\beta(\pi)|\pi\in\Pi\}$，($\varepsilon$ -)最优策略与通常一样定义。我们通过讨论 CTMDP 和 DTMDP之间的关系来得到所要的结论。

与 $\boldsymbol{Q}(\pi_0)$和 $\boldsymbol{r}(\pi_0)$类似，定义矩阵 $\boldsymbol{P}(\pi_0)$和向量 $\boldsymbol{r}'(\pi_0)$：

$$P_{ij}(\pi_0)=\sum_{a\in A(i)}p_{ij}(a)\pi_0(a\mid i)$$

$$r'(\pi_0,i)=\sum_{a\in A(i)}r'(i,a)\pi_0(a\mid i)$$

注意到平稳策略的定义在 CTMDP 和 DTMDP 中是相同的，因而定义 CTMDP 和 DTMDP 在随机平稳策略集Π_s上的最优值函数分别为

$$U_*(i)=\sup\{U_\alpha(\pi_0,i)|\pi_0\in\Pi_s\},\ V_*(i)=\sup\{V_\beta(\pi_0,i)|\pi_0\in\Pi_s\},\ i\in S$$

下面的引理给出 CTMDP 与 DTMDP 的折扣准则函数在Π_s上的等价性。

引理 5.2　对任一$\pi_0\in\Pi_s$，$\boldsymbol{V}_\beta(\pi_0)=\boldsymbol{U}_\alpha(\pi_0)$，故$\boldsymbol{U}_*=\boldsymbol{V}_*$。

证明　由于 $\alpha>0$，由式(5.11)容易推知 $\alpha\boldsymbol{I}-\boldsymbol{Q}(\pi_0)=(\lambda+\alpha)[\boldsymbol{I}-\beta\boldsymbol{P}(\pi_0)]$。进而，$\boldsymbol{I}-\beta\boldsymbol{P}(\pi_0)$可逆，且

$$[\alpha\boldsymbol{I}-\boldsymbol{Q}(\pi_0)]^{-1}=\frac{1}{\lambda+\alpha}[\boldsymbol{I}-\beta\boldsymbol{P}(\pi_0)]^{-1}\tag{5.12}$$

由于 $\boldsymbol{r}(\pi_0)=(\lambda+\alpha)r'(\pi_0)$，所以由引理 5.1 得

$$\begin{aligned}\boldsymbol{U}_\alpha(\pi_0) &= \int_0^\infty \mathrm{e}^{-\alpha t}\boldsymbol{P}(\pi_0,\ t)\mathrm{d}t \cdot \boldsymbol{r}(\pi_0) = [\alpha \boldsymbol{I} - \boldsymbol{Q}(\pi_0)]^{-1}\boldsymbol{r}(\pi_0) \\ &= \frac{1}{\lambda+\alpha}[\boldsymbol{I} - \beta \boldsymbol{P}(\pi_0)]^{-1} \cdot (\lambda+\alpha)\boldsymbol{r}'(\pi_0) \\ &= [\boldsymbol{I} - \beta \boldsymbol{P}(\pi_0)]^{-1}\boldsymbol{r}'(\pi_0) = \boldsymbol{V}_\beta(\pi_0)\end{aligned}$$

即可得证。

由第 3 章知 DTMDP 模型式(5.10)的最优方程总是成立的。下面引理讨论折扣准则最优方程，它已在第 2 章中被证明。

引理 5.3　$\boldsymbol{V}_*$ 为式(5.10)的以下折扣最优方程的唯一有界解，且 $V_*(i)=\sup\{V_\beta(f,\ i)\mid f\in \Pi_s\}$，$i\in S$：

$$u(i) = \sup_{a\in A(i)}\left\{r'(i,\ a) + \beta\sum_j p_{ij}(a)u(j)\right\},\ i\in S \tag{5.13}$$

由引理 5.2 和引理 5.3 及第 2 章知 $\boldsymbol{U}_*=\boldsymbol{V}_*$ 均满足最优方程(5.13)，但式(5.13)的形式是 DTMDP 的最优方程，可采用以下定理将式(5.13)转化为 CTMDP 的最优方程。

定理 5.1　设 $\boldsymbol{u}$ 是一致有界的，或非负的、或非正的广义实值向量，则

(1) 对任一 π_0，以下的方程(5.14)与方程(5.15)均等价，在 $S_u=\{i\mid u(i)\text{有限}\}$ 上它们还等价于如下的方程(5.16)：

$$\boldsymbol{u}=\boldsymbol{r}'(\pi_0)+\beta \boldsymbol{P}(\pi_0)u \tag{5.14}$$

$$(\lambda+\alpha)u(i) = r_i(\pi_0) + \sum_{j\neq i} q_{ij}(\pi_0)u(j) + (\lambda + q_{ii}(\pi_0))u(i),\ i\in S \tag{5.15}$$

$$\alpha u(i) = r_i(\pi_0) + \sum_j q_{ij}(\pi_0)u(j),\ i\in S_u \tag{5.16}$$

(2) 如下的方程(5.17)与方程(5.18)等价，在 $S_u=\{i\mid u(i)\text{有限}\}$ 上它们还等价于如下的方程(5.19)：

$$u(i) = \sup_{a\in A(i)}\left\{r'(i,\ a) + \beta\sum_j p_{ij}(a)u(j)\right\},\ i\in S \tag{5.17}$$

$$(\lambda+\alpha)u(i) = \sup_{a\in A(i)}\left\{r(i,\ a) + \sum_{j\neq i} q_{ij}(a)u(j) + (\lambda+q_{ii}(a))u(i)\right\},\ i\in S \tag{5.18}$$

$$\alpha u(i) = \sup_{a\in A(i)}\left\{r(i,\ a) + \sum_j q_{ij}(a)u(j)\right\},\ i\in S_u \tag{5.19}$$

证明　只证方程(5.14)与方程(5.15)等价，其余的证明过程是类似的。由于

$$\beta P(\pi_0)=\frac{1}{\lambda+\alpha}[Q(\pi_0)+\beta I],\ r'(\pi_0)=\frac{1}{\lambda+\alpha}r(\pi_0)$$

于是方程(5.14)即为

$$u=\frac{1}{\lambda+\alpha}r(\pi_0)+\frac{1}{\lambda+\alpha}[Q(\pi_0)+D]u$$

将其写为分量形式

$$u(i) = \frac{1}{\lambda+\alpha}\left\{r_i(\pi_0) + \sum_j [q_{ij}(\pi_0)+\lambda\delta_{ij}]u(j)\right\},\ i\in S$$

这即为方程(5.15)。

基于引理 5.2 和定理 5.1，我们称方程(5.18)为式(5.1)的最优方程。实际上，方程

(5.18)与通常最优方程具有同样的性质。在报酬率 $r(i, a)$一致有界时，$U_*(i)$有界，故方程(5.19)就是通常的连续时间 MDP 折扣准则的最优方程。

基于此，我们可将式(5.10)中的结果推广到式(5.1)中，如下一节的两个定理所示。

5.2.2 期望折扣总报酬准则

这里引入如下两类条件：

(P)：$r(i, a)\geqslant 0$，$\alpha\geqslant 0$；

(N)：$r(i, a)\leqslant 0$，$\alpha\geqslant 0$。

而将前面讨论的条件记为

(D)：$r(i, a)$一致有界且 $\alpha>0$。

以上的条件(P)是说报酬率函数是非负的，条件(N)则与之相反，报酬率函数非正。对于这二者，我们只要求折扣因子非负；而条件(D)是报酬率函数一致有界，折扣因子也要求小于 1。字母 P、N、D 表示结论是在哪一个条件下成立的，如果不写则表示在任一条件下均成立。

为将第 2 章最后一节的结论推广过来，记$S_\infty=\{i|U_*(i)=\infty\}$，$S_{-\infty}=\{i|U_*(i)=-\infty\}$，$S_0=S-S_\infty-S_{-\infty}$，它们分别表示最优值函数$U_*(i)$取值正无穷、负无穷、有限的状态子集，则在(P)下$S_{-\infty}$为空集，而在(N)下$S_\infty$为空集，在(D)下$S_\infty$和$S_{-\infty}$均是空集。由定理 3.7 和定理 3.8 即可得到以下定理。

定理 5.2 设$\boldsymbol{U}_*$满足最优方程(5.18)，则$S_\infty^*=S_\infty$；进而对 $i\notin S_\infty$，$A(i)$可缩减为

$$A_1(i)=\{a\in A(i)\,|\,r(i, a)>-\infty,\ \sum_{j\in S_{-\infty}-\{i\}} q_{ij}(a)=0,\ \text{且}\ \sum_{j\in S_0-\{i\}} q_{ij}(a)U_*(j)>-\infty\}$$

缩减后，$S_{-\infty}^*=S_{-\infty}$，$S_0$为闭集。

对S_0- CTMDP，最优方程成为方程(5.19)，其中$S_u=S_0$。仍记S_0为 S，$A_1(i)$为 $A(i)$。对此由第 3 章知有以下定理。

定理 5.3 对最优值函数有限的 CTMDP(5.1)，有

(1) 在条件 P、N、D 下，$\boldsymbol{U}_\alpha(\pi_0)$分别是方程(5.15)的最小非负解、最大非正解、一致有界解。

(2) 若$\boldsymbol{V}_*=\boldsymbol{V}_\beta^*$，则在条件 P、N、D 下，$\boldsymbol{U}_*$分别是最优方程(5.19)的最小非负解、最大非正解、一致有界解。

(3) 如果记$u_0(i)=0$，$i\in S$，再定义

$$u_{n+1}(i)=(\lambda+\alpha)^{-1}\sup_{a\in A(i)}\{r(i, a)+\sum_{j\neq i} q_{ij}(a)u_n(j)+[\lambda+q_{ii}(a)]u_n(i)\},\ i\in S,\ n\geqslant 0$$

则$u_\infty(i)=\lim\limits_{n\to\infty}u_n(i)(i\in S)$存在。进而，当条件 P 或 D 成立时，$\boldsymbol{u}_\infty=\boldsymbol{U}_*$；当条件 N 成立时，$\boldsymbol{u}_\infty\leqslant\boldsymbol{U}_*$，且$\boldsymbol{u}_\infty=\boldsymbol{U}_*$当且仅当$\boldsymbol{u}_\infty$是方程(5.19)的一个解。

(4) (D, P)对任一$\pi_0\in\Pi_s$，$\boldsymbol{U}_\alpha(\pi_0)=\boldsymbol{U}_*$当且仅当$\boldsymbol{U}_\alpha(\pi_0)$满足最优方程(5.19)。

(5) (D, N)若$\boldsymbol{U}_*$满足方程(5.19)，则$\boldsymbol{U}_\alpha(f)=\boldsymbol{U}_*$当且仅当 f 取到最优方程(5.19)中的上确界(其中 $\boldsymbol{u}$ 改为$\boldsymbol{U}_*$)。

(6) (D；N，$\alpha>0$)对 $\varepsilon>0$，若 $f\in F$ 取到方程(5.19)中的 ε-上确界(其中 $\boldsymbol{u}=\boldsymbol{U}_*$)，即

$$\sup_{a\in A(i)}\left\{r(i, a)+\sum_j q_{ij}(a)\,U_*(j)\right\}\leqslant r(i, f)+\sum_j q_{ij}(f)\,U_*(j)+\varepsilon,\ i\in S$$

则$\boldsymbol{U}_\alpha(f)\geqslant\boldsymbol{U}_*-\alpha^{-1}\varepsilon\boldsymbol{e}$，从而$\boldsymbol{U}_*=\sup_f\boldsymbol{U}_\alpha(f)$。这里，(N，$\alpha>0$)表示条件 N 成立且$\alpha>0$。

(7) 在条件 D、P、(N，$\alpha>0$)或(N，$\alpha>0$，所有$A(i)$均有限)下，$\boldsymbol{V}_*=\boldsymbol{V}_\beta^*$成立，即DTMDP折扣准则具有随机平稳策略优势。

证明　条件 D 成立时的结论由引理 5.3 及第 2 章中有关结论得到。以下设条件 P 或 N 成立，则由定理 5.1 中所建立的等价性，可由定理 2.10 得到(1)和(2)；由定理 2.13 得到(3)；由定理 2.11 得到(4)；由定理 2.11 的(1)及定理 2.12 得到(5)。

由(1)可知，对任一π_0有

$$\begin{aligned}\sup_{a\in A(i)}\Big\{r(i,a)+\sum_j q_{ij}(a)U_*(j)\Big\}&\geqslant r_i(\pi_0)+\sum_j q_{ij}(\pi_0)U_*(j)\\&\geqslant r_i(\pi_0)+\sum_j q_{ij}(\pi_0)U_\alpha(\pi_0,j)\\&=\alpha U_\alpha(\pi_0,i),\ i\in S\end{aligned}$$

所以

$$\sup_{a\in A(i)}\Big\{r(i,a)+\sum_j q_{ij}(a)U_*(j)\Big\}\geqslant\alpha U_*(i),\ i\in S$$

由此及所给条件知对$i\in S$有

$$\alpha U_*(i)\leqslant r(i,f)+\sum_j q_{ij}(f)U_*(j)+\varepsilon$$

再由$p_{ij}(a)$，$r'(i,a)$的定义可知上式等价于

$$U_*(i)\leqslant r'(i,f)+\beta\sum_j p_{ij}(f)U_*(j)+\frac{\varepsilon}{\lambda+\alpha},\ i\in S$$

将之重写为向量形式，有

$$\boldsymbol{U}_*\leqslant\boldsymbol{r}'(f)+\beta\boldsymbol{P}(f)\boldsymbol{U}_*+\frac{\varepsilon}{\lambda+\alpha}\boldsymbol{e}$$

由此用归纳法可证得

$$\boldsymbol{U}_*\leqslant\sum_{n=0}^N\beta^n\boldsymbol{P}(f)^n\Big[\boldsymbol{r}'(f)+\frac{\varepsilon}{\lambda+\alpha}\boldsymbol{e}\Big]+\beta^{N+1}\boldsymbol{P}(f)^{N+1}\boldsymbol{U}_*$$

于是，由$\boldsymbol{U}_*\leqslant0$，式(5.8)及引理 5.2 可得

$$\begin{aligned}\boldsymbol{U}_*&\leqslant\sum_{n=0}^\infty\beta^n\boldsymbol{P}(f)^n\Big[r'(f)+\frac{\varepsilon}{\lambda+\alpha}\boldsymbol{e}\Big]=V_\beta(f)+\frac{\varepsilon}{\lambda+\alpha}[I-\beta P(f)]^{-1}\boldsymbol{e}\\&=\boldsymbol{V}_\beta(f)+\varepsilon[\alpha\boldsymbol{I}-\boldsymbol{Q}(f)]^{-1}\boldsymbol{e}\\&=\boldsymbol{V}_\beta(f)+\int_0^\infty \mathrm{e}^{-\alpha t}\boldsymbol{P}(f,t)\mathrm{d}t\cdot\varepsilon\boldsymbol{e}=\boldsymbol{U}_\alpha(f)+\alpha^{-1}\varepsilon\boldsymbol{e}\end{aligned}$$

故$\boldsymbol{U}_\alpha(f)\geqslant\boldsymbol{U}_*-\alpha^{-1}\varepsilon\boldsymbol{e}$。从而由$\boldsymbol{U}_*$的定义知$\boldsymbol{U}_*=\sup_f\boldsymbol{U}_\alpha(f)=\sup_f\boldsymbol{V}_\beta(f)$。

当条件 P 成立时，可由定理 2.12 得到(7)，其余结论可由(5)和(6)得到。

在以上的定理中，(1)反映了目标函数值$\boldsymbol{U}_\alpha(\pi_0)$作为方程(5.15)的解的特性，在不同的条件下，它分别是方程的最小非负解、最大非正解、一致有界解。(2)反映了最优值函数$\boldsymbol{U}_*$作为最优方程(5.19)的解的特性，与(1)类似，在不同的条件下，(2)分别是最优方程的最小非负解、最大非正解、一致有界解。(3)讨论了基于最优方程(5.19)的逐次逼近法的收敛性。(4)～(6)分别讨论了一个随机平稳策略或者平稳策略是最优策略的不同条件，同时也证明了最优值函数何时可在更小的平稳策略类中取到(即$\boldsymbol{U}_*=\sup_f\boldsymbol{U}_\alpha(f)$)。上面几点都是

讨论 CTMDP 的，而(7)讨论的是 DTMDP 中，在随机平稳策略范围内的最优何时也是在整个策略集 Π 中的最优。

在本节的最后我们给出以下结论，它将我们前述的结论从随机平稳策略集Π_s推广到更广的马尔可夫策略集 Π_m。

引理 5.4 设$\boldsymbol{U}_*=\sup\{\boldsymbol{U}_\alpha(\pi_0)\mid\pi_0\in\Pi_s\}$满足最优方程(5.19)以及

$$\limsup_{t\to\infty} e^{-\alpha t}\boldsymbol{P}(\pi,t)\boldsymbol{U}_*\geqslant 0,\ \pi\in\Pi_m \tag{5.20}$$

则$U_*=U_\alpha^*=\sup\{\boldsymbol{U}_\alpha(\pi)\mid\pi\in\Pi_m\}$。

证明 由最优方程知 $\alpha U_*(i)\geqslant r(i,a)+q_{ij}(a)U_*(j)$，$\forall\, i, a$，对任一策略 π 及 $t\geqslant 0$，前述不等式两边同乘以$\pi_t(a\mid i)$并对 $a\in A(i)$相加，有 $\alpha\boldsymbol{U}_*\geqslant\boldsymbol{r}(\pi,t)+\boldsymbol{Q}(\pi,t)\boldsymbol{U}_*$。从而

$$-\frac{\mathrm{d}}{\mathrm{d}t}\{e^{-\alpha t}\boldsymbol{P}(\pi,t)\boldsymbol{U}_*\}\geqslant e^{-\alpha t}\boldsymbol{P}(\pi,t)\boldsymbol{r}(\pi,t)$$

将上式在$[0,t]$上积分并对 $t\to\infty$取上极限，由式(5.20)可得

$$\boldsymbol{U}_*\geqslant\int_0^\infty e^{-\alpha s}\boldsymbol{P}(\pi,s)\boldsymbol{r}(\pi,s)\mathrm{d}s+\limsup_{t\to\infty} e^{-\alpha t}\boldsymbol{P}(\pi,t)\boldsymbol{U}_*\geqslant\boldsymbol{U}_\alpha(\pi)$$

由此证明定理。

上述内容都是在随机平稳策略范围内讨论的，引理 5.4 是说，如果条件(5.20)成立，那么前面的讨论在随机马尔可夫策略范围内也是成立的。式(5.20)在条件 P 下显然是成立的，因为此时$\boldsymbol{U}_*\geqslant 0$；在条件 D 下也是成立的。其实，$\alpha>0$ 时只要$\boldsymbol{U}_*$是下有界的，式(5.20)就成立。

5.3 平均准则

本节假定报酬率 r 和转移速率族 q 均一致有界。首先 CTMDP 平均准则函数定义为

$$\begin{aligned}U(\pi,i)&=\liminf_{T\to\infty}\frac{1}{T}\int_0^T E_{\pi,i}r(X_t(\pi),\Delta_t(\pi))\mathrm{d}t\\&=\liminf_{T\to\infty}\frac{1}{T}\int_0^T\sum_j P_{ij}(\pi,t)\,r_j(\pi,t)\mathrm{d}t,\ i\in S\end{aligned}\tag{5.21}$$

记$\boldsymbol{U}(\pi)$是第 i 个分量为$U(\pi,i)$的列向量。用向量和矩阵来表示，则有

$$\boldsymbol{U}(\pi)=\liminf_{T\to\infty}\frac{1}{T}\int_0^T\boldsymbol{P}(\pi,t)\boldsymbol{r}(\pi,t)\mathrm{d}t$$

记最优值函数$U^*(i)=\sup\limits_{\pi\in\Pi_m}U(\pi,i)$，$i\in S$。平均准则($\varepsilon$-)最优策略的定义与折扣准则中的类似。

为讨论 CTMDP 的平均准则，我们可以尝试以下方法：一是直接从平均准则的定义(5.21)出发来讨论；二是运用第 3 章中研究 DTMDP 平均准则的方法，验证 CTMDP 的平均准则的定义(5.21)与折扣准则的定义(5.6)之间是否存在像 Laplace 定理那样的结论；三是能否将 5.2 节引入的式(5.10)用于平均准则中。

我们选择第三种方法，由于式(5.10)中的 $r'(i,a)$依赖于折扣因子 α，它显然不适合于定义一个平均准则的 DTMDP 模型。为寻找合适的 DTMDP 模型，我们运用 4.2 节中将折扣准则与平均准则联系起来的方法。由此将节 5.2 引入的 DTMDP 模型(5.10)的折扣准则

最优方程改写为如下形式：

任取一状态i_0，有

$$\begin{aligned}&V_\beta(i)-V_\beta(i_0)+(1-\beta)V_\beta(i_0)\\=&V_\beta(i)-\beta V_\beta(i_0)\\=&\sup_{a\in A(i)}\{r'(i,a)+\beta\sum_j p_{ij}(a)[V_\beta(j)-V_\beta(i_0)]\},\ i\in S\end{aligned}$$

由第 3 章知，在一定的条件下，当$\beta\uparrow 1$（或等价地$\alpha\downarrow 0$）时，极限$h(i):=\lim_{\beta\uparrow 1}[V_\beta(i)-V_\beta(i_0)]$和$\rho:=\lim_{\beta\uparrow 1}(1-\beta)V_\beta(i_0)$均存在。于是在上式中取极限，可得

$$h(i)+\rho=\sup_{a\in A(i)}\{\lambda^{-1}r(i,a)+\sum_{j\neq i}\lambda^{-1}q_{ij}(a)h(j)+(\lambda^{-1}q_{ii}(a)+1)h(i)\},\ i\in S$$

等价地

$$\lambda\rho=\sup_{a\in A(i)}\{r(i,a)+\sum_j q_{ij}(a)h(j)\},\ i\in S$$

因此，我们猜测上式应是 CTMDP 平均准则最优方程的形式。由此，我们定义如下 DTMDP：

$$\{S,(A(i),i\in S),p_{ij}(a),r(i,a)\}\tag{5.22}$$

其状态集 S、决策集 $A(i)$、报酬函数 $r(i,a)$ 均与 CTMDP 模型中的相同；转移概率 $p_{ij}(a)=\lambda^{-1}q_{ij}(a)+\delta_{ij}$，$\lambda\geqslant\sup_{i,a}\{-q_{ii}(a)\}$为取定的常数。其平均准则函数为 $\boldsymbol{V}(\pi)$。据第 3 章，DTMDP 模型(5.22)的平均准则最优方程为

$$\rho+h(i)=\sup_{a\in A(i)}\{r(i,a)+\sum_j p_{ij}(a)h(j)\},\ i\in S\tag{5.23}$$

与式(5.22)前面的推导对比可知，CTMDP 平均准则最优方程为($\lambda\rho$ 是一个常数，仍用 ρ 来表示)

$$\rho=\sup_{a\in A(i)}\{r(i,a)+\sum_j q_{ij}(a)h(j)\},\ i\in S\tag{5.24}$$

以下定理读者可以自行证明。

定理 5.4　设常数 ρ 有限，$h(i)$为广义实值函数，则在$S_h:=\{i\in S\mid h(i)\text{ 有限}\}$上，$\{\rho,h\}$为式(5.23)的解当且仅当$\{\rho,\lambda^{-1}h\}$为式(5.24)的解。

由上定理，CTMDP 平均准则最优方程解的存在性/唯一性，归结为 3.1 节中所讨论的 DTMDP 平均准则中的相应问题。定理 5.4 与 SMDP 中的定理 4.3 类似。

为证明式(5.24)是式(5.1)平均准则的最优方程，还需要证明 ρ 是最优值，以及取到方程上确界的策略的最优性。

定理 5.5　设最优方程(5.24)有有界解$\{\rho,h(i)\}$，则 $\rho=U^*(i)$，$i\in S$，进而，对 $\varepsilon\geqslant 0$，取到最优方程(5.24)中 ε-上确界的平稳策略 f 是 ε-最优策略。

证明　首先，对任一马尔可夫策略 $\pi=(\pi_t)$，由最优方程有

$$\rho\boldsymbol{e}\geqslant\boldsymbol{r}(\pi,t)+\boldsymbol{Q}(\pi,t)\boldsymbol{h},\ t\geqslant 0$$

两边左乘以 $\boldsymbol{P}(\pi,t)$，由式(5.2)有

$$\rho\boldsymbol{e}\geqslant\boldsymbol{P}(\pi,t)\boldsymbol{r}(\pi,t)+\frac{\mathrm{d}}{\mathrm{d}t}\boldsymbol{P}(\pi,t)\boldsymbol{h},\ t\geqslant 0$$

在[0，T]上积分，再除以 T，并令 $T\to\infty$，注意到 $\boldsymbol{h}$ 有界，有 $\rho\boldsymbol{e}\geqslant\boldsymbol{U}(\pi)$。从而，$\rho\geqslant\boldsymbol{U}^*(i)$，$i\in S$。

其次，设 f 取到最优方程(5.24)中的 ε-上确界，即 $\rho\boldsymbol{e}\leqslant\boldsymbol{r}(f)+\boldsymbol{Q}(f)\boldsymbol{h}+\varepsilon\boldsymbol{e}$。则与上面类似，可证得 $\rho\leqslant U(f,i)+\varepsilon$，$i\in S$。因此，$f$ 是 ε-最优策略，再由 ε 的任意性知 $\rho=U^*(i)$，$i\in S$。因此，定理得证。

下面再来证明 DTMDP 模型(5.22)与原 CTMDP 模型的平均准则函数相等。

定理 5.6 $\boldsymbol{U}(\pi_0)=\boldsymbol{V}(\pi_0)$，$\pi_0\in\Pi_s$。

证明 由式(5.22)和式(5.10)的定义及引理 5.2 可得

$$\boldsymbol{V}_\beta(\pi_0)=(\lambda+\alpha)\boldsymbol{U}_\alpha(\pi_0) \tag{5.25}$$

由此及推论 3.1 和推论 3.2，以及式(5.12)即知

$$\boldsymbol{U}(\pi_0)=\lim_{\alpha\downarrow 0}\alpha\boldsymbol{U}_\alpha(\pi_0)=\lim_{\alpha\downarrow 0}\frac{\alpha}{\lambda+\alpha}(\lambda+\alpha)\boldsymbol{U}_\alpha(\pi_0)=\lim_{\beta\uparrow 1}(1-\beta)\boldsymbol{V}_\beta(\pi_0)=\boldsymbol{V}(\pi_0)$$

因此定理得证。

由定理 5.6，CTMDP 模型(5.1)的平均准则函数 $U(\pi_0)$ 与 DTMDP 模型(5.22)的平均准则函数 $V(\pi_0)$ 在随机平稳策略范围内相等。因此，这里关于 CTMDP 的结论优于 SMDP 中的结论。第 3 章中只涉及平均准则函数和平均准则最优方程或平均准则最优不等式的结论在这里均成立。例如，3.3 节中的条件 3.5～条件 3.8 可作为关于 CTMDP 模型(5.1)的条件，具体证明请读者完成。

下面将上面关于最优方程的结论推广到最优不等式。DTMDP 模型(5.22)的两类最优不等式的形式如下：

$$\rho+h(i)\leqslant\sup_{a\in A(i)}\Big\{r(i,a)+\sum_j p_{ij}(a)h(j)\Big\},\ i\in S \tag{5.26}$$

$$\rho+h(i)\leqslant r(i,f)+\sum_j p_{ij}(f)h(j),\ i\in S \tag{5.27}$$

与式(5.22)前面的推导对比可知，CTMDP 平均准则的两类最优不等式分别为($\lambda\rho$ 是一个常数，仍用 ρ 来表示)

$$\rho\leqslant\sup_{a\in A(i)}\Big\{r(i,a)+\sum_j q_{ij}(a)h(j)\Big\},\ i\in S \tag{5.28}$$

$$\rho\leqslant r(i,f)+\sum_j q_{ij}(f)h(j),\ i\in S \tag{5.29}$$

以下定理读者可以自行证明。

定理 5.4′ 设常数 ρ 有限，$h(i)$ 为广义实值函数，则在 $S_h:=\{i\in S\,|\,h(i)\text{ 有限}\}$ 上，$\{\rho,h\}$ 为式(k)的解当且仅当 $\{\rho,\lambda^{-1}h\}$ 为式($k+2$)的解。这里 k 分别取 5.26 和 5.27。

由定理 5.4′，CTMDP 平均准则最优方程(或最优不等式)解的存在性/唯一性，可归结为 DTMDP 平均准则中的相应问题，例如，3.3 节中所讨论的。定理 5.4′与 SMDP 中的定理 4.3 类似。

为证明式(5.28)和式(5.29)是式(5.1)平均准则的最优不等式，还需要证明 ρ 是最优值，以及取到这些方程上确界的策略的最优性。对此，可证明得出与定理 5.5 类似的关于平均准则最优不等式的结论，具体过程请读者给出。

5.4 非时齐模型

本节讨论非平稳连续时间马尔可夫决策过程的期望总报酬准则，其模型与平稳 CTMDP

模型是类似的，具体为[①]

$$\{S, (A(i), i\in S), q(t), r(t), U\} \tag{5.30}$$

其中状态空间 $S=\{0, 1, 2, \cdots\}$ 和决策集 $A(i)$ 均可数，$q(t)=\{q_{ij}(t, a)\mid i, j\in S, a\in A(i)\}$ 是 t 时的状态转移速率族。即若系统在 t 时处于状态 i，在区间 $[t, t+\Delta t]$（Δt 足够小）上一直采取决策 $a\in A(i)$，则系统在 $t+\Delta t$ 时将处于状态 j 的概率为

$$P_{ij}(t, t+\Delta t)=\delta_{ij}+q_{ij}(t, a)\Delta t+o(\Delta t)$$

我们假定 q 满足以下条件：

$$q_{ij}(t, a)\geqslant 0,\ i\neq j\in S,\ a\in A(i),\ t\geqslant 0$$

$$\sum_j q_{ij}(t, a)=0,\ i\in S,\ a\in A(i),\ t\geqslant 0$$

在 t 时的报酬率函数为 $r_i(t, a)$，U 是期望总报酬准则函数，其具体定义将在后面给出。策略的定义同前。对策略 $\pi=(\pi_t)\in\Pi_m$，定义矩阵 $\boldsymbol{Q}(\pi, t)=(q_{ij}(\pi, t))$ 和列向量 $\boldsymbol{r}(\pi, t)=(r_i(\pi, t))$ 如下：

$$q_{ij}(\pi, t)=\sum_{a\in A(i)} q_{ij}(t, a)\pi_t(a\mid i),\quad i, j\in S, t\geqslant 0$$

$$r_i(\pi, t)=\sum_{a\in A(i)} r_i(t, a)\pi_t(a\mid i),\quad i, j\in S, t\geqslant 0$$

易见，$\boldsymbol{Q}(\pi, t)$ 和 $\boldsymbol{r}(\pi, t)$ 分别是系统在策略 π 下 t 时的状态转移速率矩阵和报酬率向量。为了保证 $\boldsymbol{Q}(\pi, t)$-过程 $\{\boldsymbol{P}(\pi, s, t), 0\leqslant s\leqslant t<\infty\}$ 的唯一存在性（$\pi\in\Pi_m$），我们提出如下条件。

条件 5.3　(1) 对 $\pi\in\Pi_m$，$i, j\in S$，$q_{ij}(\pi, t)$ 几乎处处连续。

(2) 存在在任何有限区间上均可积的函数 $Q(t)$ 使得 $-q_{ii}(t, a)\leqslant Q(t)$，a.e. t，$(i, a)\in\Gamma$。

由以上条件及文献(Hou, 1986)可知，对任一策略 $\pi\in\Pi_m$，存在唯一的绝对连续的 $\boldsymbol{Q}(\pi, t)$-过程 $\{\boldsymbol{P}(\pi, s, t), 0\leqslant s\leqslant t<\infty\}$ 满足：

(1) $\dfrac{\partial}{\partial t}\boldsymbol{P}(\pi, s, t)=\boldsymbol{P}(\pi, s, t)\boldsymbol{Q}(\pi, t)$，$0\leqslant s\leqslant t<\infty$；

(2) $\sum_j P_{ij}(\pi, s, t)=1$，$0\leqslant s\leqslant t<\infty$；

(3) $P_{ij}(\pi, s, s)=\delta_{ij}$，$0\leqslant s<\infty$；

(4) $\boldsymbol{P}(\pi, s, u)=\boldsymbol{P}(\pi, s, t)\boldsymbol{P}(\pi, t, u)$，$0\leqslant s\leqslant t\leqslant u<\infty$。

我们首先来证明以下引理（它在本节中非常必要，读者可以从以后的证明中发现这一点）。

引理 5.5　设条件 5.3 成立，则对任意给定常数 $\beta\in(0, 1)$，存在一个序列 $\{t_n, n\geqslant 0\}$ 使得

(1) $0=t_0<t_1<\cdots<t_n<t_{n+1}<\cdots$，$\lim_n t_n=+\infty$；

(2) $\int_{t_n}^{t_{n+1}} 2Q(t)\mathrm{d}t\leqslant\beta$，$n\geqslant 0$。

① 本节讨论的非时齐模型运用到的数学知识较多，该模型将在后面用于收益管理的研究，读者也可以跳过证明，只看主要结论。

证明　由条件 5.3 知对任一 $n\geqslant 0$，$\beta_n := \int_n^{n+1} Q(t)\mathrm{d}t$ 有限，从而存在 $n = t_{n0} < t_{n1} < \cdots < t_{nk_n} = n+1$ 使得

$$\int_{t_{nk}}^{t_{n,k+1}} Q(t)\mathrm{d}t \leqslant \frac{\beta}{2},\ k = 0, 1, 2, \cdots, k_n - 1;\ n \geqslant 0$$

将 t_{nk} 按从小到大的次序排列可得 $\{t_n\}$，即记 $s_0 = 0$，$s_n = \sum_{l=0}^{n-1} k_l$，$n \geqslant 0$，则

$$t_0 = 0$$

$$t_{s_n+k} = t_{nk},\ k = 1, 2, \cdots, k_n,\ n \geqslant 0$$

此 $\{t_n\}$ 即满足要求。

关于报酬函数，我们引入如下条件。

条件 5.4　$r_i(t, a)$ 可测，且存在在 $[0, \infty)$ 上的可积函数 $r(t)$ 使得

$$|r_i(t, a)| \leqslant r(t),\ \text{a. e. } t,\ \forall (i, a) \in \Gamma$$

现在，我们定义准则函数为

$$\boldsymbol{U}(\pi, t) = \int_t^{\infty} \boldsymbol{P}(\pi, t, s)\boldsymbol{r}(\pi, s)\mathrm{d}s,\ t \geqslant 0,\ \pi \in \Pi_m$$

它表示系统在策略 π 下在时间区间 $[t, \infty)$ 上所获得的期望总报酬。显然，有

$$|\boldsymbol{U}(\pi, t)| \leqslant \int_t^{\infty} r(s)\mathrm{d}s \cdot \boldsymbol{e}$$

记最优值函数 $\boldsymbol{U}^*(t) = \sup\{\boldsymbol{U}(\pi, t) \mid \pi \in \Pi_m\}$，$t \geqslant 0$，再记 $\boldsymbol{U}(\pi) = \boldsymbol{U}(\pi, 0)$。对 $\pi^* \in \Pi_m$ 和 $\varepsilon \geqslant 0$，若 $\boldsymbol{U}(\pi^*) \geqslant \boldsymbol{U}^*(0) - \varepsilon\boldsymbol{e}$，则称 π^* 是 ε-最优策略。当 $\varepsilon = 0$ 时，称 π^* 是最优策略。下面定义准则函数值空间 Ω，它是 $[0, \infty)$ 上的列向量函数 $\boldsymbol{x}(t)$ 的全体所成之集，满足以下三个条件：

(1) $x_i(t)$ 绝对连续，$i \in S$；

(2) 当 $t \to \infty$ 时，$x_i(t)$ 关于 $i \in S$ 一致地收敛于零；

(3) 存在于任一有限区间上均可积的函数 $N(t)$ 使得 $|x'_i(t)| \leqslant N(t)$，a. e. t，$i \in S$。

注意到当 $x_i(t)$ 绝对连续时，它几乎处处可导，且其导数可测。由上述三个条件易推知 $x_i(t)$ 一致有界。另外，$N(t)$ 显然是与 $\boldsymbol{x}(t)$ 相关的，但为记号简单起见，省略了。

以下引理类似于引理 5.1 的(1)和(2)。

引理 5.6　设 $\pi \in \Pi_m$，$\varepsilon \geqslant 0$，$\boldsymbol{U}(t) \in \Omega$，$\alpha > 0$。

(1) 若 $-\boldsymbol{U}'(t) \leqslant \boldsymbol{r}(\pi, t) + \boldsymbol{Q}(\pi, t)\boldsymbol{U}(t) + \varepsilon\,\mathrm{e}^{-\alpha t}\boldsymbol{e}$，a. e. t，则 $\boldsymbol{U}(t) \leqslant \boldsymbol{U}(\pi, t) + \alpha^{-1}\mathrm{e}^{-\alpha t}\varepsilon\boldsymbol{e}$，$t \geqslant 0$；

(2) 若 $-\boldsymbol{U}'(t) \geqslant \boldsymbol{r}(\pi, t) + \boldsymbol{Q}(\pi, t)\boldsymbol{U}(t) - \varepsilon\mathrm{e}^{-\alpha t}\boldsymbol{e}$，a. e. t，则 $\boldsymbol{U}(t) \geqslant \boldsymbol{U}(\pi, t) - \alpha^{-1}\mathrm{e}^{-\alpha t}\varepsilon\boldsymbol{e}$，$t \geqslant 0$。

证明　对 $\boldsymbol{U}(t) \in \Omega$，存在一个在任何有限区间上均可积的函数 $N(t)$ 和常数 K，使得

$$|U'_i(t)| \leqslant N(t),\ \text{a. e. } t,\ i \in S$$

$$|U_i(t)| \leqslant K,\ t \geqslant 0,\ i \in S$$

下面我们只证明(1)，因为(2)的证明是类似的。

在所给条件中左乘以 $\boldsymbol{P}(\pi, s, t)$，则对 a. e. t，$i \in S$ 有

$$-\sum_j P_{ij}(\pi,s,t)U'_j(t)\leqslant\sum_j P_{ij}(\pi,s,t)r_j(\pi,t)+\sum_j P_{ij}(\pi,s,t)\sum_k q_{jk}(\pi,t)U_k(t)+e^{-\alpha t}\varepsilon$$

由于

$$\sum_k\sum_j|P_{ij}(\pi,s,t)q_{jk}(\pi,t)U_k(t)|\leqslant\sum_k\sum_j P_{ij}(\pi,s,t)|q_{jk}(\pi,t)|K\leqslant 2KQ(t)$$

几乎处处有限，从而 $\sum_j$ 和 $\sum_k$ 对几乎处处的 t 可以交换次序，所以

$$-\sum_j[P_{ij}(\pi,s,t)U_j(t)]'_t\leqslant\sum_j P_{ij}(\pi,s,t)r_j(\pi,t)+e^{-\alpha t}\varepsilon,\quad \text{a.e. } t, i\in S \tag{5.31}$$

定义

$$x_{n,i}(s,t)=-\sum_{j=0}^{n}[P_{ij}(\pi,s,t)U_j(t)]'_t, n=\infty,0,1,2,\cdots, i\in S$$

则对 $n\geqslant 0$ 和 $0\leqslant s\leqslant t<\infty$，我们有

$$\begin{aligned}|x_{n,i}(s,t)|&\leqslant\sum_{j=0}^{\infty}P_{ij}(\pi,s,t)N(t)+K\sum_{j=0}^{\infty}\sum_{k=0}^{\infty}P_{ij}(\pi,s,t)|q_{jk}(\pi,t)|\\&\leqslant N(t)+2KQ(t),\quad \text{a.e. } t, i\in S\end{aligned}$$

由此可得 $\lim_n x_{n,i}(s,t)=x_{\infty,i}(s,t)$。但 $N(t)+2KQ(t)$ 在任一有限区间上均可积，所以由 Lebesgue 控制收敛定理可得

$$\begin{aligned}\int_s^T x_{\infty,i}(s,t)\mathrm{d}t&=-\sum_j\int_s^T[P_{ij}(\pi,s,t)U_j(t)]'_t\mathrm{d}t\\&=\sum_j[P_{ij}(\pi,s,s)U_j(s)-P_{ij}(\pi,s,T)U_j(T)]\\&=U_i(s)-\sum_j P_{ij}(\pi,s,T)U_j(T),\quad i\in S\end{aligned}$$

对式(5.31)在区间$[s, T]$上积分，令 $T\to\infty$，由 Ω 定义中的条件(2)得

$$U_i(s)\leqslant\int_s^{\infty}\sum_j P_{ij}(\pi,s,t)r_j(\pi,t)\mathrm{d}t+\alpha^{-1}e^{-\alpha s}\varepsilon=U_i(\pi,s)+\alpha^{-1}e^{-\alpha s}\varepsilon,\ s\geqslant 0,\ i\in S$$

因此引理得证。

我们将利用算子来讨论最优方程，为此对 $n\geqslant 0$，定义M_n为所有在$[t_n, t_{n+1}]$上的有界可测列向量函数所成之集，其中的距离 d 定义为

$$d(x, y)=\sup\{|x_i(t)-y_i(t)|\,|\,t_n\leqslant t\leqslant t_{n+1}, i\in S\},\ x, y\in M_n$$

显然，(M_n, d)是一个 Banach 空间。对 $\pi\in\Pi_m$ 和 $x\in M_n$，定义算子$T_{n\pi}$为

$$(T_{n\pi}x)_i(t)=\int_t^{t_{n+1}}\{r_i(\pi,s)+\sum_j q_{ij}(\pi,s)x_j(s)\}\mathrm{d}s+z_{n+1}(i),\ i\in S,\ t\in[t_n, t_{n+1}]$$

其中z_{n+1}是事先给定的任意的有界列向量。由引理 5.5 易证$T_{n\pi}$是M_n中模为β的压缩映射。

定理 5.7　对 $\pi\in\Pi_m$，$\boldsymbol{U}(\pi, t)$是以下方程在 Ω 中的唯一解：

$$-\boldsymbol{U}'(t)=\boldsymbol{r}(\pi, t)+\boldsymbol{Q}(\pi, t)\boldsymbol{U}(t),\quad \text{a.e. } t \tag{5.32}$$

证明　设$\boldsymbol{U}(t)\in\Omega$ 是式(5.32)的一个解，则由引理 5.6 知 $\boldsymbol{U}(t)=\boldsymbol{U}(\pi, t)$。由于$T_{n\pi}$是一个压缩映射，因此我们可以证明$\boldsymbol{U}(\pi, t)$ 是 Ω 在式(5.32)中的一个解。

对 $n\geqslant 0$，我们进一步定义算子T_n。给定有界列向量$\boldsymbol{z}_{n+1}$，定义

$$(T_n x)_i(t) = \int_t^{t_{n+1}} \sup_{a \in A(i)} \{r_i(s, a) + \sum_j q_{ij}(s, a) x_j(s)\} \mathrm{d}s + z_{n+1}(i), \tag{5.33}$$
$$i \in S,\ t \in [t_n, t_{n+1}],\ x \in M_n$$

由条件 5.3 和条件 5.4，式(5.33)中的被积函数是可测的，且有一个可积的上界函数 $r(t)+2KQ(t)$，其中 K 是 $x(t)$ 的上界，于是 $T_n x \in M_n$。进而，对 $n \geqslant 0$，x，$y \in M_n$，由引理 5.5 得

$$\begin{aligned} |(T_n x)_i(t) - (T_n y)_i(t)| &\leqslant \int_{t_n}^{t_{n+1}} \sup_a \left| \sum_j q_{ij}(s, a)[x_j(s) - y_j(s)] \right| \mathrm{d}s \\ &\leqslant \int_{t_n}^{t_{n+1}} 2Q(s) d(x, y) \mathrm{d}s \leqslant \beta d(x, y) \end{aligned}$$

因此，$d(T_n x, T_n y) \leqslant \beta d(x, y)$，从而 T_n 亦是 M_n 中模为 β 的压缩映射，$n \geqslant 0$。

引理 5.7　对任一 $n \geqslant 0$ 和任一给定的有界向量 $\boldsymbol{z}_{n+1}$，存在唯一的 $\boldsymbol{U}_n(t) \in M_n$ 使得

(1) $\boldsymbol{U}_n(t) = T_n \boldsymbol{U}_n(t)$，$t \in [t_n, t_{n+1}]$，且 $\boldsymbol{U}_n(t_{n+1}) = \boldsymbol{z}_{n+1}$；

(2) 对任一 $i \in S$，$U_{n,i}(t)$ 在 $[t_n, t_{n+1}]$ 上绝对连续，且

$$-U'_{n,i}(t) = \sup_{a \in A(i)} \{r_i(t, a) + \sum_j q_{ij}(t, a) U_{n,j}(t)\}, \quad \text{a.e.}\ t \in [t_n, t_{n+1}] \tag{5.34}$$

证明　(1)由 Banach 不动点定理可得。(2)与(1)是等价的。

以上引理中的(2)相当于说在每个区间 $[t_n, t_{n+1}]$ 上最优方程成立，为证明在整个实数轴上最优方程成立，我们需要以下引理。

引理 5.8　对 $\boldsymbol{U}(t) \in \Omega$ 及任一 $\varepsilon > 0$，存在策略 $\pi = (f_t) \in \Pi_m^d$ 使得对 $i \in S$，$t \geqslant 0$ 均有

$$r_i(t, f_t(i)) + \sum_j q_{ij}(t, f_t(i)) U_j(t) \geqslant \sup_a \{r_i(t, a) + \sum_j q_{ij}(t, a) U_j(t)\} - \varepsilon$$

证明　设给定 $\varepsilon > 0$ 和 $\boldsymbol{U}(t) \in \Omega$，由于 $A(i)$ 是可数的，于是可以假定对 $i \in S$，$A(i) = \{a_1^i, a_2^i, \cdots\}$，令

$$f_n(t, i) = r_i(t, a_n^i) + \sum_j q_{ij}(t, a_n^i) U_j(t)$$

则对任一 $i \in S$ 和 $n \geqslant 0$，$f_n(t, i)$ 是可测的，从而 $\sup\limits_n f_n(t, i)$ 也可测，且对任一 $i \in S$ 及 $n \geqslant 1$，有

$$J'_{ni} = \{t \geqslant 0 \mid \sup_m f_m(t, i) - f_n(t, i) \leqslant \varepsilon\}$$

是可测集。若我们定义如下互不相交集 J_{ni}：$J_{1i} = J'_{1i}$，$J_{ni} = J'_{ni} - \bigcup\limits_{k=1}^{n-1} J'_{ki}$，$n \geqslant 2$；再定义策略 $\pi = (f_t)$：$f_t(i) = a_n^i$，若 $t \in J_{ni}$，$n \geqslant 1$，$i \in S$，$t \geqslant 0$，则它是可测的且满足引理。

现在，我们就可以证明最优方程。

定理 5.8　最优值函数 $\boldsymbol{U}^*(t)$ 是以下最优方程在 Ω 中的唯一解：

$$-U_i'(t) = \sup_{a \in A(i)} \{r_i(t, a) + \sum_j q_{ij}(t, a) U_j(t)\}, \quad \text{a.e.}\ t,\ i \in S \tag{5.35}$$

且 $\boldsymbol{U}^*(t) = \sup\{\boldsymbol{U}(\pi, t) \mid \pi \in \Pi_m^d\}$，$t \geqslant 0$；对任一 $\varepsilon > 0$ 均存在马尔可夫策略 $\pi = (f_t) \in \Pi_m^d$ 取到以上方程右边的 ε 上确界，它是 ε-最优策略。

证明　首先，我们证明式(5.35)的解的存在性。定义

$$\boldsymbol{z}_n = \sup\{\boldsymbol{U}(\pi, t_n) \mid \pi \in \Pi_m\},\ n \geqslant 0$$

则对任一 $n\geqslant 0$，由引理 5.7 知存在唯一的 $\boldsymbol{U}_n(t)\in M_n$，使得 $\boldsymbol{U}_n(t)$ 在 $[t_n, t_{n+1}]$ 上绝对连续且满足式(5.34)。同时，有

$$U_{n,i}(t)=\int_t^{t_{n+1}}\sup_{a\in A(i)}\left\{r_i(s,a)+\sum_j q_{ij}(s,a)U_{n,j}(s)\right\}\mathrm{d}s+z_{n+1}(i),\ i\in S,\ t\in[t_n,t_{n+1}]\quad(5.36)$$

定义

$$\boldsymbol{U}_*(t)=\boldsymbol{U}_n(t),\ 若\ t\in[t_n,\ t_{n+1}),\ n\geqslant 0$$

则 $\boldsymbol{U}_*(t)$ 对几乎处处的 $t\in[0,\infty)$ 可微，且满足式(5.35)。为了证明 $\boldsymbol{U}_*(t)\in\Omega$，我们先证明当 t 趋于无穷时，$U_{*,i}(t)$ 关于 i 一致收敛于零。易知 $|z_n(i)|\leqslant R_n=\int_{t_n}^{\infty}r(t)\mathrm{d}t$，$i\in S$，$n\geqslant 0$。记 $K_n=\sup\{|U_{n,i}(t)|:t\in[t_n,\ t_{n+1}],\ i\in S\}$，$n\geqslant 0$，则由式(5.36)可得

$$K_n\leqslant\int_{t_n}^{t_{n+1}}[r(s)+2Q(s)K_n]\mathrm{d}s+R_n\leqslant 2R_n+\beta K_n$$

从而 $K_n\leqslant 2(1-\beta)^{-1}R_n$，由此注意到 $\lim\limits_{n\to\infty}R_n=0$，即知 $U_{*,i}(t)$ 关于 i 一致收敛到零，且 $|U_{*,i}(t)|\leqslant 2(1-\beta)^{-1}R_0$。

其次，由于 $\boldsymbol{U}_*(t)$ 满足式(5.34)，我们有

$$|U'_{*,i}(t)|\leqslant r(t)+4Q(t)(1-\beta)^{-1}R_0,\ \text{a. e.}\ t,\ i\in S$$

因此 $\boldsymbol{U}_*(t)$ 满足 Ω 的定义中的条件(2)和(3)。

下面证明 $\boldsymbol{U}_*(t)$ 的绝对连续性。由式(5.34)知对任一 $\pi=(\pi_t)\in\Pi_m$，有

$$-\boldsymbol{U}_n'(t)\geqslant\boldsymbol{r}(\pi,\ t)+\boldsymbol{Q}(\pi,\ t)\boldsymbol{U}_n(t),\ \text{a. e.}\ t\in[t_n,\ t_{n+1}]$$

与引理 5.6 的证明类似，可证得

$$\boldsymbol{U}_n(t)-\boldsymbol{P}(\pi,\ t,\ t_{n+1})\boldsymbol{U}_n(t_{n+1})\geqslant\int_t^{t_{n+1}}\boldsymbol{P}(\pi,\ t,\ s)\boldsymbol{r}(\pi,\ s)\mathrm{d}s,\ t\in[t_n,\ t_{n+1}]$$

由此可推得

$$\boldsymbol{U}_n(t)\geqslant\sup_{\pi}\left\{\int_t^{t_{n+1}}\boldsymbol{P}(\pi,t,s)\boldsymbol{r}(\pi,s)\mathrm{d}s+\boldsymbol{P}(\pi,t,t_{n+1})\boldsymbol{z}_{n+1}\right\},t\in[t_n,t_{n+1}]\quad(5.37)$$

另一方面，对任一 $\alpha>0$，由引理 5.8 知，存在 $\pi^*\in\Pi_m^d$ 使得对任一 $n\geqslant 0$，有

$$-\boldsymbol{U}_n'(t)\leqslant\boldsymbol{r}(\pi^*,t)+\boldsymbol{Q}(\pi^*,t)\boldsymbol{U}_n^*(t)+\mathrm{e}^{-\alpha t}\boldsymbol{e},\ \text{a. e.}\ t\in[t_n,t_{n+1}]$$

与引理 5.6 的证明类似，可证得

$$\begin{aligned}\boldsymbol{U}_n(t)&\leqslant\int_t^{t_{n+1}}\boldsymbol{P}(\pi^*,t,s)\boldsymbol{r}(\pi^*,s)\mathrm{d}s+\boldsymbol{P}(\pi^*,t,t_{n+1})\boldsymbol{z}_{n+1}+\alpha^{-1}[\mathrm{e}^{-\alpha t}-\mathrm{e}^{-\alpha t_{n+1}}]\boldsymbol{e}\\&\leqslant\sup_{\pi\in\Pi_m^d}\left\{\int_t^{t_{n+1}}\boldsymbol{P}(\pi,t,s)\boldsymbol{r}(\pi,s)\mathrm{d}s+\boldsymbol{P}(\pi,t,t_{n+1})\boldsymbol{z}_{n+1}\right\}+\alpha^{-1}[\mathrm{e}^{-\alpha t}-\mathrm{e}^{-\alpha t_{n+1}}]\boldsymbol{e}\end{aligned}\quad(5.38)$$

令 $\alpha\to\infty$，由此及式(5.37)可得

$$\boldsymbol{U}_n(t)=\sup_{\pi\in\Pi_m^d}\left\{\int_t^{t_{n+1}}\boldsymbol{P}(\pi,t,s)\boldsymbol{r}(\pi,s)\mathrm{d}s+\boldsymbol{P}(\pi,t,t_{n+1})\boldsymbol{z}_{n+1}\right\},t\in[t_n,t_{n+1}]\quad(5.39)$$

但由 $\boldsymbol{z}_n$ 的定义和式(5.39)，$\boldsymbol{U}_n(t_n)\geqslant\boldsymbol{z}_n$，从而，由式(5.38)可知对任一 $n\geqslant 0$，有

$$\boldsymbol{z}_n\leqslant\boldsymbol{U}_n(t_n)\leqslant\int_{t_n}^{t_{n+1}}\boldsymbol{P}(\pi^*,t_n,s)\boldsymbol{r}(\pi^*,s)\mathrm{d}s+\boldsymbol{P}(\pi^*,t_n,t_{n+1})\boldsymbol{z}_{n+1}+\alpha^{-1}[\mathrm{e}^{-\alpha t_n}-\mathrm{e}^{-\alpha t_{n+1}}]\boldsymbol{e}$$

由此用归纳法可证得对 $N\geqslant1$，$n\geqslant0$，有

$$\boldsymbol{U}_n(t_n)\leqslant\int_{t_n}^{t_{n+N}}\boldsymbol{P}(\pi^*,t_n,s)\boldsymbol{r}(\pi^*,s)\mathrm{d}s+\boldsymbol{P}(\pi^*,t_n,t_{n+N})\boldsymbol{z}_{n+N}+\alpha^{-1}[\mathrm{e}^{-\alpha t_n}-\mathrm{e}^{-\alpha t_{n+N}}]\boldsymbol{e}$$

令 $N\to\infty$，由于z_n一致收敛于零，因此

$$\boldsymbol{z}_n\leqslant\boldsymbol{U}_n(t_n)\leqslant\boldsymbol{U}(\pi^*,t_n)+\alpha^{-1}\mathrm{e}^{-\alpha t_n}\boldsymbol{e}\leqslant\boldsymbol{z}_n+\alpha^{-1}\mathrm{e}^{-\alpha t_n}\boldsymbol{e},n\geqslant0 \tag{5.40}$$

由 α 的任意性知$\boldsymbol{U}_n(t_n)=\boldsymbol{z}_n$，$n\geqslant0$。由此及$\boldsymbol{U}_n(t_{n+1})=\boldsymbol{z}_{n+1}$和$\boldsymbol{U}_n(t)$在$[t_n, t_{n+1}]$上的绝对连续性可得$\boldsymbol{U}_*(t)$在$[0, \infty)$上绝对连续。因此，$\boldsymbol{U}_*(t)\in\Omega$ 是式(5.35)的解。

关于式(5.35)的解的唯一性，假定 $\boldsymbol{U}(t)\in\Omega$ 是式(5.35)的一个解，则可像证明式(5.39)一样(将t_{n+1}改为∞)证得 $\boldsymbol{U}(t)=\boldsymbol{U}^*(t)$，$t\geqslant0$。

下面考虑模型的两种特殊情况。

特例 1. 折扣准则

假定报酬率函数为

$$r_i(t, a)=\mathrm{e}^{-\alpha t}\tilde{r}_i(t, a),\ t\geqslant0,\ (i, a)\in\Gamma \tag{5.41}$$

其中 $\alpha>0$ 是固定的一个常数，$\tilde{r}_i(t, a)$一致有界。与 $\boldsymbol{r}(\pi, t)$一样可定义$\tilde{\boldsymbol{r}}(\pi, t)$，则

$$\begin{aligned}\boldsymbol{U}(\pi, t)&=\int_t^{\infty}\mathrm{e}^{-\alpha s}\boldsymbol{P}(\pi, t, s)\boldsymbol{r}(\pi, s)\mathrm{d}s\\&=\mathrm{e}^{-\alpha t}\int_t^{\infty}\mathrm{e}^{-\alpha(s-t)}\boldsymbol{P}(\pi, t, s)\tilde{\boldsymbol{r}}(\pi, s)\mathrm{d}s\\&=\mathrm{e}^{-\alpha t}\tilde{\boldsymbol{U}}_\alpha(\pi, t)\end{aligned}$$

易知$\tilde{\boldsymbol{U}}_\alpha(\pi, t)$是报酬率函数为$\tilde{r}_i(t, a)$时系统在策略 π 下在$[t, \infty)$上所获得的期望折扣总报酬(折扣到 t 时)，这就是折扣准则。定义$\tilde{\boldsymbol{U}}_\alpha^*(t)=\sup\{\tilde{\boldsymbol{U}}_\alpha(\pi, t):\pi\in\Pi_m\}$，于是$\boldsymbol{U}^*(t)=\mathrm{e}^{-\alpha t}\tilde{U}_\alpha^*(t)\in\Omega$，但$\tilde{\boldsymbol{U}}_\alpha^*(t)$不属于 Ω。将 Ω 的定义进行适当改动即可，此时的最优方程成为

$$-U_i'(t)=\sup_{a\in A(i)}\{\tilde{r}_i(t, a)+\sum_j q_{ij}(t, a)U_j(t)-\alpha U_i(t)\},\quad \text{a.e.}\ t,\ i\in S \tag{5.42}$$

易知，对于非平稳模型，折扣准则和期望总报酬准则是等价的，但比较两者的最优方程即式(5.35)和式(5.42)可以看出，期望总报酬准则下的表达式更简洁。

进而，如果$\tilde{r}_i(t, a)$和$q_{ij}(t, a)$均与 t 无关，则模型(5.30)成为平稳的，$\tilde{\boldsymbol{U}}_\alpha(\pi, t)$也就是5.2 节中的折扣准则函数，从而由本节的结果也可得到平稳模型折扣准则的有关结果。

特例 2. 有限时段期望折扣总报酬准则

考虑时齐模型(5.1)在 $t\in[0, T]$上的期望折扣总报酬准则($T>0$ 为一常数)，这相当于假设当 $t>T$ 时$r_i(t, a)=0$，而对 $t\leqslant T$ 时$r_i(t, a)=\mathrm{e}^{-\alpha t}r(i, a)$。式中折扣因子 $\alpha\geqslant0$。假设 $r(i, a)$一致有界，于是最优值函数$\boldsymbol{U}^*(t)$(表示在$[t, T]$上折扣到 t 时的最优期望折扣总报酬)是以下最优方程(满足边界条件$U_i(T)=0$，$i\in S$)的唯一有界的绝对连续解：

$$-U_i'(t)=\sup_{a\in A(i)}\{r(i, a)+\sum_j q_{ij}(a)U_j(t)-\alpha U_i(t)\},\quad \text{a.e.}\ t\leqslant T,\ i\in S \tag{5.43}$$

收益管理问题常常可以用有限时段期望折扣总报酬准则来建模。

习　题

1. 证明注 5.2：由引理 5.1 直接来证明以上方程是 CTMDP 折扣准则的最优方程，即在条件 D 下：

(1) $\boldsymbol{U}_\alpha^*$ 是以上方程的唯一有界解；

(2) 取到以上方程上确界的平稳策略是最优策略。

2. 本章中假定虽可以选择决策、改变决策，但最终的结论(无论是折扣准则还是平均准则)是都存在平稳策略为最优策略。而在平稳策略下，并不会随时改变决策，而是仅当状态发生转移时改变决策。这与马尔可夫 SMDP 中的情况相同。如此本章中的最优方程与马尔可夫 SMDP 的最优方程应该是相同的。请予以证明。

3. (周期 CTMDP)设有 $T\geqslant 0$，使得$q_{ij}(t, a)$和$\tilde{r}_i(t, a)$均有周期 T(称此非平稳 CTMDP 具有周期 T)。称策略 $\pi=(\pi_t)$具有周期 T，如果π_t有周期 T，即$\pi_{t+T}(a|i)=\pi_t(a|i)$。试证明：最优值函数$\widetilde{\boldsymbol{U}}_\alpha^*(t)$亦具有周期 T；进而，对任一 $\varepsilon>0$，存在具有周期 T 的 ε -最优马尔可夫策略。

4. 某人大学毕业时 22 岁，还没有对象。他确定要在 30 岁前找到对象，试运用连续时间马尔可夫决策过程帮其确定一个最优的策略。(提示：借鉴第 1 章秘书选择问题。)

参 考 文 献

邓肯 E B. 1962. 马尔可夫过程论基础. 北京：科学出版社.

CHUNG K L. 1960. Markov Chains with Stationary Transition Probabilities, Springer-Verlag.

KAKUMANU P. 1969. Continuous time Markov decision models with applications to optimization problem, Tech. Rep. 63, Ithaca, N. Y. :Cornell University.

HOU B. 1986. Continuous time Markov decision programming with Polinnomial rewardes. MS Thesis, Institute of Applied Mathematics, Academia Sinica, Bejing.

第 6 章 强化学习与近似算法

马尔可夫决策过程(MDP)是人工智能中广泛运用的随机序贯决策问题的建模方法，用来设计在一个长时间段变化的环境中，智能体如何进行选择的框架。MDP 在人工智能的两个子领域起着重要的作用：概率规划(Probabilistic Planning)和强化学习(Reinforcement Learning)。概率规划假设已知代理人(Agent)的目标和动态变化机制，主要确定代理人应该如何选择决策以实现目标。本书前 5 章讨论的内容属于这个方面。强化学习则是代理人从其决策与环境的互动中学习，以获得最优策略。这是本章要讨论的内容。

现实中的动态决策问题都是 MDP 问题。考虑一个可以用离散时间模型$\{S, A(i), r(i, a), p_{ij}(a), V\}$描述的动态决策问题，如果我们知道了模型中的前四个要素：状态集、决策集、报酬函数、状态转移概率，那么依据目标函数是有限阶段还是无限阶段的折扣准则或平均准则，就可以用第 1～3 章中的方法，通过最优方程来求解得到最优策略。但这是理论上的，在实际中并非如此。本章考虑以下两类情形：

(1) 现实中很多问题的状态集是无限的，如前面讨论过的期权执行问题等，状态集甚至是区间。但无论是人还是计算机，都只能计算有限的问题。一种思路是用有限的问题来近似无限的问题。这是 MDP 近似计算。

(2) 现实中的很多动态决策问题，我们不能获知其报酬函数与状态转移概率，比如刚刚在淘宝上开店销售产品，没有数据，如何确定订购量？但我们能够知道当前阶段的状态、选择的决策、获得的报酬、下一阶段的状态，此时如何选择一个决策？这是强化学习研究的问题。

我们先分别针对折扣准则与平均准则讨论强化学习算法，然后讨论近似算法。

6.1 强化学习：折扣准则

本节先讨论给定一个策略 f，根据现实发生的数据(报酬、状态转移)来估计其折扣目标函数值，再根据现实的数据得到折扣准则最优策略与最优值函数。本节提出强化学习的算法。

6.1.1 折扣目标函数值的估计

我们先来看，在给定的一个策略下，如何计算其折扣准则函数(目标)值(Olivier et al, 2010)。

假设我们观察一个现实中的系统，它一直使用平稳策略 f，即无论何时，系统只要到达状态 i 则采取决策 $f(i)$；系统在 0 时的状态是i_0，各阶段依次得到的报酬是r_0，r_1，r_2，…，则无限阶段折扣总报酬值(简称为折扣准则值)是

$$V_\beta(f, i_0) = r_0 + \beta r_1 + \beta^2 r_2 + \cdots = \sum_{n=0}^{\infty} \beta^n r_n$$

前面我们是在 0 时看未来，是求其期望值；这里假定已经获得了一个历史观察，只需求各阶段获得的报酬的折扣和。一般地，对 $n \geqslant 0$，若设 n 时的状态是 i_n，则在状态i_n处的折扣准则值为

$$V_\beta(f, i_n) = r_n + \beta r_{n+1} + \beta^2 r_{n+2} + \cdots = \sum_{k=0}^{\infty} \beta^k r_{n+k} \tag{6.1}$$

于是，我们有递推公式

$$V_\beta(f, i_n) = r_n + \beta V_\beta(f, i_{n+1}), \ n \geqslant 0 \tag{6.2}$$

它表示系统的总报酬可分为两部分：当前的报酬r_n、未来(从下一阶段开始至永远)的折扣准则值$V_\beta(f, i_{n+1})$(该项需要乘以折扣因子 β，也可解释为加权系数)。显然，这个递推式与期望折扣总报酬的递推式不同。

上面有个隐含的假定：已知未来所有阶段得到的报酬。现实中这是不可能的，但可以事先对未来能获得的报酬总值$V_\beta(f, i)$，$i \in S$ 有一个估计值，记为$\overline{V}_\beta(f, i)$，$i \in S$。

现实中，时间总在往前走，我们总在行动。例如，系统当前阶段是 n，处于状态i_n(于是采取决策 $f(i_n)$)，得到报酬r_n；进而系统下一阶段(即阶段 $n+1$)到达状态i_{n+1}。

于是，基于迭代公式(6.2)，我们得到了一个关于$V_\beta(f, i_n)$的新的估计值$r_n + \beta \overline{V}_\beta(f, i_{n+1})$，将它与之前的估计值$\overline{V}_\beta(f, i_n)$进行比较，是一个有意思的事，我们将两个估计值的差，即

$$\delta_n = r_n + \beta \overline{V}_\beta(f, i_{n+1}) - \overline{V}_\beta(f, i_n) \tag{6.3}$$

称为时序差分误差(Temporal Difference Error，TD)。所谓"时序"是指一个是当下的估计，一个是基于下一阶段的估计。

时序差分误差可用来改进估计值：

$$\overline{V}_\beta(f, i_n) := \overline{V}_\beta(f, i_n) + \alpha_n \delta_n = \overline{V}_\beta(f, i_n) + \alpha_n [r_n + \beta \overline{V}_\beta(f, i_{n+1}) - \overline{V}_\beta(f, i_n)] \tag{6.4}$$

这个算法称为时序差分方法，常记为 TD(0)。新的估计值(上式左边项)是在原有估计值(上式右边第一项$\overline{V}_\beta(f, i_n)$)的基础上稍作调整：加上时序差分误差$\delta_n$后再乘以一个系数$\alpha_n$。$\alpha_n$的值越大，表示调整的幅度越大；反之则表示调整的幅度越小。α_n的值随 n 的增大而减小。我们称α_n为**学习系数**。

6.1.2　强化学习算法

现在，我们尝试将式(6.4)所示的不断调整估计值的方法用于寻找最优策略上。首先，我们知道无限阶段折扣准则的最优方程如下：

$$V_\beta(i) = \max_{a \in A(i)} \left\{ r(i, a) + \beta \sum_j p_{ij}(a) V_\beta(j) \right\}, \ i \in S$$

记$V_\beta(i, a)$为以上最优方程右边大括号中的项，即

$$V_\beta(i, a) := r(i, a) + \beta \sum_j p_{ij}(a) V_\beta(j), \ i \in S, \ a \in A(i)$$

它表示当前阶段处于状态 i 选择决策 a 而在未来遵从最优策略时，系统能获得的折扣总报酬。于是，最优方程可写为$V_\beta(i) = \max_{a \in A(i)} V_\beta(i, a)$。将其代入最优方程的右边，我们可将最优方程改写为如下形式：

$$V_\beta(i) = \max_{a\in A(i)}\left\{r(i, a) + \beta\sum_j p_{ij}(a) \max_{a'\in A(j)} V_\beta(j, a')\right\}, i \in S$$

从而

$$V_\beta(i, a) = r(i, a) + \beta\sum_j p_{ij}(a) \max_{a'\in A(j)} V_\beta(j, a'), i \in S, a \in A(i) \tag{6.5}$$

因此，求最优值$\{V_\beta(i), i\in S\}$与求$\{V_\beta(i, a), i\in S, a\in A(i)\}$是等价的。

我们将$V_\beta(i, a)$解释为系统在状态 i 采取决策 a 的值、性能评价值，或者**决策 a 在状态 i 处的性能值**。

基于最优方程，我们有如下的逐次逼近法(见 2.2.1 节)：

$$V_{n+1}(i) = \max_a\{r(i, a) + \beta\sum_j p_{ij}(a) V_n(j)\}, i \in S$$

与前面类似，上式可改写为$V_{n+1}(i) = \max\limits_a V_{n+1}(i, a)$，其中$V_{n+1}(i, a) := r(i, a) + \beta \sum\limits_j p_{ij}(a)V_n(j)$。从而逐次逼近法可等价为如下另一种形式：

$$V_{n+1}(i, a) = r(i, a) + \beta\sum_j p_{ij}(a) \max_{a'} V_n(j, a') \tag{6.6}$$

根据 2.2.1 节给出的逐次逼近法的收敛性，可以证明$V_n(i, a)$收敛于$V_\beta(i, a)$。我们将逐次逼近法稍加改变，算法如下：

逐次逼近法(同步)　输入$V_0(i, a)=0$，$\forall i, a$，迭代次数为 N。

do $n=0$ to $N-1$

　按照式(6.6)计算$V_{n+1}(i, a)$，$\forall i, a$；

end

return $V_N(i, a)$，$\forall i, a$

以上算法称为同步算法，是因为每一步迭代要对所有的状态-决策对进行迭代计算。异步算法则是每一次只计算一对状态-决策。

逐次逼近法(异步)　输入$V_0(i, a)=0$，$\forall i, a$，初始状态$i_0\in S$，迭代次数为 N。

do $n=0$ to $N-1$

　选择决策$a_n=\arg\max\limits_{a\in A(i_n)} V_n(i_n, a)$

　按照式(6.6)计算$V_{n+1}(i_n, a_n)$，而$V_{n+1}(i, a)=V_n(i, a)$，$\forall (i, a)\neq(i_n, a_n)$；

　$i_{n+1}=\arg\max\limits_j p_{i_n j}(a_n)$，$n:=n+1$

end

return $V_N(i, a)$，$\forall i, a$

由于$V_n(i, a)$是$V_\beta(i, a)$的近似，在迭代中a_n是状态i_n处最优决策的一个近似。因此，异步算法中每一步只在当前状态确定其近似最优决策。

无论是同步算法还是异步算法，我们都假定已知系统的报酬函数与状态转移概率。那么如果系统不知道这二者，应如何估计$\{V_\beta(i, a), i\in S, a\in A(i)\}$的值？记$V_\beta(i, a)$的估计值是$\overline{V}_\beta(i, a)$，$i\in S$，$a\in A(i)$。

我们提出了算法框架，其思路如下：首先，在现实中，系统在某个阶段 n 处于状态i_n时，我们已经有了一个性能估计值$\{\overline{V}_\beta(i_n, a), a\in A(i_n)\}$，由此选择决策$a_n:=\arg\max\limits_{a\in A(i_n)}\overline{V}_\beta(i_n, a)$

为在状态i_n处性能最好的决策。系统在当前阶段实施决策a_n，获得报酬r_n，并在下一阶段转移到状态i_{n+1}。(注：获得的报酬r_n可能依赖于i_n，a_n，i_{n+1}的全部或部分。)

其次，这时我们获得了关于$\overline{V}_\beta(i_n, a_n)$的一个新的估计值$r_n+\beta\overline{V}_\beta(i_{n+1})=r_n+\beta\max_{a'}\overline{V}_\beta(i_{n+1}, a')$。按照式(6.4)，我们提出如下公式更新$(i_n, a_n)$的估计值$\overline{V}_\beta(i_n, a_n)$：

$$\overline{V}_\beta(i_n, a_n):=\overline{V}_\beta(i_n, a_n)+\alpha_n[r_n+\beta\max_{a'}\overline{V}_\beta(i_{n+1}, a')-\overline{V}_\beta(i_n, a_n)] \tag{6.7}$$

其中α_n是学习率。我们将式(6.7)重写为

$$\overline{V}_\beta(i_n, a_n)=(1-\alpha_n)\overline{V}_\beta(i_n, a_n)+\alpha_n[r_n+\beta\max_{a'}\overline{V}_\beta(i_{n+1}, a')]$$

第二式右边，第 1 项$\overline{V}_\beta(i_n, a_n)$表示在原有的估计值，中括号[]中的项表示最新的估计值(现在阶段获得的报酬以及未来能够获得的报酬)，所以α_n表示新的估值的权重，而$1-\alpha_n$表示原有估值的权重。这种对决策的价值进行评估的方法称为 Robbing-Monro 随机逼近法。

基于上式更新的算法，称为 Q-学习算法。这个算法，每次更新一个状态-决策对(i_n, a_n)。具体算法如下。

算法 6.1(强化学习-折扣准则)　赋初值$V_0(i, a)$，$\forall(i, a)$，如$V_0(i, a)=0$，$\forall(i, a)$；确定初始状态i_0，最大迭代次数为 N。

do $n=0$ to N

　　确定$a_n=\arg\max_a V_n(i_n, a)$(如果有多个 a 同时取到最大，则从中随机选择一个)

　　在(i_n, a_n)处进行仿真，产生(r_n, i_{n+1})

Update：

$$\delta_n=r_n+\beta\max_a V_n(i_{n+1}, a)-V_n(i_n, a_n)$$
$$V_{n+1}(i_n, a_n):=V_n(i_n, a_n)+\alpha_n(i_n, a_n)\delta_n$$
$$V_{n+1}(i, a):=V_n(i, a),\ \forall(i, a)\neq(i_n, a_n)$$

end

return $V_N(.,.)$

强化学习算法 6.1 实际上是折扣准则逐次逼近法的一个仿真版本：每次迭代只获知一个决策、一个阶段报酬、下阶段的状态。每一步只更新评价函数在一个状态-决策对上的值。

在如下条件下，强化学习算法 6.1 产生的评价值$V_n(i, a)$几乎处处收敛到折扣准则最优评价值$V_\beta(i, a)$(Olivier et al，2010)：

(1) 状态集 S 和决策集 $A(i)$都是有限的；

(2) 每一对(i, a)都会到达无穷多次；

(3) $\sum_n \alpha_n(i, a)=\infty$，$\sum_n \alpha_n^2(i, a)<\infty$；

(4) $\beta<1$，或者 $\beta=1$ 但存在吸收状态，而且在吸收状态处的报酬值恒为零。

强化学习算法 6.1 的思路是：开始时，给所有的状态-决策对赋予相同的值，如 $V(i, a)=0$，$\forall i, a$。当系统进入一个新的状态时，由于所有的状态-决策对均有相同的决策值，因此系统随机地选择一个决策。当系统不断地进入一个状态时，同一个状态处不同的决策就会有不同的值，学习机制会选择好的决策(决策值大的)。若系统是遍历的，则所有的状态将会

不断地重复到达。一个状态处好的决策会拥有更大的值，差的决策会拥有更小的值。直至找到最优的策略。

强化学习算法6.1可用图6.1来表示，它是一种算法，在其第 n 步迭代中，系统已知其所处的状态 $X_n=i$，以及已知的选择不同决策的强化函数(Reinforcement Function，也称为性能评价值)$V(i, a)$，$a\in A(i)$，系统选择使得性能最大 $\max\limits_{a\in A(i)} V(i, a)$ 的一个决策 $\Delta_n=a$，之后，系统会在下一个阶段(随机地)转移到一个新的状态 $X_{n+1}=j$，而在当前阶段获得一项报酬 $r(i, a, j)$。在新的状态下，系统将更新强化函数在刚刚发生的(i, a)处的值，以及更新系统的当前状态为 j。

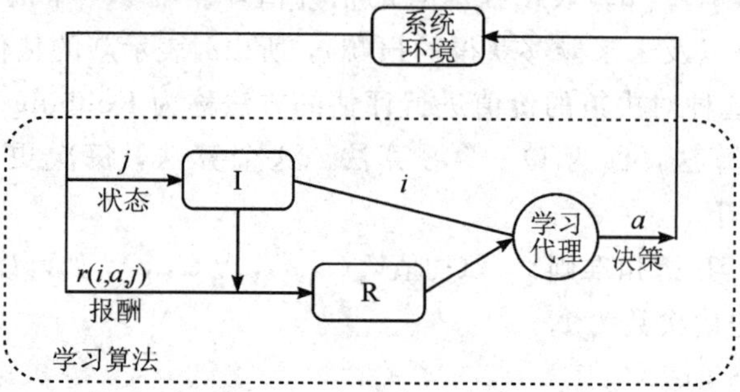

图 6.1 强化学习算法框架

在图6.1中，“学习代理”基于当下状态信息 i，以及性能评价函数，选择决策 a，系统环境确定系统下一阶段的状态 j，以及当下能够获得的报酬 $r(i, a, j)$。“学习代理”根据这些信息来更新其性能评价函数。

6.1.3 TD(λ)

在上面的算法6.1中，每一步只仿真一次，因此收敛速度比较慢。一种改进的方法是每步仿真多次，这就是本小节讨论的TD(λ)算法。

记 $\lambda\in[0, 1]$，TD(λ)算法基于如下的迭代公式：

$$\overline{V}_\beta(f, i_n) := \overline{V}_\beta(f, i_n) + \alpha(i_n)\sum_{m=n}^{N-1}\lambda^{m-n}\delta_m,\ n=0, 1, \cdots, N-1 \tag{6.8}$$

为理解上式，我们将之重写为

$$\overline{V}_\beta(f, i_n) := \overline{V}_\beta(f, i_n) + \alpha(i_n)[z_n^\lambda - \overline{V}_\beta(f, i_n)]$$

其中：

$$\begin{aligned}
z_n^\lambda &= \overline{V}_\beta(f, i_n) + \sum_{m=n}^{N-1}\lambda^{m-n}\delta_m = \overline{V}_\beta(f, i_n) + \delta_n + \lambda\sum_{m=n+1}^{N-1}\lambda^{m-n}\delta_m \\
&= \overline{V}_\beta(f, i_n) + \delta_n + \lambda[z_{n+1}^\lambda - \overline{V}_\beta(f, i_{n+1})] \\
&= \overline{V}_\beta(f, i_n) + r_n + \beta\overline{V}_\beta(f, i_{n+1}) - \overline{V}_\beta(f, i_n) + \lambda[z_{n+1}^\lambda - \overline{V}_\beta(f, i_{n+1})] \\
&= r_n + [\lambda z_{n+1}^\lambda + (\beta-\lambda)\overline{V}_\beta(f, i_{n+1})]
\end{aligned}$$

当 $\lambda=0$ 时，上式等价于只利用一步仿真，这就是TD(0)。当 $\lambda=1$ 时，式(6.8)可写为

$$\overline{V}_{\beta}(f, i_n) := \overline{V}_{\beta}(f, i_n) + \alpha(i_n) \sum_{m=n}^{N-1} \delta_m, \ n = 0, 1, \cdots, N-1 \tag{6.9}$$

式(6.9)被称为 Monte Carlo 法。

算法 6.1 基于时序差分误差来改进估计值，见式(6.4)，也可以基于式(6.8)来改进，相应的强化学习算法请读者自行给出。

6.2　强化学习：平均准则

与上一节类似，本节从平均准则角度出发，先给定一个策略 f，根据现实发生的数据（报酬、状态转移）来估计其平均准则值；其次，根据现实的数据，提出得到平均准则最优策略的强化学习的算法（Tapas, et al, 1999）。

6.2.1　平均准则函数值的估计

这里介绍在给定一个策略的前提下，如何计算其平均准则函数值。假设一直使用策略 f，即只要到达状态 i 则采取决策 $f(i)$；假设 0 时的状态是 i_0，依次得到的报酬是 r_0，r_1，r_2，…，r_N，则得到策略 f 下从状态 i_0 出发的平均目标函数值 $V(f, i_0)$ 的一个近似值：

$$V_N(f, i_0) = \frac{1}{N+1}(r_0 + r_1 + \cdots + r_N)$$

若在 $N+1$ 时又得到了报酬 r_{N+1}，则得到 $V(f, i_0)$ 的一个新的近似值：

$$V_{N+1}(f, i_0) = \frac{1}{N+2}(r_0 + r_1 + \cdots + r_{N+1})$$

我们没有必要每次都重复计算，也没有必要把所有的历史数据都保存。由 V_N 计算 V_{N+1} 的递推公式如下：

$$V_{N+1}(f, i) = V_N(f, i) + \frac{1}{N+2}[r_{N+1} - V_N(f, i)], \ \forall i, N$$

为计算 $V_{N+1}(f, i)$，只需 N 和 $V_N(f, i)$ 即可。类似于折扣准则，我们也可以将上式中的 $1/(N+2)$ 改为 α_N：

$$V_{N+1}(f, i) = V_N(f, i) + \alpha_N[r_{N+1} - V_N(f, i)], \ \forall i, N \tag{6.10}$$

式(6.10)与式(6.4)是类似的。原有估计值 $V_N(f, i)$ 在新的报酬 r_{N+1} 项下的估计误差为 $r_{N+1} - V_N(f, i)$（注意，平均准则是平均每阶段的报酬），将此误差加到原估计值上。当式(6.10)中的 α_N 是正值、趋于零时，可以证明有 $\lim_{n\to\infty} V_N(f, i) = V(f, i)$，$i \in S$。

上面只考虑了在初始状态 i_0 处的平均准则值，但实际上，除了知道各阶段获得的报酬 $\{r_0, r_1, r_2, \cdots, r_N\}$ 之外，还知道各阶段的状态 $\{i_0, i_1, \cdots, i_N\}$，因此我们可以得到各个状态处的平均报酬值的估计值：

$$V(f, i_n) = \frac{1}{N+1-n}(r_n + r_{n+1} + \cdots + r_N), \ n = 0, 1, \cdots, N$$

更一般地，与式(6.10)类似，上式可改写为

$$V(f, i_n) := V(f, i_n) + \alpha(i_n)[r_n - V(f, i_n)], \ n = 0, 1, 2, \cdots, N$$

其中 $\alpha(i_n)$ 是正的学习系数。

6.2.2 平均准则的强化学习算法

与折扣准则中一样，我们也是基于 MDP 平均准则的逐次逼近法来提出强化学习算法的。MDP 平均准则最优方程写为①

$$h(i)=\max_{a\in A(i)}\left\{r(i,a)-\rho+\sum_j p_{ij}(a)h(j)\right\},\ i\in S$$

我们在第 3 章中讨论了平均准则的逐次逼近法，该方法实际上是一类同步(Synchronous)算法(每一步迭代需对所有的状态进行计算，即遍历所有的状态)，算法步骤如下：

(1) 选择有界向量v^0，任取状态$i^*\in S$，取 $\varepsilon>0$，令 $m=0$。

(2) 对每个状态 $i\in S$，计算

$$v^{m+1}(i)=\max_{a\in A(i)}\left\{r(i,a)+\sum_j p_{ij}(a)v^m(j)\right\}-v^m(i^*)$$

记$f^*(i)$为取到上式右边最大值的 a。

(3) 若 $sp(v^{m+1}-v^m)<\varepsilon$，则转步骤(4)；否则，令 $m:=m+1$，转步骤(2)。这里 $sp(v)=\max_i v(i)-\min_i v(i)$。

(4) 输出 ε-最优策略f^*。停止。

以上算法是同步的，因为每一次迭代都要对所有的状态计算$v^{m+1}(i)$(步骤(2))。与此相反，异步(Asynchronous)算法在每一次迭代中只计算一个状态，算法步骤如下：

(1) 与同步算法的步骤 1 相同，即：选择有界向量v^0，任取决策函数f^*、状态$i^*\in S$、初始状态$i_0\in S$，取 $\varepsilon>0$，令 $m=0$。

(2) 计算

$$v^{m+1}(i_m)=\max_{a\in A(i_m)}\left\{r(i_m,a)-v^m(i^*)+\sum_j p_{i_mj}(a)v^m(j)\right\}$$

重新定义$f^*(i_m)$为取到上式中最优值的 a。

(3) v^{m+1} 在其他状态处的值保持不变，即 $v^{m+1}(j)=v^m(j)$，$\forall j\neq i_m$。取$i_{m+1}=\arg\max_j p_{i_mj}(a_m)$。

(4) 与同步算法的步骤(3)与步骤(4)相同。

异步算法很可能不收敛，可以用下式来替换异步算法步骤(2)中的计算：

$$v^{m+1}(i_m)=(1-\alpha_m)v^m(i_m)+\alpha_m\max_{a\in A(i_m)}\left\{r(i_m,a)-v^m(i^*)+\sum_j p_{i_mj}(a)v^m(j)\right\}$$

显然，上式与式(6.4)类似。

与折扣准则类似，可进一步改造上面的异步算法，引入性能函数 $V(i,a)$，使其适合于无模型的情况，请读者自行完成(见习题 3)。

下面我们考虑另一种方法：改写平均准则最优方程。定义

$$V(i,a)=r(i,a)-\rho+\sum_j p_{ij}(a)h(j)\ (i\in S,\ a\in A(i))$$

为最优方程右边括号中的项，则平均准则最优方程可写为 $h(i)=\max_{a\in A(i)}V(i,a)$。因此，

① 假定本节只考虑平均准则最优方程成立时的情形。具体的条件请见第 3 章。

$V(i, a)$又可重写为

$$V(i, a) = r(i, a) - \rho + \sum_j p_{ij}(a) \max_{b \in A(j)} V(j, b), \ i \in S, \ a \in A(i)$$

假定在 m 时，系统有性能评价$\{V_{\text{old}}(i, a), i, a\}$，处于状态 i，采取决策 a 之后，系统转移到状态 j 并获得报酬r_m，则按照下式更新性能评价：

$$V_{\text{new}}(i, a) = (1-\alpha_m) V_{\text{old}}(i, a) + \alpha_m [r_m - \rho_m + \max_{b \in A(j)} V_{\text{old}}(j, b)] \tag{6.11}$$

其中α_m是第 m 步的学习率(α_m 也可以与转移次数 m 无关)，ρ_m是至今(第 m 步)为止的平均报酬，定义为

$$\rho_m = \frac{1}{m+1} \sum_{n=0}^{m} r_n \tag{6.12}$$

下面给出算法的详细迭代步骤(Tapas et al，1999)，其中阶段 m 时的学习率α_m以及微出轨率p_m随时间增加而变小并趋于零，可以按照如下的 DCM 法选取：

$$\alpha_m = \frac{\alpha_0}{1 + \frac{m^2}{\alpha_\tau + m}}, \ p_m = \frac{p_0}{1 + \frac{m^2}{p_\tau + m}}$$

它们分别有两个参数α_0，α_τ以及p_0，p_τ。

算法 6.2(平均准则强化学习算法)

(1) 取 $m=0$，初始化值$V_{\text{old}}(i, a) = V_{\text{new}}(i, a) = 0$，$\forall i, a$，$c_{\text{new}}=0$，$\rho_{\text{new}}=0$，输入初始参数值$\alpha_0$，$\alpha_\tau$，$p_0$，$p_\tau$；初始状态$i_0$；最大迭代次数 N。

(2) 当 $m<N$ 时，设系统在第 m 步的状态是$i_m \in S$。

① 利用 DCM 法计算p_m，α_m。

② 仿真以选择决策a_m：以概率 $1-p_m$ 选择决策$a_m^1 := \arg \max_{a \in A(i_m)} V_{\text{new}}(i_m, a)$，以概率$p_m$从决策集$A(i_m) - \{a_m\}$中随机地选择一个，记为$a_m^2$(称之为 Exploratory，即微出轨)。

③ 模拟或者等待系统的演化。设系统转移后的状态为i_{m+1}，获得报酬r_m。

④ 根据公式(6.11)计算$V_{\text{new}}(i_m, a_m)$。

⑤ 在②中若选择决策$a_m = a_m^1$，则更新

总报酬 $c_{\text{new}} := c_{\text{new}} + r_m$

平均值 $\rho_{\text{new}} := c_{\text{new}}/(m+1)$。

⑥ 令$V_{\text{old}}(i_m, a_m) := V_{\text{new}}(i_m, a_m)$。

⑦ 令 $m := m+10$

(3) 输出$V_{\text{new}}(i, a)$，$\forall i, a$。

与折扣准则的强化学习算法中稍有不同的，是步骤②中的“微出轨”，即以一个大的概率 $1-p_m$选择当下的最优决策a_m^1(基于当下的评价函数$V_{\text{new}}(i_m, a)$)，这代表的是一种“理性”，即总是采取最优决策；但以一个小的概率p_m(通常小于 0.05)偏离理性的轨道，随意选择一个其他的非“最优”的决策。微出轨是人工智能算法中常用的一个技巧。

本节与上节中给出的强化学习算法都是基于逐次逼近法的，那么是否有基于策略迭代法的强化学习算法呢？答案是肯定的。读者可以方便地把它写出来，其思路是将传统的策略迭代法改写为异步的，再变为无模型的(根据样本历史计算)。

6.3 近似算法

现实中的很多动态决策问题，其状态集是无限集，或者是区间或者多维空间。例如1.4.1节中讨论的期权执行问题，其状态集是非负实数。所以我们需要通过有限的计算来近似无限的状态集。这就是MDP的近似计算问题(Olivier et al, 2010)，本节只介绍其中最基本的概念。

设有MDP，其状态集S无限，其元素用$s\in S$表示，决策集$A(s)$有限，报酬函数为$r(s, a)$，状态转移概率为$p(s'|s, a)$。给定S上的函数V，我们在第2章中定义过函数TV如下[①]：

$$TV(s):=\max_{a\in A(s)}\left\{r(s, a)+\beta\sum_{s'\in S}p(s'\mid s, a)V(s')\right\},\ s\in S$$

称T是Bellman算子。由于决策集有限，因此存在取到TV中最大值的策略，称之为相对于V的最优策略：

$$f(s)\in\arg\max_{a\in A(s)}\left\{r(s, a)+\beta\sum_{s'\in S}p(s'\mid s, a)V(s')\right\},\ s\in S$$

利用T_fV，上式可写为$T_fV=TV$。

我们在研究最优值的近似计算问题时会考虑这样的问题：如果V是最优值函数V_β的一个近似值，那么如上定义的相对于V的最优策略f与最优策略相差多少，也即f的折扣准则值与最优值相差多少？这是如下命题。

命题6.1　设f是相对于V的最优策略，则策略f的折扣值函数$V_\beta(f)$与最优值函数V_β的差距有上界：

$$\|V_\beta(f)-V_\beta\|\leqslant\frac{2\beta}{1-\beta}\|V-V_\beta\|$$

证明　证明思路与2.2.1节中讨论逐次逼近法的定理2.4类似。实际上，注意到$V_\beta(f)$，V_β分别是T_f，T的不动点：$T_fV_\beta(f)=V_\beta(f)$，$V_\beta=TV_\beta$，以及T_f，T的压缩性。

$$\|T_fV_1-T_fV_2\|\leqslant\beta\|V_1-V_2\|,\ \|TV_1-TV_2\|\leqslant\beta\|V_1-V_2\|$$

我们有

$$\begin{aligned}\|V_\beta(f)-V_\beta\|&=\|T_fV_\beta(f)-TV_\beta\|\quad\text{(不动点)}\\&\leqslant\|T_fV_\beta(f)-T_fV\|+\|T_fV-TV_\beta\|\quad\text{(三角不等式)}\\&\leqslant\beta\|V_\beta(f)-V\|+\|TV-TV_\beta\|\quad\text{(压缩性)}\end{aligned}$$

对上式右边的第一项用三角不等式、第二项用压缩性，得到

$$\|V_\beta(f)-V_\beta\|\leqslant\beta(\|V_\beta(f)-V_\beta\|+\|V_\beta-V\|)+\beta\|V-V_\beta\|$$

由此即证得命题。

有了以上命题，下面我们考虑如何求得最优值函数V_β的近似值。下面两小节分别基于第2章中的逐次逼近法与策略迭代法。也就是说，我们通过改造第2章中的逐次逼近法与

---

① 假定状态集S是可数无限集，因此状态转移概率可写为$p(s'\mid s, a)$。对于非可数无限集，如区间，那么$p(s'\mid s, a)$表示状态转移概率密度函数，式中的$\sum_{s'\in S}p(s'\mid s, a)V(s')$需要改为$\int_S p(s'\mid s, a)V(s')\mathrm{d}s'$。此时，本节所有结论依然成立。

策略迭代法，来获得计算状态集无限时的近似算法。

6.3.1 近似逐次逼近法

当状态集无限时，值迭代法中要计算的$\boldsymbol{V}_\beta$，$\boldsymbol{V}_\beta(f)$是无限维向量(当 S 为可数无限集时)或者是函数(当 S 是区间时)，但计算机只能够进行有限的计算，因此，我们用有限维向量来近似值迭代法中的$V_\beta(f)$，V_β。这里有限维的函数往往是一个特定的类型，记 $\mathcal{F}$ 表示某个有限维函数集(也称为空间)。

那么，$\mathcal{F}$如何定义呢？一般地，如果 S 是可数无限，如取 $S=\{0, 1, 2, \cdots\}$，则根据问题的含义，可取状态上限 N，只计算 $S'=\{0, 1, 2, \cdots, N\}$上的值，也即取 $\mathcal{F}$ 为 $N+1$ 维向量的集。如果 S 为区间，例如$[0, 1]$，则将之等分，如取 $\delta=0.01$，将区间分为 100 个小区间$[k\delta, (k+1)\delta)$，$k=0, 1, 2, \cdots, 99$，用 $k\delta$ 代表第 k 个区间。更具体的讨论，可参考《计算方法》方面的书籍。

近似逐次逼近法(Approximate Value Iteration，AVI)就是将 2.2.1 节的值迭代法进行改造，以适合于状态集无限的情形。其思路如下。

设已经得到第 n 步迭代的近似值$V_n\in\mathcal{F}$，则迭代如下：

$$V_{n+1}=\mathcal{A}TV_n \tag{6.13}$$

上式中的迭代包含两步。

第一步是计算 TV_n，其中 T 是 Bellman 算子，它的定义域是 S 上的函数，但这里V_n是有限维的。根据 $\mathcal{F}$的定义来计算 TV_n。例如，在状态可数时：

$$TV_n(s)=\max_a\{r(s, a)+\beta\sum_{s'=0}^{N}p(s'\mid s, a)V_n(s')\}, \ s\leqslant N$$

状态集为 $S=[0, 1]$时，转移概率函数为

$$F(s'\mid s, a):=\int_0^{s'}p(s'\mid s, a)\mathrm{d}s'$$

则

$$TV_n(s)=\max_a\Big\{r(s, a)+\beta\sum_{k=0}^{99}[F((k+1)\delta\mid s, a)-F(k\delta\mid s, a)]V_n(k\delta)\Big\}, \ k\leqslant 100$$

第二步是计算 $\mathcal{A}TV_n$，其中 $\mathcal{A}$ 是将一个 S 上的函数投影到 $\mathcal{F}$ 的近似算子。例如，对任一函数 V，定义

$$\|\mathcal{A}V-V\|=\inf_{V'\in\mathcal{F}}\|V'-V\|$$

上式的关键是如何选择范数 $\|\cdot\|$。范数的定义中，最常见的是绝对值的上确界：$\|S\|=\sup_{s\in S}|V(s)|$。选择 $\mathcal{F}$ 的一种方法是基于样本的监督学习算法(Sample-based Implementation and Supervised Learning)。在第 n 步，按照状态集上的某个分布函数 μ 随机生成K 个状态$\{s_k, k=1, 2, \cdots, K\}$，计算 TV_n在这 K 个状态处的值$\{v_k:=TV_n(s_k), k=1, 2, \cdots, K\}$。然后对数据$\{(s_k, v_k), k=1, 2\cdots, K\}$运用监督学习算法(周志华，2016)，得到函数$V_{n+1}\in\mathcal{F}$：

$$V_{n+1}=\underset{V\in F}{\operatorname{argmin}}\frac{1}{K}\sum_{k=1}^{K}(V(s_k)-v_k)^2 \tag{6.14}$$

下面讨论 AVI 算法(6.13)的收敛性。一般地，这个算法是不收敛的，因为最优值函数不一定在 $\mathcal{F}$ 中，而且即使在 $\mathcal{F}$ 中 V_n 也可能是振荡的。

首先，我们有如下的结论。

命题 6.2 记 f_n 是相对于 V_n 的最优策略，则

$$\limsup_{n\to\infty} \| V_\beta - V_\beta(f_n) \| \leqslant \frac{2\beta}{(1-\beta)^2} \limsup_{n\to\infty} \| TV_n - V_{n+1} \| \tag{6.15}$$

证明 将命题 6.1 用于 V_n，有

$$\| V_\beta(f_n) - V_\beta \| \leqslant \frac{2\beta}{1-\beta} \| V_n - V_\beta \|$$

进而，有

$$\begin{aligned} \| V_\beta - V_{n+1} \| &\leqslant \| TV_\beta - TV_n \| + \| TV_n - V_{n+1} \| \\ &\leqslant \beta \| V_\beta - V_n \| + \| TV_n - V_{n+1} \| \end{aligned}$$

在上式中取上极限 lim sup，得到

$$\limsup_{n\to\infty} \| V_\beta - V_n \| \leqslant \frac{1}{1-\beta} \limsup_{n\to\infty} \| TV_n - V_{n+1} \|$$

由此与证明的第一个式子，得到命题。

以上命题给出了 AVI 算法得到的策略 f_n 与最优策略相比的一个上界估计值。那么，如何求 $\limsup_{n\to\infty} \| TV_n - V_{n+1} \|$ 的值呢？一个办法是观察算法计算得到的 $TV_n - V_{n+1}$ 的变化趋势，看其是否有收敛的迹象，或者估计它的上界值。

6.3.2 近似策略迭代法

近似策略迭代法(Approximate Policy Iteration，API)是基于 2.2.2 节中讨论的策略迭代法的。与 AVI 类似，API 的每一步迭代也分为如下两步：

第一步是近似策略评价(Approximate Policy Evaluation)。对策略 f_n，产生 $V_\beta(f_n)$ 的近似 V_n；

第二步是策略改进(Policy Improvement)。计算相对于 V_n 的最优策略 f_{n+1}：

$$f_{n+1}(s) \in \arg\max_{a\in A(s)} \left\{ r(s, a) + \beta \sum_{s'} p(s' \mid s, a) V_n(s') \right\},\ s \in S$$

我们有如下的上界估计。

命题 6.3 对 API 算法，有

$$\limsup_{n\to\infty} \| V_\beta - V_\beta(f_n) \| \leqslant \frac{2\beta}{(1-\beta)^2} \limsup_{n\to\infty} \| V_n - V_\beta(f_n) \| \tag{6.16}$$

证明 首先，记 $e_n := V_n - V_\beta(f_n)$ 表示用 V_n 逼近 $V_\beta(f_n)$ 的误差，用 $g_n := V_\beta(f_{n+1}) - V_\beta(f_n)$ 表示一步迭代在策略上的改进程度，$l_n := V_\beta - V_\beta(f_n)$ 表示策略 f_n 近似最优策略的性能误差。

如果逼近误差 e_n 比较小，那么下一步迭代得到的策略与当下 n 时的策略相比，不会太差。实际上，有

$$\begin{aligned} g_n &= V_\beta(f_{n+1}) - V_\beta(f_n) = T_{f_{n+1}} V_\beta(f_{n+1}) - T_{f_n} V_\beta(f_n) \\ &= [T_{f_{n+1}} V_\beta(f_{n+1}) - T_{f_{n+1}} V_\beta(f_n)] + [T_{f_{n+1}} V_\beta(f_n) - T_{f_{n+1}} V_n] + \\ &\quad [T_{f_{n+1}} V_n - T_{f_n} V_n] + [T_{f_n} V_n - T_{f_n} V_\beta(f_n)] \end{aligned}$$

由算子$T_{f_{n+1}}$的定义知上式右边第一项$T_{f_{n+1}} V_\beta(f_{n+1}) - T_{f_{n+1}} V_\beta(f_n) = \beta P(f_{n+1}) g_n$，第二项$T_{f_{n+1}} V_\beta(f_n) - T_{f_{n+1}} V_n = -\beta P(f_{n+1}) e_n$；由$f_{n+1}$的定义知第三项$T_{f_{n+1}} V_n - T_{f_n} V_n = TV_n - T_{f_n} V_n \geqslant 0$；由算子$T_{f_n}$的定义知最后项$T_{f_n} V_n - T_{f_n} V_\beta(f_n) = \beta P(f_n) e_n$。因此，有

$$g_n \geqslant \beta P(f_{n+1}) g_n - \beta[P(f_{n+1}) - P(f_n)] e_n$$

将上式右边项$\beta P(f_{n+1}) g_n$移到右边去，两边乘以$I - \beta P(f_{n+1})$的逆矩阵，得到

$$g_n \geqslant -\beta[I - \beta P(f_{n+1})]^{-1} [P(f_{n+1}) - P(f_n)] e_n \tag{6.17}$$

记f^*为最优平稳策略，则$T_{f^*} V_\beta = TV_\beta$。由于$T_{f^*} V_n \leqslant TV_n = T_{f_{n+1}} V_n$，因此有

$$\begin{aligned} l_{n+1} &= V_\beta - V_\beta(f_{n+1}) = T_{f^*} V_\beta - T_{f_{n+1}} V_\beta(f_{n+1}) \\ &= [T_{f^*} V_\beta - T_{f^*} V_\beta(f_n)] + [T_{f^*} V_\beta(f_n) - T_{f^*} V_n] + [T_{f^*} V_n - T_{f_{n+1}} V_n] + \\ &\quad [T_{f_{n+1}} V_n - T_{f_{n+1}} V_\beta(f_n)] + [T_{f_{n+1}} V_\beta(f_n) - T_{f_{n+1}} V_\beta(f_{n+1})] \\ &\leqslant \beta P(f^*) l_n - \beta P(f^*) e_n + 0 + \beta P(f_{n+1}) e_n - \beta P(f_{n+1}) g_n \\ &\leqslant \beta\{P(f^*) l_n - P(f_{n+1}) g_n + [P(f_{n+1}) - P(f^*)] e_n\} \end{aligned}$$

上式用l_n来表示l_{n+1}。进而，由式(6.17)可得

$$\begin{aligned} l_{n+1} &\leqslant \beta P(f^*) l_n + \beta\{\beta P(f_{n+1})[I - \beta P(f_{n+1})]^{-1}[P(f_{n+1}) - P(f_n)] + [P(f_{n+1}) - P(f^*)]\} e_n \\ &= \beta P(f^*) l_n + \beta\{P(f_{n+1})[I - \beta P(f_{n+1})]^{-1}[I - \beta P(f_n)] - P(f^*)\} e_n \\ &= \beta P(f^*) l_n + h_n \end{aligned}$$

其中，记$h_n := \beta\{P(f_{n+1})[I - \beta P(f_{n+1})]^{-1}[I - \beta P(f_n)] - P(f^*)\} e_n$。

在上式中取上极限，得到

$$[I - \beta P(f^*)] \limsup_{n \to \infty} l_n \leqslant \limsup_{n \to \infty} h_n$$

因此

$$\limsup_{n \to \infty} l_n \leqslant [I - \beta P(f^*)]^{-1} \limsup_{n \to \infty} h_n$$

由于l_n的每个分量都是非负的，于是

$$\begin{aligned} \limsup_{n \to \infty} \| l_n \| &\leqslant \frac{\beta}{1-\beta} \limsup_{n \to \infty} \| P(f_{n+1})[I - \beta P(f_{n+1})]^{-1}[I + \beta P(f_n)] + P(f^*) \| \cdot \| e_n \| \\ &\leqslant \frac{\beta}{1-\beta}\left(\frac{1+\beta}{1-\beta} + 1\right) \limsup_{n \to \infty} \| e_n \| \\ &= \frac{2\beta}{(1-\beta)^2} \limsup_{n \to \infty} \| e_n \| \end{aligned}$$

这就证明了命题。

现在讨论对给定的策略f，如何近似其折扣准则值$V_\beta(f)$。由于f满足方程$V = T_f V := r(f) + \beta P(f) V$，因此可采用如下方法：

(1) 迭代法。与 AVI 算法类似，可将算子T_f与$\mathcal{A}$结合起来，得到迭代算法：

$$V_{n+1} = \mathcal{A} T_f V_n,\ n \geqslant 0$$

由此得到与命题 6.2 类似的结论。

(2) 线性方程组法。由于$V_\beta(f)$是线性方程组$(I - \beta P(f))V = r(f)$的唯一解，通常求解

线性方程组近似解的方法都可以采用。但这些方法的不足是状态数太大。

(3) Monte Carlo(MC)法。该方法的步骤如下：

① 按照状态集 S 上的某个分布函数 μ，仿真出 K 个状态 $\{s_k, k=1, 2, \cdots, K\}$。

② 对每个 $k=1, \cdots, K$，进行多次仿真，取其平均值，就可以得到 $V_\beta(f, s_k)$ 的无偏估计值 v_k。

③ 求解如下最小二乘问题，得到 $\mathcal{F}$ 中的函数 V：

$$V = \arg\min_{V \in F} \frac{1}{K} \sum_{k=1}^{K} [V(s_k) - v_k]^2$$

习　题

1. 给出如下问题的近似计算。某个问题的有限阶段问题的最优方程为

$$V_{n+1}(x) = \min_{y \geqslant x,\, m < y} \{K\chi(y > x) + cy + G_\alpha(m, y) + E\mathrm{e}^{-\alpha(y-m)/D} V_n(m)\} - cx, \quad n \geqslant 0$$

边界条件为 $V_0(x)=0$。其中：

$$G_\alpha(m, y) = \begin{cases} h\dfrac{1}{\alpha^2}(\alpha y - D) + (h+p)\dfrac{D}{\alpha^2}\mathrm{e}^{-\frac{\alpha y}{D}} + p\dfrac{\alpha m - D}{\alpha^2}\mathrm{e}^{-\frac{\alpha(y-m)}{D}}, & y \geqslant 0 \geqslant m \\ h\dfrac{1}{\alpha^2}(\alpha y - D) - h\dfrac{1}{\alpha^2}(\alpha m - D)\mathrm{e}^{-\frac{\alpha(y-m)}{D}}, & y > m \geqslant 0 \end{cases}$$

2. 算法 6.2 中能否、如何去掉 $V_{\text{old}}(i, a)$?

3. 对平均准则逐次逼近(同步、异步)算法，引入性能函数 $V(i, a)$，使其适合于无模型的情况，请写出算法。

4. 将算法 6.2 中的微出轨用于折扣准则的强化学习算法中，试写出该算法。

参 考 文 献

周志华. 2016. 机器学习. 北京：清华大学出版社.

OLIVIER S, OLIVIER B. 2010. Markov Decision Processes in Artificial Intelligence, Great Britain and the United States by ISTE Ltd and John Wiley & Sons, Inc.

TAPAS K D, ABHIJIT G, SRIDHAR M, et al. 1999. Solving semi-Markov decision problems using average reward reinforcement learning. Management Science, 45(4): 560 - 574.

应 用 篇

第7章　库 存 管 理

本章我们讨论随机库存管理问题。这里的随机主要是指各周期的需求是随机的。我们先假定各周期的需求是互相独立的，分别讨论有限阶段、无限阶段的问题；然后假定每周期的需求依赖于当期的零售价，讨论零售价需要确定(称为定价)时的问题(称之为库存与定价的联合决策问题)。

库存管理问题中有四类费用：固定订购费，单位货物的进货价，产品存贮费及缺货损失费。库存管理问题的产生是因为这四类费用不可能同时低：如果订购量大，那么平均来看，固定订购费、缺货损失费就低，而存贮费就高了；反之，如果订购量小，那么固定订购费、缺货损失费就变高了，而存贮费会变低。所以，库存管理问题就是这几类费用间的一个折中。

本章不考虑固定订购费用，即假定它为零。对于非零的情形，有兴趣的读者可参考文献(Porteus，2002)。

7.1　多周期随机库存管理问题

基于经典的报童问题，讨论的是具有随机需求的单个产品(如时装、中秋节的月饼等产品)在单周期内的库存管理问题。我们把产品需求用随机变量 D 表示，假定其分布函数为 $F(x)$，密度函数为 $f(x)$。单位货物的进价为 c、缺货费为c_p、存贮费为c_h(也可解释为多余物品的处理费)。

为简单起见，我们主要考虑需求分布为连续型时的情况。对于离散型需求分布的讨论可采用类似的方法。

若订购量为 Q，则期望费用为

$$\begin{aligned}C(Q) &= cQ + c_h E(Q-D)^+ + c_p E(D-Q)^+ \\ &= cQ + c_h\int_0^Q (Q-z)\mathrm{d}F(z) + c_p\int_Q^\infty (z-q)\mathrm{d}F(z)\end{aligned}$$

易知 $C(Q)$是凸函数，从而求其导数，并令其等于零，获知最优订购量Q^* 满足下式：

$$F(Q^*)=\frac{c_p-c}{c_p+c_h} \tag{7.1}$$

7.1.1　多周期库存管理问题

本小节将讨论一个典型的多周期库存管理问题。管理者周期性检查库存量，即在时刻 $t=t_0$，$2t_0$，$3t_0$，…检查库存量，其中t_0是某一个固定的时段长度，并确定是否订购以及如果订购则需订购多少。在周期 n(即时段$[nt_0$，$(n+1)t_0)$)中，库存管理系统的活动依次包括下述四个：

(1) 在周期初，检查系统的库存量x_n。

(2) 管理者需要确定是否订购，以及订购时的订购量，这可统一用订购量 q_n 表示。当 $q_n=0$时表示不订购。假定所订购的产品立即到达。

(3) 该周期的产品到达，它是一个随机变量D_n，设其分布函数为F_n。

(4) 订购的物品到达，并满足需求：若有多余，则多余部分作为库存留给后续周期使用；否则，缺货部分的需求等待，直到有货时再交付。

系统库存量的动态变化情况为：$x_{n+1}=x_n+q_n-D_n$，若它为正，则表明上一周期有多余的物品留到周期 $n+1$；否则，表明上一周期缺货，缺货的量为$-x_{n+1}$。

系统在周期 n 中所包括的费用如下：

(1) 订购所需的费用只包括可变订购费用，即与订购量多少有关的费用。假定它是线性的：若订购量为 q，则订购费用为c_nq（这里c_n相当于货物的单位进价）。

(2) 系统订购的物品到达后，其库存量为期初的库存量x_n与订购量q_n的和x_n+q_n。若系统在满足顾客的需求外还有剩余(即$x_n+q_n\geqslant D_n$)，则剩余部分(即$z_n=x_n+q_n-D_n$)在当前周期需要支付存贮费，费用的大小依赖于当前的剩余库存量z_n，记为$G_{h,n}(z_n)$；若系统不能满足顾客的需求(即$x_n+q_n<D_n$)，假定缺货的顾客等待直到下一次订购能满足为止，但缺货部分(其量为$-z_n:=D_n-[x_n+q_n]$)需要支付一个依赖于缺货量$-z_n$的损失费，记为$G_{p,n}(-z_n)$（注：在线性费用的情况下，有常数$c_{h,n}$使得$G_{h,n}(z)=c_{h,n}z$，$G_{p,n}(z)=c_{p,n}z$，$z\geqslant 0$)。显然，二者只发生一个，当$z_n\geqslant 0$ 时要支付存贮费，而当$z_n\leqslant 0$ 时要支付缺货费。一般地，我们有$G_{h,n}(0)=G_{p,n}(0)=0$。

注意到x_n，q_n通过它们的和x_n+q_n起作用(影响下周期初的库存量以及本周期的费用)，我们记$y_n=x_n+q_n$，它表示周期 n 中订购的物品到达后的库存量，可等价表示为将库存量从x_n升至y_n。显然，在给定x_n的条件下，q_n与y_n是等价的，从而也可将y_n看作为决策变量。

这是一个典型的 MDP 问题。状态 x 表示周期初的库存量，其集为 $S=(-\infty,+\infty)$；决策定义为每周期订购后的库存量，从而状态为 x 时的决策集为 $A(x)=[x,+\infty)$；而当周期的状态为 x 时，订购至水平 y 的一周期的期望总费用为

$$
\begin{aligned}
r_n(x,y)&=c_n(y-x)+EG_{h,n}((y-D)^+)+EG_{p,n}((y-D)^-)\\
&=c_n(y-x)+\int_0^y G_{h,n}(y-t)\mathrm{d}F_n(t)+\int_y^{+\infty} G_{p,n}(t-y)\mathrm{d}F_n(t)\\
&=J_n(y)-cx
\end{aligned}
$$

其中

$$
\begin{aligned}
J_n(y)&=c_ny+G_n(y)\\
G_n(y)&=EG_{h,n}((y-D)^+)+EG_{p,n}((y-D)^-)\\
&=\int_0^y G_{h,n}(y-t)\mathrm{d}F_n(t)+\int_y^{+\infty} G_{p,n}(t-y)\mathrm{d}F_n(t)
\end{aligned}
$$

$G_n(y)$表示当订购后的库存量达到 y 时此周期的期望库存与缺货费之和。

对于线性费用的情况，可算得

$$
\begin{aligned}
G_n(y)&=\int_0^y c_{h,n}(y-t)\mathrm{d}F_n(t)+\int_y^{+\infty} c_{p,n}(t-y)\mathrm{d}F_n(t)\\
&=c_{p,n}[ED_n-y]+(c_{p,n}+c_{h,n})\left[yF_n(y)-\int_0^y t\mathrm{d}F_n(t)\right],\ y\geqslant 0 \qquad (7.2)
\end{aligned}
$$

为了用 MDP 来建立以上库存管理问题的模型，需要保证状态转移$x_{n+1}=x_n+q_n-D_n$

满足马尔可夫性质，为此我们要假定以下条件成立。

条件 7.1 各周期的需求D_n相互独立，且对任一 n，D_n的分布函数F_n是连续型的，具有密度函数f_n。

我们假定D_n的分布函数是连续型的，仅仅只是为了数学推导的方便，其实我们下面的结论对离散型的情形也都是成立的，除了一些用到导数的数学计算公式之外。

显然，这样的库存管理问题是典型的马尔可夫决策过程，我们在下面将分别对有限阶段期望折扣总费用、无限阶段期望折扣总费用及平均费用达到最小这三个目标函数进行讨论。

7.1.2 有限阶段期望折扣总费用

给定 $N\geqslant 0$，我们通过使 N 阶段的期望折扣总费用达到最小来求最优策略。

假定一个周期的折扣因子为$\beta\in(0,1]$。记$V_n(x)$表示周期 n 的期初库存量为 x 时从周期 n 至结束时的最小期望折扣总费用。由 MDP 的知识不难写出$V_n(x)$所满足的有限阶段折扣准则最优方程如下：

$$V_n(x)=\inf_{y\geqslant x}\left\{J_n(y)+\beta\int_0^{\infty}V_{n+1}(y-z)\mathrm{d}F_n(z)\right\}-c_nx,\ n\leqslant N-1 \tag{7.3}$$

边界条件$V_N(x)$为一给定的函数，如 $B(x)$，它的值表示在计划期结束后处理剩余物品的成本($x>0$ 时)或残值($x<0$)。

为了从最优方程得到好的性质，我们需要引入如下条件。

条件 7.2 设$G_n(x)$及边界函数 $B(x)$都是凸函数。

由以上条件易知，$J_n(y)$也都是凸函数。

记最优方程(7.3)右边下确界中的项为

$$\begin{aligned}H_n(y)&=J_n(y)+\beta EV_{n+1}(y-D_n)\\&=J_n(y)+\beta\int_0^{\infty}V_{n+1}(y-z)\mathrm{d}F_n(z),\ n\geqslant 1\end{aligned}$$

我们用向后归纳法来求解最优方程(7.3)。先来看 $n=N-1$ 的情形，此时由式(7.3)有

$$V_{N-1}(x)=\inf_{y\geqslant x}\{J_{N-1}(y)+\beta E\,V_N(y-D_{N-1})\}-c_{N-1}x$$

显然，$H_{N-1}(y):=J_{N-1}(y)+\beta E\,V_N(y-D_{N-1})$是凸函数，从而记$S_{N-1}$为$H_{N-1}(y)$的最小值点，则在阶段 $N-1$，最优策略为S_{N-1}策略，即当期初的存贮量 $x<S_{N-1}$时，订购至S_{N-1}(等价于订购$S_{N-1}-x$)；否则，不订购。

由此我们期望对任何的 n，有S_n使得周期 n 时最优的库存水平是S_n，即订购至S_n，它是还剩 n 个周期时的基础库存水平(Base-stock Level)。由上面的讨论及最优方程可知，关键是要证明$H_n(y)$是凸函数，而由条件 7.2 知只需证明V_{n+1}是凸函数即可。我们通过对 n 用数学归纳法来证明所有的V_n均是凸函数。这也证明了下面的定理。

定理 7.1 对 $n\geqslant 1$，有

(1) $H_n(y)$是凸函数，存在有限的最小值点S_n，此为还剩 n 个周期时的最优库存水平，进而可得

$$V_n(x)=H_n(x\vee S_n)-cx=\begin{cases}H_n(S_n)-cx, & x<S_n\\H_n(x)-cx, & x\geqslant S_n\end{cases}$$

(2) $V_n(x)$是凸函数。

7.1.3　短视策略

我们已经得到了各周期最优基础库存水平S_n，注意到方程(7.3)右边的项$-c_nx$可以移到左边去，于是，我们作如下变换：

$$V_n^+(x)=V_n(x)+c_nx$$
$$c_n^+=c_n-\beta c_{n+1}$$
$$J_n^+(y)=G_n(y)+c_n^+y+\beta c_{n+1}ED_n,\ n<N$$

则有限阶段最优方程(7.3)等价为

$$\begin{cases}V_n^+(x)=\inf\limits_{y\geqslant x}H_n(y),\ n\leqslant N-1\\ H_n(y)=J_n^+(y)+\beta E V_{n+1}^+(y-D_n)\end{cases}\tag{7.4}$$

对边界条件，我们需要引入残值的概念。在阶段 N 时，可能还有剩余物品，即$x_N>0$。此时，可以将这些物品处理掉，设按进货价c_N销售掉(或者退回给供应商)，故此时设其剩余成本为$V_N(x)=-c_Nx$；也可能缺货，即$x_N<0$时，还需要订购 x 的量，以满足需求，于是其剩余成本也为$V_N(x)=-c_Nx$。

比较上面的最优方程(7.4)与原最优方程(7.3)，可知它们取下确界的项是相同的，均是$H_n(y)$。定理 7.1 中已证得$H_n(y)$是凸函数，故

$$V_n^+(x)=H_n(x\vee S_n),\ n\geqslant 1$$

我们引入一个新的存贮问题，称之为**转换问题**，其周期 n 当库存水平为 y 时的一周期期望总费用为$J_n^+(y)$(包括订购费、存贮与缺货损失费等)。这个问题自然也可以用 MDP 来描述，其最优方程就是(7.4)。由上面的讨论知，它与原存贮问题的最优策略是相同的。

记S_n^+为$J_n^+(y)$在 $y\geqslant 0$ 上的最小值点，即

$$S_n^+=\arg\max_{y\geqslant 0}J_n^+(y)$$

我们考虑这样的策略：它以S_n^+作为周期n 的基础库存水平。显然，此策略只考虑本周期的费用，而忽略未来各周期的费用。我们称之为**短视**(Myopic)**策略**。易知，$J_n^+(y)$是凸函数。因此，其全局最小值点S_n^+是容易算得的。

对短视策略的基础库存水平S_n^+与原最优策略的基础库存水平S_n之间的关系，我们有如下的结论(Zipkin，2000)。

定理 7.2　对 $n\geqslant 1$，有

(1) $S_n\leqslant S_n^+$；特别地，$S_{N-1}=S_{N-1}^+$；

(2) 若$S_n^+\leqslant S_{n+1}$，则$S_n=S_n^+$；

(3) $S_n\geqslant\min\limits_{m\geqslant n}S_m^+$；

(4) 若$S_n^+\geqslant S_{n+1}^+$，则$S_n\geqslant S_{n+1}$；

(5) 若$S_n^+\leqslant S_{n+1}^+$且$S_{n+1}\leqslant S_{n+2}$，则$S_n\leqslant S_{n+1}$。

定理 7.2 中的(1)表示最优基础库存水平总是不超过短视策略下的库存水平，也就是说，考虑将来会降低最优库存水平。(2)表示除$S_n^+>S_{n+1}$之外，最优基础库存水平和短视策略下的库存水平是相同的。$S_n<S_n^+$只有在下一周期出现$x_{n+1}>S_{n+1}$的可能性较低时才会发生，而这仅当S_{n+1}较小时才可能。(3)表示最优基础库存水平的一个下界是后续各周期的短

视库存水平中的最小者。由这些结论可知，若S_n^+对n非降，则$S_n=S_n^+$对所有n成立，即短视策略是最优的。

(4)和(5)表示各周期最优基础库存水平的增减情况与短视策略的增减情况是相同的：当S_n^+下降时，S_n也下降；当S_n^+上升时，S_n也上升，除非我们预期后一周期会下降(即除非$S_{n+1}>S_{n+2}$)。二者相比，S_n^+能更细致地反映数据的变化，而S_n反映数据的变化情况要简略一些，但也能预期将来的变化情况。

对于线性费用的情况，即有常数$c_{h,n}$，使得$G_{h,n}(z)=c_{h,n}z$，$G_{p,n}(z)=c_{p,n}z$，$z\geqslant 0$，不难算得

$$J_n^+(y)=-(c_{p,n}-c_n^+)y+(c_{p,n}+c_{h,n})\left[yF_n(y)-\int_0^y t\mathrm{d}F_n(t)\right]+(c_{p,n}+\beta c_{n+1})ED_n$$

$$\frac{\mathrm{d}}{\mathrm{d}y}J_n^+(y)=-(c_{p,n}-c_n^+)+(c_{p,n}+c_{h,n})F_n(y)$$

$$S_n^+=\arg\max_{y\geqslant 0}J_n^+(y)=F_n^{-1}\left(\frac{c_{p,n}-c_n^+}{c_{p,n}+c_{h,n}}\right)$$

故短视策略S_n^+是满足以下条件的解：

$$F_n(y)=\frac{c_{p,n}-c_n^+}{c_{p,n}+c_{h,n}} \tag{7.5}$$

在短视策略下，每个阶段都是一个与其他阶段无关的单阶段决策问题。比较式(7.5)与式(7.1)可知，这里只是对订购费c_n根据下阶段的订购费c_{n+1}及折扣因子β作了一些调整，将之修正为c_n^+。

注 7.1 短视策略是将各个阶段单独考虑，而多阶段决策问题则是各阶段互相关联的。定理 7.2 给出了二者最优策略之间的关系。

当存贮问题中各参数与周期n无关时，我们有如下的注解。

注 7.2 如果存贮问题是时齐的，即其各参数c_n，$G_n(y)$，D_n的分布函数F_n等均与n无关，那么由上可知，c_n^+，$J_n^+(y)$，S_n^+也均与n无关。所以短视策略是一个平稳策略，只需要一个数S_n^+就可完全描述。这说明，对时齐模型，其有限阶段最优策略(往往是非时齐的)可用一个平稳策略来近似。请考虑此策略的计算(见习题 1)。

7.2 无限阶段随机存贮问题

现在我们将上一节讨论的问题推广到无限阶段。下面分别讨论折扣准则、平均准则。最后推广到需求损失的情形：没有满足的需求丢失。

7.2.1 无限阶段折扣准则

本小节讨论的无限阶段折扣准则，即上一小节中周期数$N=\infty$为无穷时的情形。我们假定所有数据是时齐的，即与周期数n无关，故$c_n=c$，$G_n(y)=G(y)$，$J_n(y)=J(y)$，等等。各周期的需求D_n是独立同分布的，随机变量D用来表示一个周期的需求，其分布函数为F。

$V_\beta(x)$表示当前存贮量为x时的无限阶段最小期望折扣总费用。为了可以利用逐次逼近法，我们需要以下条件。

条件 7.3　$G(y)$是非负的可微凸函数，并且

$$\lim_{|y|\to\infty} G(y)=\lim_{|y|\to\infty}[cy+G(y)]=\infty$$

以上条件表示，当库存量趋于无穷时，存贮费也将趋于无穷；当缺货量趋于无穷(即库存量趋于负的无穷)时，缺货费也将趋于无穷。

由第 2 章知，无限阶段折扣准则最优值函数$V_\beta(x)$是有限阶段折扣最优值函数$V_n(x)$的极限：

$$\lim_{n\to\infty} V_n(x)=V_\beta(x) \tag{7.6}$$

并且$V_\beta(x)$满足如下的无限阶段折扣准则最优方程：

$$V_\beta(x)=\inf_{y\geqslant x}\{J(y)+\beta\int_0^\infty V_\beta(y-t)\mathrm{d}F(t)\}-cx \tag{7.7}$$

由此可以推测，定理 7.1 中的结论对无限阶段折扣准则也应当是成立的。我们得到以下的定理。

定理 7.3　$V_\beta(x)$和 $H(y)$均是凸函数，且 $H(y)$在$-\infty<y<\infty$上的最小值点 S 存在且有限，进而，S 是最优库存水平(即每周期订购至 S)：

$$V_\beta(x)=J_\beta(x\vee S)-cx=\begin{cases}J_\beta(S)-cx, & x<S\\ J_\beta(x)-cx, & x\geqslant S\end{cases}$$

其中

$$H(y)=J(y)+\beta\int_0^\infty V_\beta(y-z)\mathrm{d}F(z)=J(y)+\beta E\,V_\beta(y-D)$$

证明　由于$V_n(x)$是凸函数，因此知$V_\beta(x):=\lim\limits_{n\to\infty}V_n(x)$也是凸函数，从而由 $H(y)$的定义知其也是凸函数，再由条件 7.2 知 S 是有限的，故由无限阶段折扣准则最优方程(7.7)可得

$$V_\beta(x)=\inf_{y\geqslant x}H(y)-cx=\begin{cases}H(S)-cx, & x\leqslant S\\ H(x)-cx, & x>S\end{cases}$$

从而，S 是无限阶段折扣准则的最优基础库存水平。因此，定理成立。

由于最优基础库存水平 S 在各周期中保持不变，因此系统在此策略下的进程如下：假定开始时的库存水平$x_0\leqslant S$，则

周期 0 的订购量是 $S-x_0$，订购后的库存水平为 S；

周期 1 期初的库存量是 $S-D_0$，订购至水平$y_1=S$，即订购量是 $S-[S-D_1]=D_0$，订购量是周期 0 的实际需求。

显然，这一性质对后续所有周期也都是成立的，即各周期的订购量刚好是前一周期的实际需求量。我们称这样的库存策略是**需求置换**策略(Demand-replacement Rule)。(如果$x_0>S$，那么最优的决策就是不订购，一直等到$x_n<S$ 时才开始订购，订购至库存水平 S。)

在有限阶段问题中，各周期的库存水平S_n是不同的，故没有这样的需求置换策略为最优。但当存贮问题是时齐的时，短视策略是需求置换策略。

与有限阶段中所定义的变换类似，我们定义

$$V_\beta^+(x)=V_\beta(x)+cx$$

$$c^+=(1-\beta)c$$

$$J^+(y)=G(y)+c^+y+\beta cED$$

则无限阶段折扣准则最优方程(7.7)等价为

$$V_\beta^+(x)=\inf_{y\geqslant x}H(y) \tag{7.8}$$

$$H(y)=J^+(y)+\beta E\,V_\beta^+(y-D)$$

记S^+是$J^+(y)$的最小值点，则由条件 7.2 知它是有限的。

我们有以下结论。

定理 7.4 对于无限阶段期望折扣总费用最小的问题，短视策略是最优的，即将每个周期的基础库存水平均设置为S^+是最优的。进而，$S^+=S$。

证明 记$V_\beta(\pi, x)$表示在策略π下初始存贮量为x时的无限阶段期望折扣总费用，即

$$V_\beta(\pi, x)=E_{\pi, x}\sum_{n=0}^{\infty}\beta^n\{c[y_n-x_n]+G(y_n)\}$$

由于$x_n=y_{n-1}-D_{n-1}$，代入上述目标函数，得

$$\begin{aligned}V_\beta(\pi, x)&=E_{\pi, x}\left\{\sum_{n=1}^{\infty}\beta^n\{c[y_n-y_{n-1}+D_{n-1}]+G(y_n)\}+c[y_0-x]+G(y_0)\right\}\\&=-cx+\sum_{n=0}^{\infty}\beta^nE_{\pi, x}J^+(y_n)\end{aligned}$$

记π^+表示基础库存水平为S^+的存贮策略。由于S^+是$J^+(y)$的全局最小值点，不管x_n，y_n的值是什么，恒有$E_{\pi, x}J^+(y_n)\geqslant J^+(S^+)$。因此，不管策略$\pi$和初始状态$x$是怎样的，恒有

$$V_\beta(\pi, x)\geqslant -cx+\sum_{n=0}^{\infty}\beta^nJ^+(S^+)=V_\beta(\pi^+, x)$$

从而，π^+是最优策略。证毕。

由定理 7.4 及其证明，计算最优值函数V_β或V_β^+是简单的。当$x\leqslant S^+$时，恒有$y_n=S^+$，$\forall n\geqslant 0$，故

$$V_\beta^+(x)=V_\beta(x)+cx=V_\beta(\pi^+, x)+cx=\sum_{n=0}^{\infty}\beta^nJ^+(S^+)=\frac{J^+(S^+)}{1-\beta} \tag{7.9}$$

它在$x\leqslant S^+$上为常数。而当$x>S^+$时，我们有递推公式：

$$V_\beta^+(x)=J^+(x)+\beta E\,V_\beta^+(x-D),\ x>S^+ \tag{7.10}$$

如果D是离散型随机变量，那么由式(7.10)可得到计算$V_\beta^+(x)$的递推公式(见习题 3)；若D是连续型随机变量，那么我们可以用数值方法计算$V_\beta^+(x)$，也可以用更新方程的方法来求解(胡奇英等，2017)。

对于线性费用的情况，S^+是满足以下条件的解：

$$F(y)=\frac{p-c^+}{p+h} \tag{7.11}$$

式(7.11)与有限阶段中的式(7.5)(时齐时)是相同的。由此，我们得到以下定理，其证明与定理 7.4 是完全相同的。

定理 7.5 对于时齐有限阶段期望折扣总费用最小的存贮问题，若边界条件是$V_N(x)=-cx$，则短视策略$S_n^+=S^+$也是最优策略。

短视策略在时齐时最优的原因在于：时齐时，各周期的基础库存水平是相同的，均为S^+。于是不论取何种策略，每个周期的期望总费用不低于$J^+(S^+)$，而这刚好是短视策略下的一周期期望总费用。

7.2.2 无限阶段平均准则

现在我们来考虑无限阶段平均准则，像 7.2.1 小节那样，我们假定模型是时齐的。由 3.1 节知库存问题的平均准则最优方程的形式为

$$\rho + h(x) = \inf_{y\geqslant x}\left\{J(y) + \int_0^\infty h(y-z)\mathrm{d}F(z)\right\} - cx \tag{7.12}$$

可以证明，在一定的条件下以上平均准则最优方程有解$(\rho^*, h^*(x))$，其中$h^*(x)$是凸函数，且取到最优方程(7.12)右边下确界的策略是最优策略。记

$$\overline{H}(y) = J(y) + \int_0^\infty h^*(y-t)\mathrm{d}F(t) = J(y) + Eh^*(y-D)$$

由于$h^*(x)$是凸函数，假设 $J(x)$也是凸函数，因此由上式知$\overline{H}(y)$是凸函数。记其最小的最小值点为$\overline{S}$：

$$\overline{S} = \min\{S \mid \overline{H}(S) = \min_{-\infty<y<\infty} \overline{H}(y)\}$$

当 $G(y)$为严格凸函数时，$J(y)$和$\overline{H}(y)$也是严格凸函数，此时$\overline{H}(y)$的最小值点是唯一的。因此，与我们在 MDP 理论中讨论的一样，可由无限阶段期望折扣总费用准则推导得到平均准则的有关结论。

下面的定理与定理 7.4 证明相似，其中S^+的定义同 7.2.1 小节中的定义，只是在平均准则中，$\beta=1$，故$c^+=0$。

定理 7.6 对于平均准则，基础库存水平为S^+的基础库存策略是最优的。这是短视策略，且与无限阶段期望折扣总费用准则的最优策略相同。

由定理 7.6，平均准则最优值可以很容易计算得到。实际上，各周期的期望库存/缺货费用恒为 $G(S^+)$，需求迟早要全部满足，故订购费用为 cED。因此，平均准则最优值为

$$\rho^* = J^+(S^+) = G(S^+) + cED$$

7.2.3 损失制

现在我们考虑每个周期中，当无法满足需求(即$D_n > y_n$)时，不能满足的部分$(D_n - y_n)$损失。这称为损失制(Lost Sale)。

此时，周期 n 初的库存量x_n非负，其动态变化方程为

$$x_{n+1} = [x_n + q_n - D_n]^+ = [y_n - D_n]^+, \quad n \geqslant 0$$

对周期 n，若$y_n \geqslant D_n$，则需求D_n全部满足，多余的部分库存$y_n - D_n$留给下一周期使用，即下一周期初的存贮量；若$y_n < D_n$，则超出y_n部分的需求损失，只满足y_n，下周期初的库存量为$x_{n+1}=0$；同时，我们将$G_{p,n}(y)$解释为缺货量为 y 时缺货损失费，在线性费用的情形下，即有$c_{p,n}$使得$G_{p,n}(y) = c_{p,n}y$，$c_{p,n}$可解释为周期 n 的单位缺货损失费。从而，一周期的期望存贮-缺货费仍为$G_n(y)$，与前相同。

我们先讨论有限阶段期望折扣总费用最小的问题。此时，最优方程为

$$V_n(x) = \inf_{y\geqslant x} H_n(y) - c_n x, \quad x \geqslant 0, \quad n \geqslant 0$$

其中

$$H_n(y)=J_n(y)+\beta E V_{n+1}([y-D_n]^+)$$
$$=J_n(y)+\beta\int_0^y V_{n+1}(y-z)\mathrm{d}F_n(z)+\beta V_{n+1}(0)[1-F_n(y)],\ n\geqslant 0$$

注：原先的积分上限为∞，而这里为 y，但多出上面的第三项。

为方便起见，利用短视策略中的表达式来讨论。我们仍然定义

$$V_n^+(x)=V_n(x)+c_n x,\ x\geqslant 0$$

于是，再令

$$J_n^+(y)=G_n(y)+c_n y-\beta c_{n+1}E[y-D_n]^+$$
$$H_n(y)=J_n^+(y)+\beta E V_{n+1}^+([y-D_n]^+)$$

从而，最优方程为

$$V_n^+(x)=\inf_{y\geqslant x}H_n(y),\ n\geqslant 0$$

由条件 7.3 知$G_n(y)$是凸函数，而容易验证 $E[y-D_n]^+$ 也是凸函数，从而$J_n^+(y)$是凸函数。我们再定义当 $x<0$ 时$V_n^+(x)=V_n^+(0)$，则可将$H_n(y)$重新写为

$$H_n(y)=J_n^+(y)+\beta E V_{n+1}^+(y-D_n)$$

其中$V_{n+1}^+(y-D_n)$中的变量为 $y-D_n$，而不是前面的取整$[y-D_n]^+$。显然，这样更简单一些。记S_n为$H_n(y)$在 $y\geqslant 0$ 上的最小值点。我们有以下定理，它与等待制(Backorder)的有限阶段期望折扣总费用下的定理 7.1 类似。

定理 7.7 对于损失制的有限阶段期望折扣总费用准则，对 $n\geqslant 1$，$V_n^+(x)$是 x 的非降凸函数，周期 n 的最优策略是设置S_n为基础库存水平。

证明 与定理 7.1 相同，可用数学归纳法来证明本定理。只是在证明$V_n^+(x)$是凸函数时，还需要条件它对 x 的非降。因为$V_n^+(x)=\inf_{y\geqslant x}H_n(y)$，所以取下确界的范围越小，其值越大。

令短视策略的基础库存水平S_n^+为使$J_n^+(y)$的最小值点。同样可证明它是S_n的上界。

对于时齐的情形，无论是有限阶段(边界条件为$V_N(x)=-cx$)，还是无限阶段期望折扣总费用准则或平均准则，短视策略均是最优的(与前类似可证)，其最优基础库存水平$S=S^+$是使如下$J^+(y)$达到最小的点：

$$J^+(y)=G(y)+cy-\beta cE[y-D]^+$$

其中对平均准则，我们取 $\beta=1$。

在本小节的最后，我们给出费用函数为线性时的一些计算公式。

对有限阶段，我们有

$$J_n^+(y)=c_{n+1}ED_n+[c_n-c_{n+1}]y+[c_{n+1}+c_{h,n+1}-\beta c_{n+1}]E([y-D_n]^+)$$

短视策略的基础库存水平S_n^+为满足下式的解：

$$F_n(y)=\frac{c_{p,n+1}-c_n}{c_{p,n+1}+c_{h,n+1}-\beta c_{n+1}}$$

式中，我们需要假定$c_{p,n}+c_{h,n}\geqslant\beta c_n$，$n\geqslant 0$，它表示周期 n 中单位物品的存贮费和缺货损失费之和不低于单位货物的进价。这在实际中总是成立的，而在理论上，如果这一条件不成立，那么我们在周期 n 中就无须订购了。显然，在时齐情形下，S_n^+与 n 无关。

对无限阶段的折扣($\beta<1$)和平均准则($\beta=1$)，我们有

$$J^+(y)=pED+(c-p)y+(p+h-\beta c)E([y-D]^+)$$

从而最优策略(也是短视策略)的基础库存水平S^+为满足下式的解：

$$F(y)=\frac{p-c}{p+h-\beta c}$$

将之与前面的等待制比较可知，上式右边项比等待制时的大，所以这里的S^+值小。但实际上，损失制与等待制中的 p 的含义可能不同，在损失制时其值可能会更大些，而更大的 p 会增加S^+。

本节前面对等待制的讨论，首先是用 MDP 来建立多阶段库存问题的模型，这也可看作为 MDP 的应用。其次，证明最优策略为基础库存策略。特殊问题往往会具有特殊的结构，其最优策略也往往具有特殊的性质与结构。然后，我们引入短视策略，讨论它与最优策略之间的关系(定理 7.2)及其最优性。最后，我们证明在一定条件下，这个多阶段决策问题等价于各阶段互相独立的单阶段决策问题。

对损失制(Lostsale)的讨论，与上述内容完全类似。

在本小节的最后，我们给出以下注解。

注 7.3(生产能力有限) 在实践中，企业的生产能力往往是有限的，反映到本节的模型中，就是每周期的订购量有上限，比如说 b(Federgruen et al，1986a，1986b)。每次订购量不能超过 b，那么上面所讨论的模型也是适用的，只需将决策集 $A(x)$改为 $A(x)=[x, x+b]$，从而最优方程中的 $\inf_{y\geqslant x}$改为 $\inf_{x\leqslant y\leqslant x+b}$。与上述证明类似，修正的 S-策略是最优的：仅当库存量低于 S 时订购，使得订购后的库存水平尽量接近 S。具体来说，若期初库存量 $x<S$，则订购 $\min\{b, S-x\}$；否则，不订购。但短视策略是否是最优的，仍需仔细考虑。

7.3 存贮与定价的联合动态决策

本节要讨论的存贮问题与 7.1 节中的类似，只是阶段 n 的需求D_n依赖于该阶段的零售价 p：

$$D_n=d_n(p, \varepsilon_n)$$

其中ε_n是一个分布函数已知的随机变量，p 是该阶段的零售价，由商家确定：$p\in[\underline{p}, \overline{p}]$，这里$\underline{p}$、$\overline{p}$分别是零售价的最低值、最高值。需求函数的常见形式为

$$D_n=\gamma_n(p)\varepsilon_n+\delta_n(p)$$

其中$\gamma_n(p)$，$\delta_n(p)$都是单调上升的。其两个特例是分别为**加式需求**($\gamma_n(p)=1$)和**乘式需求**($\delta_n(p)=0$)。常见的函数形式有线性需求函数($\gamma_n(p)=0$，$\delta_n(p)=a-bp$，$a, b>0$)和指数需求函数($\delta_n(p)=0$，$\gamma_n(p)=a-bp^c$，$c\geqslant 1$，$a, b>0$)。

记$h_n(x)$表示期末库存(缺货)量为 x 时的存贮(缺货)费，则阶段初订购后的库存量为 y 时，该阶段的期望库存、缺货费为$G_n(y, p)=Eh_n(y-d_n(p, \varepsilon_n))$与当期的零售价 p 有关。于是，我们需要假定$G_n(y, p)$满足条件 7.2(对每个 p)，也即如下条件成立。

条件 7.4 (1) $\lim_{y\to\infty}G_n(y, p)=\lim_{y\to\infty}[c_n y+G_n(y, p)]=\lim_{y\to\infty}[(c_n-\beta c_{n-1}y+G_n(y, p)]=\infty$，$\forall p\in[\underline{p}, \overline{p}]$。

(2) 存在正整数 ρ，使得 $0\leqslant G_n(y,p)=O(|y|^\rho)$，且 $E[d_n(p,\varepsilon_n)]^\rho<\infty$，$\forall p\in[\underline{p},\overline{p}]$。

由于现在$G_n(y,\ p)$是二元变量，我们还需要如下条件。

条件 7.5　对任一 $n\geqslant 0$，$G_n(y,\ p)$是联合凸函数。

二元函数$G_n(y,\ p)$实际上是由一元函数$h_n(x)$定义的，我们有以下引理。

引理 7.1　对任一 $n\geqslant 0$，若$h_n(x)$是凸函数，且d_n关于 p 线性，则$G_n(y,\ p)$是联合凸函数。

证明　由所给条件，有

$$h_n\left(\frac{y_1+y_2}{2}-d_n\left(\frac{p_1+p_2}{2},\ \varepsilon_n\right)\right)=h_n\left(\frac{1}{2}[y_1-d_n(p_1,\ \varepsilon_n)]+\frac{1}{2}[y_2-d_n(p_2,\ \varepsilon_n)]\right)$$
$$\leqslant\frac{1}{2}h_n(y_1-d_n(p_1,\ \varepsilon_n))+\frac{1}{2}h_n(y_2-d_n(p_2,\ \varepsilon_n))$$

因此，$h_n(y-d_n(p,\varepsilon_n))$关于$(y,p)$是联合凸的，从而其期望值$G_n(y,p)$也是联合凸的。

最后，我们假定各阶段的成本在期初支付，而销售收入在期末获得；为了使问题有意义，我们还要假定$\underline{p}\geqslant c_n$，$\forall\, n$。

7.3.1　有限阶段

记$V_n(x)$为阶段 n 初的库存量为 x 时在余下的阶段中所能得到的最大期望折扣总报酬，我们可以写出其最优方程：

$$V_n(x)=c_nx+\max_{y\geqslant x,\ p\in[\underline{p},\ \overline{p}]}J_n(y,\ p)\tag{7.13}$$

其中

$$J_n(y,\ p)=\beta pE\,d_n(p,\ \varepsilon_n)-c_ny-G_n(y,\ p)+\beta E\,V_{n+1}(y-d_n(p,\ \varepsilon_n))$$

边界条件为$V_{N+1}(x)=0$。

与第一节中类似，记$V_n^+(x)=V_n(x)-c_nx$，从而可将以上最优方程改写为

$$V_n^+(x)=\max_{y\geqslant x,\ p\in[\underline{p},\ \overline{p}]}J_n(y,\ p)\tag{7.14}$$

$$J_n(y,\ p)=\beta(p-c_{n+1})E\,d_n(p,\ \varepsilon_n)+(\beta c_{n+1}-c_n)y-G_n(y,\ p)+\beta E\,V_{n+1}^+(y-d_n(p,\ \varepsilon_n))\tag{7.15}$$

为在上述最优方程的基础上进一步讨论最优策略的性质，我们需要如下的条件。

条件 7.6　对任一 $n\geqslant 0$，$d_n(p,\ \varepsilon_n)$是 p 的下降凹函数，且其均值$E\,d_n(p,\ \varepsilon_n)$有限、对 p 严格下降。

定理 7.8　对任一 $n\geqslant 0$，有

(1) $J_n(y,\ p)$是关于$(y,\ p)$联合凹的，$V_n^+(x)$是 x 的下降凹函数。

(2) $J_n(y,\ p)=O(|\,y\,|^\rho)$，$V_n^+(x)=O(|\,x\,|^\rho)$，$J_n(y,\ p)$有有限的最大值点，记为$(y_n^*,\ p_n^*)$(当有多个最大值点时，按字典序选择最大者)。

(3) 最优策略是：当 $x\leqslant y_n^*$ 时，订购后的库存量达到y_n^*，零售价设为p_n^*；否则，当$x>y_n^*$时不订购。

证明　(1) 我们用归纳法来证明。$n=N$ 时，先证$J_N(y,\ p)$关于$(y,\ p)$是联合凹的。固定ε_N的值，由于假定$d_N(p,\ \varepsilon_N)$是 p 的凹函数，它具有一阶、二阶的左右导数，从而计算可得$(p-c_{N+1})d_N(p,\ \varepsilon_N)$的二阶左右导数非正，所以是凹函数，从而其期望值$(p-c_{N+1})E\,d_N(p,\ \varepsilon_N)$也是 p 的凹函数。式(7.15)右边第二项是 y 的线性函数，自然也是

凹函数。第三项由条件 7.5 知也是联合凹函数。因此，$J_N(y, p)$关于(y, p)联合凹，由此容易证明$V_N^+(x)$是 x 的凹函数，显然它也是下降的。

归纳假设结论对某 $n+1\leqslant N$ 成立，我们要证明结论对 n 也成立。上面已经证明了式(7.15)右边前三项是联合凹的，对于第四项，给定ε_n的值，我们说$V_{n+1}^+(y-d_n(p, \varepsilon_n))$是联合凹的，实际上，对任意的$(y_1, y_2)$，$(p_1, p_2)$，由条件 7.6 得

$$d_n\left(\frac{p_1+p_2}{2}, \varepsilon_n\right)\geqslant\frac{1}{2}d_n(p_1, \varepsilon_n)+\frac{1}{2}d_n(p_2, \varepsilon_n)$$

从而由$V_{n+1}^+(x)$的非降性、凹性知：

$$\begin{aligned}V_{n+1}^+\left(\frac{y_1+y_2}{2}-d_n\left(\frac{p_1+p_2}{2}, \varepsilon_n\right)\right)&\geqslant V_{n+1}^+\left(\frac{y_1+y_2}{2}-\frac{1}{2}d_n(p_1, \varepsilon_n)-\frac{1}{2}d_n(p_2, \varepsilon_n)\right)\\&=V_{n+1}^+\left(\frac{1}{2}[y_1-d_n(p_1, \varepsilon_n)]+\frac{1}{2}[y_2-d_n(p_2, \varepsilon_n)]\right)\\&\geqslant\frac{1}{2}V_{n+1}^+(y_1-d_n(p_1, \varepsilon_n))+\frac{1}{2}V_{n+1}^+(y_2-d_n(p_2, \varepsilon_n))\end{aligned}$$

因此，$E\,V_{n+1}^+(y-d_n(p, \varepsilon_n))$关于$(y, p)$联合凹。由此及式(7.14)知$V_n^+$是下降凹函数。

(2) 仍用归纳法来证明。对 $n=N$，由假定，$J_N(y, p)=O(|y|^\rho)$，$J_N(y, p)$联合凹，且对任意的 p，$\lim\limits_{|y|\to\infty}J_N(y, p)=-\infty$。这表明$J_N$有有限的最大值点。归纳假设对某 $n<N$，$J_{n+1}(y, p)=O(|y|^\rho)$，$J_{n+1}(y, p)$有有限的最大值点$(y_{n+1}^*, p_{n+1}^*)$。易证$V_{n+1}^+(x)=O(|x|^\rho)$，即存在常数 $K>0$，使得$V_{n+1}^+(x)\leqslant K(|x|^\rho+1)$，$\forall x$。从而

$$V_{n+1}^+(y-d_n(p, \varepsilon_n))\leqslant K|y-d_n(p, \varepsilon_n)|^\rho+K\leqslant K[|y|+d_n(p, \varepsilon_n)]^\rho+K \quad (7.16)$$

将其二项式展开，由条件 7.4 知：

$$\begin{aligned}E\,V_{n+1}^+(y-d_n(p, \varepsilon_n))&\leqslant KE\{|y|+d_n(p, \varepsilon_n)]^\rho+1\}\\&\leqslant K+K\sum_{l=0}^{\rho}\binom{\rho}{l}|y|^\rho\max_{p\in[\underline{p}, \overline{p}]}E\,d_n(p, \varepsilon_n)^{\rho-l}\end{aligned}$$

再次由条件 7.4 知$J_n(y, p)=O(|y|^\rho)$。由于$J_{n+1}(y, p)$有有限的最大值点(y_{n+1}^*, p_{n+1}^*)，对任意的 y，$E\,V_{n+1}^+(h(y, d_n(p, \varepsilon_n)))\leqslant V_{n+1}^+(y_{n+1}^*)$。从而由式(7.15)和条件 7.4 知，对任意的 p 均有 $\lim\limits_{|y|\to\infty}J_n(y, p)=-\infty$。由此及$J_n(y, p)$的联合凹性知结论成立。

(3) 由于$J_n(y, p)$联合凹，$(y_n^*\ p_n^*)$是当 $x\geqslant y_n^*$ 时的最优解。类似地，当 $x>y_n^*$ 时，$y=x$是最优的。

下面进一步讨论当 $x\geqslant y_n^*$ 时的定价策略$p_n^*(x)$的性质。

定理 7.9 对任一 $n\geqslant 0$，最优价格$p_n^*(x)$关于 x 下降。

证明 我们先来证明$J_n(y, p)$是子模函数。由于子模函数的和仍是子模函数，因此我们只需要证明式(7.15)中的各项是子模函数。前两项中第一项只包含 y，p 中的一个变量，故自然是子模函数。为证明$G_n(y, p)$是子模函数，固定ε_n，任取(y_1, y_2)，(p_1, p_2)，记$\tau_1=y_1-d_t(p_1, \varepsilon_n)$，$\tau_2=y_1-d_t(p_2, \varepsilon_n)$，$\tau_3=y_2-d_t(p_1, \varepsilon_n)$，$\tau_4=y_2-d_t(p_2, \varepsilon_n)$，由需求函数$d_n$的单调性，$\tau_3>\tau_4$。因此，由$h_n$的凸性，得

$$\begin{aligned}h_n(\tau_1)-h_n(\tau_3)&=h_n(\tau_3+(y_1-y_2))-h_n(\tau_3)\\&\geqslant h_n(\tau_4+(y_1-y_2))-h_n(\tau_3)=h_n(\tau_2)-h_n(\tau_3)\end{aligned}$$

由此推知$h_n(y-d_n(p, \varepsilon_n))$关于$(y, p)$是上模的，从而$G_n(y, p)=Eh_n(y-d_n(p, \varepsilon_n))$关于$(y, p)$也是上模的。最后，式(7.15)中的第四项是子模的等价于证明$-G_n$是子模的。

阶段n的决策可分为两步：第一步先确定订购之后的库存量y，第二步是确定零售价p。因此第二步决策的状态集为实数集$\mathbf{R}$，决策集是$[\max(\underline{p}, c_{n+1}), \overline{p}]$。由于$J_n(y, p)$关于$p$严格凹，最优零售价$p_n^*(y)$是唯一的。又由于$J_n(y, p)$是子模的，由子模函数的性质知最优零售价关于状态$y$是下降的。进而，对$x>y_n^*$，如果在状态$x$处的最优决策是$(y, p')$，其中$y>x$，那么在连接点$(y_n^*, p_n^*)$与点$(y, p')$的直线上的点$(x, p'')$，$J_n(x, p'')\geqslant J_n(y, p')$。由此我们可推得$y(x)$是上升的。因此，最优零售价关于状态$x$是下降的。

7.3.2 无限阶段

我们考虑时齐模型：各参数与n无关，我们只是简单地在记号中去掉下标n。再记$M=\max\limits_{p\in[\underline{p}, c_{n+1}), \overline{p}]}\beta pEd(p, \varepsilon)$表示单个阶段中所能得到的最大收入。由条件7.4知$M$是有限的。定义

$$\hat{V}_n=\frac{V_n-M(1-\beta^{N-n})}{(1-\beta)},\ \hat{J}_n=\frac{J_n-M(1-\beta^{N-n})}{(1-\beta)}$$

这样，$\hat{V}_n$和$\hat{J}_n$都是正的。

折扣准则最优方程是

$$V_\beta(x)=cx+\max_{y\geqslant x,\ p\in[\underline{p}, \overline{p}]}J(y, p) \tag{7.17}$$

其中，$J(y, p)=\beta pEd(p, \varepsilon)-cy-G(y, p)+\beta EV_\beta(y-d(p, \varepsilon))$。我们有如下定理，它是有限阶段的结论定理7.8和定理7.9在折扣准则中的推广。

定理 7.10　对折扣准则，我们有如下的结论：

(1) 极限$\hat{V}=\lim\limits_{n\to\infty}\hat{V}_n$，$V^*=\lim\limits_{n\to\infty}V_n^*$，$\hat{J}=\lim\limits_{n\to\infty}\hat{J}_n$，$J^*=\lim\limits_{n\to\infty}J_n^*$均存在，进而$\hat{V}=V^*-M/(1-\beta)$，$\hat{J}=J^*-M/(1-\beta)$，$\hat{V}$和$V^*$分别是在转换后模型和原模型的最大期望折扣总利润。

(2) $\hat{V}$和$\hat{J}$(或V^*和J^*)满足转换模型(原模型)的最优方程(7.17)。

(3) $J^*(y, p)$是联合凹的，$V^*(x)$是凹的，进而$J^*(y, p)$有有限的最大值点，记为$(y(*, p^*)$(当有多个最大值点时，按字典序选择最大者)，$V^*(x)=O(|x|^{\rho+1})$。

(4) 存在base stock list策略(y^*, p^*)是最优的。

(5) 序列$\{(y_n^*, p_n^*)\}$至少有一个极限点，且任一极限点都是最优的base stock list策略。进而，存在与折扣因子β无关的$\underline{y}\leqslant 0\leqslant\overline{y}$，使得任一最优base stock list策略$(y^*, p^*)$均满足$y^*\in[\underline{y}, \overline{y}]$，$\forall\beta<1$。

证明请读者自行给出(见习题5)。

对于平均准则，通常需要将状态空间与决策集离散化为可数无限集。此时，平均准则最优方程是

$$\rho+h(x)=cx+\max_{y\geqslant x,\ p\in[\underline{p}, \overline{p}]}\{pEd(p, \varepsilon)-c(y-x)-G(y, p)+Eh(y-d(p, \varepsilon))\} \tag{7.18}$$

记$V^*(x)$为平均准则最优值函数。除了前面已经给出的条件7.4～条件7.6之外，还需要如

下条件。

条件 7.7 $Ed^{\rho+1}<\infty$，$\forall p\in[\underline{p}, \overline{p}]$。

于是，我们有如下定理，其证明请读者自己尝试。

定理 7.11 对平均准则，我们有如下的结论：

(1) $V^*(x)=\rho^*$ 为常数。进而，还存在函数$h^*(x)\leqslant 0$，使得$h^*(x)=O(|x|^{\rho+1})$，$(\rho^*, h^*(x))$是平均准则最优方程(7.18)的解。

(2) 存在 base stock list 策略(y^*, p^*)是最优的，且$y^*\in[\underline{y}, \overline{y}]$，$\forall\beta<1$；任一取到平均准则最优方程(7.18)中上确界的策略是最优策略。

库存管理是运营管理中的核心内容，而定价是营销管理的核心问题，Federgruen 和 Heching 于 1999 年首次对这二者在多阶段随机需求的框架下作了研究。有兴趣的读者可进一步阅读相关资料。

习 题

1.研究时齐多周期随机存贮问题中最优短视策略的计算，给出算法。

2.（**利润最大化**）我们在 7.1 与 7.2 节考虑了成本最小的库存管理问题。在很多实际问题中，库存是为了销售，从而获得收益。请考虑单位产品零售价为 p 时的利润最大化问题。

3.给出 7.2 节中计算折扣准则最优值函数$V_\beta^+(x)$与最优策略S^+的算法。

4. 证明定理 7.10。

5. 证明定理 7.11。

6. 本章运用 MDP 研究了基于报童问题的多阶段随机库存管理中的一些问题。大家知道，EOQ 是连续时间库存管理中的另一个基准模型，但运用了与本章 MDP 完全不同的方法。自从 1913 年被提出以来，EOQ 模型目前依然被许多研究者所关注和借鉴。试建立 EOQ 的 MDP 模型。

参考文献

胡奇英，毛用才. 2017. 随机过程. 2 版. 西安：西安电子科技大学出版社.

FEDERGRUEN A，HECHING A. 1999. Combined pricing and inventory control under uncertainty. OPER. RES.，47(3)：454 - 475.

FEDERGRUEN A，ZIPKIN P. 1986. An inventory model with limited production capacity and uncertain demands I. the average-cost criterion. Math. Ope. Res，11(2)：193 - 207.

FEDERGRUEN A，ZIPKIN P. 1986. An inventory model with limited production capacity and uncertain demands II. the discounted-cost criterion. Math. Ope. Res，11(2)：208 - 215.

PORTEUS E L. 2002. Foundations of Stochastic Inventory Theory. Springer.

Zipkin，P H. 2000. Foundations of Inventory Management. McGraw Hill，Boston.

第8章 收益管理

制造业产品，如家电、汽车，具有如下两个特征：无时效性、可重复生产。与之相反，如飞机票、旅馆房间，则具有明显的时效性(航班起飞后的机票无价值、旅馆房间每天的价格过了午夜12点后不再存在，也称易腐性)、不可重复生产(容量是固定的)。对这一产品的管理方法，显然不同于对传统制造业产品的管理方法。收益管理(Revenue Management，RM)就是针对这一类具时效性、不可重复生产的产品，选择合适的(Right)产品类型，在合适的时间，以合适的价格和合适的方式，送达合适的顾客(简称5R)，以使收益达到最大。这5个R分别对应于英文中的5个W：Where and When to sell and to Whom and at What price and by Which sales way。

收益管理的基本内容包括两部分：一是容量分配，即将固定的容量分配给不同时间段的不同顾客类别；二是定价，分为动态定价(不同时段有不同的价格)、差别定价(不同类别的顾客有不同的价格)。本章研究了价格固定和变化时的容量分配、动态定价、卖方定价与买方定价及其比较、价格变化时的容量分配，并尝试基于收益管理研究了政府房地产市场调控策略，最后讨论了收益管理。

8.1 价格固定时的容量分配

8.1.1 静态模型

考虑将 C 件同样的产品销售给 n 类不同的顾客。我们先来看一个例子。

例8.1 ABC航空公司属下某航班共有95个座位，公司对此设计了两类机票：一类是提前14天购买、不能退票的“赌博机票”，价格为490元；另一类是全价票，价格为690元。顾客不会提前太早购买全价票。公司需要为全价票预留多少个位置?

为此，我们需要知道全价票的需求量(记为D_1)、折扣票的需求量(记为D_2)。一般地，它们是随机变量，假定通过调查，并运用统计方法得到它们的分布函数分别为$F_1(x)$，$F_2(x)$。

设 x 为预留给全价票的机票数，则问题是求 x 使得公司的期望利润达到最大：

$$\max_x V(x)=490E[(95-x)\wedge D_2]+690E\{[x+(95-x-D_2)^+]\wedge D_1\}$$

容易求得

$$\begin{aligned}V(x) = {} & 490\int_0^{95-x} u\mathrm{d}F_2(u) + 490(95-x)\bar{F}_2(95-x) + \\ & 690\int_0^{95-x}\left[\int_0^{95-u} v\mathrm{d}F_1(v) + (95-u)\bar{F}_1(95-u)\right]\mathrm{d}F_2(u) + \\ & 690\left[\int_0^x v\mathrm{d}F_1(v) + x\bar{F}_1(x)\right]\bar{F}_2(95-x)\end{aligned}$$

其一阶条件为

$$V'(x)=-490\,\bar{F}_2(95-x)+690\,\bar{F}_1(x)\bar{F}_2(95-x)=0$$

它有唯一解$x^*=F_1^{-1}(20/69)$。在此点处，$V''(x^*)=-690f_1(x^*)\bar{F}_2(95-x^*)<0$。因此$x^*$是唯一的极大值点，从而也是问题的最优解。

因此，给定全价票需求的分布函数$F_1(x)$，即可求得最优的预留数。

注 8.1　(1) 最优解x^*只与全价票需求的分布函数$F_1(x)$有关，而与折扣票需求的分布函数无关，这是为什么？进而，最优解x^*的表达式与报童问题最优解的表达式相同，这是为什么？（见习题 1）

(2) 目标函数不同，将得到不同的最优预留数。例如以全价票销售损失最小为目标。

一般地，设顾客可细分为 n 类，不同类的顾客分布在不同的细分市场中，为他们设定的价格分别为$p_1>p_2>\cdots>p_n$。类 n 是价格最低的类，类 1 是价格最高的类。假定价格是给定的。由于产品的容量 C 是固定的，问题是如何将这一容量最优地分配到不同的细分市场中去，以最大化收益。此类问题称为容量分配(Capacity Allocation)问题，也称为容量控制。这一问题有两个典型的例子：一是如何销售同一航班的不同座位，二是如何销售同一旅馆的不同房间。

具体地，我们需要下述条件。

条件 8.1　(1) 顾客分为 n 类，设为 1，2，…，n，相应的零售价从高到低依次为$p_1>p_2>\cdots>p_n$。

(2) 不同类别的顾客在不重叠的时间段到达，且按照从低到高的顺序，即类 n 的顾客先到达，然后是类 $n-1$ 的顾客，…，最后是类 1 的顾客到达。

(3) 不同类顾客的需求互相独立，且与容量分配策略无关。

(4) 顾客逐个到达；或者是团体到达(即一次到达多个顾客)，但可以接受其中的任何一部分顾客。

(5) 商家是风险中性的。

在机票销售中，越愿意出高价的旅客往往越忙，越晚确定行程；反之，只愿出低价的旅客，往往提前很多时间就可以确定其旅程。也就是说低价旅客提前购买机票，而高价旅客则到最后时段才购买机票。这就解释了假设(1)与(2)的合理性。进而，这两类顾客是否购买机票是无关的，即两类顾客的需求互相独立。假设(4)排除了这样的情况：团体到达，要么全部满足他们的需求，要么全部不满足。对于这样的情况，也可以作类似的处理，但在数学上会变得复杂一些。假设(5)下，商家的目标函数就可以用期望收益来表示，否则在数学上会复杂一些；同时，航班这一类产品是重复性的(每天或者每周)，所以用期望收益作为目标也是合理的。

思考题　为何要作上述假设？

考虑阶段 j，其时剩余的容量为 x。在此阶段中，发生的事件及其顺序如下：

(1) 需求D_j发生；

(2) 从现有库存量 x 中分配 u 给类 j 顾客；

(3) 商家得到收入p_ju，剩余库存 $x-u$，进入阶段 $j-1$。

记$V_j(x)$表示在阶段j还剩容量x时，在余下的阶段中所能得到的最优值，则它满足如下的最优方程①：

$$V_{j+1}(x)=E\left[\max_{0\leqslant u\leqslant x\wedge D_{j+1}}\{p_{j+1}u+V_j(x-u)\}\right],\ j=n-1,\ \cdots,\ 1,\ 0 \tag{8.1}$$

其边界条件为$V_0(x)=0$，$\forall\, x\leqslant C$。取到上述右边最大的u记为$u_{j+1}^*(x,\ D_{j+1})$，它是最优容量分配策略。

下面分容量是离散还是连续两种情形分别来讨论$u_{j+1}^*(x,\ D_{j+1})$的表达式。

离散情形 不妨假定C，D_j取值于非负整数。为获得最优方程(8.1)的最优解，将它写为

$$V_{j+1}(x)=V_j(x)+E\left[\max_{0\leqslant u\leqslant x\wedge D_{j+1}}\sum_{z=1}^{u}(p_{j+1}-\Delta V_j(x+1-z))\right]$$

其中$\Delta V_j(x)=V_j(x)-V_j(x-1)$。不难证明$\Delta V_j(x)$对$x$，$j$下降，从而$p_{j+1}-\Delta V_j(x+1-z)$对$z$下降，于是最优策略一定是增加$u$直到$p_{j+1}-\Delta V_j(x+1-z)$为负，或者增加到上界$x\wedge D_{j+1}$。记

$$z_j^*=\max\{z\geqslant 0\mid p_{j+1}\geqslant\Delta V_j(x+1-z)\}\leqslant x,\ j=1,\ 2,\ \cdots,\ n-1$$

则最优容量分配策略为

$$u_{j+1}^*(x,\ D_{j+1})=z_j^*\wedge D_{j+1}$$

由于$z_j^*\leqslant x$依赖于x，为简化记号，我们记

$$a_j^*:=\max\{x: p_{j+1}<\Delta V_j(x)\},\ j=1,\ 2,\ \cdots,\ n-1 \tag{8.2}$$

则由上面定义的z_j^*，a_j^*有

$$p_{j+1}\geqslant\Delta V_j(x+1-z_j^*),\ p_{j+1}<\Delta V_j(x-z_j^*)$$
$$x+1-z_j^*>a_j^*,\ x-z_j^*\leqslant a_j^*$$
$$z_j^*=(x-a_j^*)^+$$

因此，最优容量分配策略可写为

$$u_{j+1}^*(x,\ D_{j+1})=(x-a_j^*)^+\wedge D_{j+1}$$

由此可知，上面引入的a_j^*表示在阶段j留给类j，$j-1$，…，2，1的顾客的最小的数(容量)，称之为最优保护水平(Protection Level)。由a_j^*的如此含义知，有

$$a_1^*\leqslant a_2^*\leqslant\cdots\leqslant a_n^*$$

其中$a_1^*=0$表示当最高价的顾客到达时，其后不再有顾客，所以不再需要预留一部分机票。

如上的最优策略由一列数$\{a_j,\ j=n,\ n-1,\ \cdots,\ 1\}$所确定，其中$a_j$为第$j$个保护水平，表示类$j(j-1,\ \cdots,\ 1)$的容量总和至少为$a_j$。这个策略称为 Nested Protection Level (NPL) 策略。

与此类似，我们还可定义另外的一类策略，称之为 Nested 预订上限(Nested Booking

---

① 这里的最优方程(8.1)的形式不同于通常的 max$E$。事件发生的顺序不同时，得到的最优方程也将不同。如前述的事件(1)与(2)的顺序反过来，则相应的最优方程成为

$$V_{j+1}(x)=\max_{0\leqslant u\leqslant x}\{Ep_{j+1}(u\wedge D_{j+1})+EV_j(x-(u\wedge D_{j+1}))\}$$

文献(Talluri，et al，2004)指出“they can be shown to be equivalent and the Emax is simpler to work with in many RM problems”)，试给出证明(见习题 2)。

Limit, NBL)。它是以递阶的方式将容量分配给各类别顾客的一种分配方案，其中阶次高的类别可以保留给阶次低于它的其他类别顾客。记b_j表示类 j 的 NBL，是分配给类别 j 及所有类别低于 j 的顾客(类 j, $j+1$, …, n)的总容量的上限。所以b_j随 j 递减，自然$b_1=C$ 为总容量。

上述两类策略之间是互相唯一确定的：

$$b_j=C-a_{j-1},\ j=2,\ \cdots,\ n \tag{8.3}$$

如上最优容量分配策略的逻辑是：首先，满足一个请求当且仅当其收益超过满足此请求所需容量的价值；其次，容量的价值应用其置换成本(Displacement Cost)或机会成本来衡量，即现在使用此容量，而不是保留它到将来使用所引起的期望损失。

如下定理总结了上述结果，也表明这两个策略是等价的。

定理 8.1　下述两个策略均为静态模型的最优控制策略：

(1) NPL 策略：

$$\{a_j^*\}:\ a_j^*=\max\{x\mid p_{j+1}<\Delta V_j(x)\},\ j=1,\ 2,\ \cdots,\ n-1$$

(2) NBL 策略：

$$\{b_j^*\}:\ b_j^*=C-a_{j-1}^*,\ j=1,\ 2,\ \cdots,\ n-1$$

连续情形　此时，变量 C, D_j, u 均取连续的值。最优方程仍然是(8.1)，边际值 $\Delta V_j(x)$就需要改为导数$V_j'(x)$了。类似可证，$V_j'(x)$对 x, j 下降，从而$V_j(x)$是 x 的凹函数。定理 8.1 在连续时仍成立，其中的最优保护水平为

$$a_j^*=\max\{x: p_{j+1}=V'_j(x)\},\ j=1,\ 2,\ \cdots,\ n-1$$

这与前面式(8.2)中的类似。

我们有更简洁的记号。对任意给定的保护水平向量 $\boldsymbol{a}$ 和需求向量 $\boldsymbol{D}=(D_1,\ D_2,\ \cdots,\ D_n)$，定义事件

$$B_j(\boldsymbol{a},\ \boldsymbol{D})=\{D_1>a_1,\ D_1+D_2>a_2,\ \cdots,\ D_1+D_2+\cdots+D_j>a_j\},\ j=1,\ \cdots,\ n-1$$

式中$B_j(\boldsymbol{a},\ \boldsymbol{D})$表示阶段 1, 2, …, j 的需求都超过了相应的保护水平。a^* 是最优的，当且仅当它满足下述方程(Brumelle et al, 1993)：

$$P(B_j(\boldsymbol{a},\ \boldsymbol{D}))=\frac{p_{j+1}}{p_1},\ j=1,\ 2,\ \cdots,\ n-1 \tag{8.4}$$

我们称此为 Littlewood's Rule，因为 Littlewood 于 1972 年首先得到了 $n=2$ 时的上述方程($j=1$)，即 $P(D_1>a_1^*)=\dfrac{p_2}{p_1}$。注意到

$$B_j(\boldsymbol{a},\ \boldsymbol{D})=B_{j-1}(\boldsymbol{a},\ \boldsymbol{D})\cap\{D_1+D_2+\cdots+D_j>a_j\}$$

因此，若事件$B_j(\boldsymbol{a},\ \boldsymbol{D})$发生，则事件$B_{j-1}(\boldsymbol{a},\ \boldsymbol{D})$必定也要发生。因此，当$a_j=a_{j-1}$时，必有$B_j(\boldsymbol{a},\ \boldsymbol{D})=B_{j-1}(\boldsymbol{a},\ \boldsymbol{D})$。由于$p_j<p_{j-1}$，由式(8.4)知必有$a_j^*>a_{j-1}^*$。因此，$a_j^*$ 单调上升。

8.1.2　动态模型

动态模型中，最主要的是放松了静态模型中条件 8.1 的(2)(顾客按照零售价从低到高的次序到达)，但增加了新的假设，具体如下：

有 n 类顾客，价格分别为$p_1\geqslant p_2\geqslant\cdots\geqslant p_n$；销售时段划分为 T 个周期，依次是周期 1,

周期 2，…，周期 T。假定**每个周期至多到达一个顾客**。如果顾客到达服从 Poisson 过程，且周期的长度分得足够小，那么由 Poisson 过程的性质知，前述假设是成立的。记$\lambda_j(t)$表示在 t 时到达的顾客是 j 类的概率，假定 $\sum_{j=1}^{n}\lambda_j(t)\leqslant 1$，而 $1-\sum_{j=1}^{n}\lambda_j(t)$表示该周期没有顾客到达的概率。与静态模型中相同，在顾客到达时，商家知道了顾客是哪类的(也即价格p_j的值)之后再作决策：拒绝还是接受该顾客。

记状态 x 表示剩余库存(容量)，$V_t(x)$为最优值函数，则对离散情形，它满足如下的最优方程：

$$\begin{aligned}V_t(x) &= \sum_j \lambda_j(t)\max\{V_{t+1}(x),\ p_j+V_{t+1}(x-1)\}+\left[1-\sum_j \lambda_j(t)\right]V_{t+1}(x)\\ &= V_{t+1}(x)+\sum_j \lambda_j(t)\max\{0,\ p_j-\Delta V_{t+1}(x)\}\end{aligned} \tag{8.5}$$

其中 $\Delta V_{t+1}(x)=V_{t+1}(x)-V_{t+1}(x-1)$表示在 $t+1$ 时容量 x 的期望边际收入。边界条件为

$$V_{T+1}(x)=0,\ x=0,\ 1,\ \cdots,\ C$$

$$V_t(0)=0,\ t=1,\ 2,\ \cdots,\ T$$

用归纳法易证$V_t(x)$对 x 上升。

因此，最优策略是：到达一个 j 类顾客时，接受他当且仅当$p_j\geqslant\Delta V_{t+1}(x)$。如果将到达顾客所属类别的价格称为该类顾客的报价，那么这一类策略可称为报价(Bid Prices，BP)策略，它有一个开关价格(Threshold Price，依赖于剩余容量、剩余时间等)$\Delta V_{t+1}(x)$，使得接受一个报价请求当且仅当该报价超过开关价格。与前面两类基于顾客类的(Class-based)的策略不同，报价策略是基于收益的(Revenue-based)。

用归纳法易证 $\Delta V_t(x)$对 x，t 均单调下降。这样，我们有下述关于最优策略的结构性定理。

定理 8.2 对动态模型，最优容量分配策略为

(1) 基于时间的 NPL 策略：

$$a_j^*(t)=\max\{x: p_{j+1}<\Delta V_{t+1}(x)\},\ j=1,\ 2,\ \cdots,\ n-1$$

(2) 基于时间的 NBL 策略：

$$b_j^*(t):=C-a_{j-1}^*(t),\ j=1,\ 2,\ \cdots,\ n$$

(3) BP 策略：

$$\pi_t(x):=\Delta V_{t+1}(x)$$

请读者解释定理中(2)和(3)的结果。

对变量取值连续的情形，可类似讨论。其计算问题可与静态问题类似进行。

注 8.2 (1) 对静态模型，也可考虑报价策略。但由于报价策略适用于顾客逐个到达的情形，因此需要在静态模型中作进一步的假设：在阶段 j，顾客是逐个到达的，每到达一个顾客，商家就要确定是接受还是拒绝。请读者给出此时的报价策略。

(2) 前面所谓的“动态”在时间上是离散的，还可考虑时间连续的情形。

8.1.3 预订和超订

预订就是提前销售或预先提供服务。其作用包括：① 需求不足时激励需求；② 平衡需

求，即将某时段多余的需求转移至同一设施的其他时段或同一组织的其他设施(酒店)；③ 改善服务，即减少顾客等待时间和保障服务的可供性；④ 降低成本。

但预订也有不良后果，其中最主要的，一是预订的顾客不来(称为不履行，No-show)，如买了机票的顾客没来机场登机。二是临时取消(Cancellation)，导致供应的浪费。例如，在临近飞机起飞时退票或者在晚上取消预订的酒店房间，造成航空公司、酒店很难再将机票、房间销售出去。

那么如何解决顾客的不履行、临时取消呢？其常见的办法是超订(Overbooking)。但超订也会产生不良后果：顾客都到达，必然有部分顾客不能得到他们所购买的服务。例如，某航班 152 个座位，但销售出去 170 个座位。如果 170 位顾客全部到达，那么就会有 18 位顾客不能登机。

对此的解决方法有很多，例如，可将预订了房间而不能入住的顾客，引入到附近有联系的酒店中；也可对部分顾客做出赔偿。我们在这里考虑赔偿，也即超订与赔偿相结合，以平衡闲置服务能力的期望机会成本和超售的期望成本。那么具体要解决的问题是超订多少？我们来讨论一个例子。

例 8.2　DN 航空公司在某个从上海到北京的航班上共有座位 100 个，每张机票价格是 1000 元。因此，如果不超订，顾客不履行所产生的成本是 1000 元；但如果超订过多，对于购买了机票却不能登机的顾客，航空公司将介绍其到后续的航班或其他航空公司的航班，并予以赔偿(或补偿)，这样 DN 航空公司就需要支付额外的成本，设为 1500 元/人。记 $C=1500$，$R=1000$。

记 Q 表示销售数，即航班座位数加上超订数；记 D 表示不出现的顾客的数量，它是随机变量，分布函数是 F。于是最优销售数 Q 就是如下优化问题的最优解：

$$\min_{Q\geqslant 0}\{CE(Q-D)^{+}+RE(D-Q)^{+}\} \tag{8.6}$$

根据前述所给的信息，容易求得最优的销售数。当变量是连续的时，即 Q 是连续变量，D 是连续型随机变量，其分布函数为 F 时，容易求得最优销售数为$Q^{*}=F^{-1}(R/(R+C))=F^{-1}(2/5)$。比较存贮论中的报童问题模型，易知与这里的问题十分类似，无论是优化问题还是最优解的表达式。

在离散情形，假定不出现顾客的数量 D 的概率如表 8.1 所示。请读者求解最优的销售数(见习题 4)。

表 8.1　不履行的概率

不出现	0	1	2	3	4	5	6	7	8	9	10
出现概率	5	10	20	15	15	10	5	5	5	5	5
累积概率	5	15	35	50	65	75	80	85	90	95	100

8.2　价格动态变化时的多阶段容量分配

非垄断产品的价格是往往外生、动态变化的，也即价格由市场确定，公司的定价决策只能在市场价的附近上下波动一定幅度。例如，京沪航线有多家航空公司的很多个航班在竞争，价格由市场确定。房地产市场亦如此。某区域房产的价格如果低于市场价较多，将会很快销售完，这对企业来说并非合理；反之，如果明显高于市场价，将会很难销售出去。同时，某区域的产品数一般是比较难以变化的，也就是不可订购的。因此，本节考虑这样一类产品的销售问题：容量给定，价格随时间变化，企业的决策是每个阶段的最大销量。

具体地，假定有一个零售商需要在一个销售季节中销售 N 件(数量不能增加)物品。销售季节分为 T 个周期，每周期的零售价是外生但随机变化的，每周期的需求也是随机的，且各周期的需求互相独立。所以，该零售商的销售策略就是如何在各个周期内分配这 N 件物品，也即每个周期要确定从剩余的物品中留下多少件用于未来各周期销售。

记 t 表示目前是第 t 个周期，故 $t=1$ 表示第 1 个周期，$t=T$ 表示最后一个周期。

各周期的需求量 $D_t(t=1, 2, \cdots, T-1, T)$ 是非负、互相独立的随机变量，分布函数为 $F_t(x)$，概率密度函数为 $f_t(x)$。记 $\bar{F}_t(x)=1-F_t(x)$。进而，我们假定 $0\leqslant E(D_t)<+\infty$。这在实际中是成立的，在我们的模型中可以保证目标函数是有限的。本节放弃了 8.1.2 节中的"一周期一个顾客"的假设。

周期 t 的零售价 p_t 的变化服从一阶自回归过程 AR(1)：$p_t=\varphi p_{t-1}+\tau_t$，$t=1, 2, \cdots, T$，其中常数 φ 表示价格的变化趋势，称为价格趋势(Price Trend)，$\{\tau_t\}$ 是一个白噪声过程，即 $E\tau_t=0$，$r=t$ 时 $E(\tau_r\tau_t)=\sigma^2$，$r\neq t$ 时 $E(\tau_r\tau_t)=0$。高阶的 AR 过程可能更接近现实，但在数学处理上是类似的。

记 I_t 为周期 t 开始时的库存量(即剩余物品数)，c_t 为该周期每件产品的存贮费。在观察到 I_t 后，零售商需要确定为将来各周期保留的产品数 s_t。我们称 s_t 为周期 t 的保留数(the Save-up-to Level)。显然，$0\leqslant s_t\leqslant I_t$，且周期 t 可销售的产品数为 I_t-s_t，实际销售数为 $(I_t-s_t)\wedge D_t$。为方便数学处理，我们假定 I_t 和 s_t 都是连续取值的变量。离散情形是可以类似处理的。

零售商的目标是最大化其期望折扣利润，记 $V_t(I, p)$ 表示在阶段 t 时的库存量为 I、零售价为 p 时零售商在该周期及以后各周期所能得到的最大期望折扣总利润。设折扣因子为 $\beta\geqslant 0$。为方便起见，我们假定 $V_t(0, p)=0$ 及 $V_0(I, p)=0$，分别表示当产品销售完时不会有其他收入，以及在销售季节结束时剩余物品没有残值。但只要 $V_0(I,p)$ 是 $I\in[0,+\infty)$ 的非负、连续凹函数，本节中的结论就依然成立。

由第 1 章的知识知道，$V_t(I, p)$ 满足如下的最优方程：

$$V_t(I, p)=\max_{0\leqslant s\leqslant I} J_t(I, p, s),\ t=1, 2, \cdots, T \tag{8.7}$$

其中

$$\begin{aligned} J_t(I, p, s) &= pE((I-s)\wedge D_t)-c_tI+\beta E\, V_{t+1}(s+(I-s-D_t)^+, \varphi p+\tau_{t+1}) \\ &= p\int_0^{I-s} x\mathrm{d}F_t(x)+p(I-s)\bar{F}_t(I-s)-c_tI+\beta\bar{F}_t(I-s)\,E_{\tau_{t+1}} V_{t+1}(s, \varphi p+\tau_{t+1})+ \\ &\quad \beta\int_0^{I-s} E_{\tau_{t+1}} V_{t+1}(I-x, \varphi p+\tau_{t+1})\mathrm{d}F_t(x) \end{aligned} \tag{8.8}$$

表示在周期 t 的库存数为 I、零售价为 p、为未来各周期的保留数为 s 时，在该周期及未来各周期所能得到的最大期望折扣总利润。

下面，我们证明最优策略的存在性。首先，如下引理关于 $J_t(I, p, s)$ 和 $V_t(I, p)$ 的连续性，用数学归纳法容易证明。

引理 8.1　给定 t，I，p，$J_t(I, p, s)$是 $s\in[0, I]$的连续有界函数，从而存在有限的最大值点，进而$V_t(I, p)$是 $I\in[0, +\infty)$连续有界函数。

因此，$J_t(I, p, s)$的最大值点记为$s_t^*(I, p)$。当有多个最大值点时，取$s_t^*(I, p)$为其中的最大者。

于是，我们可以证明如下定理。

定理 8.3　对任意的 t 和 p，$V_t(I, p)$是 $I\in[0, +\infty)$的二次可微凹函数。进而，存在$s_t^*(p)\geqslant 0$使得最优保留数为$s_t^*(I, p)=s_t^*(p)\wedge I$。

证明　为方便起见，记$V_t'(I, p)$和$V_t''(I, p)$分别为$V_t(I, p)$关于 I 的一阶、二阶导数。我们对 t 用归纳法来证明定理。

对 $t=T$，由边界条件$V_0(I, p)=0$ 及方程(8.8)，有

$$J_T(I, p, s) = p\int_0^{I-s} x\mathrm{d}F_T(x) + p(I-s)\bar{F}_T(I-s) - c_T I$$

显然，$\frac{\partial}{\partial s}J_T(I, p, s)=-p\bar{F}_T(I-s)\leqslant 0$，即$J_T(I, p, s)$关于 s 下降。从而商家应该将所有物品放在最后阶段销售，即最优保留数$s_T^*(I, p)=0$。由此，$s_T^*(p)=0$。于是

$$V_T(I, p) = J_T(I, p, 0) = p\int_0^{I} x\mathrm{d}F_T(x) + pI\bar{F}_T(I) - c_T I$$

这表示$V_T'(I, p)$和$V_T''(I, p)$均存在，且

$$V_T'(I, p)=p\bar{F}_T(I)-c_T,\ V_T''(I, p)=-p f_T(I)\leqslant 0 \tag{8.9}$$

因此给定 p，$V_T(I, p)$是 I 的凹函数。

归纳假定对某 $t\geqslant 2$，任意给定 p，$V_{t+1}(I, p)$是 I 的二次可微凹函数。下面来证明这对 t 也是成立的。由式(8.8)，得

$$\frac{\partial J_t(I, p, s)}{\partial s}=[\beta E_{\tau_{t+1}}V_{t+1}'(s, \varphi p+\tau_{t+1})-p]\bar{F}_t(I-s) \tag{8.10}$$

由归纳假设，$V_{t+1}'(s, \varphi p+\tau_{t+1})$对 s 下降，故$\beta E_{\tau_{t+1}}V_{t+1}'(s, \varphi p+\tau_{t+1})-p$ 也对 s 下降。

定义

$$s_t^*(p)=\max\{s>0\,|\,\beta E_{\tau_{t+1}}V_{t+1}'(s, \varphi p+\tau_{t+1})\geqslant p\} \tag{8.11}$$

其中，当$\beta E_{\tau_{t+1}}V_{t+1}'(s, \varphi p+\tau_{t+1})<p$ 对所有的 $s\in[0, \infty)$成立时，记$s_t^*(p)=0$。由于$E_{\tau_{t+1}}V_{t+1}'(s, \varphi p+\tau_{t+1})$对 s 连续，$s_t^*(p)=\max\{s>0\,|\,\beta E_{\tau_{t+1}}V_{t+1}'(s, \varphi p+\tau_{t+1})=p\}$。显然，$s_t^*(p)$是周期 t 时保留数的一个上界。下面分两种情况讨论。

(1) $I\leqslant s_t^*(p)$。由式(8.10)知，$\frac{\partial}{\partial s}J_t(I, p, s)\geqslant 0$ 对所有 $0\leqslant s\leqslant I$ 成立，从而$s_t^*(I, p)=I$。因此

$$V_t(I, p)=J_t(I, p, I)=\beta E_{\tau_{t+1}}V_{t+1}(I, \varphi p+\tau_{t+1})-c_t I \tag{8.12}$$

由此即知$V_t(I, p)$是 $I\leqslant s_t^*(p)$的二次可微凹函数。

(2) $I>s_t^*(p)$。由式(8.10)知，$s\leqslant s_t^*(p)$时$\frac{\partial}{\partial s}J_t(I, p, s)\geqslant 0$，且当 $s>s_t^*(p)$时$\frac{\partial}{\partial s}J_t(I, p, s)<0$。因此，$s_t^*(I, p)=s_t^*(p)$，进而$V_t(I, p)=J_t(I, p, s_t^*(p))$。再由式

(8.8)及归纳假设知$V_t(I, p)$对 I 二次可微，因此

$$V'_t(I,p) = \beta\int_0^{I-s_t^*(p)} E_{\tau_{t+1}} V'_{t+1}(I-x,\varphi p+\tau_{t+1})\mathrm{d}F_t(x) + p\bar{F}_t(I-s_t^*(p)) - c_t \tag{8.13}$$

$$V''_t(I,p) = \beta\int_0^{I-s_t^*(p)} E_{\tau_{t+1}} V''_{t+1}(I-x,\varphi p+\tau_{t+1})\mathrm{d}F_t(x)$$
$$+\left[\beta E_{\tau_{t+1}} V'_{t+1}(s_t^*(p),\ \varphi p+\tau_{t+1}) - p\right] f_t(I-s_t^*(p))$$

上面在$V''_t(I, p)$的右边项中，第一项的非负性由归纳假设知，第二项由$s_t^*(p)$的定义知等于零。故 $V''_t(I, p)\leqslant 0$，即$V_t(I, p)$在 $I>s_t^*(p)$上是凹的。

进一步由式(8.12)及式(8.13)，有

$$\lim_{I\to s_t^{*-}(p)} V'_t(I,\ p)=\beta E_{\tau_{t+1}} V'_{t+1}(s_t^*(p),\ \varphi p+\tau_{t+1})-c_t$$

$$\lim_{I\to s_t^{*+}(p)} V'_t(I,\ p)=p-c_t$$

由此及$s_t^*(p)$的定义知，$V'_t(I, p)$在点 $I=s_t^*(p)$处下降。因此，$V_t(I, p)$对 $I\geqslant 0$ 是凹的。

由以上讨论知，$I\leqslant s_t^*(p)$时$V_t(I, p)=J_t(I, p, I)$，否则$V_t(I, p)=J_t(I, p, s_t^*(p))$，从而$s_t^*(I, p)=s_t^*(p)\wedge I$。证毕。

定理 8.3 说明存在最优保留数$s_t^*(I, p)$的一个上界$s_t^*(p)$，这个上界依赖于本周期的零售价，但与本周期的库存量无关。这表示在上界处，零售商为未来多保留一个物品的边际收益等于当时的零售价 p。由上定理，零售商只要比较每个周期的库存量I_t与上界$s_t^*(p)$即可确定最优的保留数及给当前周期的分配数：如果$I_t\leqslant s_t^*(p)$，则所有库存保留给将来，否则，给将来保留的数量是$s_t^*(p)$，而分配给当前周期的数量为$I_t-s_t^*(p)$。这个策略很像库存控制中著名的 Base-stock 策略(有基础库存量S^*，使得当库存低于 S^* 时将库存量提升到这个量)。类似地，我们称$s_t^*(p)$为最优保留数(Optimal Save-up-to Level)。库存控制中的S^* 用于本阶段，而这里的$s_t^*(p)$是用于未来的物品数。

下面我们考虑商家面临的另一个问题：如何确定初始库存量以使其期望利润最大？即 $\max_I V_T(I, p)$，其中给定销售周期 T 及初始价 p。例如，房地产商在开发某一块地时，建多少房间？在作购地决策时购买多少土地？记$I_T^*(p):=\arg\max\limits_I V_T(I, p)$为最优解。对此，我们有如下定理。

定理 8.4 最优初始库存量$I_T^*(p)$存在，是方程$V'_T(I, p)=0$ 的解。进而，当 $p\geqslant c_T$时有$I_T^*(p)\geqslant s_T^*(p)$。

证明 由定理 8.3 知，$V_T(I,p)$是 I 的凹函数，所以最优初始库存量$I_T^*(p)$存在且是一阶条件$V'_T(I,p)=0$ 的解。由式(8.9)和式(8.11)，给定 $p\geqslant c_T$，$V'_T(s_T^*(p),p)=p-c_T\geqslant 0$。进而，$V'_T(I, p)$随 I 下降，因此当 $p\geqslant c_T$时有$I_T^*(p)\geqslant s_T^*(p)$。

初始库存量的决策是商家的战略决策，而每天销售多少则是运营决策。战略决策当然对商家来说很重要。定理 8.4 证明最优初始库存量满足方程$V'_T(I, p)=0$。最优初始库存量包括两部分：一是满足当前阶段所需的量，二是满足未来各阶段所需的量$s_T^*(p)$。所以，最优初始库存量应不低于最优保留水平。

可以证明，最优策略具有如下的性质(Wen et al，2016)。

定理 8.5 (1) 若$c_t=c$为常数，则$s_t^*(p)$和$I_t^*(p)$均随 c 递减。

(2) 若$c_t=0$且$F_t(x)=F(x)$与 t 无关，则$s_t^*(p)$和$I_t^*(p)$均随 t 递减。

(3) 若 $\beta\varphi\leqslant 1$，则$s_t^*(p)=0$，$\forall p$，t。

(4) 若 $\beta\varphi>1$ 且库存局限在区间$[0, k]$中，则$s_t^*(p)$和$I_t^*(p)$均随 p 递增。

(5) 若 $\beta\varphi>1$，则$s_t^*(p)$和$I_t^*(p)$均随 φ 递增。

由以上定理知，$s_t^*(p)$和$I_t^*(p)$均随 t 递增。如果销售周期数 T 可以控制，那么 T 越大，初始库存量和最优预留水平就越高。这里提出一个问题：$S_t^*(p)$和 $I_t^*(p)$是否会随 T 趋于无穷也趋于无穷的呢?

下面考虑无限阶段。假定模型是时齐的，即$c_t=c$，$\forall t$，τ_1，τ_2，…互相独立，与 τ 同分布且 $E\tau=0$，D_1，D_2，…互相独立且与 D 有相同的分布函数 $F(.)$。进而，$\beta<1$。于是有如下的最优方程：

$$V(I, p)=\max_{0\leqslant s\leqslant I}\{pE_D((I-s)\wedge D)-cI+\beta E_\tau V(s+(I-s-D)^+, \varphi p+\tau)\} \tag{8.14}$$

显然，$V(0, p)=0$，$\forall p$。

记 $r(I, p, s)=pE_D((I-s)\wedge D)-cI$ 表示一周期的利润，则$\frac{\partial}{\partial s}r(I, p, s)\leqslant 0$ 且 $\frac{\partial^2}{\partial s^2}r(I, p, s)\leqslant 0$，即 $r(I, p, s)$是 s 的下降凹函数。因此，给定零售价和库存量，分配给当前周期的量越大，本周期的利润也越大。

以下定理给出了无限阶段时的最优策略，以及与有限阶段最优策略间的关系。

定理 8.6 假定零售价 p 在一个有界的区间中变化，则对无限阶段的情形有如下结论：

(1) $V(I, p)=\lim\limits_{t\to\infty}V_t(I, p)$关于 s，I 连续，对 I 是凹的。

(2) $\{s_t^*(p)\}$和$\{s_t^*(I, p)\}$都至少有一个收敛点，分别记为$s^*(p)$，$s^*(I, p)$，则$s^*(p)=\max\{s>0 \mid E_\tau V'(s, \varphi p+\tau)=p\}$是最优的保留水平，$s^*(I, p)=I\wedge s^*(p)$是最优预留策略。

(3) $s^*(p)$和$s^*(I, p)$均随 c 下降，当 $\beta\varphi>1$ 且 $0\leqslant I\leqslant k$ 时随 p，φ 上升，当 $\beta\varphi\leqslant 1$ 时 $s^*(I, p)=s^*(p)\equiv 0$。

(4) $I^*(p)=\lim\limits_{T\to\infty}I_T^*(p)$是无限时段时的最优初始库存量，$I^*(p)\geqslant s^*(p)$，进而，$I^*(p)$满足 $V'(I^*(p), p)=0$。

以上定理表明无限时段的最优策略与有限时段的最优策略具有类似的性质。不同的是，前者存在最优的保留策略，最优保留水平$s^*(p)$只依赖于当前阶段的零售价，而与库存量、初始库存量无关。定理 8.6 表明，$s_t^*(p)$和$I_t^*(p)$单调上升，但不会趋于无穷，而是分别趋于无限时段时的$s^*(p)$和$I^*(p)$。

8.3 连续时间动态定价

前两节讨论了容量分配问题，本节讨论收益管理中的另一个重要问题——动态定价。某零售商要在 T 时间内销售掉 N 件产品，到期末销售掉的产品将作废；零售商在价格区间$[0, \infty]$内连续地调整价格，以使期望收益最大。顾客的到达服从强度为 $\lambda(t)$的非齐次

Poisson 过程，在 t 时到达的顾客的最大保留价格为$\overline{p}_t$，最小保留价格为$\underline{p}_t$，$\overline{p}_t \geqslant \underline{p}_t \geqslant 0$。在 t 时到达的顾客购买一件产品的充要条件是 t 时的价格p_t满足$\underline{p}_t \leqslant p_t \leqslant \overline{p}_t$。记$d_t = \overline{p}_t - \underline{p}_t$，假设$d_t$与$\underline{p}_t$相互独立，其分布函数分别为$F_{1,t}(x)$与$F_{2,t}(x)$[①]。

此问题的连续时间马尔可夫决策过程模型如下。

首先，我们将时间 t 重新定义为离销售期末的时间，也称之为剩余时间。于是到达率$\lambda(t)$就表示剩余时间为 t 时的到达率，$F_{1,t}(x)$与$F_{2,t}(x)$也作类似的解释。

其次，状态 n 定义为剩余的产品数，其集为 $S=\{0, 1, 2, \cdots, N\}$；决策 p 表示产品的零售价，其集为非负实数集$[0, \infty)$。在 t 时的零售价为 p 时，到达的顾客购买产品的概率是$u(p, t)=P\{\underline{p}_t \leqslant p \leqslant \underline{p}_t + d_t\} = \int_0^p \overline{F}_{1,t}(p-x)\mathrm{d}F_{2,t}(x)$。

从而报酬率函数为

$$r_n(t, p)=\lambda(t)u(p, t)p\chi(n>0)$$

转移速率函数为($n>0$ 时)

$$q_{nm}(t, p)=\begin{cases}\lambda(t)u(p, t) & m=n-1\\ -\lambda(t)u(p, t) & m=n\\ 0 & \text{其他}\end{cases}$$

当 $n=0$ 时$q_{00}(t, p)=0$，即状态 0 是吸收态。

若 $J(n, t)$表示在 t 时的剩余产品数为 n 的条件下，零售商在剩余时间里所能获利的最大期望收益，则由第 4 章中所讨论的连续时间马尔可夫决策过程的理论知道[②]，$J(n, t)$满足如下的最优方程：

$$\frac{\partial}{\partial t}J(n, t)=\sup_p\{\lambda(t)u(p, t)[p-\Delta J(n, t)]\}, \ n>0 \tag{8.15}$$

其中 $\Delta J(n, t)=J(n, t)-J(n-1, t)$为 $J(n, t)$的一阶差分，其边界条件是

$$J(0, t)=0, \ J(n, 0)=0$$

上述第一个边界条件表示当没有产品剩余时零售商的收益为零，这是显然的；而第二个边界条件表示没有剩余时间时零售商的收益也为零。对于如航班座位、旅馆房间一类的产品，此条件显然成立。

记 $p(n, t)$表示取到最优方程(8.15)中右边上确界的 p(当有多个 p 取到上确界时，取其中的最大者)。下面我们讨论最优值函数 $J(n, t)$与最优价格策略 $p(n, t)$的性质，主要是单调性。

由 $J(n, t)$的定义，很容易得到下面的引理。

引理 8.2 $J(n, t)$随 n 递增，随 t 递增。

这就是说，剩余的产品越多，剩余销售时间越长，期望收益就越大。接下来，我们有下

---

① 连续时间动态定价的研究，是 Gallego 和 Ryzin (1994 年)首先进行的，他们研究的是在$\lambda(t)=\lambda$为常数，$\underline{p}_t=0$ 时的情形。但这里所采用的方法与他们的不同，所得结论也更丰富。读者在阅读本节内容时若感到困难，可假定 $\lambda(t)=\lambda$，$\underline{p}_t=0$，这样更容易理解。

② 收益管理的文献中常说“由最优控制理论知道”。

面的定理。

定理 8.7　对任意 t，$J(n, t)$是 n 的凹函数，即 $\Delta J(n, t)$对 n 递减。

证明　充要条件是对任意 n，有

$$2J(n, t) \geqslant J(n-1, t)+J(n+1, t)$$

构造 4 组产品$(1, 2, \bar{1}, \bar{2})$，分别拥有 $n+1$，$n-1$，n，n 件产品。每一个到达的顾客同时在这 4 组中购买产品。显然，这 4 组产品的最大期望收益分别为 $J(n+1, t)$，$J(n-1, t)$，$J(n, t)$，$J(n, t)$。假设 1、2 组的最优策略已知，根据它来构造$\bar{1}$、$\bar{2}$组的定价策略，使得它们在此定价策略下的期望收益之和等于 $J(n-1, t)+J(n+1, t)$，因为这个策略不一定是$\bar{1}$、$\bar{2}$组的最优策略，所以这个期望收益不超过 $2J(n, t)$，于是命题可证。

构造$\bar{1}$、$\bar{2}$组的定价策略的方法如下。

设 1、2 组在 τ 的最优定价策略分别为$p_1(\tau)$与$p_2(\tau)$。令$\bar{1}$组的价格为$p_2(\tau)$、$\bar{2}$组的价格为$p_1(\tau)$，则对每个到达的顾客，若$p_1(\tau)$在其保留价格范围内，则他在 1 组与$\bar{2}$组中分别购买一件产品；若 $p_2(\tau)$在其保留价格范围内，则他在 2 组与$\bar{1}$组中分别购买一件产品；若$p_1(\tau)$、$p_2(\tau)$都在其保留价格范围内，则他在这 4 组中都购买一件产品。执行这个策略，直到下面情况之一发生：

(1) 当 1 比$\bar{1}$多销售一件产品时，到此时为止，1 与$\bar{2}$组、2 与$\bar{1}$组的销售收入相同，且 1 与$\bar{1}$组、2 与$\bar{2}$组中剩余的产品数相同。接着，令$\bar{1}$组执行 1 组的定价策略$p_1(\tau)$，$\bar{2}$组执行 2 组的定价策略$p_2(\tau)$，则在余下的时间内，1 与$\bar{1}$组、2 与$\bar{2}$组的销售收入相同。因此在整个计划期内，$\bar{1}$、$\bar{2}$组的总收益等于 1、2 组的总收益。

(2) 当销售期结束时，由于(1)没有发生，每一组产品都没有销售完，在整个计划期内 1 与$\bar{2}$组、2 与$\bar{1}$组的销售收入相同。

(3) 当 2 组中产品已经销售完时，到此时为止，由于(1)没有发生，1 与$\bar{2}$组、2 与$\bar{1}$组的销售收入相同，且$\bar{1}$组中还剩一件产品，1 与$\bar{2}$组中分别还剩 a 和 $a-1$ $(a \geqslant 2)$件产品。接着，令$\bar{1}$组的价格为无穷大直到(1)或(2)发生。若(1)发生则执行其策略，则在余下的时间内$\bar{1}$、$\bar{2}$组的总收益等于 1 的收益。因此在整个计划期内，$\bar{1}$、$\bar{2}$组的总收益等于 1、2 组的总收益。证毕。

由定理 8.7 可以看出，边际收益 $\Delta J(n, t)$随 n 递减。当期初的存贮量为决策变量时，若边际成本(增加单位存贮所带来的成本)递增(或为常数)，由定理 8.7 很容易得到，边际收益大于边际成本的最大的 n 就是最优的期初存贮量。

定理 8.8　对任意 n，$\Delta J(n, t)$随 t 递增，即边际收益随剩余销售时间递增。

证明　与参考文献(Zhao，Zheng，2000)中定理 2 的证明类似。证毕。

定理 8.9　若销售过程为齐次泊松(Poission)过程，即 $\lambda(t)=\lambda$，$F_{1,t}=F_1$，$F_{2,t}=F_2$，则对任意 n，$J(n, t)$为 t 的凹函数。

证明 在定理的条件下，$\lambda(t)u(p,t)=\lambda u(p)$，下面证明$\frac{\partial}{\partial t}J(n,t)$对 t 非增。

对任意的$t_1>t_2$，令$p_1=p^*(n,t_1)$，$p_2=p^*(n,t_2)$，则

$$\begin{aligned}\frac{\partial}{\partial t}J(n,t_1)&=\lambda u(p_1)(p_1-\Delta J(n,t_1))\\&\leqslant\lambda u(p_1)(p_1-\Delta J(n,t_2))\leqslant\lambda u(p_2)(p_2-\Delta J(n,t_2))\\&=\frac{\partial}{\partial t}J(n,t_2)\end{aligned}$$

其中，第 1 个不等式来自 $\Delta J(n,t)$随 t 递增，第 2 个不等式来自于p_2的定义。

于是，可得到 $J(n,t)$为 t 的凹函数。证毕。

定理 8.9 说明，最大期望收益随时间增加而增加，但增加的程度越来越小。

令$\bar{p}_t=\max\{p\mid u(p,t)=\sup\limits_{p\geqslant0}u(p,t)\}$表示使需求率取到上确界的最大价格，$p_t^*=\max\{p\mid pu(p,t)=\sup\limits_{p\geqslant0}pu(p,t)\}$表示使收益率取到上确界的最大价格。

定理 8.10 (1) 对任意 $p>p^*(n,t)$，$u(p,t)<u(p^*(n,t),t)$；(2) 对任意 $p>p_t^*$，$u(p,t)<u(p_t^*,t)$；(3) $p^*(n,t)\geqslant p_t^*\geqslant\bar{p}_t$。

证明 令 $p'=p^*(n,t)$。

(1) 当 $u(p',t)=0$ 时，由 p'的定义可知 $p'=\infty$，定理显然成立。

当 $u(p',t)>0$ 时，根据 p'的定义可知，对任意 $p>p'$，有

$$u(p,t)(p-\Delta J(n,t))\leqslant u(p',t)(p'-\Delta J(n,t))$$

由引理 8.2 及式(8.15)可知，当 $u(p',t)>0$ 时，$p'\geqslant\Delta J(n,t)$，因此上式等价于

$$u(p,t)\leqslant u(p',t)\frac{p'-\Delta J(n,t)}{p-\Delta J(n,t)}<u(p',t)$$

(2) 用反证法。设存在 $p>p_t^*$ 使 $u(p,t)\geqslant u(p_t^*,t)$，则

$$pu(p,t)\geqslant pu(p_t^*,t)\geqslant p_t^*u(p_t^*,t)$$

这与p_t^*的定义矛盾，因此假设错误。

(3) ① 用反证法证明$p_t^*\geqslant\bar{p}_t$。设$p_t^*<\bar{p}_t$，则 $p_t^*u(p^*t,t)\leqslant p_t^*u(\bar{p}_t,t)\leqslant\bar{p}_tu(\bar{p}_t,t)$。这与$p_t^*$的定义矛盾，故假设错误。

② 证明 $p'\geqslant p_t^*$。当 $u(p',t)=0$ 时，由于 $p'=\infty$，定理显然成立；当 $u(p',t)>0$ 时，可用反证法，设 $p'<p_t^*$，则有

$$b(p',n,t)=u(p',t)p'-u(p',t)\Delta J(n,t)\leqslant u(p_t^*,t)p_t^*-p_t^*\Delta J(n,t)=b(p_t^*,n,t)$$

其中，不等式可由p_t^*的定义及定理 8.10 的(1)得到。这与 p'的定义矛盾，故假设错误。证毕。

定理 8.10 表明，最优价格不小于使收益率最大的价格p_t^*，因此在决策时只需考虑不小于p_t^*的价格。

定理 8.11 对任意给定 t，$p^*(n,t)$随 n 递减。

证明 只需证明对任意的 $p>p^*(n,t)$，$b(p,n+1,t)\leqslant b(p',n+1,t)$。由定理 8.10 的(1)可知，此时，$u(p,t)<u(p',t)$，结合文献[Zhao,Zheng,2000]的定理 3，命题可证。证毕。

这个定理说明，最优价格随存贮量递减。在考虑最优价格随时间的变化情况前，参照文献[Zhao,Zheng,2000]，给出下面的条件。

条件 8.2　对任意$p_1>p_2$，$u(p_1, t)/u(p_2, t)$随 t 递增。

当顾客保留价格的分布与时间无关时，条件 8.1 显然成立。

定理 8.12　在条件 8.1 下，$p^*(n, t)$随 t 递增，即最优价格随销售期递增。

证明　记 $p'=p^*(n, t)$。只需证明对任意 $t'<t$ 有$p^*(n, t')\leqslant p'$。

(1) 当 $u(p', t)=0$ 时，$p'=\infty$，定理显然成立。

(2) 当 $u(p', t)>0$ 时，只需证明对任意 $p>p'$，$b(p, n, t')\leqslant b(p', n, t')$。

此时，$p>p'\geqslant \Delta J(n, t)\geqslant \Delta J(n, t')$。由 p' 的定义有 $b(p, n, t)\leqslant b(p', n, t)$，整理后得

$$\frac{u(p, t)}{u(p', t)}\leqslant 1-\frac{p-p'}{p-\Delta J(n, t)}$$

又因为 $u(p, t)/u(p', t)$随 t 递增，$\Delta J(n, t)$随 t 递增，所以

$$\frac{u(p, t')}{u(p', t')}\leqslant\frac{u(p, t)}{u(p', t)}\leqslant 1-\frac{p-p'}{p-\Delta J(n, t)}\leqslant 1-\frac{p-p'}{p-\Delta J(n, t')}$$

整理后可得 $b(p, n, t')\leqslant b(p', n, t')$。证毕。

引理 8.3　若 $u(p, t)$为 p 的凹函数，则当 $p\in[p_t^*, \infty]$时，$pu(p, t)$为单调递减的连续凹函数。

证明　(1) 证明 $pu(p, t)$在 $p\in(0, \infty)$内连续。由于 $u(p, t)$为 p 的凹函数，由凸函数的知识可知它在 $p\in(0, \infty)$内连续。因此 $pu(p, t)$在 $p\in(0, \infty)$内连续。

(2) 证明 $pu(p, t)$在 $p\in[\overline{p}_t, \infty]$上递减。对任意$\overline{p}_t\leqslant p_1<p_2$，由于 $u(p, t)$为凹函数，则有 $\alpha\in(0, 1)$ 使$p_1=\alpha\overline{p}_t+(1-\alpha)p_2$，从而

$$u(p_1, t)\geqslant\alpha u(\overline{p}_t, t)+(1-\alpha)u(p_2, t)\geqslant\alpha u(p_2, t)+(1-\alpha)u(p_2, t)=u(p_2, t)$$

其中，第二个不等式来自$\overline{p}_t$的定义。于是可证得，当 $p\geqslant\overline{p}_t$时，$u(p, t)$随 p 递减。

(3) 证明当 $p\geqslant\overline{p}_t$时，$pu(p, t)$为凹函数。对任意$p_1>p_2\geqslant\overline{p}_t$，有

$$\begin{aligned}\frac{p_1u(p_1, t)+p_2u(p_2, t)}{2}&=\frac{p_2}{2}[u(p_1, t)+u(p_2, t)]+\frac{p_1-p_2}{2}u(p_1, t)\\&\leqslant p_2u\left(\frac{p_1+p_2}{2}, t\right)+\frac{p_1-p_2}{2}u(p_1, t)\\&\leqslant p_2u\left(\frac{p_1+p_2}{2}, t\right)+\frac{p_1-p_2}{2}u\left(\frac{p_1+p_2}{2}, t\right)\\&=\frac{p_1+p_2}{2}u\left(\frac{p_1+p_2}{2}, t\right)\end{aligned}$$

其中，第一个不等式来自 $u(p, t)$为凹函数，第二个不等式来自当 $p\geqslant\overline{p}_t$时 $u(p, t)$随 p 递减。于是，可证得当 $p\geqslant\overline{p}_t$时，$pu(p, t)$为凹函数。

(4) 与(2)类似，可以证明当 $p\in[p_t^*, \infty)$时，$pu(p, t)$单调递减。

证毕。

条件 8.3　对任意 t，$r(\infty, t)=0$，$u(p, t)$为 p 的凹函数，最大、最小保留价与时间无关，即$F_{1,t}=F_1$，$F_{2,t}=F_2$。

$u(p, t)$是 p 的凹函数，在许多实际问题中都成立，$r(\infty, t)=0$ 保证了不会选择无效的价格∞。当保留价与时间无关时，$u(p, t)$和 p_t^* 均与 t 无关，分别记为 $u(p)$，p^*。

定理 8.13 若条件 8.2 成立，则最大期望收益 $J(n, t)$满足下列不等式：

$$J^{OFP}(n, t) \leqslant J(n, t) \leqslant \frac{2\sqrt{\min[n, u(p^*)G(t)]}}{2\sqrt{\min[n, u(p^*)G(t)]}-1} J^{FP}(n, t) \tag{8.16}$$

其中 $G(t) = \int_0^t \lambda(s)\mathrm{d}s$，$p^0$ 是使 $u(p) = n/G(t)$ 的最大价格，$J^{FP}(n, t)$ 是价格固定为 $p^D := \max\{p^*, p^0\}$ 时的期望收益；$J^{OFP}(n, t)$ 是在固定价格下的最大期望收益。

证明 由于 $r(\infty)=0$，则 $p^* < \infty$，因此 $0 \leqslant pu(p) \leqslant p^* u(p^*) \leqslant p^* < \infty$，即 $pu(p)$有界。由定理 8.10 可知，决策时只需考虑不小于p^* 的价格。又因为当 $p \geqslant p^*$ 时，$r(p, t) = \lambda(t)pu(p)$为 p 的单调递减有界连续凹函数，且 $r(\infty, t)=0$，由文献(Gallego et al, 1994)中的定理 8 可知 $J(n, t)$满足不等式(8.16)。证毕。

8.4 基于 Priceline 的买方/卖方定价收益管理问题

电子商务为新的商业模式提供了广阔的天地，同时各种商业模式也丰富了电子商务的发展，其中之一就是以 Priceline 网站为代表的逆向拍卖模式。自 1998 年 4 月开始运行，2002 年 Priceline 网站销售了 290 万张机票、410 万间·夜酒店入住定单、280 万次车辆出租车定单。2006 年 Priceline 网站的营业收入为 11 亿美元，比 2005 年增长了 16.7%。

在 Priceline 网站上，顾客输入需要的日期、航班的起始地与目标地，并给出一个价格区间，网站由此搜索满足相应条件的航空公司，若搜索到，就成交，否则顾客更换条件，再搜索；顾客在一天之内最多可以输入 3 次商品信息。商品的价格由顾客提交，故称为买方定价；而前面几节中所研究的传统收益管理中的定价是由卖方确定的，所以称之为卖方定价。国内在 2007 年曾推出一个 So-Hotel 网站，它允许顾客与酒店讨价还价，所以其定价方式是卖方定价与买方定价这两种方式的结合。

这里考虑一个简化的问题：只有一家卖方(提供一个航班)，需要购买此航班的顾客在到达时报价，卖方如果接受这个报价，则成交，交易价格为顾客的报价；否则，卖方拒绝，于是顾客离去。我们进一步假定顾客到达是一个任意的更新过程，决策时刻为顾客到达时刻，所以决策是离散时间问题。我们分别研究买方定价、卖方定价这两种定价方式下的马尔可夫决策过程模型，获得了最优策略的表达式(在传统的收益管理定价问题中，通常卖方定价、连续时间决策、同时需要假定顾客到达是一个 Poisson 过程)。下面我们将比较两种定价方式下卖方的期望收益大小。

8.4.1 买方定价

我们考虑如下的情形。卖方通过网站(如 Priceline)要在 T 时间内销售掉 N 件物品，没有销售掉的物品的价值为零。顾客的到达服从一个更新过程，即相继到达间隔时间互相独立①。每一个到达的顾客对待购物品进行报价，它是私有信息，即每位顾客知道自己报价的值，但别人不知道其具体值，只知道它是一个随机变量。卖方收到顾客的报价之后，立即决

① 通常的收益管理文献假定顾客的到达过程是一 Poisson 过程，本节仅要求顾客到达间隔时间是互相独立的。

定是否接受顾客的报价。如果接受，则交易成功，交易价格是顾客的报价，同时物品数量减少一个；否则，此次交易失败，物品数量保持不变。

若在剩余时间为 t 时到达一个顾客，其报价分布函数记为$F_t(\cdot)$，下一个顾客到达间隔时间的分布函数记为$G_t(\cdot)$。

定义状态变量为(t, n, p)，它表示在拍卖的剩余时间为 t 时，有一报价为 p 的顾客到达，此时剩余的物品数是 n。设 $\alpha>0$ 为连续折扣因子，$V_{\mathrm{I}}(t, n, p)$表示卖方在状态(t, n, p)处的最优值函数。那么，由 MDP 的知识可知①，$V_{\mathrm{I}}(t, n, p)$是以下最优方程的唯一有界解：

$$V_{\mathrm{I}}(t, n, p) = \max\begin{cases} p+\int_0^t \mathrm{e}^{-\alpha s}\int_0^\infty V_{\mathrm{I}}(t-s, n-1, q)\mathrm{d}F_{t-s}(q)\mathrm{d}G_t(s) \\ \int_0^t \mathrm{e}^{-\alpha s}\int_0^\infty V_{\mathrm{I}}(t-s, n, q)\mathrm{d}F_{t-s}(q)\mathrm{d}G_t(s) \end{cases} \tag{8.17}$$

满足边界条件$V_{\mathrm{I}}(0, n, p)=V_{\mathrm{I}}(t, 0, p)=0$。最优方程(8.17)右边第一、二项分别表示卖方接受、拒绝顾客的报价 p 时他的期望总收益；边界条件分别表示结束时或者没有剩余物品时，卖方的期望收益均为零。

下面我们讨论卖方的最优策略。定义$p^*(n, t)$为最优方程右边两项相等时 p 的值，即

$$\begin{aligned} p^*(n, t) &= \int_0^t \mathrm{e}^{-\alpha s}\int_0^\infty V_{\mathrm{I}}(t-s, n, q)\mathrm{d}F_{t-s}(q)\mathrm{d}G_t(s) \\ &\quad -\int_0^t \mathrm{e}^{-\alpha s}\int_0^\infty V_{\mathrm{I}}(t-s, n-1, q)\mathrm{d}F_{t-s}(q)\mathrm{d}G_t(s) \\ &= \int_0^t \mathrm{e}^{-\alpha s}\int_0^\infty [V_{\mathrm{I}}(t-s, n, q)-V_{\mathrm{I}}(t-s, n-1, q)]\mathrm{d}F_{t-s}(q)\mathrm{d}G_t(s) \end{aligned} \tag{8.18}$$

我们有以下结论。

命题 8.1 卖方的期望收益$V_{\mathrm{I}}(t, n, q)$随剩余物品数 n 递增，并且其最优策略是：在(t, n) 时到达顾客的报价达到或者超过$p^*(n, t)$时接受，否则拒绝。

证明 对 n 用数学归纳法，容易证明$V_{\mathrm{I}}(t, n, q)$随 n 递增。后一关于最优策略的结论由最优方程(8.17)很容易得到。

由以上命题，我们称$p^*(n, t)$为卖方的最优接受价，它具有通常的含义；当在(t, n)时到达一个顾客，卖方拒绝他与接受他之间的边际收益之差是 $p^*(n, t)$。当拒绝的边际收益超过$p^*(n, t)$时，拒绝对于卖方来说是最优的；否则，接受是最优的。

我们简化上面所得到的最优方程。注意到方程(8.17)右边的两个积分表达式，这里引入函数

$$V_{\mathrm{I}}(t, n) := \int_0^\infty V_{\mathrm{I}}(t, n, q)\mathrm{d}F_t(q) \tag{8.19}$$

我们仍然使用记号V_{I}，但它只有两个变量，这样不会引起混淆。因此，由最优方程(8.17)及最优策略$p^*(n, t)$的定义，我们有

① 严格地，$V_{\mathrm{I}}(t, n, p)$是最优方程的唯一有界解(胡奇英. 1993. 随机终止的非平稳折扣半马尔可夫决策规划，应用数学学报，16(4)，566－570)。

$$V_{\mathrm{I}}(t, n) = \int_{p^*(n,t)}^{\infty}\left[p+\int_0^t \mathrm{e}^{-\alpha s}\int_0^{\infty} V_{\mathrm{I}}(t-s, n-1, q)\mathrm{d}F_{t-s}(q)\mathrm{d}G_t(s)\right]\mathrm{d}F_t(p) +$$

$$\int_0^{p^*(n,t)}\left[\int_0^t \mathrm{e}^{-\alpha s}\int_0^{\infty} V_{\mathrm{I}}(t-s, n, q)\mathrm{d}F_{t-s}(q)\mathrm{d}G_t(s)\right]\mathrm{d}F_t(p)$$

$$= F_t(p^*(n, t))\int_0^t \mathrm{e}^{-\alpha s} V_{\mathrm{I}}(t-s, n)\mathrm{d}G_t(s) + \int_{p^*(n,t)}^{\infty} p\mathrm{d}F_t(p)$$

$$+ [1-F_t(p^*(n, t))]\int_0^t \mathrm{e}^{-\alpha s} V_{\mathrm{I}}(t-s, n-1)\mathrm{d}G_t(s)$$

同时，对任一$p_0 \geqslant 0$，考虑以下策略：当$p \geqslant p_0$时，接受该顾客，否则，拒绝该顾客；而在余下的时间中，按最优策略进行。此策略下的期望报酬不高于$V_{\mathrm{I}}(t, n, p)$(因为这是在最优策略下的期望报酬)，于是

$$V_{\mathrm{I}}(t, n) = \int_0^{p_0} V_{\mathrm{I}}(t, n, p)\mathrm{d}F_t(p) + \int_{p_0}^{\infty} V_{\mathrm{I}}(t, n, p)\mathrm{d}F_t(p)$$

$$\geqslant \int_0^{p_0}\int_0^t \mathrm{e}^{-\alpha s} V_{\mathrm{I}}(t-s, n)\mathrm{d}G_t(s)\mathrm{d}F_t(p) +$$

$$\int_{p_0}^{\infty}\left\{p+\int_0^t \mathrm{e}^{-\alpha s} V_{\mathrm{I}}(t-s, n-1)\mathrm{d}G_t(s)\right\}\mathrm{d}F_t(p)$$

$$= F_t(p_0)\int_0^t \mathrm{e}^{-\alpha s} V_{\mathrm{I}}(t-s, n)\mathrm{d}G_t(s) + \int_{p_0}^{\infty} p\mathrm{d}F_t(p) +$$

$$[1-F_t(p_0)]\int_0^t \mathrm{e}^{-\alpha s} V_{\mathrm{I}}(t-s, n-1)\mathrm{d}G_t(s)$$

以上两式说明，$V_{\mathrm{I}}(t, n)$是以下方程的解：

$$V_{\mathrm{I}}(t, n) = \max_q\left\{F_t(q)\int_0^t \mathrm{e}^{-\alpha s} V_{\mathrm{I}}(t-s, n)\mathrm{d}G_t(s) + \int_q^{\infty} p\mathrm{d}F_t(p) + [1-F_t(q)]\int_0^t \mathrm{e}^{-\alpha s} V_{\mathrm{I}}(t-s, n-1)\mathrm{d}G_t(s)\right\} \tag{8.20}$$

且最优策略$p^*(n, t)$仍然取得以上方程中的上确界，而边界条件仍然是$V_{\mathrm{I}}(0, n) = V_{\mathrm{I}}(t, 0) = 0$。由马尔可夫决策过程的知识可知，以上方程是以下问题(我们称之为买方定价Ⅱ)的最优方程，$V_{\mathrm{I}}(t, n)$是方程(8.20)的唯一有界可测解，$p^*(n, t)$是相应的最优策略，且可写为

$$p^*(n, t) = \int_0^t \mathrm{e}^{-\alpha s}\Delta V_{\mathrm{I}}(t-s, n)\mathrm{d}G_t(s) \tag{8.21}$$

买方定价Ⅱ问题与买方定价问题类似，不同的是，在顾客到达时，卖方确定给此顾客一个价格低限q^*，当且仅当顾客的报价不低于q^*时，卖方才会接受，从而顾客按其报价购买一件物品。由于成交价是买方确定的，所以这个问题仍是一个买方定价问题。

需要指出的是，买方定价Ⅱ问题中，买卖双方的交互作用如下：顾客到达时，首先，卖方确定价格低限q^*；然后，顾客报价p；最后，比较q^*与p的大小，以确定是否成交。而在上面讨论的买方定价问题中，顾客到达时即报价，然后卖方确定接受价，再比较二者的大小以确定是否成交。但这两种定价方式是等价的，即买方的付出与卖方的期望收益在两种方式下都是相同的。

在买方定价中，到达顾客的保留价(报价)信息是公开的(因为买方到达后就公开了报价信息)；而在买方定价Ⅱ中，则是顾客的私有信息。所以这两种模型中的信息结构是不同

的。这两种模型间的等价性在于到达顾客的保留价信息对卖方不起作用。由此，我们即得以下定理。

定理 8.14 卖方是否知道到达顾客的保留价对他没有影响。

由于这两个模型是等价的，因此，只需证明两个模型中的一个具有所讨论的性质即可。由等价性，另一个自然成立。因此，命题 8.1 中的结论对二者也都是成立的。我们有以下的定理。

定理 8.15 对于买方定价，卖方的期望收益$V_{\mathrm{I}}(t, n)$随剩余物品数 n 递增，边际收益$\Delta V_{\mathrm{I}}(t, n):=V_{\mathrm{I}}(t, n)-V_{\mathrm{I}}(t, n-1)$随 n 递减，最优价格$p^*(n, t)$随 n 递减。

证明 首先，对 n 用数学归纳法即可证得$V_{\mathrm{I}}(t, n)$是 n 的递增函数；其次，与 8.4.1 节中的完全相同，可以证明，$V_{\mathrm{I}}(t, n)$是 n 的凹函数，所以 $\Delta V_{\mathrm{I}}(t, n)$随 n 递减。由此即知最优价格$p^*(n, t)$随 n 递减。

以上定理说明，卖方的期望收益随剩余物品数的增加而增加，但其增加的值则是下降的。

8.4.2 卖方定价

现在我们考虑卖方定价的情形。其与买方定价的不同之处在于，在顾客到达的时候，卖方需要确定给此顾客一个价格$q^{\square}$，当且仅当顾客的保留价不低于$q^{\square}$时，顾客才会接受卖方的价格购买一件物品。

对此，我们定义状态(t, n)表示在剩余时间为 t 时有一个顾客到达并且此时的剩余物品数量为 n，卖方的最优值函数为$V_{\mathrm{II}}(t, n)$，则由 MDP 的知识知$V_{\mathrm{II}}(t, n)$是以下最优方程的唯一有界可测解：

$$V_{\mathrm{II}}(t, n) = \max_q \Big\{ F_t(q) \int_0^t \mathrm{e}^{-\alpha s} V_{\mathrm{II}}(t-s, n)\mathrm{d}G_t(s) + q[1-F_t(q)] + [1-F_t(q)] \int_0^t \mathrm{e}^{-\alpha s} V_{\mathrm{II}}(t-s, n-1)\mathrm{d}G_t(s) \Big\} \tag{8.22}$$

边界条件是$V_{\mathrm{II}}(0, n)=V_{\mathrm{II}}(t, 0)=0$。最优方程右边中的第一项表示到达顾客的保留价低于卖方确定的价格，从而不成交，卖方的期望收益就是未来的期望收益；第二、三项分别表示到达顾客的保留价不低于卖方确定的价格时，从当次交易中的获益，以及未来的期望收益。边界条件分别表示剩余时间为零或者没有剩余物品时，卖方不会有收益。

记

$$J(t, n, q) = F_t(q)\int_0^t \mathrm{e}^{-\alpha s} V(t-s, n)\mathrm{d}G_t(s) + q[1-F_t(q)] + [1-F_t(q)]\int_0^t \mathrm{e}^{-\alpha s} V(t-s, n-1)\mathrm{d}G_t(s)$$

表示最优方程(8.22)右边大括号中的项。在状态(t, n)时卖方给到达顾客的最优价格必须满足一阶条件 $\dfrac{\partial J(t, n, q)}{\partial q}=0$。整理后可得最优策略为

$$q^*(n, t) = \int_0^t \mathrm{e}^{-\alpha s} \Delta V_{\mathrm{II}}(t-s, n)\mathrm{d}G_t(s) \tag{8.23}$$

其中我们记差分 $\Delta V_{\mathrm{II}}(t-s, n)=V_{\mathrm{II}}(t-s, n)-V_{\mathrm{II}}(t-s, n-1)$。

与定理 8.15 完全类似，可以证明以下的结论。

命题 8.2 最优值函数$V_{\mathrm{II}}(t, n)$是 n 的递增凹函数，边际收益 $\Delta V_{\mathrm{II}}(t, n)$随 n 递减，最

优价格$q^*(n, t)$随n递减。

以上命题中结论的含义与定理 8.15 中的相同，我们不再详述。

从买方定价的最优方程(8.20)和卖方定价的最优方程(8.22)容易推测，二者的最优值函数之间满足下列关系：

$$V_{\mathrm{II}}(t, n) < V_{\mathrm{I}}(t, n) \tag{8.24}$$

这可以从两个最优方程右边第二项容易看出。但需要指出的是，在两种定价方式中，F_t具有不同的含义：在买方定价模型中，它表示顾客的报价分布，而在卖方定价模型中则表示顾客的保留价分布。显然，这二者是不同的。所以我们实际上并不能得到卖方定价和买方定价下卖方期望收益之间的任何关系。

本节讨论的问题，可看作 8.1 节、8.2 节所讨论的容量分配问题在连续时间下的情形。这里用价格的高低来进行分配。

8.5 房地产市场的政府调控策略：基于收益管理

在 8.2 节中我们研究了房地产企业在某区域内最优的住宅数以及最优的销售策略，本节研究政府的房地产调控策略。由此说明，基于运营管理，我们可以研究政府的政策。

房地产企业通常在以下方面呈现不同的行为：购地面积与所建住房数量、销售策略。具体表现为：当房价上涨时，房地产企业的购地热情也高涨，于是建造更多的住房，但他们采用惜售的销售策略(就是把很多房子藏着不销售，而只拿出来一小部分房子来销售)；相反地，当房价下降时，房地产企业购地热情锐减甚至不再购地，也不建造新的住房，同时把库存中的房子拿出来销售。

作为一种产品，住房不同于传统制造品(即耐用品，可订购)，也不同于收益管理中的产品(易腐品、不可订购)。住房的特征如下：首先，在一给定区域内的住房总数是不能增加(不可订购)的，这与收益管理中的产品相同。因此，确定正确的容量(住房总数或初始库存)对房地产企业尤为重要。其次，作为耐用品，与制造业产品类似，未售出的住房有库存费用；同时，其销售期限不受时间限制，即可以是无限时段的。我们称这一类产品(耐用而不可订购，Durable & Non-replenished)为 D-NR 产品。对这一类产品，需考虑两个非常重要的问题：一是初始数量(Initial Stock)，二是初始的数量如何在销售的各个阶段中分配(每阶段拿出多少来销售，或者等价地从现有的产品中拿出多少来满足未来的需求)。

为应对 2008 年全球金融危机，中国政府提出了 4 万亿经济刺激计划，房地产业成为其中最重要的投资对象之一。由此，中国房地产市场变得越来越热，房地产企业从政府手中购买的土地也越来越多，建造的住房越来越多(初始订购量大)，但却采取惜售策略(将更多的房子留给将来)。如此的行为是政府所不希望的，于是政府在 2010 年 1 月 7 日发布了调控公告，但房地产企业的行为并未有所改变，进而政府在 2010 年的 4 月 17 日又发布了更为严格的调控政策[①]。主要的调控措施是供应充足的土地，鼓励、甚至强制房地产企业建造更多的住房，并同时尽快地将所建住房销售掉(即禁止企业惜售)。然而政府仍未达到其调

① http://wenku.baidu.com/view/c596b9a4284ac850ad024253.html

控目标。

2010年9月29日，政府又发布了新公告，其主要的措施是禁止某些消费者(拥有的住房数超过2套者)购买住房，即降低需求。当然，人们批评这是非市场的措施。到2012年，中国房地产市场变冷，导致房地产企业购买的土地减少，建造的住房数量也在下降，惜售的情况依然存在。

2015年，房地产市场又异常火爆，但到2016年再次遇冷。市场就是如此不断地反复。政府希望房地产企业能够购买更多的土地，建造更多的住房，并快速地销售掉这些住房，从而满足居民的住房需求，同时政府也能得到更多的税收。实际上，当市场热时，房地产企业大量购地、大量建造，但惜售；反之，当市场变冷时，房地产企业购地变少、少量建造，但全部拿出来销售。因此，房地产企业的行为与政府希望的并不一致，于是政府需要通过一定的政策来调控房地产市场。

运用上一节的理论，政府的目标是让房地产企业设置更大的初始库存量，即$I_T^*(p)$大，而$s_t^*(p)$小，是否有更好的措施来实现其调控目标？类似的问题在中国香港也存在[①]。下面我们尝试来回答这个问题。

由定理8.5知，$I_t^*(p)$和$s_t^*(p)$均随t，p，φ递增，但随c下降；进而当$\beta\varphi\leqslant 1$时有$s_t^*(p)\equiv 0$。因此，当$\beta\varphi>1$时，无论参数T，p，c及φ取值如何，任一房地产企业都不可能设置高的$I_T^*(p)$，而同时设置低的$s_t^*(p)$。这就是说，当$\beta\varphi>1$时，政府不可能达到其目标；当$\beta\varphi\leqslant 1$时，增加T，p及φ的值，降低c的值，能够达到政府的目标。

因此，政府可以通过如下的方法达到其调控目标：令市场满足条件$\beta\varphi\leqslant 1$，同时增加T，p及φ的值，降低c的值。这可用如下的多目标优化问题来表示：

$$\max(T,\ p,\ \varphi,\ -c),\ \text{s.t.}\ \beta\varphi\leqslant 1$$

作为模型的参数，T，c，β及φ共同描述了中国房地产市场的环境，它们可以由政府来调控或影响。下面我们就来讨论政府如何来调控、影响这些参数的值，从而影响房地产企业的决策。

首先，对住房价格p，在一个市场经济的国家，政府是不能直接调控零售价的。在我国政府的历次调控政策中都没有涉及这一点。

其次，因为销售期越长，初始库存量越大，所以应使$T=\infty$，也即政府对房地产企业销售住房不应该设置期限要求。因此政府发出公告禁止惜售是不合理的，而应该允许企业在无限时段内销售其住房。这也说明我们在8.2节中研究无限时段的问题是有必要的，企业的最优销售策略见定理8.6。

因此，前述的优化问题可简化为

$$\max(\varphi,\ -c),\ \text{s.t.}\ \beta\varphi\leqslant 1$$

对此，我们说明以下几点：

(1) 企业的库存费用c包括：① 购买土地的成本(记为c_l)，它随随土地供应量的上升而下降；② 企业建造住宅的贷款利率(记为$c_i(\rho)$，它随贷款利率ρ单调上升)；③ 持有住房的机会成本(记为c_h)。因此，$c=c_l+c_i(\rho)+c_h$。这里，政府可以通过增加或减少土地供应量直

① http://news.sina.com.cn/c/2013－01－20/132826078577.shtml

接控制土地成本c_l。

（2）折扣因子β与企业还款的急迫程度成反比。企业的资金可能来自银行贷款、首次公开募股(Initial Public Offering,IPO)或私募股权(Private Equity,PE)等。政府可通过中国人民银行调整存款准备金来影响企业筹资的急迫程度。为简单起见，我们只考虑贷款利率的影响，以ρ表示利率。于是将β记为$\beta(\rho)$，它随ρ下降。

（3）φ表示市场对住房价格涨势的预期。政府能够影响市场预期，从而影响φ的值。例如，政府发布增加或减少土地供应量的公告。

我们在上面已经指出，政府必须保证不等式$\beta(\rho)\varphi\leqslant 1$成立，同时令$\varphi$的值增加、$c$下降。因此，不等式$\beta(\rho)\varphi\leqslant 1$成为等式$\beta(\rho)\varphi=1$。进而，$c_l(\rho)$关于$\rho$递增，$c_l$随土地供应量下降。因此，为调控房地产市场，政府应选择φ和ρ作为如下优化问题的解：

$$\max(\varphi,\ -c_l,\ -\rho),\ \text{s.t.}\ \beta(\rho)\varphi=1$$

因此，可分以下三种情况来分别讨论政府调控房地产市场的政策。

（1）$\beta(\rho)\varphi<1$，即房地产市场下行。此时，需使φ递增，或者同时使ρ下降，直到等式$\beta(\rho)\varphi=1$成立。我国房地产市场在2001年是下行的，政府就通过刺激需求(例如规定购买住房可以奖励户口)使φ的值增加。在2008年全球金融危机期间，包括房地产市场在内的整个国民经济下行，中国人民银行甚至降低了利率即ρ的值，以提升β的值。

（2）$\beta(\rho)\varphi=1$。此时，政府无须采取措施，但按照上面所给的优化问题，可以增加φ的值并降低ρ的值，使等式$\beta(\rho)\varphi=1$保持不变。

（3）$\beta(\rho)\varphi>1$，即房地产市场上行。这对政府来说是最重要也是最困难的情形。此时需要降低φ的值，并且/或者提升ρ和r的值，直到$\beta(\rho)\varphi=1$成立。政府历次颁布房地产市场政策时，条件$\beta(\rho)\varphi>1$往往是成立的。这些政策本身是降低φ的值、降低消费者对房价的期望，其主要的策略是提高土地供应量(进而降低φ的值，从而降低c_l的值)。此外，政府发布信用相关的政策，主要作用是增加ρ的值。例如，对违反规定的房地产企业，“银行机构不得给予它们新项目的贷款；证监委暂停这些房地产企业的IPO、再融资”。这些企业只能通过其他渠道进行融资，这些渠道的融资成本会比银行贷款、IPO高很多(即政府也能够提升ρ的值)。

在本节最后，我们给出如下的注。

注8.3　(1) 惜售(正的预留水平)是房地产企业经常使用的策略。由8.2节知道，当$\beta\varphi\leqslant 1$时企业不使用惜售策略。政府发布政策禁止房地产企业使用惜售，由第2节的结论知，这是错误的，因为这也会抑制房地产企业建造新住房的动机。

（2）我们可以研究资金的多少对企业决策的影响。例如，两家公司分别记作F_1和F_2，假定F_1拥有的资金少，而F_2拥有的资金多。那么F_1的折扣因子小于F_2的折扣因子，即$\beta_1<\beta_2$。因此，当φ不是太大(例如在政府的调控下)时，$\beta_1\varphi\leqslant 1$但$\beta_2\varphi>1$。于是，$F_1$不采用惜售策略，而$F_2$却采用惜售策略(即，对$F_1$有$s_t^*(p)=0$，而对$F_2$有$s_t^*(p)\geqslant 0$)。如著名的绿城房地产集团在2011年和2012年因政府的房地产调控而面临资金短缺，最终它销售掉尽可能多的房子(以较低的价格)，甚至将在上海、苏州的一些未完工项目的股权出售给另一房地产公司顺驰。

（3）除了住房，如下产品也可以运用收益管理：绘画、珠宝、限量版的手表、某个特定年份的某地产的葡萄酒，等等。这些产品都具有昂贵、稀少、不退化等特点。

8.6 收益管理的进一步讨论

收益管理产生于航空业。美国于1978年颁布的《航空管制自由化法案》(Airline Deregulation Act)放松了对航空业的管制，各航空公司在自主条件下开始寻找增加收入的各种方法。首先是美洲航空(American Airline)针对如何吸引休闲顾客的问题开始了收益管理。他们运用运筹学、运营管理、人工智能等手段进行研究。

前面我们指出，收益管理的主要内容包括容量分配与定价决策，但从企业管理的角度来说，收益管理的内容更广泛，它包括如下几个方面：

(1) 需求刻画：顾客的细分、需求特征的描述、需求的估计。

(2) 结构决策：利用哪种销售方式(固定价、谈判、拍卖等)；针对哪些细分市场或利用何种差异化机制；利用何类交易方式(数量折扣、退货)；如何捆绑产品；等等。

(3) 价格决策：如何设置固定价和拍卖时的初始价及保留价；如何对产品类别确定不同的价格；如何随时调整价格；如何降价；等等。

(4) 容量分配：怎样接受或者拒绝购买报价；如何分配产出、能力给不同的细分市场、产品或渠道；何时持有产品而在之后销售出去；等等。

适用于收益管理的产品，除了前面提到的易逝性、固定容量之外，一般还具有如下特征：

(1) 顾客异质性。顾客越是异质，利用异质性来改进收益就越容易。这也称为细分市场的能力。

(2) 需求波动性与不确定性。需求随时间的波动性越大，或需求在未来的不确定性越大，管理决策就越难。通过允许或者拒绝某些需求预订，可部分实现在低需求期提高服务能力的使用率，而在高需求期增加收入。

(3) 固定容量。生产能力越是固定——更大的生产延迟、更高的固定生产成本、更高的转换成本、更多的容量约束——要满足波动的需求就越难，或者成本越高。因此，这导致在需求管理中，不同时间、不同细分市场、同一产品线上的不同产品、不同分销渠道的需求间协调。

(4) 价格作为质量标准。顾客一般不会将价格与特定航班的质量挂钩。

(5) 固定成本很高，而变动成本相对较低。

如果不满足上述特征，则通过一定的措施，如推出限量版、规定时限，进行收益管理。

收益管理的应用领域，从航班、旅馆，逐渐推广到了其他很多领域：

(1) 假日饭店预订的最优化(HIRO)。假日饭店拥有500 000间客户。HIRO非常类似于美洲航空公司的SABRE，它使用历史的和当前的预订行为来分析每个饭店的房间需求。收益管理优化系统包括入住率季节性变动模式、当地事件、每周周期和当前趋势等，并以此形成一个最低预期价格(该价格是对特定饭店房间订购的最低价格)。系统预测饭店全部住满的情况并且过滤掉折扣要求。系统还使用超额预订来应对取消和未履行的预订。

(2) 运输公司Ryder的RyderFirst。公司拥有庞大数量的车队，公司的系统是在美洲航空公司的帮助下实现的。汽车租赁类似于机票销售，其容量相对固定，当天的汽车使用权不能推迟，所以也是收益管理的潜在应用领域。

(3) 自助式仓储(悠悠空间)。2009 年底，美国有 5 万家公司、4.6 万个仓储设施，年营收 200 亿美元，每 10 户家庭中就有一户是其用户。这里的仓储设施的出租类似于机票销售、汽车租赁。

(4) 旅游景点管理、体育比赛与演出的门票销售、饭店订餐。

在不同的应用领域，一些特征可能需要在理论与方法上作一定的修正。例如，在旅馆床位预订中，顾客可能会预订多天，这是一个**有一段持续时间的收益管理问题**：在酒店(住宿、吃饭)管理问题中，顾客接受这类服务需要一段时间，称之为持续时间(Duration)，从而占用服务机构。例如在酒店连续住 3 天，或者就餐 3 个小时。这类问题与之前所考虑的机票销售有一定的区别，但所用的方法则还是类似的。

习　题

1. 回答注 8.1 中的问题：例 8.1 中最优解 x^* 只与全价票需求的分布函数 $F_1(x)$ 有关，而与折扣票需求的分布函数无关，这是为什么？进而，最优解 $x^\square$ 的表达式与报童问题最优解的表达式相同，这是为什么？

2. 证明方程(8.1)的脚注中提出的问题。

3. 8.1.2 小节的动态模型中假定每周期至多到达一个顾客。

(1) 假设每周期到达顾客数是一个随机变量，试讨论之。

(2) 假定顾客到达时系统都能识别，如电商的网站能自动告知，此时我们可以假定顾客只要到达就进行决策，否则不作决策。试讨论这一情形。

4. 求解例 8.2 中基于表 8.1 的超订数。

5. 在 8.2 节中：

(1) 如果假定价格保持不变，试讨论是否有更好的结论。

(2) 如果假定价格服从 AR(2)，试建立相应的最优方程。

(3) 如果取决策变量 s 表示当前阶段的最大销售量，试建立相应的最优方程，并证明定理 8.4。

6. 对 8.3 节中的连续时间动态定价最优方程(8.15)，试给出其数值计算的算法。

7. 对于 8.3 节：

(1) 主要结论是什么？

(2) 证明结论是否直观。

(3) 证明与 $u(p, t)$ 的具体表达式是否无关。

(4) 关于离散时间多周期的动态定价问题，请读者思考。

(5) 将容量分配与动态定价相结合的问题，试建立其模型。

8. 在 8.4 节讨论的问题中，假定到达顾客的需求量 ξ 是一个取整数值的随机变量，设 $P\{\xi=m\}=r_m$，$m=1, 2, \cdots$，$\sum_{m=1}^{\infty} r_m=1$。我们进一步假定：① 顾客所有需求的价格相同；② 顾客的需求可以部分满足，即当其需求量超过卖方手头剩余的物品数时，他购买所有剩余的物品。试讨论此时的最优策略。

参考文献

BRUMELLE S L，MCGILL J I. 1993. Airline seat allocation with multile nested fare classes. Operations Research，41：127－137.

GALLEGO G，VAB RYZIN G J. 1994. Optimal dynamic pricing of inventories with stochastic demand voer finite horizons. Management Science，40：999－1020.

LITTLEWOOK K. 1972. Forecasting and control of passenger bookings. In Proceedings of the Twelfth Annual AGIFORS Symposium，Nathanya，Israel.

TALLURI K T，VAN RYZIN G J. 2004. The Theory and Practice of Revenue management，Kluwer Academic Publishers，Boston/Dordrecht/London.

WEN X，XU C，HU Q. 2016. Dynamic capacity management with uncertain demand and dynamic price，International Journal of Production Economics. 175：121－131.

ZHAO W，ZHENG Y S. 2000. Optimal dynamic pricing for perishable assets with nonhomogeneous demand. Management Science，46(3):375－388.

第 9 章 网上拍卖

本章首先简单介绍拍卖，然后讨论(单物品)网上拍卖，并研究 8 种类型的网上拍卖中顾客的报价策略。最后，研究单阶段多物品网上拍卖，并给出卖家的收益函数，下一章将要用到这个收益函数。

9.1 拍卖简介

拍卖(Auction)的历史非常悠久，大约在 3000 年前的古代巴比伦就已经出现了。拍卖是专门从事拍卖业务的拍卖行接受货主的委托，在规定的时间与场所，按照一定的章程和规则，将要拍卖的货物向买主展示，公开叫价竞购，最后由拍卖人把货物卖给出价最高的买主的一种现货交易方式。使用最为广泛的是英格兰式拍卖(English Auction，也叫英式拍卖)。

在拍卖开始时拍卖师公布三个价格：起始价(表示买家们的报价不能低于这个价)、最小加价(即买家们的新报价不得低于原报价与最小加价之和)、保留价(最后的成交价不能低于保留价)。

买家依次叫价(就是他愿意出的价格)，注意叫价不得低于起始价，之后的叫价不得低于当前价与最小加价之和。如果没有新的叫价(通常的做法是拍卖师叫三次“还有没有人报更高的价”后，依然没有新的报价)，那么拍卖就结束，拥有当前价格的买家即成交，其报价就是支付价。所以，拍卖同时面临“以什么价格”和“卖给谁”这两个问题。由此也可以看出，适合于拍卖的物品，往往是其价格难以确定、或者说它对不同人的价值不同，难以像常规商品那样出售。这样的物品如艺术品、古董、地下矿藏等。

英式拍卖也叫增价拍卖，此外还有降价拍卖(也叫荷兰式拍卖，Dutch Auction)：报价一开始是最高的，如果无人应价，就由拍卖师逐次降低价格，直到有人举牌应价成交，拍卖即可结束。降价拍卖最早是在荷兰的花卉拍卖中使用的。

上述两种拍卖方式都是公开(Open)的，即所有的买家都能看到价格的增加、降低过程。与之相反，有密封报价拍卖(Sealed-bid Auction)：所有买家将他们愿意支付的价格写出来，装在密封的信封中提交给拍卖师，然后拍卖师公布所有人的报价，报价最高者获胜。其中支付的价格有两种：报价(称之为一级价格，First-price)和第二高的报价(称之为二级价格，Second-price)，相应的拍卖分别称为一级价格密封拍卖、二级价格密封拍卖。

拍卖涉及两类人：卖家和买家。所以拍卖所要研究的问题，主要是卖家与买家在拍卖中关心的问题(或者说他们所要面临的决策问题)。卖家在决定用拍卖来销售其物品时，需要确定选择哪一种拍卖方式以及其中的参数(如在英式拍卖中的起始价、保留价、最小加价)。买家的问题则是确定其报价策略：什么时候报价、报多少、是否继续加价等。

William Vickreyd 在其 1961 年发表的论文中，证明了四类拍卖方式对卖家来说具有相同的期望收益。Vickrey 借此获得 1996 年的诺贝尔经济学奖。有兴趣进一步了解拍卖理论的读者可以参考相关论文(Klemperer，2000)。

拍卖理论早期的研究主要针对单物品拍卖，就是拍卖品只有一件。但现实中很多拍卖的拍卖品是多件的(称之为多物品拍卖)。对此常见的拍卖方式也包括四种：英式拍卖、荷兰式拍卖、一级价格密封拍卖、二级价格密封拍卖。多物品拍卖中的二级价格密封拍卖也叫统一(Uniform)价格拍卖：若有 s 件物品，报价最高的 s 个人分别获得一件物品，价格是第 $s+1$ 高的报价。一级价格密封拍卖也叫 Discriminatory 拍卖：报价最高的 s 位顾客获胜，每人赢得一件物品，但支付价格是他们各自的报价。在这两种拍卖机制下，卖方将得到相同的期望收益，这就是著名的收益等价定理(Revenue Equivalence Theorem)。

顾客报价可以用顾客独立私有估值(Independent Private Valuation，IPV)来描述。就是每个顾客有一个估值(也叫顾客的保留价)，此估值是其私有信息，别人不清楚其具体值的大小，但知道该值服从一个分布函数。进而，各顾客的估值之间是互相独立的，彼此之间没有影响。假定信息是对称的，所有的分布函数相同，记为 $F(x)$。与 IPV 对应的还有共同估值(Common Valuation，CV)，用来描述各顾客的估值是彼此相关的。

拍卖用于互联网电子商务中，称为网上拍卖(Online Auction)。最早网上拍卖被美国的 eBay 作为物品的主要销售方式，在淘宝、亚马逊(Amazon)成立初期也曾被采用，目前仍在 eBay 和 Yahoo(中国香港、中国台湾以及日本)上使用。

淘宝在其成立之初，学习美国的 eBay，商品的交易方式是拍卖，后来渐渐变成“一口价”，也由“C2C”转变为“B2C”模式。2012 年阿里巴巴集团重新上线“阿里拍卖”，凭借其超强的买家购买力、技术稳定性等特点，成为中国最大的在线拍卖平台。2016 年，阿里巴巴集团宣布将旗下的“阿里拍卖”与“闲鱼”合并。

“阿里拍卖”上的全部业务都转移到“闲鱼”平台，同时该平台上的交易方式除保留之前的“一口价”外，还有拍卖的形式。

阿里妈妈隶属阿里巴巴集团，是一个实时广告平台，其中也采用了拍卖机制。阿里巴巴集团的另一个网站 1688 以及很多企业的采购，都采用网上(逆向)拍卖的方式。

9.2　单物品网上拍卖中的顾客投标策略

本节讨论单物品网上拍卖中的顾客投标策略。

与传统拍卖相比，网上拍卖具有如下的特点：

(1) 顾客逐次到达、到达间隔时间均随机，所以顾客到达过程是一个随机点过程。特别地，在一次拍卖中到达的顾客数是随机的。当一个顾客到达拍卖网站后需要决定是否报价时，尽管能知道之前的情况，但不知道之后会有多少顾客到达。

(2) 网上拍卖具有不同的结束规则。一是“硬性结束”(Hard-close)：拍卖的截止日期是事先规定好的一个时刻，如某天夜间 12 点整；二是“软性结束”(Soft-close)：结束时间自动延迟，如果在这个结束时间前的一个规定的时间范围(如 10 分钟)内有新的顾客报价。eBay 和淘宝曾使用硬性结束规则，Amazon 曾使用软性结束规则，而 Yahoo 同时使用两种规则。

在一个网上拍卖中，顾客序贯地到达拍卖网址，一般他们并不知道之前有多少顾客到达，即使网站记录了到达顾客的有关信息。因此，对每一位顾客来说，竞争的顾客人数是随机的，顾客的竞争策略包括确定何时报价、报价多少。

我们将网上拍卖中的一种顾客投标策略称为迟(Late)投标策略，也称为最后一分钟投标(Last-minute Bidding，实践中也称为 Sniping 策略，即很多投标发生在拍卖即将结束前的几分钟之内)。迟投标在硬性结束规则中比在软性结束规则中出现得更多。

我们考虑网上拍卖可以是一级价格密封拍卖，也可以是二级价格密封拍卖，相应的结束规则可以是硬性的，也可是软性的；顾客的估价可以是 IPV，也可以是 CV，于是共有 8 种拍卖类型。我们首先将网上拍卖的过程区分为两个阶段：第一阶段是在拍卖结束之前(称之为正常(Normal)阶段)，在这个阶段顾客一个一个地到达，在到达时决定何时报价、报价多少；第二阶段是接近拍卖结束的阶段(称之为结束(Ending)阶段)。我们用向后归纳法来推出均衡投标策略。

9.2.1 问题与模型

如果一个商家要通过网上拍卖销售一件商品，在拍卖开始时，商家公布了拍卖的起始价 q，那么第一个报价不能低于 q。在网站上，现价(the Current Bid，记为 b)是之前的顾客所报价格中的最高者。每当有一个新的报价，现价就会随之改变。假定报价的最小增加值(Minimum Bid Increment)$\varepsilon>0$，即新的报价能被接受当且仅当它不小于现价与最小增加值之和 $b+\varepsilon$。

顾客一个一个地到达网站，这里我们对顾客的到达过程不作其他的假定。实际上，我们只关心到达的顾客总数，记为 $\xi+1$，而忽略他们到达的先后次序。我们假定所有顾客对物品的估价大于 $b+\varepsilon$；否则，估价可以被忽略。记 ξ 的概率分布为

$$p(n)=P\{\xi=n\},\ n\geqslant 0 \tag{9.1}$$

顾客数 $\xi+1$ 表示拍卖中至少有一个顾客，这自然是成立的。出现在网站上的任一顾客，他所面对的竞争顾客数是 ξ。

任一顾客对物品的估价用 v 来表示，每个顾客知道自己的估价，而对其他人(商家、其他顾客)来说可看作是一个随机变量。顾客估价可分为两种类型：一类是 IPV，v 的分布函数是在区间$[0,\infty]$上的 $F(x)$，满足条件 $F(0)=0$，$F(\infty)=1$，它有连续可微的密度函数 $f(x)$；另一类是 CV，顾客之间的估价是相互关联的(Bajari et al，2003)。因此假定所有顾客是风险中性的，即他们追求各自期望利润的最大化。

商家考虑两类结束规则：硬性、软性结束规则。在硬性结束规则下，拍卖在时间区间$[0,T]$内进行，到了 T 时就结束。在软性结束规则下，设定一个事先规定的结束时间 T 以及另一个时间长度 δ，拍卖在 T 时结束当且仅当在 T 之前的一个长度为 δ 的时间区间内没有新的报价，也即在时间区间$[T-\delta,T]$内没有新的报价；否则，如果在 $T-\delta'$ 时有一个报价，$\delta'<\delta$，那么拍卖就延长一段时间 δ，如此继续，直到在一个时间长度为 δ 的时间区间内没有报价，拍卖才结束。一般地，δ 远小于 T。例如，T 是 7 天，而 δ 是 10 分钟。

现在我们来描述网上拍卖的动态进程(Dynamics)。当一个顾客到达拍卖网站时，他会观察到现价 b。如果该顾客的估价不低于 $b+\varepsilon$，他可以立即报价，也可以过一段时间报价，还可以在拍卖即将结束时报价。假定顾客在现价为 b 时报价 x，自然有 $x\geqslant b+\varepsilon$。那么，现

价就变为 x，而这位顾客成为最高报价者(High Bidder)(他持有现价)。拍卖结束时的最高报价者将赢得拍卖，而被称为拍卖的获胜者(Winner)。在一级价格密封拍卖中，拍卖获胜者支付的是她的报价，而在二级价格密封拍卖中，获胜者支付的是第二高报价(Klemperer，2000)。

我们共有 8 种拍卖类型。在每一种拍卖中，顾客在其到达时需要确定何时报价、报价多少，这二者都是其估价的函数。由于顾客是对称的，因此我们只需考虑对称序贯均衡报价策略(Symmetric Sequential Equilibrium Bidding Strategy)。在对称序贯均衡条件下，每一顾客的报价策略是其估价的函数，记为 $B(\cdot)$，当每个顾客的报价策略都相同时，没有人能够更好。假定报价策略 $B(\cdot)$是递增函数。

9.2.2 IPV 下硬性结束规则的一级价格网上拍卖

以 eBay 为例，其硬性结束规则拍卖可以分为一级价格密封拍卖和拍卖代理(Proxy，即自动投标)。实际上，获胜者支付的是其报价。因此，没有代理的情况下，eBay 上的硬性规则结束拍卖就是一级价格密封拍卖。我们首先研究一级价格拍卖，然后研究有代理时的一级价格拍卖。

为了得到均衡投标策略，我们需要研究传统的一级价格密封拍卖，其中顾客数是随机值，且所有顾客在拍卖开始时到达。

1. 一级价格密封拍卖

这里研究顾客数随机的一级价格密封拍卖。卖家确定其保留价 b，并在拍卖开始时公布其起始价(即保留价 b)。

假定至少有一个顾客。设顾客数为 $\xi+1$，其中 ξ 是非负随机变量。$\eta^{(n)}$ 为 n 个顾客的最大估价。不失一般性，考虑一个典型顾客，其估价为 v。当 $\xi=n$ 时，该顾客报价 x 将赢得拍卖，当且仅当 x 大于其他所有顾客的报价，即 $x>B(\eta^{(n)})$，其概率为$F^n(B^{-1}(x))$。由方程(9.1)，该顾客的期望利润是

$$\mu(x, v) = (v-x)\sum_{n=0}^{\infty} p(n)\, F^n(B^{-1}(x)),\ x \in [b, v] \tag{9.2}$$

顾客的目标是选择 $x\in[b, v]$以最大化 $\mu(x, v)$。记$\eta^{(\xi)}$为 ξ 个顾客的最大估价，其分布函数与密度函数分别为

$$F^{\xi}(x)=P\{\eta^{(\xi)}\leqslant x\}= \sum_{n=0}^{\infty} p(n)\, F^n(x) \tag{9.3}$$

$$f^{\xi}(x) = \sum_{n=0}^{\infty} p(n) n\, F^{n-1}(x) f(x) \tag{9.4}$$

于是，方程(9.2)可重写为

$$\mu(x, v)=(v-x)F^{\xi}(B^{-1}(x)) \tag{9.5}$$

于是，求解顾客的优化问题$\max\limits_{x}\mu(x, v)$，我们可得到如下定理。

定理 9.1 在顾客数为 $\xi+1$ 的一级价格密封拍卖中，顾客的对称均衡报价策略 $B(v)$唯一，为

$$B(v) = v-\frac{1}{F^{\xi}(v)}\int_b^v F^{\xi}(s)\mathrm{d}s,\ v\geqslant b \tag{9.6}$$

证明 对式(9.5)关于 x 求导数，有

$$\mu'(x,\ v)=-F^{\xi}(B^{-1}(x))+(v-x)f^{\xi}(B^{-1}(x))\frac{\mathrm{d}\,B^{-1}(x)}{\mathrm{d}x}$$

在对称的序贯均衡(即各顾客的投标策略相同)处，顾客的最优报价一定是 $x=B(v)$，即 $\mu'(B(v),\ v)=0$。因此，$B'(v)F^{\xi}(v)=(v-B(v))f^{\xi}(v)$，或等价为

$$(B(v)F^{\xi}(v))'=vf^{\xi}(v) \tag{1}$$

方程两边在$[b,\ v]$上积分，得

$$B(v)\ F^{\xi}(v)-B(b)\ F^{\xi}(b)=\int_b^v s\ f^{\xi}(s)\mathrm{d}s=vF^{\xi}(v)-bF^{\xi}(b)-\int_b^v F^{\xi}(s)\mathrm{d}s \tag{2}$$

顾客报价的范围是 $x\in[b,\ v]$，当 $v=b$ 时成为单点集$\{b\}$。因此，$B(b)=b$。由式(2)知

$$B(v)=v-\frac{1}{F^{\xi}(v)}\int_b^v F^{\xi}(s)\mathrm{d}s,\ v\geqslant b \tag{3}$$

方程(3)是 $x=B(v)$取到 $\mu(x,\ v)$最大值的必要条件。实际上，因为 $B(\cdot)$单调上升，对任一 x，存在 $v'\in[b,\ v]$使得 $B(v')=x$。由此及方程(3)，得

$$\mu(B(v),\ v)=(v-B(v))\ F^{\xi}(v)=\int_b^v F^{\xi}(s)\mathrm{d}s$$

且

$$\mu(B(v'),\ v)=(v-B(v'))\ F^{\xi}(v')=(v-v')\ F^{\xi}(v')+\int_b^{v'}F^{\xi}(s)\mathrm{d}s$$

因此

$$\mu(B(v),\ v)-\mu(B(v'),\ v)=\int_{v'}^v[F^{\xi}(s)-F^{\xi}(v')]\mathrm{d}s>0,\ v'\neq v$$

这就证明了定理的充分性。

上面我们假定 $B(v)$是严格递增的。之所以这是成立的，是因为由方程(9.6)，得

$$B'(v)=\frac{f^{\xi}(v)}{(F^{\xi}(v))^2}\int_b^v F^{\xi}(s)\mathrm{d}s>0$$

再由方程(9.6)，可知 $B(v)$与 b 有关且其对 b 的导数为

$$\frac{\partial B(v)}{\partial b}=\frac{F^{\xi}(b)}{F^{\xi}(v)}\in(0,\ 1),\ v\geqslant b$$

因此，$B(v)$关于 b 递增，但递增率小于 1(即 $b-B(v)$随 b 下降)。从而每个顾客的期望利润及其导数分别为

$$\mu(B(v),\ v)=\int_b^v F^{\xi}(s)\mathrm{d}s$$

$$\frac{\partial\mu(B(v),\ v)}{\partial b}=-F^{\xi}(b)<0$$

这样就得到了如下推论。

推论 9.1 $B(v)$关于 b 递增，$B(v)\in(b,\ v)$，$v>b$。进而，$\mu(B(v),\ v)$关于 v 递增，但随 b 下降。

推论 9.1 是直观的，因为高的估价或低的起始价会让顾客的期望利润变大，所以顾客的报价不是实价。

当 ξ 是一个确定性的正整数(记为 N)时，我们记由方程(9.6)给定的投标策略为 $B^N(v)$，则

$$B^N(v) = v - \frac{1}{F^N(v)}\int_b^v F^N(s)\mathrm{d}s \tag{9.7}$$

2. 迟投标策略

IPV 下硬性结束规则的一级价格网上拍卖，与一级价格密封拍卖类似，只是顾客在一个时间段 T 内序贯到达。下面采用向后归纳法证明迟投标策略是顾客的占优策略。

首先，我们讨论在临近拍卖结束时的拍卖，就是在时间段$[T-\delta, T]$(其中 $\delta>0$ 是一个很小的数，使得任一顾客在此时间段内至多报价一次)内的拍卖。我们称之为结束拍卖。若记 b 是在 $T-\delta$ 时的现价，则所有估价不低于 $b+\varepsilon$ 的顾客就会报价。结束拍卖的起始价为 $b'=b+\varepsilon$。

由于网上拍卖即将结束，顾客在看到其他顾客的报价后没有时间再报价，因此，结束拍卖实际上是一个标准的一级价格密封拍卖。其中顾客数是随机的，这就是我们之前所讨论的拍卖。因此，在时间段$[T-\delta, T]$内的结束拍卖中，顾客的投标策略可由定理 9.1 给出。

下面讨论在正常阶段(即在时间段$[0, T-\delta]$)中顾客的行为。由推论 9.1 知，在均衡策略 $B(2)$下任一顾客的期望利润随 $T-\delta$ 时的现价 b 下降。由于正常阶段中任一顾客的报价会提高 $T-\delta$ 时的现价 b，没有顾客考虑在正常阶段报价。因此，起始价在正常阶段保持不变。可以说，迟投标策略是所有顾客的最优策略。这一结论总结在如下定理中。

定理 9.2　对 IPV 下硬性结束规则的一级价格网上拍卖，迟投标策略是所有顾客的占优策略。进而，在结束拍卖中，顾客的报价策略由式(9.6)给出。

我们将拍卖分为两个阶段：正常阶段和结束阶段。相应的投标策略也包括两部分：迟投标策略是对正常阶段拍卖而言的，即不投标；式(9.6)给出的投标策略 $B(v)$是针对结束拍卖而言的，即顾客到达后不报价，直到临近结束时按策略 $B(v)$报价。

下面假定 ξ 是参数为 λ 的 Poisson 随机变量，此时在结束拍卖中的投标策略 $B(v)$的概率分布为

$$p(n)=\frac{\lambda^n}{n!}\mathrm{e}^{-\lambda},\ n\geqslant 0 \tag{9.8}$$

则 ξ 个顾客的最大估价的分布函数是

$$F^{\xi}(x)=\mathrm{e}^{-\lambda(1-F(x))},\ x\geqslant 0 \tag{9.9}$$

由方程(9.5)及(9.6)可知，顾客的均衡投标策略及相应的期望利润分别为

$$B(v) = v - \frac{1}{\mathrm{e}^{\lambda F(v)}}\int_b^v \mathrm{e}^{\lambda F(s)}\mathrm{d}s \tag{9.10}$$

$$\mu(B(v), v) = \int_b^v \mathrm{e}^{-\lambda(1-F(s))}\mathrm{d}s = \mathrm{e}^{-\lambda}\int_b^v \mathrm{e}^{\lambda F(s)}\mathrm{d}s \tag{9.11}$$

下面先来看一个例子。

例 9.1　假定 ξ 是一个 Poisson 随机变量，F 是$[0, 1]$上的均匀分布，即 $F(x)=x$，$x\in[0, 1]$。我们发现在一级价格网上拍卖中，与顾客数确定时相比，顾客数随机时顾客报价会更低一些。实际上，因为$F^{\xi}(x)=\mathrm{e}^{-\lambda(1-x)}$，$x\in[0, 1]$，由方程(9.17)及(9.11)知：

$$B(v)=v-\frac{1}{\lambda}+\frac{1}{\lambda}\mathrm{e}^{-\lambda(v-b)},\ \mu(B(v), v)=\frac{1}{\lambda}\mathrm{e}^{-\lambda}(\mathrm{e}^{\lambda v}-\mathrm{e}^{\lambda b}),\ 0\leqslant b\leqslant v\leqslant 1$$

在方程(9.7)中用x^n代替$F^{\xi}(x)$，有

$$B^{n+1}(v)=v-\frac{1}{n+1}\left(v-\frac{b^{n+1}}{v^n}\right),\quad 0\leqslant b\leqslant v\leqslant 1$$

其中上标 $n+1$ 表示顾客数是确定的 $n+1$ 时的情形。假定 $b=0$，则当 $n+1>\lambda(1-e^{-\lambda})^{-1}$ 时，对所有 v 有 $B(v)<B^{n+1}(v)$。这就是说，顾客数随机时的报价低于顾客数事先知道时的报价。证毕。

由例 9.1，我们推得如下定理。

定理 9.3 假定 ξ 是参数为 λ 的 Poisson 随机变量。此时，顾客在结束拍卖中的报价比在顾客数确定时的报价保守。进而，$B(v)$ 随 λ 递增，而 $\mu(B(v),v)$ 随 λ 递减。

证明 我们只需在条件 $\lambda=n$ 下，比较方程(9.11)中的报价策略 $B(v)$ 与方程(9.7)中的报价策略 $B^n(v)$。

给定常数 $d>0$ 及整数 $n>0$，我们定义函数 $h(x):=\left(\frac{x}{d}\right)^n e^{\lambda(d-x)}$，$x\in[0,d]$。易证 $h'(x)>0$，$x<1$，即 $h(x)$ 随 $x<1$ 严格递增。由于 $h(d)=1$，$h(x)<1$，$x\in(0,d)$。由此可知 $\frac{F^n(s)}{F^n(v)}<\frac{e^{\lambda F(s)}}{e^{\lambda F(v)}}$，$s<v$。因此，$B(v)<B^n(v)$，$b<v$。

容易证明 $\frac{\partial}{\partial\lambda}B(v)>0$ 且 $\frac{\partial}{\partial\lambda}\mu(B(v),v)<0$。因此，后者成立。证毕。

易知，$B^n(v)$ 随 n 递增，即顾客越多，报价越高。以上的定理告诉我们，顾客面对不确定的顾客数随机时是保守的。

因为 λ 的大小表示拍卖中竞争的激烈程度，定理 9.3 说明，竞争越激烈，报价越高，顾客的期望利润越低。

上面我们假定至少有一个顾客参与拍卖，下面将讨论顾客数为零时的报价策略。

与定理 9.2 类似，我们采用向后归纳法来推得顾客的报价策略。假定所有到达的顾客的估价不低于起始价与最小加价之和，那么就在结束拍卖中报价；所有报价都能被系统接受。到达的顾客数 ξ 满足 Poisson 分布(9.8)（若顾客的到达服从参数为 λ_0 的 Poisson 过程，拍卖持续时长为 T，则 $\lambda=\lambda_0 T$）。

对现价为 $b-\varepsilon$ 的结束拍卖，我们考虑一典型顾客，其估价大于 $b-\varepsilon$ 与 ε 之和。该顾客知道，除了他之外，拍卖中还有 n 位顾客的概率为

$$p(n)=P\{\xi=n+1\mid\xi\geqslant 1\}=\frac{1}{e^{\lambda}-1}\frac{\lambda^{n+1}}{(n+1)!},\ n\geqslant 0 \tag{9.12}$$

则其他顾客的最大估价的分布函数为

$$\begin{aligned}F^{\xi}(x)&=\sum_{n=0}^{\infty}p(n)\,F^n(x)=\sum_{n=0}^{\infty}\frac{1}{e^{\lambda}-1}\frac{\lambda^{n+1}}{(n+1)!}F^n(x)\\&=\frac{1}{(e^{\lambda}-1)F(x)}\left[e^{\lambda F(x)}-1\right],\ x\in[b,v]\end{aligned} \tag{9.13}$$

注意，方程(9.13)远比方程(9.9)复杂。

参与结束拍卖的顾客数依赖于现价 b，因为顾客会报价的充要条件是其估价大于 b，这一事件的概率 $\bar{F}(b)=1-F(b)$。因此，参与结束拍卖的顾客数记为 ξ_b^*，服从参数 $\lambda_b=\lambda\bar{F}(b)$ 的 Poisson 分布，即

$$P\{\xi_b^*=n\}=\mathrm{e}^{-\lambda_b}\frac{\lambda_b^n}{n!},\ n\geqslant 0$$

注意：在结束拍卖中的报价顾客数包含在总数ξ_b^*之中。与对方程(9.12)和(9.13)的讨论类似，竞争对手的概率分布为

$$p_b(n)=P\{\xi_b^*=n+1\mid\xi_b^*=n\}=\frac{1}{\mathrm{e}^{\lambda_b}-1}\frac{\lambda_b^{n+1}}{(n+1)!},\ n\geqslant 0$$

报价顾客的估价的条件分布函数为

$$F_b(x)=\frac{F(x)-F(b)}{\bar{F}(b)},\ x\geqslant b$$

于是，其他所有报价顾客的最大报价的分布函数为

$$F_b^{\xi}(x)=\frac{1}{(\mathrm{e}^{\lambda_b}-1)F_b(x)}[\mathrm{e}^{\lambda_b F_b(x)}-1]$$

$$=\frac{\bar{F}(b)}{(\mathrm{e}^{\lambda\bar{F}(b)}-1)(F(x)-F(b))}[\mathrm{e}^{\lambda(F(x)-F(b))}-1],\ x\geqslant b$$

$F_b^{\xi}(x)$不再等于方程(9.9)给出的$F^{\xi}(x)$，这就是现价 b 导致报价行为改变的原因。因此，由方程(9.6)，均衡投标策略为

$$B(v)=v-\frac{F(v)-F(b)}{\mathrm{e}^{\lambda(F(v)-F(b))}-1}\int_b^v\frac{\mathrm{e}^{\lambda(F(s)-F(b))}-1}{F(s)-F(b)}\mathrm{d}s\quad v\geqslant b \tag{9.14}$$

由定理 9.1，我们有如下推论。

推论 9.2 设顾客数是参数为 λ 的 Poisson 随机变量，对任一 b，结束拍卖中的顾客均衡报价策略 $B(v)$由方程(9.14)给出。进而，$B(v)\in(b,v)$，$v>b$。

由方程(9.14)给出的报价策略远比(9.17)中的复杂，原因是定理 9.2 中假定拍卖至少有一个顾客。尽管二者的差别非常微小，但导致的结论却完全不同：迟投标策略不再是正常阶段拍卖中的均衡策略。

实际上，推论 9.2 中的 $B(v)$和 $\mu(B(v),v)$不再是 b 的单调函数。由方程(9.14)，顾客的期望利润为

$$\mu(B(v),v)=\int_b^v F_b^{\xi}(s)\mathrm{d}s=\frac{\bar{F}(b)}{\mathrm{e}^{\lambda\bar{F}(b)}-1}\int_b^v\frac{\mathrm{e}^{\lambda(F(s)-F(b))}-1}{F(s)-F(b)}\mathrm{d}s \tag{9.15}$$

为求 $\mu(B(v),v)$对 b 的导数，我们记

$$I(y,a)=\frac{1-a}{y-a}\cdot\frac{\mathrm{e}^{\lambda(y-a)}-1}{\mathrm{e}^{\lambda(1-a)}-1},\ y\in[a,1]$$

满足

$$I(a,a)=\lim_{y\to a+}I(y,a)=\frac{\lambda(1-a)}{\mathrm{e}^{\lambda(1-a)}-1}$$

则

$$I'_a(y,a)=\frac{(1-y)(\mathrm{e}^{\lambda(1-a)}-1)(\mathrm{e}^{\lambda(y-a)}-1)-\lambda(1-a)(y-a)(\mathrm{e}^{\lambda(1-a)}-\mathrm{e}^{\lambda(y-a)})}{(y-a)^2(\mathrm{e}^{\lambda(1-a)}-1)^2}>0$$

于是，方程(9.15)可重写为

$$\mu(B(v),v)=\int_b^v I(F(s),F(b))\mathrm{d}s$$

因此

$$\frac{\partial \mu(B(v),\ v)}{\partial b}=-\frac{\lambda(1-F(b))}{e^{\lambda(1-F(b))}-1}+f(b)\int_b^v I'_a(F(s),\ F(b))\mathrm{d}s \tag{9.16}$$

另一方面，式(9.16)右边第一项非负，第二项为正；而$\frac{\lambda(1-F(b))}{e^{\lambda(1-F(b))}-1}$随 b 递增，在 $b=0$ 时达到最小值 $\lambda/(e^{\lambda}-1)$，在 $b=\infty$ 处取到最大值 1。因此，当 v 足够大时，$\frac{\partial \mu(B(v),\ v)}{\partial b}$ 对足够小的 b 可能为正，也即随 b 递增：b 越大，后面的报价越高，导致顾客不愿意在正常阶段投标(以免让现价 b 上升)。但 b 接近于 v 时$\frac{\partial \mu(B(v),\ v)}{\partial b}<0$，由此，对任一估价为 v 的顾客，当现价接近其估价时，该顾客应不愿意提升现价。当 v 不太大时，对所有的 b 有 $\frac{\partial \mu(B(v),\ v)}{\partial b}<0$。对此，我们可举例来说明。

例 9.2 假定 F 是[0,1]上的均匀分布函数，即 $F(x)=x$，$x\in[0,1]$，则由方程(9.15)，得

$$\mu(B(v),\ v)=\frac{\lambda(1-b)}{e^{\lambda(1-b)}-1}\int_0^{\lambda(v-b)}\frac{1}{y}(e^y-1)\mathrm{d}y,\ 0\leqslant b\leqslant v\leqslant 1$$

假定 $\lambda=1$。在图 9.1(a)中，当保留价 $v=0.5$ 时，$\mu(B(v),\ v)$总是随 b 下降的。当 $v=0.8$ 时，$\mu(B(v),\ v)$从 $b=0$ 时的 0.11972 增加到 $b=0.19$ 时的最大值 0.12286，然后随 b 下降，在 $b=0.8$ 时降为 0，见图 9.1(b)。因此，当现价 $b<0.19$ 时顾客愿意报价以提高现价；否则，就不愿意提高现价。

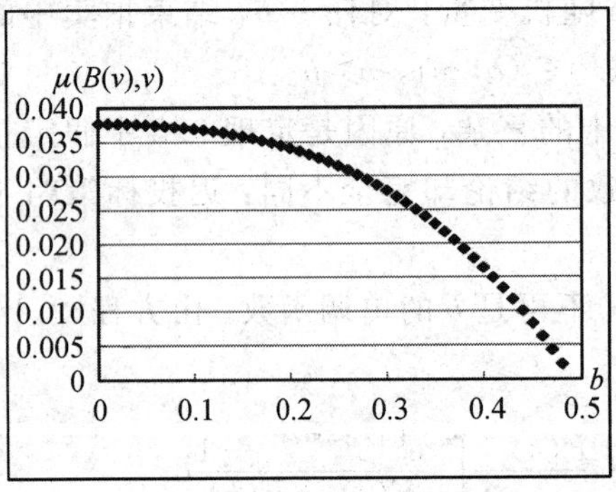

(a) v=0.5

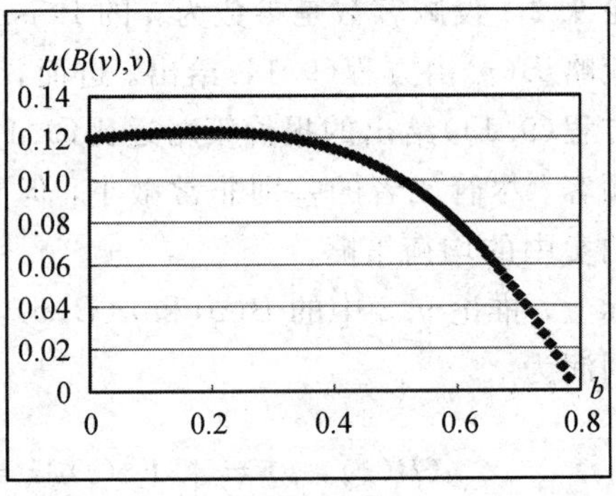

(b) v=0.8

图 9.1 期望收益随 b 的变化情况

上述例子说明在网上拍卖的正常阶段，只有在现价高的情况下，迟投标策略才是占优策略。

9.2.3 IPV 下软性结束规则的一级价格网上拍卖

本小节研究 IPV 下软性结束规则的一级价格网上拍卖，这里仍运用向后归纳法来进行讨论。首先，我们研究接近拍卖结束时刻 T 之前的情形。

假定在 $T-\delta$ 时的现价是 b，B 表示此时估价不低于 $b+\varepsilon$ 的顾客所组成的集合，也称为 $T-\delta$ 时的活跃顾客(Active Customers)。如果 B 只包括一个顾客，即持有现价的顾客(称为

现价顾客，High Customer)，那么拍卖在 T 时结束，该顾客赢得拍卖；否则，B 中除了现价顾客之外的其他顾客都有机会在拍卖结束之前报价。任一活跃顾客，若不报价，则他的收入为零；若报价，则他的期望利润是正的。所以，除了现价顾客之外，所有的活跃顾客都应该报价。

不管 B 中有多少顾客报价，$T-\delta$ 时的现价将上升，例如在某个时刻 $T'\in(T-\delta, T]$，现价为 $b'\geqslant b+\varepsilon$。由此我们可以推得结论：在某个时刻 $T^*>T-\delta$，现价为 b^*，且只剩余一个顾客，其估价大于 b^*。实际上，该顾客就是现价顾客，他将赢得拍卖，支付价格为 b^*。记 ξ^1，ξ^2 分别表示 B 中的最高估价顾客、第二高估价顾客，再记 $b^i=b+[\frac{\xi^i-b}{\varepsilon}]\varepsilon$，$i=1, 2$，其中 $[x]$ 表示不大于 x 的最大整数。显然，$b^1=b^2$ 或 $b^1\geqslant b^2+\varepsilon$，则

$$b^*=\begin{cases}b^2+\varepsilon, & b^1\geqslant b^2+\varepsilon\\ b^2=b^1, & \text{其他}\end{cases}$$

如果 ε 足够小，那么有 $b^*=b^2$ 且是所有顾客中的第二高估价。为方便起见，我们假定 ε 足够小。

在软性结束规则下，一级价格网上拍卖成为临近拍卖结束时的一个二级价格密封拍卖，即结束拍卖等价于一个二级价格密封拍卖，或者说是有保留价 b 的 Vickrey 拍卖。

需补充说明的是，在软性结束规则下，由于延迟结束会有更多的顾客到达，因此结束拍卖中的竞争将更激烈。这样，在 $T-\delta$ 之前到达的顾客更加不愿意推迟拍卖的结束。如果顾客在网上等待拍卖，以采用迟投标策略，那么他需要付出一定的成本，从而更加愿意在到达时报价。

然后，网上拍卖是一级价格拍卖，当一个顾客到达时，若现价为 b，则不会报实价，而只会报价 $b+\varepsilon$，待现价上升时再报价。因此，一级价格网上拍卖实质上是英式拍卖。

我们将上述讨论总结在如下的定理之中。

定理 9.4 在 IPV 下，软性结束规则的一级价格网上拍卖，等价于一个有保留价的英式拍卖，即在这两种拍卖中顾客的报价策略相同。

由定理 9.4，在这两种拍卖中顾客的报价策略相同，从而卖家的期望收益也相同。具体地，当顾客的估价高于现价时，他就报一个价：这个价刚好是现价加上最小加价。当现价上升时，他再报价，直到现价超过他的估价或者他赢得拍卖。因此，软性结束规则与硬性结束规则的不同之处在于：在软性结束规则下顾客在拍卖临近结束时不报价，而在硬性结束规则下顾客在拍卖临近结束时才报价。进而，在软性结束规则下，拍卖在预计的拍卖结束时间 T 时结束，除非在拍卖临近结束时(即时间区间 $[T-\delta, T]$ 内)有新的顾客到达，且其估价高于 $T-\delta$ 时的现价。

实际中，软性结束规则下的拍卖可能只延长一次。此时，定理 9.4 中的结论仍然成立，且延长之后的网上拍卖具有硬性结束规则。

定理 9.4 的原因可能是在英式拍卖、软性结束的一级价格网上拍卖中都没有关于顾客报价的截止时间。这与定理 9.2 中的一级价格网上拍卖是硬性结束有所不同。

9.2.4 其他类型的网上拍卖

本小节介绍将 IPV 下一级价格网上拍卖的方法运用于其他类型的网上拍卖。

1. IPV 下的二级价格网上拍卖

我们先来考虑 IPV 下的二级价格网上拍卖。

在硬性结束规则下，拍卖临近结束时是一个二级价格密封拍卖，从而所有顾客报实价。此时，任一顾客可在到达时就报实价，或者在临近结束时报实价，这二者是无区别的。实际中，因为顾客在网上等待有一定的成本(如时间、方便性)，所以我们推得结论：顾客会在到达时立即报价。如果顾客在拍卖即将结束时报价，就会有一个正的概率被拒绝，如报价的顾客太多、系统拥塞(Ockenfels et al，2006)。这时结论依然成立。

在软性结束规则下，我们推知结束拍卖是一个二级价格密封拍卖。类似地，在一个软性结束规则下的二级价格网上拍卖中，顾客也会在到达时立即报实价。

因此，在 IPV 下的二级价格网上拍卖中，到达时立即报实价是所有顾客的占优策略，这与结束规则无关。

2. CV 下的网上拍卖

现在我们讨论 CV 的情形。由于在拍卖过程中，任一顾客报价时所隐含的信息会被其他顾客获悉，从而其期望收益变成零，因此，任一顾客都不会在拍卖结束前报价。也即，迟投标策略是所有顾客的占优策略。

因此，在硬性结束规则下，若网上拍卖是一级价格的(或二级价格的)，则结束拍卖也是一个一级价格(或二级价格)密封拍卖，其均衡报价策略是方程(9.6)中给出的 $B(v)$(或顾客报实价)。

但在 CV 下的软性结束规则，结束拍卖是怎样的呢？由前一段的讨论知，所有顾客不会在正常阶段报价，无论拍卖是一级价格还是二级价格。在拍卖即将结束时，即在结束拍卖中，如果只有一位顾客，那么他应该报价，且报价是起始价格(因为在正常阶段没有报价，现价仍为起始价)。若顾客不止一位，我们考虑一位典型的顾客，称为顾客 A，他报了一个价。此时会发生两件事情：① 该顾客披露了他的估价信息，从而其期望收益成为零；② 网上拍卖延迟一段时间 δ。这说明其他顾客可以利用该顾客的报价信息再次进行报价。这样，任一顾客预计到这样的结果后，就不会再在拍卖即将结束时报价。但如果所有顾客都不报价，拍卖就在 T 时结束，没人赢得拍卖。因此，在拍卖临近结束时，任一顾客若判别到只有他一人在拍卖中，那么就报起始价；若判别有更多的顾客在，报价或者不报价对他来说是无差别的。由于关于顾客数 ξ 的信息是公共信息，且对所有顾客是对称的，若 $P\{\xi=0\}=0$ 则顾客报价；若 $P\{\xi=0\}>0$ 则是否报价是无差别的，所以有的顾客报价，有的不报价。总的来说，一级价格(二级价格)网上拍卖的结束拍卖成为一级(二级)价格密封拍卖。

我们将报价策略总结在如下的定理中。

定理 9.5　不同网上拍卖中的顾客报价策略(何时报价、报多少)由表 9.1 给出。

表 9.1　不同网上拍卖中的顾客报价策略

类　型	规　则	一 级 价 格	二 级 价 格
IPV	硬性结束	迟投标且报价 $B(v)$ 由方程(9.6)给出	到达时报实价
	软性结束	如同英格兰式拍卖，且由定理 9.4 给出	
CV	硬性结束	迟投标且报价 $B(v)$ 由方程(9.6)给出	迟投标且报实价
	软性结束	迟投标且报价 $B(v)$ 由方程(9.6)给出	

3. 讨论

由表9.1可知，在CV下，无论是硬性结束规则还是软性结束规则，迟投标策略都是一级、二级价格网上拍卖中的占优策略，也即，“何时报价”与拍卖结束规则是硬性还是软性无关，与网上拍卖是一级价格还是二级价格也无关。但在IPV下，除非网上拍卖是一级价格且是硬性结束的，迟投标策略不是占优策略。

从表9.1也可看出，对二级价格网上拍卖，占优策略是到达时就报实价(在IPV下)或在临近结束时报实价(在CV下)，而与结束规则无关。进而，何时报价与结束规则无关，除非是在IPV下的一级价格网上拍卖中。这是本节的主要结论，与文献中不同。

在eBay和Yahoo(中国香港、中国台湾以及日本)上，拍卖获胜者的支付是结束时的现价，这就是说，它们的网上拍卖均是一级价格。但eBay上提供了一个软件代理Proxy(即自动报价)，顾客只要给一个最高价，软件代理就会自动帮助顾客报一个现价与最小加价的和，直到帮助顾客赢得拍卖，或使拍卖的现价超过顾客的最高价。于是，一个顾客到达网站时，需要考虑两个问题：何时报价？报价多少？顾客报价策略要回答这两个问题。但顾客如果知道迟报价是占优的，那么到达时他就不会报价。因此，由表9.1，eBay上的代理不会影响“迟投标”和“到达时报实价”。但是，在软件代理的帮助下，英式拍卖(即IPV、软性结束规则下的一级价格网上拍卖)中的顾客，在到达时只需将其估价告诉代理即可，也即顾客的策略成为：到达时即报实价，与二级价格网上拍卖中的相同。因此，软件代理只影响IPV下软性结束规则的一级价格网上拍卖，使得其下的顾客策略与二级价格网上拍卖中的相同。这就是为什么eBay会建议顾客只需“enter the maximum amount you're willing to pay for the item”，而这一建议仅适用于网上拍卖是一级价格的、结束规则是软性的、顾客估价是IPV的情况。

Ockenfels & Roth (2006)通过模型作了很多的假设(关于顾客的到达过程、投标次数、投标时间)，而且对CV的情形只讨论了一个例子，没有证明任何结论。我们的模型不失一般性，且考虑了各种情形。在硬性结束规则下，我们证明了迟投标且报价$B(v)$是占优策略(与IPV或CV无关)，而他们仅证明了在IPV下迟投标策略是多重均衡策略中的一个，在CV下是所讨论例子中的均衡策略；在软性结束规则下，我们证明了占优策略在IPV下是“到达时报实价”，在CV下是迟投标，而他们证明迟投标策略不是均衡策略。

我们再一次强调指出，之所以能够得到8种不同网上拍卖的均衡投标策略，是因为我们将拍卖过程一分为二(正常投标阶段、结束时的投标)，然后运用向后归纳法。

注9.1 文献中对迟投标策略给出了一些解释，也尝试进行理论上的分析(Dang et al, 2015)，但其中所涉及的模型各种各样，而且只研究二级价格网上拍卖，只讨论迟投标策略是否是均衡策略；他们没有考虑到达的顾客数，或者假定是常数，也没有讨论报价多少。例如，Ockenfels & Roth (2006)考虑了一个随时间进行的二级价格拍卖，他们假定到达的顾客数是可以事先知道的，并且在拍卖开始时就全部到达。他们证明了对硬性结束规则，在IPV下迟投标策略是均衡策略之一(另一均衡策略是早投标策略，所以均衡策略不唯一)，而在CV下迟投标策略是均衡策略；对软性结束规则，迟投标策略不是均衡策略。

9.3 单阶段多物品网上拍卖的收益

本节讨论一个设有保留价的多物品二级价格拍卖。商家有s件物品要在一次拍卖中售出，前来参与拍卖的顾客有 N 人(可是确定的，也可是一个随机变量)，他们都是风险中性的，每人只要一件商品。每个顾客到达后就报一个价。价格最高的 s 人获得商品，他们的支付是报价中的第 $s+1$ 高的报价(统一价格)[①]。但一般来说，物品都是有成本的，因此商家可能会根据物品的成本设置保留价 v，其意指如果顾客要获得商品，除了其报价要在所有顾客的报价中位列最高的 s 位外，还要不低于保留价 v。因为设有保留价，实际拍卖出的商品数可能小于 s(当 $s=1$ 时就是单物品拍卖)。

顾客是怎样报价的呢？有购物经验的顾客都知道，不同的商店可能会以不同的价格销售相同的物品，因而参与拍卖的许多顾客都会收集有关拍卖品的信息，然后据此估价。我们称之为顾客的保留价，他的报价不会高于其保留价。传统购物的顾客只能出入不同商店收集信息并比较物品价格，其搜索成本比较高，相对于物品的价值来说，可能会不值得；但网上购物则不同，顾客可以通过搜索引擎比较不同商家提供的相同物品，这时的搜索成本很低。一般地，搜索引擎提供的信息主要是有关不同商家的报价、其他用户对此物品的评论等，这些信息都会帮助顾客估价。假设顾客是理性的，也就是说，顾客的最终购买价格一定不会超过他们搜索到的商家最低报价。记$\bar{v}$为所有顾客的最高愿意支付价格，$\underline{v}$为所有顾客的最低愿意支付价格[②]。我们假定顾客的估价是私有独立的，即 IPV。

对于卖家设有保留价 v 的多物品二级价格拍卖，每个顾客以其真实估价报价，这能最大化其期望利润(估价与报价的差)；报价最高的 s 位顾客中，报价不低于保留价 v 者，每人获得一件物品，并支付第 $s+1$ 高的报价(Weber，1983)。因此，该拍卖的价格是保留价 v 与第 $s+1$ 高的报价中的最大者。这里，若第 $s+1$ 高的报价不存在(如没有来那么多顾客)，则设为零。

在网上拍卖下，顾客在网上通常是一个接一个、随机到达的，因而网上顾客到达的过程是一个随机点过程。我们先假设顾客到达服从参数为 λ 的 Poisson 过程(Segev et al，2001)，在大多数情况下这个假设都成立。由于商家在拍卖开始前就公布其保留价 v，到达的顾客中估价低于 v 的将会离开，而那些估价不低于 v 的则会报价(称他们为报价顾客)。报价顾客的到达也是一个 Poisson 过程，其到达率是 $\lambda\bar{F}(v)$，且他们的估价也是 IPV 的，分布函数是$F_v(x):=(F(x)-F(v))/\bar{F}(v)$，其中记$\bar{F}(v)=1-F(v)$。记$f_v(\cdot)$是其密度函数。于是，每个到达的报价顾客将会报价。由上一节知，到达顾客的报价与网下多物品拍卖中的相同，就是报实价。

我们考虑事件“刚好有 m 个报价顾客到达”的概率，显然为

$$q_m=\frac{1}{m!}(\lambda t_0\bar{F}(v))^m e^{-\lambda t_0\bar{F}(v)},\ m\geqslant 0 \tag{9.17}$$

考虑有 s 件物品的拍卖($s<m$)，刚好有 m 个报价顾客的情形。这 m 个顾客的报价就是他们的估价，服从分布函数$F_v(\cdot)$。记这些估价分别为v_1，v_2，…，v_m，它们的次序统计量为$v_{(1)}\geqslant v_{(2)}\geqslant\cdots\geqslant v_{(m)}$，则第 k 个次序统计量$v_{(k)}$的密度函数为(David，1981)

---

① 可以看出，收益等价定理在网上拍卖下也是成立的(顾客逐个到达)。由此，我们在这里只考虑有保留价的多物品统一价格拍卖。

② 假设$\underline{v}\geqslant 0$，也可以将其看作卖方制订的起始价。

$$p_{k|m}(x)=\frac{m!}{(k-1)!\ (m-k)!}F_v(x)^{m-k}[1-F_v(x)]^{k-1}f_v(x),\ x\geqslant 0,\ k=1,\ 2,\ \cdots,\ m$$

实际上，$v_{(k)}$落在x附近，当且仅当报价中有$k-1$个大于x，一个在x附近，另外的$m-k$个小于x，相应的概率就是上式中的$F_v(x)^{m-k}[1-F_v(x)]^{k-1}f_v(x)$。于是，报价为$v_{(1)}\geqslant v_{(2)}\geqslant\cdots\geqslant v_{(s)}$的$s$个顾客各获得一个物品，他们的支付相同，为第$s+1$高价$v_{(s+1)}$。因此，拍卖的期望价格是$E(v_{(s+1)}|m)=\int_v^{\infty}xp_{s+1|m}(x)\mathrm{d}x$。作变量代换$u=F_v(x)$，并作相应的代数计算，有

$$E(v_{(s+1)}\mid m)=\frac{m!}{s!(m-s-1)!}\frac{1}{\bar{F}(v)^m}\int_v^{\infty}x[F(x)-F(v)]^{m-s-1}[1-F(x)]^s\mathrm{d}F(x)$$

$$=\frac{m!}{s!(m-s-1)!}\frac{1}{\bar{F}(v)^m}\int_{F(v)}^{1}(y-F(v))^{m-s-1}(1-y)^sF^{-1}(y)\mathrm{d}y,\ m>s$$

因此，商家提供s件物品时从拍卖中所得的期望收益是

$$r(s)=\sum_{m=0}^{s}mv\,q_m+s\sum_{m>s}q_mE(v_{(s+1)}\mid m)$$

$$=\sum_{m=0}^{s}mv\,q_m+\frac{(\lambda t_0)^{s+1}}{(s-1)!}\int_{F(v)}^{1}\mathrm{e}^{-\lambda t_0(1-y)}(1-y)^sF^{-1}(y)\mathrm{d}y,\ s\geqslant 1$$

且$r(0)=0$。所以，$r(s)$的一阶差分、二阶差分分别为

$$\Delta r(s)=:r(s+1)-r(s)=\frac{(\lambda t_0)^s}{(s-1)!}v\bar{F}(v)^s\mathrm{e}^{-\lambda t_0(1-F(v))}+$$
$$\frac{(\lambda t_0)^s}{(s-1)!}\int_{F(v)}^{1}\mathrm{e}^{-\lambda t_0(1-y)}[\lambda t_0(1-y)-(s-1)](1-y)^{s-1}F^{-1}(y)\mathrm{d}y,\ s\geqslant 1$$

$$\Delta^2r(s)=:\Delta r(s+1)-\Delta r(s)=\frac{(\lambda t_0)^{s-1}}{(s-1)!}v\bar{F}(v)^{s-1}\mathrm{e}^{-\lambda t_0(1-F(v))}[\lambda t_0\bar{F}(v)-(s-1)]+$$
$$\frac{(\lambda t_0)^{s-1}}{(s-1)!}\int_{F(v)}^{1}\mathrm{e}^{-\lambda t_0(1-y)}[(\lambda t_0(1-y)-(s-1))^2-(s-1)]\cdot$$
$$(1-y)^{s-2}F^{-1}(y)\mathrm{d}y,\ s\geqslant 2$$

由上可知：

(1) 当v较小(如$v=0$)且s足够大时，$\Delta r(s)<0$且$\Delta^2r(s)>0$，即$r(s)$既不是递增的，也不是凹的。

(2) 当v足够大(如$\lambda t_0\bar{F}(v)\leqslant 1$)时，$\Delta^2r(s)\leqslant 0$。

因此，为保证收益函数$r(s)$是递增的凹函数，需要将保留价限定在某一个区间中。

下面考虑$F(x)$是区间$[\underline{v},\bar{v}]$上的均匀分布的情形。取变量代换$u=F_v(x)=\frac{x-v}{\bar{v}-v}$，我们得到期望支付为$E(v_{(s+1)}\mid m)=\int_v^{\bar{v}}xp_{s+1|m}(x)\mathrm{d}x=\bar{v}-(\bar{v}-v)\frac{s+1}{m+1}$。从而，商家从$s$件物品的拍卖中的期望收益是

$$r(s)=\sum_{m=0}^{s}mv\,q_m+s\sum_{m=s+1}^{\infty}q_m\left[\bar{v}-(\bar{v}-v)\frac{s+1}{m+1}\right]\tag{9.18}$$

进而，令$\delta=\lambda t_0/(\bar{v}-\underline{v})$，则

$$r(s)=s\bar{v}-\frac{s(s+1)}{\delta}+v\sum_{m=0}^{s}mq_m-s\bar{v}\sum_{m=0}^{s}q_m+\frac{s(s+1)}{\delta}\sum_{m=0}^{s+1}q_m,\ s>0 \qquad (9.19)$$

我们有以下性质。

引理 9.1 设保留价 $v\in[\max\{\underline{v},\bar{v}/2\},\bar{v}]$，顾客按 Poisson 过程到达，且他们的估价是 IPV 的且服从均匀分布，则 $r(s)$是严格递增的凹函数，且$\lim\limits_{s\to\infty}\Delta r(s)=0$。

证明 由式(9.18)，经代数计算可得

$$\Delta r(s)=\sum_{m=s+2}^{\infty}q_m\left[\bar{v}-(\bar{v}-v)\frac{2(s+1)}{m+1}\right]+(s+1)vq_{s+1}-sq_{s+1}\left[\bar{v}-(\bar{v}-v)\frac{s+1}{s+2}\right]$$

由此可知，当 $s\to\infty$时有 $\Delta r(s)\to 0$。

由于$\frac{\bar{v}}{2}\leqslant v\leqslant\bar{v}$，$0\leqslant\bar{v}-v\leqslant\frac{\bar{v}}{2}$。从而，对 $m\geqslant s+2$ 有

$$\left[\bar{v}-(\bar{v}-v)\frac{2(s+1)}{m+1}\right]\geqslant\bar{v}\left(1-\frac{s+1}{m+1}\right)>0$$

因此，上面 $\Delta r(s)$的表达式中的第一项是正的，即

$$\sum_{m=s+2}^{\infty}q_m\left[\bar{v}-(\bar{v}-v)\frac{2(s+1)}{m+1}\right]>0$$

我们说 $\Delta r(s)$中的其余两项之和也是正的，即

$$(s+1)vq_{s+1}-sq_{s+1}\left[\bar{v}-(\bar{v}-v)\frac{s+1}{s+2}\right]>0$$

这等价于$(s+1)v>s\left[\bar{v}-\left[\bar{v}-v\right)\frac{s+1}{s+2}\right]$，即

$$(s+1)(s+2)v>s(s+2)\bar{v}-s(s+1)(\bar{v}-v)$$

这进一步等价于 $v>\frac{s}{2(s+1)}\bar{v}$，而由 $v\geqslant\frac{\bar{v}}{2}$知这是成立的。因此 $r(s)$严格递增。

至于 $r(s)$的凹性，由上面给出的 $\Delta r(s)$的表达式，得

$$\begin{aligned}\Delta^2r(s)=&-2\sum_{m=s+2}^{\infty}q_m\frac{\bar{v}-v}{m+1}-q_{s+1}\left[\bar{v}-(\bar{v}-v)\frac{2s}{s+2}\right]+(s+1)vq_{s+1}-svq_s-\\&sq_{s+1}\left[\bar{v}-(\bar{v}-v)\frac{s+1}{s+2}\right]+(s-1)q_s\left[\bar{v}-(\bar{v}-v)\frac{s}{s+1}\right]\\=&-2(\bar{v}-v)\sum_{m=s+2}^{\infty}\frac{1}{m+1}q_m+\\&q_{s+1}\left[(s+1)v-\bar{v}+(\bar{v}-v)\frac{2s}{s+2}-s\bar{v}+(\bar{v}-v)\frac{s(s+1)}{s+2}\right]-\\&q_s\left[sv-(s-1)\bar{v}+(\bar{v}-v)\frac{s(s-1)}{s+1}\right]\\=&-2(\bar{v}-v)\sum_{m=s+2}^{\infty}\frac{1}{m+1}q_m-q_{s+1}\frac{2(\bar{v}-v)}{s+2}-q_s\left[2v-\bar{v}+(\bar{v}-v)\frac{2}{s+1}\right]\end{aligned}$$

上式右边前两项为负，第三项由于 $\max\left\{\underline{v},\frac{\bar{v}}{2}\right\}\leqslant v\leqslant\bar{v}$也为负，因此，$\Delta^2r(s)<0$，即 $r(s)$是严格凹的。

以上引理说明，在给定的条件下，拍卖中所提供的物品越多，拍卖的收益也越大，这是

直观的结论，但随着物品数的增加，边际收益则是递减的并最终降为零。

上面假定了顾客的到达过程是 Poisson 过程，下面讨论一般的到达过程。我们假定 N 表示一个周期中到达的顾客数，其概率密度为 $w(n)$。事件“刚好到达 m 个顾客，他们的估价都不低于 v”的概率为

$$q_m = \sum_{n=m}^{\infty} w(n) \binom{n}{m} \bar{F}(v)^m F(v)^{n-m}, \quad m = 0, 1, \cdots \tag{9.20}$$

此时，收益函数 $r(s)$ 与式(9.18)中的相同。注意到引理 9.1 的证明与 q_m 的表达式无关，因此引理 9.1 对以下情形亦成立：一般的到达过程，顾客的估价分布为均匀分布，且保留价 $v \in [\max\{\underline{v}, \overline{v}/2\}$。

特别地，对常数到达且估价是均匀分布的情形，q_m 和 $r(s)$ 分别为

$$q_m = \binom{N}{m} \bar{F}(v)^m F(v)^{N-m}, \quad m=0, 1, \cdots, N \tag{9.21}$$

$$r(s) = s\overline{v} + \sum_{m=0}^{s} mv\, q_m - s\overline{v} \sum_{m=0}^{s} q_m - s(s+1)(\overline{v} - v) \sum_{m=s+1}^{N} \frac{q_m}{m+1}, \quad s \leqslant N \tag{9.22}$$

根据以上引理及讨论，我们提出如下条件(Chen，2007)。

条件 9.1 一次拍卖的收益函数 $r(s)$ 是严格递增的凹函数，进而，当 s 趋于无穷大时其一阶差分 $\Delta r(s) = r(s) - r(s-1)$ 趋于零。

注 9.2 上面假定商家的保留价是公开的，即顾客都知道。另一种情况是秘密保留价：顾客仅知道该拍卖设有保留价，但不知道其值。容易证明，在保留价秘密的情况下，除了估值低于保留价的顾客也会投标之外，其他结果与上面保留价公开时完全相同。因此，无论保留价是公开还是保密，结果都相同。

下一章讨论多阶段网上拍卖，都假定条件 9.1 成立。实际上，下一章所讨论的问题甚至与是否是网上拍卖无关，只要一个阶段中提供 s 件商品时的收入 $r(s)$ 满足条件 9.1 即可。

例如，考虑物品以统一价格(List Price) v 出售的机制。一个周期中到达的顾客人数 N 是随机的，$w(n) = P\{N=n\}$，$n \geqslant 0$，到达顾客的估价是 IPV 的。但与前不同的是，我们对 $w(n)$ 和 $F(\cdot)$ 不作要求，而到达顾客购买一个物品当且仅当其估价不低于 v。于是，到达 m 个估价不低于 v 的顾客的概率 q_m 仍由式(9.20)给出。记 $p_s = \sum_{m=s}^{\infty} q_m$ 表示物品能全部拍卖出的概率。从而，提供 s 件物品时的期望收益为

$$r(s) = \sum_{m=0}^{\infty} v(m \wedge s)\, q_m = \sum_{m=0}^{s-1} mv\, q_m + sv\, p_s$$

引理 9.2 条件 9.1 在统一价格下总成立。

证明 $$\Delta r(s) = \sum_{m=0}^{s-1} mv\, q_m + sv\, p_s - \sum_{m=0}^{s-2} mv\, q_m - (s-1)v\, p_{s-1} = v\, p_s > 0$$

$$\Delta^2 r(s) = -v\, q_{s-1} < 0$$

从而当 s 趋于无穷时 $\Delta r(s)$ 趋于零。

习 题

1. 试从文献中找出顾客估值 CV 模型的数学描述。

2. 如果顾客的估值是混合模型：一部分顾客是 IPV 的，另一部分顾客是 CV 的，试问此时 9.2 节中的结论还是否成立？可选择 8 种情形中的一种进行讨论。

3. 对 9.3 节中由式(9.19)给出的 $r(s)$，若引理 9.1 中的条件不满足，试画出此时 $r(s)$ 的图形。进而，若 $F(x)$是截尾正态分布，试给出计算 $r(s)$的数值方法，并画出其图形。

4. 某用户使用滴滴出行 APP 打车，当用户的需求提交后，有两种方式确定哪一辆出租车前来为用户提供出行服务：一是以拍卖方式通知用户附近的空乘出租车，令其自行确定是否接受用户的需求；二是由系统调度。试分析这两种方式的优劣。

参 考 文 献

BAJARI，P，HORTACSU A. 2003. The winner's curse，reserve prices，and endogenous entry：Empirical insights from eBay auctions. RAND Journal of Economics，34：329 - 355.

CHEN F. 2007. Auctioning supply contracts. Management Science，53(10)：1562 - 1576.

DANG C，HU Q，LIU J. 2015. Bidding strategies in online auctions with different ending rules and value assumptions. Electronic Commerce Research and Applications，14(2)：104 - 111.

DAVID H A，1981. Order Statistics. 2nd edition. New York:John Wiley and Sons.

KLEMPERER P. 2000. The Economic Theory of Auctions. Vol. I. Cheltenham：Edward Elgar Publishing Lim.

OCKENFELS A，ROTH A E. 2006. Late and multiple bidding in second price Internet auctions：Theory and evidence concerning different rules for ending an auction. Games and Economic Behavior，55：297 - 320.

SEGEV A，BEAM C，SHANTHIKUMAR J. 2001. Optimal design of Internet-based auctions. Information Technology and Management，2(2)：121 - 163.

VICKREY W. 1967. Counterspeculation，auctions，and competitive sealed tenders. Journal of Finance，16：8 - 37.

WEBER R J. 1983. Multiple-object auctions，in：Engelbrechtp-Wiggans，R.，Martin，S.，Robert，M.（Eds.），Auctions，Bidding，and Contracting：Uses and Theory. New York：New York University Press，3：165 - 191.

第 10 章　网上拍卖下的收益管理、库存管理

本章分别讨论将网上拍卖作为销售方式的收益管理问题以及库存管理问题。商家将一批物品通过多次网上拍卖进行销售，假定期间商家不能补货，这里讨论的是在各阶段对物品数量的最优分配问题，也就是收益管理中的容量分配问题(在各阶段之间分配，但通过网上拍卖销售)。对于各阶段拍卖开始前可以补货(订购)的情形，我们将拍卖与库存控制结合起来讨论：每次拍卖前需确定订购量及本次拍卖的物品数量。

10.1　网上分批拍卖下的收益管理

10.1.1　问题与模型

假设商家有 K 件商品，要在 T 天内销售出去；商家打算在传统英式拍卖的基础上采用分批拍卖的方式进行销售，即在 T 天内分 W 次拍卖这 K 件商品。为简单起见，假设每次拍卖的持续时间相同，为$t_0=T/W$；每一次拍卖有一个保留价 v，即当顾客的报价低于该价格时，商家不予出售而将物品留至后续阶段拍卖。保留价在所有拍卖中相同(后面将会放松这一限制，允许不同时期的拍卖有不同的保留价)。拍卖的基本规则如下：

(1) 根据事先确定的拍卖持续时间t_0，无论商品是否被拍卖出，一到时间，本次拍卖立即结束，并开始下一次拍卖，直到 T 时结束。

(2) 每次拍卖都是一个有保留价 v 的多物品统一价格拍卖。物品数量 s 由商家在此次拍卖开始时确定。

假定到 T 时没有被拍卖出去的商品的价值为零。假设每件商品在每阶段需要的固定存贮费为 h。因而，卖方从分批拍卖中获得的总利润等于每次拍卖中获得的收入减去他所要支付的商品存贮费(即利润)之和。商家的问题是如何分配 K 件商品于这 W 次拍卖中，以使得其总利润达到最大。

显然，如果卖方分配给前几阶段的拍卖品数量比较多，那么之前拍卖出的商品可能会多一些，进而商品存贮费降低；但另一问题也会随之产生，由于拍卖品数量较多，在这次拍卖中商品的成交价格可能会较低，导致商家的总收入变少。相反，如果卖方分配在前几阶段的拍卖品数量比较少，这时对商家来说，商品可能能卖个好价，但商品的总存贮费会相应增加，同时商品最终可能会有剩余，使得商家的总收入减少。所以，商家的目标是确定一个合适的分配规则使得他的期望总利润达到最大。

由于每次拍卖中到达的顾客数及他们的报价均是随机的，因此，每次拍卖中被拍卖出去的物品数量也是随机的。在每次拍卖开始时商家为本次拍卖提供的物品数量会影响下一次拍卖时的库存数，因而可利用有限阶段折扣准则马尔可夫决策过程来建立此最优分配问

题的模型。假定折扣因子 $\beta\in[0, 1]$。我们将每次拍卖视为一个阶段，定义阶段 n 表示还剩 n 次拍卖，$n=1, 2, \cdots, W$；每个阶段的状态 i 表示该次拍卖开始时的物品库存量，$i=0, 1, \cdots, K$；决策 s 表示商家为此次拍卖提供的物品数量，$s=0, 1, \cdots, i$。转移概率 $p_{ij}(s)$ 表示拍卖开始时物品库存量为 i、商家提供的拍卖品数量为 s、在拍卖结束后商品库存量为 j 的概率。由上节中所求得的 q_m 的含义，我们得到转移概率 $p_{ij}(s)$ 如下：

$$p_{ij}(s)=\begin{cases} q_{i-j}, & i-s<j\leqslant i \\ p_s, & j=i-s \\ 0, & j<i-s，\text{或 } j>i \end{cases} \tag{10.1}$$

式中 $p_s=\sum\limits_{m=s}^{\infty} q_m = 1-\sum\limits_{m=0}^{s-1} q_m$，表示 s 件物品均被拍卖出的概率。报酬函数 $r(i, s)$ 等于商家在此次拍卖中从拍卖出的物品中获得的收入，再减去在该阶段所要支付的存贮费用，即 $r(i, s)=r(s)-ih$，其中 $r(s)$ 由式(9.19)给出。易知，$p_{ij}(s)$ 和 $r(i, s)$ 均与 n 无关。

定义 ξ 为本阶段拍卖出的物品数量，它是一个随机变量。在任一阶段 n，若本阶段提供 s 件物品，则 ξ 的概率分布为：对 $k<s$，$P\{\xi=k\}=q_k$，而 $P\{\xi=s\}=p_s$。

$V_n(i)$ 表示商家在含有保留价的网上序贯拍卖中，当还剩下 n 次拍卖、当前商品库存量为 i 时，商家所能获得的最大期望利润。由 MDP 的理论可知 V_n 满足如下最优方程：

$$\begin{aligned} V_n(i) &= \max_{s=0, 1, \cdots, i} \left\{ r(s)+\beta\sum_{k=0}^{s-1} q_k V_{n-1}(i-k)+\beta p_s V_{n-1}(i-s)-ih \right\} \\ &= \max_{s=0, 1, \cdots, i} \{ r(s)+\beta E_\xi V_{n-1}(i-s\wedge\xi)-ih \},\ n=1, 2, \cdots, W \end{aligned} \tag{10.2}$$

满足边界条件

$$V_0(i)=0,\ i=0, 1, \cdots, K,$$
$$V_n(0)=0,\ n=1, 2, \cdots, W$$

边界条件 $V_0(i)=0$ 说明 W 次拍卖结束后，剩余物品的价值为零。这种情况在收益管理问题中比较常见，例如易腐产品、机票、酒店订房等①。另外，对任一 $n=1, 2, \cdots, W$，$V_n(0)=0$，这说明如果物品被提前全部拍卖出，允许序贯拍卖提前结束，且在其后各阶段获得零利润。

我们假定条件 9.1 成立，即可得到如下条件。

条件 10.1 一次拍卖的收益函数 $r(s)$ 是严格递增的凹函数，进而，当 s 趋于无穷大时其一阶差分 $\Delta r(s)=r(s)-r(s-1)$ 趋于零。

10.1.2 最优分配策略的单调性

本节我们研究卖方最优分配策略的单调性。

定义 $V_n(i, s)$ 是最优方程(10.2)中括号 $\{\cdots\}$ 内的项，即

$$\begin{aligned} V_n(i, s) &= r(s)+\beta\sum_{k=0}^{s-1} q_k V_{n-1}(i-k)+\beta p_s V_{n-1}(i-s)-ih \\ &= r(s)+\beta E_\xi V_{n-1}(i-s\wedge\xi)-ih \end{aligned} \tag{10.3}$$

① 这个条件可以放松：若 $V_n(i)$ 是非负凹函数，则本章得到的结论依然成立。

再记

$$\Delta_i V_n(i, s)=V_n(i, s)-V_n(i-1, s)$$
$$\Delta_s V_n(i, s)=V_n(i, s)-V_n(i, s-1)$$

分别表示$V_n(i, s)$对 i 和 s 的一阶差分。由此，我们定义

$$s_n^*(i)=\max\{s \mid \Delta_s V_n(i, s)\geqslant 0, s=1, 2, \cdots, i\} \tag{10.4}$$

容易看出，如果$V_n(i, s)$对变量 s 是凹函数，那么以上定义的$s_n^*(i)$就是最优策略，也即当剩余的物品数是 i，且还剩下 n 次拍卖时，本次拍卖的最优数量是$s_n^*(i)$。下面我们来证明$V_n(i, s)$是 s 是凹函数且$s_n^*(i)$对 n，i 是单调的。

根据经验和直观感觉，我们猜想$s_n^*(i)$对 i 单调上升，对 n 单调下降。我们分以下三步来证明：

(1) 因为$V_{n-1}(i)$是 i 的凹函数，可知$V_n(i, s)$是 s 的凹函数且是(i, s)的上模函数，所以$s_n^*(i)$是 i 的单调上升函数。

(2) $V_n(i)=\max\limits_{s=0, 1, \cdots, i} V_n(i, s)$是 i 的凹函数。

(3) $s_n^*(i)$是 n 的单调下降函数。

其中，$V_n(i, s)$是(i, s)的上模函数当且仅当$\Delta_i\Delta_s V_n(i, s)\geqslant 0$。这也是本节的主要思路。

先证明一个引理，其中对给定常数 $\alpha>0$，定义函数：

$$f(i, \lambda)=\sum_{k=i+1}^{\infty}\frac{\lambda^k}{k!}-\alpha\frac{\lambda^i}{i!}, \lambda>0, i=0, 1, 2, \cdots$$

引理 10.1　若 $\lambda>0$ 满足 $\mathrm{e}^{\lambda}-1-\alpha\geqslant 0$，那么对所有的 $i=0, 1, 2, \cdots$，$f(i, \lambda)$均非负。

证明　易知，f 关于 λ 的一阶导数 $f_\lambda'(i+1, \lambda)=f(i, \lambda)$，$i\geqslant 0$。因为 $f(0, \lambda)=\mathrm{e}^{\lambda}-1-\alpha\geqslant 0$，$f_\lambda'(1, \lambda)=f(0, \lambda)\geqslant 0$，所以 $f(1, \lambda)$是 λ 的增函数。由于 $f(1, 0)=0$，因此 $f(1, \lambda)\geqslant 0$。

重复以上证明过程，即可证得引理。

由假设条件知，顾客的报价不会超过物品的市场价格$\bar{v}$，因而有以下引理。

引理 10.2　对所有的 n，i，有$V_n(i)-V_n(i-1)\leqslant\bar{v}$。

证明　用π^*表示$V_n(i)$的最优策略，也就是说，通过策略π^*所获得的最大期望总利润$V_n(\pi^*, i)$等于$V_n(i)$。于是

$$V_n(i)-V_n(i-1)=V_n(\pi^*, i)-V_n(i-1)\leqslant V_n(\pi^*, i)-V_n(\pi^*, i-1)$$

我们考虑这样一种情形：在本次拍卖中增加一件物品，即从 $i-1$ 件物品增至 i 件。因为物品的售出时间越晚，其存贮费用越高，加上折扣因子的影响，在同等价格下，卖方所能获得的利润也越少，所以，最好的一种情况是该物品在第一阶段以最高价格$\bar{v}$售出，故$V_n(\pi^*, i)-V_n(\pi^*, i-1)\leqslant\bar{v}$。

现在我们开始证明的第一步，见以下两个引理。

引理 10.3　若$V_{n-1}(i)$是 i 的凹函数，则$V_n(i, s)$是 s 的凹函数。

证明　由式(10.4)容易得到

$$\Delta_s V_n(i, s):=V_n(i, s)-V_n(i, s-1)=\Delta r(s)-\beta p_s\Delta_i V_{n-1}(i-s+1) \tag{10.5}$$

则

$$\begin{aligned}\Delta_s^2 V_n(i, s)&:=\Delta_s V_n(i, s)-\Delta_s V_n(i, s-1)\\&=\Delta^2 r(s)+\beta p_{s-1}\Delta_i^2 V_{n-1}(i-s+2)+\beta q_{s-1}\Delta_i V_{n-1}(i-s+1)\end{aligned}$$

已知$\Delta_i^2 V_{n-1}(i-s+2)\leqslant 0$，所以下面将证明上式的第一项和第三项之和也是负的。对每一 $x\geqslant 0$，都有$e^x\geqslant x+1$，因而$e^{\delta(\bar{v}-v)}\geqslant\delta(\bar{v}-v)+1\geqslant\delta(\beta\bar{v}-v)+1$。令 $\alpha=\delta(\beta\bar{v}-v)$，由式(10.4)和引理 10.1，我们有

$$\Delta^2 r(s)+\beta q_{s-1}\Delta_i V_{n-1}(i-s+1)\leqslant -\frac{1}{\delta}p_s-vq_{s-1}+\beta q_{s-1}b$$

$$\leqslant\left(\beta b-\frac{\alpha}{\delta}-v\right)q_{s-1}=0 \tag{10.6}$$

这就证明了引理。

从以上引理知，$V_n(i)=V_n(i, s_n^*(i))$。这就是说，若$V_{n-1}(i)$是 i 的凹函数，当物品还留有 i 件且还剩下 n 次拍卖时，$s_n^*(i)$是最优拍卖数量。以下引理则证明了第(1)步。

引理 10.4 若$V_{n-1}(i)$是 i 的凹函数，则$V_n(i, s)$是(i, s)的上模函数，从而$s_n^*(i)$对 i 单调上升。

证明 因$V_{n-1}(i)$是 i 的凹函数，故由式(10.6)知

$$\begin{aligned}\Delta_i\Delta_s V_n(i, s)&=\Delta_s V_n(i, s)-\Delta_s V_n(i-1, s)\\&=-\beta p_s\Delta_i V_{n-1}(i-s+1)+\beta p_s\Delta_i V_{n-1}(i-s)\\&=-\beta p_s\Delta_i^2 V_{n-1}(i-s+1)\\&\geqslant 0\end{aligned}$$

所以，$V_n(i, s)$是上模函数。再由定理 2.8 和定理 2.9 可知，$s_n^*(i)$对 i 单调上升。

为证步骤二，我们需要先证明以下引理。

引理 10.5 若$V_{n-1}(i)$是 i 的凹函数，则对所有的 i 均有$s_n^*(i)\leqslant s_n^*(i+1)\leqslant s_n^*(i)+1$。

证明 由引理 10.4 即可知第一个不等式成立。记$s^*=s_n^*(i)$。为证明第二个不等式，只需证明$\Delta_s V_n(i+1, s^*+2)<0$。由式(10.6)有

$$\begin{aligned}\Delta_s V_n(i+1, s^*+2)&=\Delta r(s^*+2)-\beta p_{s^*+2}\Delta_i V_{n-1}(i-s^*)\\&=\Delta^2 r(s^*+2)+\Delta r(s^*+1)-\beta(p_{s^*+1}-q_{s^*+1})\Delta_i V_{n-1}(i-s^*)\\&=\Delta_s V_n(i, s^*+1)+\Delta^2 r(s^*+2)+\beta q_{s^*+1}\Delta_i V_{n-1}(i-s^*)\\&<0\end{aligned}$$

其中$\Delta_s V_n(i, s^*+1)<0$；再由式(10.7)可得$\Delta^2 r(s^*+2)+\beta q_{s^*+1}\Delta_i V_{n-1}(i-s^*)\leqslant 0$。因此引理成立。

下面，我们证明本章第一个定理。

定理 10.1 对每一个 $n\geqslant 1$，$V_n(i)$是 i 的凹函数，从而$s_n^*(i)$是 i 的单调上升函数。

证明 用归纳法来证明。首先，当 $n=1$ 时，由条件 10.1 知：

$$V_1(i)=\max_{s=0, 1, 2, \cdots, i} r(s)=r(i), \ \forall i=0, 1, 2, \cdots$$

所以，$V_1(i)$是 i 的凹函数。

归纳假设对某 $n\geqslant 2$，$V_{n-1}(i)$是 i 的凹函数，则由引理 10.4 可推知$V_n(i, s)$是上模函数。下面，证明$V_n(i)$ 是 i 的凹函数。

首先，如果$s_n^*(i)=s_n^*(i-1)=s^*$，则有

$$\Delta_i V_n(i)=-h+\beta\sum_{k=0}^{s^*-1}q_k\Delta_i V_{n-1}(i-k)+\beta\sum_{k=s^*}^{\infty}q_k\Delta_i V_{n-1}(i-s^*) \tag{10.7}$$

如果$s_n^*(i)=s^*+1$ 而$s_n^*(i-1)=s^*$，那么

$$\Delta_i V_n(i) = \Delta r(s^* + 1) - h + \beta \sum_{k=0}^{s^*} q_k \Delta_i V_{n-1}(i-k) \qquad (10.8)$$

为讨论方便，记$s_n^*(i-2)=s^*$，下面分四种情况来证明$V_n(i)$的凹性。

情况 1：$s_n^*(i)=s_n^*(i-1)=s_n^*(i-2)=s^*$。由归纳假设“$V_{n-1}(i)$是 i 的凹函数”知：

$$\Delta_i^2 V_n(i)=\Delta_i V_n(i)-\Delta_i V_n(i-1)=\beta E_\xi \Delta_i^2 V_{n-1}(i-s^* \wedge \xi) \leqslant 0$$

情况 2：$s_n^*(i)=s_n^*(i-1)=s_n^*(i-2)+1=s^*+1$，于是有

$$\Delta_i^2 V_n(i)=\beta E_\xi \Delta_i^2 V_{n-1}(i-(s^*+1)\wedge\xi)-\Delta r(s^*+1)-$$
$$\beta E_\xi[V_{n-1}(i-2-(s^*+1)\wedge\xi)-V_{n-1}(i-2-s^*\wedge\xi)]$$

由式(10.6)和$V_{n-1}(i)$的凹性可知：

$$\Delta_i^2 V_n(i)=\beta E_\xi \Delta_i^2 V_{n-1}(i-(s^*+1)\wedge\xi)-\Delta_s V_n(i-2,\ s^*+1)\leqslant 0$$

情况 3：$s_n^*(i)=s_n^*(i-1)+1=s_n^*(i-2)+1=s^*+1$。此时，有

$$\Delta_i^2 V_n(i)=\Delta r(s^*+1)-\beta p_{s^*+1}\Delta_i V_{n-1}(i-s^*-1)+\beta p_{s^*+1}\Delta_i V_{n-1}(i-s^*-1)+$$
$$\beta\sum_{k=0}^{s^*} q_k \Delta_i^2 V_{n-1}(i-k)-\beta p_{s^*+1}\Delta_i V_{n-1}(i-1-s^*)$$
$$=\Delta_s V_{n-1}(i-1,\ s^*+1)+\beta\sum_{k=0}^{s^*} q_k \Delta_i^2 V_{n-1}(i-k)$$
$$\leqslant 0$$

其中，因为$s_n^*(i-1)=s^*$且$V_{n-1}(i)$是凹函数，故不等号成立。

情况 4：$s_n^*(i)=s_n^*(i-1)+1=s_n^*(i-2)+2=s^*+2$。此时，有

$$\Delta_i^2 V_n(i) = \Delta_s^2 r(s^*+2)+\beta\sum_{k=0}^{s^*} q_k \Delta_i^2 V_{n-1}(i-k)+\beta q_{s^*+1}\Delta_i V_{n-1}(i-s^*-1)\leqslant 0$$

其中不等式的证明与引理 10.3 的相同。

从而得知定理成立。

定理 10.1 说明了当前物品库存量越多，则提供的拍卖品数量就越多，下面的定理我们将得到另一个重要的结论：拍卖剩余次数越多，则提供的拍卖品数量就越少。

下面我们来证明最优策略$s_n^*(i)$对 n 单调下降。为此，令

$$i^*=\max\{i \mid \Delta r(i)\geqslant h\}$$

由条件 10.1 知，$\Delta r(i)\geqslant h$ 当且仅当$i\leqslant i^*$。通常情况下，h 都比较小，而i^*都会相对较大；在收益管理问题里，h 一般为零，从而i^*无穷大。

定理 10.2　对每一个 $i\leqslant i^*$，$s_n^*(i)$是 n 的单调下降函数。

证明　我们只需证明$V_n(i,\ s)$是$(n,\ s)$的上模函数，即对所有的 n，i，s，有$\Delta_n\Delta_s V_n(i,\ s)\leqslant 0$。由式(10.6)知：

$$\Delta_n\Delta_s V_n(i,\ s)=\Delta_s V_n(i,\ s)-\Delta_s V_{n-1}(i,\ s)=-\beta p_s \Delta_n \Delta_i V_{n-1}(i-s+1) \qquad (10.9)$$

因而，只需证明：

$$\Delta_n\Delta_i V_n(i)\geqslant 0,\quad \text{对所有的 } n,\ i$$

我们用数学归纳法来证明上式。

当 $n=1$ 时，由条件 10.1 知，对 $i\leqslant i^*$，$\Delta_n\Delta_i V_1(i)=\Delta_i V_1(i)=\Delta r(i)-h\geqslant 0$。

归纳假设对某 $n\geqslant 2$，$\Delta_n\Delta_i V_{n-1}(i)\geqslant 0$，$i\leqslant i^*$。由式(10.9)知，$\Delta_n\Delta_s V_n(i,\ s)\leqslant 0$，所以

$s_n^*(i) \leqslant s_{n-1}^*(i)$，$i \leqslant i^*$。下面证明：$\Delta_n \Delta_i V_n(i) \geqslant 0$，$i \leqslant i^*$。

给定 $i \leqslant i^*$，记$s_n^* = s_n^*(i-1)$，$s_{n-1}^* = s_{n-1}^*(i-1)$。由归纳假设知，$s_n^* \leqslant s_{n-1}^*$。这里，我们再次需要分四种情况来证明$\Delta_n \Delta_i V_n(i) \geqslant 0$。

情况 1：$s_n^*(i) = s_n^* + 1$，$s_{n-1}^*(i) = s_{n-1}^* + 1$。此时，由式(10.9)知：

$$
\begin{aligned}
\Delta_n \Delta_i V_n(i) &= \Delta_i V_n(i) - \Delta_i V_{n-1}(i) \\
&= -\sum_{k=s_n^*+2}^{s_{n-1}^*+1} \Delta^2 r(k) + \beta \sum_{k=0}^{s_n^*} q_k \Delta_n \Delta_i V_{n-1}(i-k) - \beta \sum_{k=s_n^*+1}^{s_{n-1}^*} q_k \Delta_i V_{n-2}(i-k) \\
&= \beta \sum_{k=0}^{s_n^*} q_k \Delta_n \Delta_i V_{n-1}(i-k) - \sum_{k=s_n^*+2}^{s_{n-1}^*+1} \{\Delta^2 r(k) + \beta q_{k-1} \Delta_i V_{n-2}(i-k+1)\}
\end{aligned}
$$

由归纳假设及式(10.7)知，上式非负。

情况 2：$s_n^*(i) = s_n^* + 1$，$s_{n-1}^*(i) = s_{n-1}^*$。此时，由式(10.8)和式(10.9)可得

$$
\begin{aligned}
\Delta_n \Delta_i V_n(i) = {} & \Delta r(s_n^* + 1) + \beta \sum_{k=0}^{s_n^*} q_k \Delta_i V_{n-1}(i-k) - \\
& \beta \sum_{k=0}^{s_{n-1}^*} q_k \Delta_i V_{n-2}(i-k) - \beta p_{s_{n-1}^*+1} \Delta_i V_{n-2}(i - s_{n-1}^*) \\
= {} & \Delta_s V_n(i, s_{n-1}^* + 1) + \beta p_{s_{n-1}^*+1} \Delta_n \Delta_i V_{n-1}(i - s_{n-1}^*) + \Delta r(s_n^* + 1) - \\
& \Delta r(s_{n-1}^* + 1) + \beta \sum_{k=0}^{s_n^*} q_k \Delta_i V_{n-1}(i-k) - \beta \sum_{k=0}^{s_{n-1}^*} q_k \Delta_i V_{n-2}(i-k)
\end{aligned}
$$

其中，由$s_n^*(i) = s_n^* + 1 \leqslant s_{n-1}^* + 1$ 知，第一项$\Delta_s V_n(i, s_{n-1}^* + 1) \geqslant 0$；由归纳假设知$\Delta_n \Delta_i V_{n-1}(i - s_{n-1}^*) \geqslant 0$，因而第二项 $\beta p_{s_{n-1}^*+1} \Delta_n \Delta_i V_{n-1}(i - s_{n-1}^*) \geqslant 0$；而剩余项之和的非负性，我们在情况一中已经证明了。从而，$\Delta_n \Delta_i V_n(i) \geqslant 0$。

情况 3：$s_n^*(i) = s_n^*$，$s_{n-1}^*(i) = s_{n-1}^* + 1$。由式(10.8)和式(10.9)有

$$
\begin{aligned}
\Delta_n \Delta_i V_n(i) = {} & -\Delta r(s_n^* + 1) + \beta p_{s_n^*+1} \Delta_i V_{n-1}(i - s_n^*) + \Delta r(s_n^* + 1) - \Delta r(s_{n-1}^* + 1) + \\
& \beta \sum_{k=0}^{s_n^*} q_k \Delta_i V_{n-1}(i-k) - \beta \sum_{k=0}^{s_{n-1}^*} q_k \Delta_i V_{n-2}(i-k)
\end{aligned}
$$

由式(10.6)和$s_n^*(i)$的定义可知，上式右边第一行的四项之和等于$-\Delta_s V_n(i, s_n^* + 1) > 0$；而第二行的两项之和等于我们在情况 1 中讨论的$\Delta_n \Delta_i V_n(i)$，其值非负。因而，$\Delta_n \Delta_i V_n(i) \geqslant 0$。

情况 4：$s_n^*(i) = s_n^*$，$s_{n-1}^*(i) = s_{n-1}^*$。此时，由式(10.8)知：

$$
\begin{aligned}
\Delta_n \Delta_i V_n(i) = {} & -\Delta r(s_n^* + 1) + \beta p_{s_n^*+1} \Delta_i V_{n-1}(i - s_n^*) + \Delta r(s_{n-1}^* + 1) - \\
& \beta p_{s_{n-1}^*+1} \Delta_i V_{n-1}(i - s_{n-1}^*) + \beta p_{s_{n-1}^*+1} \Delta_n \Delta_i V_{n-1}(i - s_{n-1}^*) + \Delta r(s_n^* + 1) - \\
& \Delta r(s_{n-1}^* + 1) + \beta \sum_{k=0}^{s_n^*} q_k \Delta_i V_{n-1}(i-k) - \beta \sum_{k=0}^{s_{n-1}^*} q_k \Delta_i V_{n-2}(i-k)
\end{aligned}
$$

与情况 2 和情况 3 的分析相同，在这种情况下依然有$\Delta_n \Delta_i V_n(i) \geqslant 0$。

从而定理 10.2 得证。

以上两个定理说明了最优策略$s_n^*(i)$的单调性，即对拍卖品数量 i 单调上升，对阶段数 n 单调下降。

10.1.3　数值分析

本节借助 Beam 等人于 1996 年通过收集 Onsale. com 网站上某一固定品牌固定型号的 CD 机的拍卖数据进行机制比较。Beam 等人估算的参数如下：

(1) 商家平均每隔 17.5 天进一次货，每批货平均 35 件，每次拍卖平均持续时间为 3.5 天，即 $K=35$ 件，$t_0=3.5$ 天，$W=T/t_0=17.5/3.5=5$；

(2) 顾客对此型号的 CD 机的报价均匀分布于[75，150](单位：美元)，故$\underline{v}=75$ 美元，$\overline{v}=150$ 美元；

(3) 每件商品在每一阶段的固定存贮费为 0.13 美元，即 $h=0.13$ 美元；

(4) 顾客平均每天到达 13.6 人，即 $\lambda=13.6$ 人/天。

根据上述参数值，计算商家采用固定价格时的最优固定价格，得到商家在 17.5 天内销售 35 件物品的最优固定价格为$v_K^*(T)=136$ 美元，商家获得的期望利润为 4721.28 美元。

下面，我们以$v_K^*(T)=136$ 美元作为序贯拍卖里的固定保留价 v 计算商家获得的最大期望利润。根据以上各参数的值，可计算得到转移概率$p_{ij}(s)$和报酬函数 $r(i, s)$；之后求解最优方程，即可得到商家的最优值函数和最优策略。卖方的最大期望总利润为$V_5(35)=4991.92$ 美元；然而，Beam 他们得到的只有 4454.35 美元，其利润值增加了 12.07%。这主要是因为他们假设每次拍卖中物品都能够被全部拍卖出去，显然这个假设是不合理的，同时这个假设也影响了卖方获得的最大期望收入。用他们给出的最优值函数所计算出的最优拍卖策略是每次提供 7 件、分五次将物品全部售出；而根据我们的 MDP 模型，卖方则是根据物品当前库存数量以及拍卖剩余次数确定在每次拍卖开始时的最优拍卖数量，所得结果见图 10.1。从此图可以看到，最优拍卖品数量随当前库存数量的增加而递增，同时也随拍卖剩余次数的减少而增加，这些与定理 10.1 和 10.2 中所得到的结论一致。与最优固定价格产生的期望利润(4721.28 美元)相比，以最优固定价格作为保留价的序贯拍卖产生的期望利润增加了 5.7%。

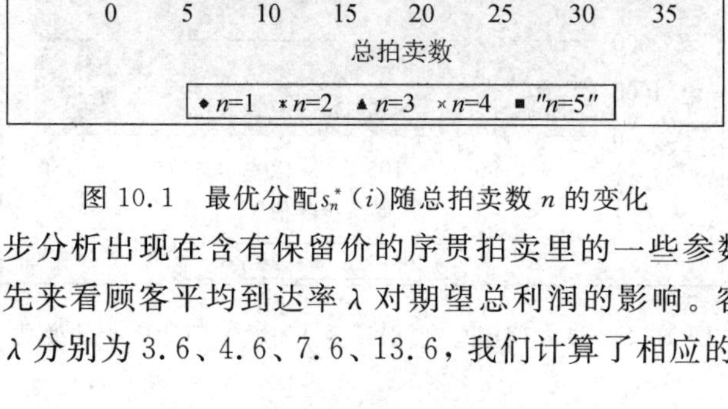

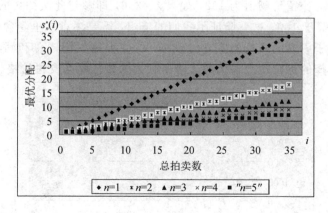

图 10.1　最优分配$s_n^*(i)$随总拍卖数 n 的变化

下面，我们进一步分析出现在含有保留价的序贯拍卖里的一些参数对卖方的最大期望总利润的影响。我们先来看顾客平均到达率 λ 对期望总利润的影响。容易猜想，$V_n(i)$是 λ 的单调增函数。假设 λ 分别为 3.6、4.6、7.6、13.6，我们计算了相应的期望利润值$V_n(35)$，

$n=1, 2, \cdots, 5$，见图 10.2。由图可以看出，卖方的最大期望利润随顾客总人数增加(即顾客平均到达率增加)而递增。

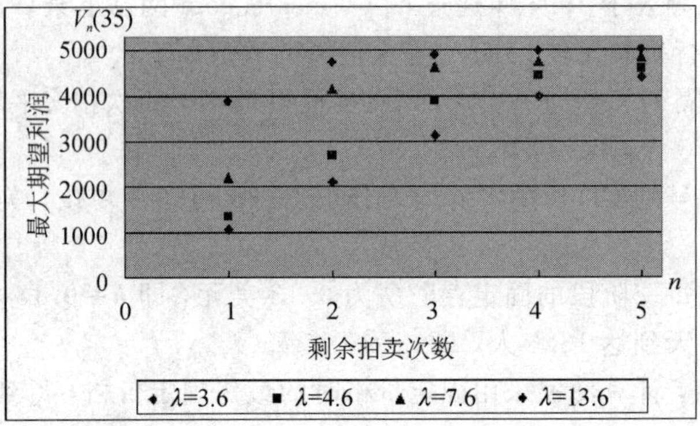

图 10.2　最大期望总利润$V_n(35)$随剩余拍卖次数 n 的变化(不同的 λ 下)

给定不同的顾客到达率 $\lambda=3.6$ 和 $\lambda=13.6$，我们计算了随保留价变化时卖方获得的最大期望总利润，见图 10.3。可以看出，给定 $\lambda=13.6$，当 $75\leqslant v\leqslant 105$ 时，最大期望总利润基本恒定，其值为 5015.76；当 $v\in(105, 132]$时，最大期望总利润值下降但下降速度比较慢；而当 $v>132$ 时，下降速度变得很快，我们称这个急剧下降点为“保留价阈值”。这说明当卖方设置的保留价低于保留价阈值时，保留价对最大期望总利润的影响效果不大；只有在保留价比较大时，它才会影响商家的总利润值。另一方面，我们猜想**保留价阈值与顾客平均到达率有关，其值随顾客平均到达率递增**。这是因为当参与拍卖的顾客数足够多时，他们的报价会比较均匀并趋于完全竞争，在这种情况下，除非卖方设置的保留价很高，否则不会影响顾客的报价；同样，这时即使不设置保留价，也很少会出现以低价赢得物品而损害卖方收益的现象。但是，当顾客比较少时，如果保留价过高，则会丧失出售商品的机会，从而严重降低卖方的期望收益。从图 10.3 中可以看到，当 $\lambda=13.6$，即参与此次拍卖的顾客共有 $\lambda T=238$ 人时，保留价阈值为 132；如果 $\lambda=3.6$，即参与此次拍卖的顾客共有 $\lambda T=63$ 人时，保留价阈值等于 100。这就验证了我们的猜想。需要注意这里隐含了一个条件，即物品对卖方的价值低于顾客的最低愿意支付价格，这使得最大期望总利润随保留价递减，因而我们建议**卖方选择的保留价应该大致上等于顾客的最低愿意支付价格**。

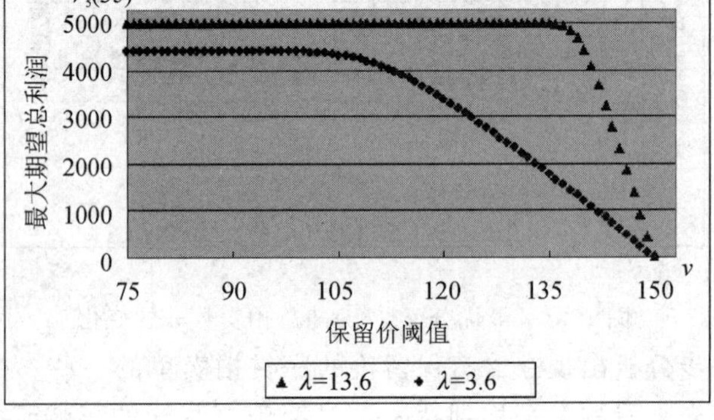

图 10.3　最大期望总利润$V_5(35)$随顾客到达率 λ 的变化

10.2　网上拍卖下的库存管理

在上一节的基础上，考虑每阶段初确定本次拍卖的物品总数时，同时还可以向外界的供应商处订购，于是需要确定订购量。假定订购的物品在本次拍卖结束前到达，从而可用于本次拍卖。这一假设是合理的，因为网上拍卖通常会持续 1～2 周的时间。

每阶段初的库存量为 i，卖方确定订购后的库存量为 j（所以 $j\geqslant i$，且订购量是 $j-i$），卖方还要确定从 j 中分配量 s 用于本阶段拍卖（所以要满足 $0\leqslant s\leqslant j$）。假定单位产品的订购成本是 c。

另外，每件物品在每个阶段的存贮费为 h，卖方给每阶段拍卖设置的相同的保留价为 v，有 m 个保留价不低于 v 的顾客到达的概率为q_m，一个阶段的拍卖中将 s 件物品都拍卖出去的概率$p_s=\sum\limits_{m=s}^{\infty}q_m=1-\sum\limits_{m=0}^{s-1}q_m$，相应的期望收益为 $r(s)$，各参数与上一节中相同。

需要指出的是，概率q_m和收入函数 $r(s)$都依赖于保留价 v，但我们先假定 v 是外生的，并在 10.2.4 节中推广到内生的情形。为简单之前，我们在q_m和 $r(s)$中省略了 v。

10.2.1　有限阶段

在本小节，我们讨论有限阶段的情形。用$V_n(i)$表示还剩 n 阶段，目前的库存是 i 时的最大期望折扣总利润，则由第 1 章中的知识知，我们有最优方程：

$$V_n(i)=\max_{j\geqslant i,\ 0\leqslant s\leqslant j}\left\{r(s)-cj+\beta\sum_{m=0}^{\infty}q_m V_{n-1}(j-m\wedge s)\right\}+(c-h)i \tag{10.10}$$

其中 $m\wedge s:=\min(m,s)$。边界条件是$V_0(i)=0$，$i\geqslant 0$，它表示当阶段结束时，剩余的物品没有残值。为便于数学推导，本节中的所有结论对$V_0(i)$为非负、递增的凹函数都成立。

在证明 BSAA 策略的最优性之前，我们先证明如下定理。

定理 10.3　对 $n\geqslant 1$，有

(1) $V_n(i)$是 i 的凹函数；

(2) 基本库存水平为J_n^* 的基本库存策略是最优的，即：若库存不低于J_n^* 则不订购，否则订购，使订购后的库存量达到J_n^*；

(3) 存在函数$s_n(j)$，使得分配给当前阶段拍卖的最优量为：当 $i\leqslant J_n^*$ 时为$s_n(J_n^*)$，否则为$s_n(i)$。

证明　用归纳法来证明。

对 $n=1$，由于 $r(s)$递增，$r(s)$在 $0\leqslant s\leqslant j$ 上的最大值点是 j。因此，由方程(10.10)，得

$$V_1(i)=\max_{j\geqslant i}\{r(j)-cj\}+(c-h)i$$

下面我们求解上式的优化问题$\max\limits_{j\geqslant i}\{r(j)-cj\}$。由条件 10.1 可见 $r(\cdot)$是严格凹的，所以，$r(j)-cj$ 也是严格凹的。这就说明 $r(j)-cj$ 在 $j\geqslant 0$ 上有唯一的最大解J_1^*，即

$$r(J_1^*)-cJ_1^*=\max_{j\geqslant 0}\{r(j)-cj\}$$

因此

$$V_1(i)=\begin{cases} r(J_1^*)-cJ_1^*+(c-h)i, & i\leqslant J_1^* \\ r(i)-hi, & i\geqslant J_1^* \end{cases}$$

这就证明了定理 10.3 当 $n=1$ 时的(2)和(3)，其中$s_1(j)=j$。由上述表达式及条件 10.1，容易证明定理 10.3 的(1)在 $n=1$ 时也成立。因此定理 10.3 对 $n=1$ 成立。

归纳假设定理对某个 $n-1\geqslant 1$ 成立。为了证明定理对 n 也成立，我们记$g_n(j, s)$为方程(10.10)中大括号中的项，即

$$g_n(j,\ s)=r(s)-cj+\beta\sum_{m=0}^{\infty}q_m V_{n-1}(j-m\wedge s)$$

我们先来解优化问题$g_n(j):=\max\limits_{0\leqslant s\leqslant j}g_n(j,\ s)$。对此，记$\Delta_s g_n(j,\ s):=g_n(j,\ s)-g_n(j,\ s-1)$为$g_n(j,\ s)$对 s 的一阶差分，进而，记$s_n(j)=\max\{s\mid \Delta_s g_n(j,\ s)\geqslant 0,\ s=1,2,\cdots,\ j\}$。

由归纳假设知$V_{n-1}(j)$是凹的，与引理 10.3 类似地，我们可以证明$g_n(j,\ s)$也是 s 的凹函数。因此，$s_n(j)$是当库存量为 s 时分配给本阶段的量，从而$g_n(j)=g_n(j,\ s_n(j))$，可得

$$V_n(i)=\max_{j\geqslant i}\{g_n(j,\ s_n(j))\}+(c-h)i$$

进而，与定理 10.1 一样可证对 $n\geqslant 1$，$g_n(j)=g_n(j,\ s_n(j))$是 j 的严格凹函数。记

$$J_n^*=\arg\max_{j\geqslant 0}g_n(j,\ s_n(j)) \tag{10.11}$$

为$g_n(j)$在 $j\geqslant 0$ 上的最大值点，则$J_n^*=\max\{j\geqslant 0\mid \Delta_j g_n(j,\ s_n(j))\geqslant 0\}$，这里$\Delta_j g_n(j,\ s_n(j))$是$g_n(j,\ s_n(j))$关于 j 的差分。因此

$$V_n(i)=\max_{j\geqslant i}\{g_n(j,\ s_n(j))\}+(c-h)i=\begin{cases} g_n(J_n^*,\ s_n(J_n^*))+(c-h)i, & i\leqslant J_n^* \\ g_n(i,\ s_n(i))+(c-h)i, & i\geqslant J_n^* \end{cases}$$

由以上方程，容易证明定理的(1)，(2)，(3)对 n 均成立。由归纳法，定理成立。

由定理 2.1，最优策略如下：当还剩 n 个阶段时，如果当前库存水平 $i<J_n^*$，则将库存恢复至最优水平J_n^*，并将其中的$s_n(J_n^*)$用于本阶段拍卖；否则，不订购，并分配给本次拍卖的量为$s_n(i)$。这一策略与定价和库存联合管理问题中的 BSLP 策略(Federgruen, et al, 1999)十分类似。当然，这里的$s_n(j)$分配给本阶段的拍卖，且市场销售渠道是网上拍卖(拍卖是同时确定销量和价格的一种机制)。

下面我们讨论最优分配策略$s_n(j)$及最优基本库存水平J_n^*的一些性质。这些性质对于讨论平均准则也是非常重要的。我们先来证明一个引理。

引理 10.6　对 n，$i\geqslant 1$，$V_n(i)-V_n(i-1)\leqslant c-h$。

证明　由定理 10.3 的证明可知：

$$V_n(i)=\begin{cases} g_n(J_n^*,\ s_n(J_n^*))+(c-h)i, & i\leqslant J_n^* \\ g_n(i,\ s_n(i))+(c-h)i, & i\geqslant J_n^* \end{cases}$$

$$V_n(i-1)=\begin{cases} g_n(J_n^*,\ s_n(J_n^*))+(c-h)(i-1), & i-1\leqslant J_n^* \\ g_n(i-1,\ s_n(i-1))+(c-h)(i-1), & i-1\geqslant J_n^* \end{cases}$$

由此，我们下面分两种情形来证明引理。

(1) $i\geqslant J_n^*+1$，则$V_n(i)-V_n(i-1)=g_n(i,\ s_n(i))-g_n(i-1,\ s_n(i-1))+c-h\leqslant c-h$。上面的不等式中，因为$g_n(i,\ s_n(i))$是凹的，所以最大值点是$J_n^*$。

(2) $i<J_n^*+1$，这时显然有$V_n(i)-V_n(i-1)=c-h$。

因此，引理成立。

关于$s_n(j)$和J_n^*的性质，我们有下面的定理，其中$s_n(j)$和J_n^*都依赖于折扣因子β。

定理 10.4　(1) 对任一 $n\geqslant 1$，$s_n(j)$关于 j 递增，且当 $j\to\infty$ 时，$s_n(j-1)\leqslant s_n(j)\leqslant s_n(j-1)+1$。

(2) $s_n(J_n^*)=J_n^*$，且最优库存水平J_n^*对 n 和 β 有一致的上界。

证明　(1) 由$g_n(j, s)$的定义，得

$$\begin{aligned}\Delta_s g_n(j, s) &= r(s)-r(s-1)+\beta\sum_{m=0}^{s-1} q_m V_{n-1}(j-m)+\beta p_s V_{n-1}(j-s)-\\&\quad\beta\sum_{m=0}^{s-1} q_m V_{n-1}(j-m)-\beta p_s V_{n-1}(j-s+1)\\&= \Delta r(s)-\beta p_s\Delta V_{n-1}(j-s+1)\end{aligned}$$

$$\Delta_j \Delta_s g_n(j, s) := \Delta_s g_n(j, s)-\Delta_s g_n(j-1, s) = -\beta p_s \Delta^2 V_{n-1}(j-s+1)$$

其中$\Delta^2 V_{n-1}(\cdot)$是$V_{n-1}(\cdot)$的二阶差分。因为$V_{n-1}(.)$是凹的，由上可推得$\Delta_j\Delta_s g_n(j, s)\geqslant 0$，从而，$g_n(j, s)$是上模函数，$s_n(j)$关于 j 递增(根据上模函数的性质)。

记I_{n-1}^*表示$V_{n-1}(i)$关于 i 的最大值点。由于$V_{n-1}(i)$是 i 的凹函数，$\Delta V_{n-1}(i)\geqslant 0$，$i\leqslant I_{n-1}^*$；否则，$\Delta V_{n-1}(i)<0$。因此，对 $s<j+1-I_{n-1}^*$，有

$$\Delta_s g_n(j, s)=\Delta r(s)-\beta p_s\Delta V_{n-1}(j-s+1)>\Delta r(s)>0$$

于是，由$s_n(j)$的定义，当 $j+1\geqslant I_{n-1}^*$ 时有$s_n(j)\geqslant j+1-I_{n-1}^*$，因此，当 $j\to\infty$ 时有$s_n(j)\to\infty$。进而，与引理 10.5 类似，可以证明$s_n(j-1)\leqslant s_n(j)\leqslant s_n(j-1)+1$，$\forall j\geqslant 1$。

(2) 下面证明$s_n(J_n^*)=J_n^*$。假定$s_n(J_n^*)\neq J_n^*$。由于对所有的 $j\geqslant 0$ 有$s_n(j)\leqslant j$，我们有$s_n(J_n^*)<J_n^*$。下面构造一个新的策略。除了周期 $n-1$ 和 n 之外，它与最优策略完全相同：在周期 $n-1$ 时若库存低于J_{n-1}^*则订购至$J_{n-1}^*+J_n^*-s_n(J_n^*)$，否则订购至$J_n^*-s_n(J_n^*)$；在周期 n，订购至$s_n(J_n^*)$。我们知道在最优策略下，在周期 n 订购至J_n^*，在周期 $n-1$ 时若库存低于J_{n-1}^*则订购至J_{n-1}^*，否则不订购。在这一策略下，系统的运行与最优策略下完全相同，只是此策略在周期 n 降低了库存费$[J_n^*-s_n(J_n^*)]h$ 及折扣的固定订购费$(1-\beta)[J_n^*-s_n(J_n^*)]$。这样，我们就得到了比最优策略更好的策略，与假设矛盾。因此，$s_n(J_n^*)=J_n^*$。

为了给出J_n^*的一个上界，我们考虑$g_n(j, s_n(j))$关于 j 的一阶差分$\Delta_j g_n(j, s_n(j))$：

$$\begin{aligned}\Delta_j g_n(j, s_n(j)) &= g_n(j, s_n(j))-g_n(j-1, s_n(j-1))\\&= r(s_n(j))-cj+\beta\sum_{m=0}^{\infty} q_m V_{n-1}(j-m\wedge s_n(j))-\\&\quad r(s_n(j-1))+c(j-1)-\beta\sum_{m=0}^{\infty} q_m V_{n-1}(j-1-m\wedge s_n(j-1))\\&= r(s_n(j))-r(s_n(j-1))-c+\beta\sum_{m=0}^{s_n(j)} q_m V_{n-1}(j-m)+\\&\quad\beta\sum_{m=s_n(j)+1}^{\infty} q_m V_{n-1}(j-s_n(j))-\beta\sum_{m=0}^{s_n(j-1)} q_m V_{n-1}(j-1-m)-\\&\quad\beta\sum_{m=s_n(j-1)+1}^{\infty} q_m V_{n-1}(j-1-s_n(j-1))\end{aligned}$$

由于$s_n(j-1)\leqslant s_n(j)\leqslant s_n(j-1)+1$，$s_n(j)=s_n(j-1)$或$s_n(j)=s_n(j-1)+1$。若$s_n(j)=s_n(j-1):=s$，则由引理 10.6 知：

$$\begin{aligned}\Delta_j g_n(j,\ s_n(j)) &= -c+\beta\sum_{m=0}^{s} q_m[V_{n-1}(j-m)-V_{n-1}(j-1-m)]+\\ &\quad \beta\sum_{m=s+1}^{\infty} q_m[V_{n-1}(j-s)-V_{n-1}(j-1-s)]\\ &\leqslant -c+\beta(c-h)\\ &<0\end{aligned}$$

若$s_n(j)=s_n(j-1)+1:=s+1$，则

$$\begin{aligned}\Delta_j g_n(j,\ s_n(j)) &= r(s+1)-r(s)-c+\\ &\quad \beta\sum_{m=0}^{s+1} q_m V_{n-1}(j-m)+\beta\sum_{m=s+2}^{\infty} q_m V_{n-1}(j-s-1)-\\ &\quad \beta\sum_{m=0}^{s} q_m V_{n-1}(j-1-m)-\beta\sum_{m=s+1}^{\infty} q_m V_{n-1}(j-1-s)\\ &= r(s+1)-r(s)-c+\beta\sum_{m=0}^{s} q_m[V_{n-1}(j-m)-V_{n-1}(j-1-m)]\\ &\leqslant r(s+1)-r(s)-c+\beta\sum_{m=0}^{s} q_m(c-h)\\ &\leqslant r(s)-r(s-1)-c+\beta(c-h)\end{aligned}$$

其中第一个不等式是因为引理 10.6，第二个是因为 $r(s)$是凹函数。

记

$$\hat{s}=\min\{s\,|\,0<\Delta r(s)\leqslant h\} \tag{10.12}$$

由条件 10.1，$\Delta r(s)$是严格下降且 $s\to\infty$时趋于 0，于是 $\hat{s}$有限。因此，对 $s\geqslant\hat{s}$有 $0\leqslant\Delta r(s)\leqslant h$。从而$s_n(j)>\hat{s}$时，$\Delta_j g_n(j,\ s_n(j))<0$。

因此，由$g_n(j,\ s_n(j))$对 j 是凹的(见定理 10.3 的证明)及J_n^* 的定义，即$J_n^*=\max\{j\geqslant 0\,|\,\Delta_j g_n(j,\ s_n(j))\geqslant 0\}$，我们有$J_n^*=s_n(J_n^*)\leqslant\hat{s}$。

这就证明了定理。

定理中的结论(1)表明，初始库存量越高，每次拍卖的量也越大；初始库存量每增加一，每个周期所分配的量至多增加一。进而，由定理 10.3 及定理 10.4 中的$s_n(J_n^*)=J_n^*$，证明了 BSAA 策略的最优性。定理 10.4 中所证明的J_n^* 的一致有界性，在后面讨论平均准则时将是十分有用的。

上述模型可进行若干推广(见习题 2)。

10.2.2　折扣准则

现在我们讨论无限阶段折扣准则，方法是推广前一小节中有限阶段时的结论。此时我们需要假定模型是平稳的，即模型的所有参数，如 $r(s)$和q_m都与 n 无关。记$V_\beta(i)$为折扣最优值函数，则$V_\beta(i)$满足如下的最优方程：

$$V_\beta(i)=\max_{j\geqslant i,\ 0\leqslant s\leqslant j}\Big\{r(s)-cj+\beta\sum_{m=0}^{\infty} q_m V_\beta(j-m\wedge s)\Big\}+(c-h)i \tag{10.13}$$

由第 2 章中的逐次逼近法可知：

$$\lim_{n\to\infty} V_n(i)=V_\beta(i),\ i\geqslant 0 \tag{10.14}$$

因此，我们期望有限阶段中的定理 10.3 和定理 10.4 对折扣准则也成立。

定理 10.5　对折扣准则，有如下结论：

(1) $V_\beta(i)$是 i 的凹函数。

(2) 最优订购策略为：任一阶段中，若库存量不低于J_β则不订购，否则订购使库存量达到J_β。这里$J_\beta:=\lim\limits_{n\to\infty} J_n^*\leqslant \hat{s}$，$\hat{s}$由式(10.12)定义。

(3) 最优分配策略如下：当 $i\leqslant J_\beta$时分配J_β，否则分配$s_\beta(i)$。这里$s_\beta(j):=\lim\limits_{n\to\infty} s_n(j)$，$\forall j\geqslant 0$。

(4) $s_\beta(J_\beta)=J_\beta$，进而$s_\beta(j)$对 j 递增，当 j 趋于无穷时也趋于无穷，且对 $j\geqslant 1$ 均有$s_\beta(j-1)\leqslant s_\beta(j)\leqslant s_\beta(j-1)+1$。

证明　(1) 由定理 10.3 知，$V_n(i)$是凹的，从而由式(10.14)知$V_\beta(i)$也是凹的。

(2) 与有限阶段时类似，记

$$g(j,\ s)=r(s)-cj+\beta\sum_{m=0}^{\infty} q_m V_\beta(j-m\wedge s)$$

$$s_\beta(j)=\max\{s\,|\,\Delta_s g(j,\ s)\geqslant 0,\ s=1,\ 2,\ \cdots,\ j\}$$

其中$\Delta_s g(j,\ s):=g(j,s)-g(j,s-1)$是 $g(j,\ s)$对 s 的一阶差分。易知 $g(j,\ s)=\lim\limits_{n\to\infty} g_n(j,s)$是 s 的凹函数，所以$s_\beta(j)=\lim\limits_{n\to\infty} s_n(j)$，其中$s_\beta(j)$是$\max\limits_{0\leqslant s\leqslant j} g(j,s)$的最大值点。由于$g_n(j,\ s_n(j))$和 $r(s)$均是严格凹的，$g(j,\ s_\beta(j))$也是严格凹的。记

$$J_\beta=\arg\max_{j\geqslant 0} g(j,\ s_\beta(j))$$

表示 $g(j,\ s_\beta(j))$关于 $j\geqslant 0$ 的唯一最大值点。因此

$$\begin{aligned}V_\beta(i)&=\max_{j\geqslant i}\{g(j,\ s_\beta(j))\}+(c-h)i\\&=\begin{cases}g(J_\beta,\ s_\beta(J_\beta))+(c-h)i, & i\leqslant J_\beta\\ g(i,\ s_\beta(i))+(c-h)i, & i\geqslant J_\beta\end{cases}\end{aligned}$$

这就证明了(2)，也同时证明了(3)。(4)由以上讨论及定理 10.4 可证。于是定理得证。

定理 10.5 证明了对折扣准则有最优的平稳 BSAA 策略，它与周期无关，从而比有限阶段中的策略更为简单。这将帮助商家寻找合适产能的供应商，其产能最多是J_β。该定理还证明了折扣准则的最优值函数、最优策略恰好是有限阶段的最优值函数、最优策略的极限。因此，当阶段数足够大时，我们可以用无限阶段时的J_β来近似有限阶段时的策略J_n^*。以上定理还证明了J_β的有界性，这对在下一小节中证明 BSAA 策略对平均准则也是最优的这一结论将十分重要。

由于J_β是常数，我们可以进一步描述最优策略为：当初始库存量大于J_β时，分配给拍卖的量是$s_\beta(i)$、不订购，直到不断满足需求使得库存降到低于J_β，此时订购，且订购量就是上一阶段的实际需求量。

由定理 10.5，最优的 BSAA 策略主要由一个正整数J_β所表征。因此，下面将考虑如何计算这个数J_β。

由J_β的含义，$V_\beta(i)$关于 $i\leqslant J_\beta$的最优值只依赖于J_β，而与最优策略中当 $i>J_\beta$时的分配

量$s_\beta(i)$无关。由此，我们可推得一个简单的算法来计算$V_\beta(i)$关于$i\leqslant J_\beta$的最优值，以及最优库存水平J_β。具体讨论如下。

首先，给定一个正整数$J>0$，我们定义J-策略如下：当库存量i不大于J时，将库存量升至J，并将所有的J分配到当前拍卖。我们要计算J-策略下的折扣准则函数值$\{V_\beta(i|J),\ i=0,1,\cdots,J\}$。注意这些函数值与$J$-策略与$s_\beta(i)$，$i>J$无关，从而由$J$所唯一确定。记

$$\Delta_J:=\sum_{m=0}^{\infty}q_m V_\beta(J-m\wedge J\mid J)=p_J V_\beta(0\mid J)+\sum_{m=1}^{J}q_{J-m}V_\beta(m\mid J)$$

则由第2章知：

$$V_\beta(i|J)=r(J)-cJ+(c-h)i+\beta\Delta_J,\ i=0,1,\cdots,J \tag{10.15}$$

由此及Δ_J的定义知：

$$\begin{aligned}\Delta_J&=\sum_{m=0}^{\infty}q_m[r(J)-cJ+(c-h)(J-m\wedge J)+\beta\Delta_J]\\&=r(J)-cJ+(c-h)\sum_{m=0}^{J-1}(J-m)q_m+\beta\Delta_J\end{aligned}$$

于是

$$\Delta_J=(1-\beta)^{-1}\left\{r(J)-cJ+(c-h)\sum_{m=0}^{J-1}(J-m)q_m\right\}$$

因此，由式(10.15)，J-策略下的折扣目标$V_\beta(i|J)$，$i=0,1,\cdots,J$可由下式得到：

$$\begin{aligned}V_\beta(i|J)=&(c-h)i+(1-\beta)^{-1}[r(J)-cJ]\\&+\beta(1-\beta)^{-1}(c-h)\sum_{m=0}^{J-1}(J-m)q_m,\ i=0,1,\cdots,J\end{aligned} \tag{10.16}$$

因此，$V_\beta(i|J)$对$i\leqslant J$是线性的。

再次由定理10.5可知，最优库存水平J_β一定是对所有的$i=0,1,\cdots,J$都取到优化问题$\max\limits_{0\leqslant J\leqslant\hat{s}}V_\beta(i|J)$。由式(10.16)，这等价于问题$\max\limits_{0\leqslant J\leqslant\hat{s}}V_\beta(0|J)$，这又进一步等价于如下的优化问题：

$$\max_{0\leqslant J\leqslant\hat{s}}G_\beta(J):=r(J)-cJ+\beta(c-h)\sum_{m=0}^{J-1}(J-m)q_m \tag{10.17}$$

这里，对任一$i\leqslant J$，$G_\beta(J)=(1-\beta)[V_\beta(i|J)-(c-h)i]$。这就证明了如下引理。

引理 10.7 折扣准则的最优库存水平J_β是优化问题(10.17)的解。

给定参数c，h，β，q_m及$r(j)$，数值计算优化问题(10.17)是容易的，它只有一个取值于离散集$\{0,1,2,\cdots,\hat{s}\}$的变量。进而，式(10.17)中的求和可迭代得到：令

$$h(J)=\sum_{m=0}^{J}q_m,\ g(J)=\sum_{m=0}^{J-1}(J-m)q_m,\ J\geqslant 1,\ h(0)=q_0,\ g(0)=0,$$

则

$$g(J+1)=g(J)+h(J),\ h(J+1)=h(J)+q_{J+1},\ J\geqslant 1$$

因此，这里计算最优库存水平的方法比传统库存控制中计算最优策略的算法要简单得多。

10.2.3　平均准则

现在我们来讨论无限阶段平均准则，我们依然要证明 BSAA 最优策略。

我们需要引入平稳策略。一个平稳策略是指映射 f：$f(i)=(j, s)$满足 $j\geqslant i$ 且 $s\leqslant j$。这是指当库存量为 i 时，使库存升至 j 并将其中的 s 分配给本次拍卖。由定理 10.5，对每个折扣因子 $\beta\in(0, 1)$，均有最优的平稳 BSAA 策略f_β。再由定理 10.5，有

$$f_\beta(i)=\begin{cases}(J_\beta, J_\beta), & i\leqslant J_\beta\\(i, s_\beta(i)), & i>J_\beta\end{cases}$$

且$J_\beta\leqslant\hat{s}$，即J_β关于 β 一致有界。因此在策略f_β下，系统的状态一旦进入状态子集$\{0,1,\cdots,\hat{s}\}$后就将一直停留在此集中。因此，系统的运行就如同一个有限状态的系统。于是，利用 Blackwell 的方法(见 3.1.3 节中的定理 3.5)可知，存在$\beta_0<1$ 及平稳策略$\bar{f}$、正整数$\bar{J}\leqslant\hat{s}$使得

$$J_\beta=\bar{J}\quad 且\quad f_\beta(i)=\bar{f}(i)=(\bar{J}, \bar{J}),\ i\leqslant\bar{J},\ \beta\in(\beta_0, 1)$$

下面考虑 $i>\bar{J}$。由定理 10.5，对 $i\geqslant\hat{s}$有$s_\beta(\hat{s})\leqslant s_\beta(i)\leqslant i$。那么由对角线法，存在非降函数 $\bar{s}(i)$，$i>\bar{J}$及非降趋于 1 的折扣因子列$\{\beta_n\}$，使得：对任一状态 $i>\bar{J}$，存在正整数N_i满足

$$s_{\beta_n}(j)=\bar{s}(j),\ \forall j=0, 1, \cdots, i,\ n\geqslant N_i$$

实际上，N_i对 i 递增。我们还需要$\bar{f}(i)=(i, \bar{s}(i))$，$i>\bar{J}$。于是

$$f_{\beta_n}(i)=\bar{f}(i)=(i, \bar{s}(i)),\ n\geqslant N_i,\ i>\hat{s}$$

记 $V(\bar{f}, i)$为策略$\bar{f}$下初始状态为 i 时的平均准则值。因为所有q_m是正的，$\bar{f}$是单链(即所有状态互通)，所以 $\rho:=V(\bar{f}, i)$与 i 无关。

再记$\bar{V}(i)$是初始库存为 i 时的最优平均准则值，由 Abel 定理，有

$$V(\bar{f}, i)=\liminf_{\beta\uparrow 1}(1-\beta)V_\beta(\bar{f}, i),\ i=0, 1, \cdots, \hat{s}$$

但对任一 $i>\bar{J}$，当 $n\geqslant N_i$时有$f_{\beta_n}(j)=\bar{f}(j)$，$j=0, 1, \cdots, i$，于是

$$V_{\beta_n}(\bar{f}, i)=V_{\beta_n}(f_{\beta_n}, i)=V_{\beta_n}(i),\ n\geqslant N_i$$

由此及 4.1.1 节知：

$$\rho=V(\bar{f}, i)=\lim_{\beta_n\uparrow 1}(1-\beta_n)V_{\beta_n}(\bar{f}, i)=\lim_{\beta_n\uparrow 1}(1-\beta_n)V_{\beta_n}(i)\geqslant\bar{V}(i),\ i\geqslant 0$$

显然，$\rho=V(\bar{f}, i)\leqslant\bar{V}(i)$，$i\geqslant 0$。因此，$\rho=V(\bar{f}, i)=\bar{V}(i)$，$i\geqslant 0$。

由定理 10.5，可以证明如下定理。

定理 10.6 对平均准则，存在最优 BSAA 策略，其库存水平为$\bar{J}$，最优分配策略$\bar{s}(i)$满足如下性质：$\bar{s}(i)$对 i 递增，当 $i\leqslant\bar{J}$时 $\bar{s}(i)=\bar{J}$，且$\bar{s}(i-1)\leqslant\bar{s}(i)\leqslant\bar{s}(i-1)+1$，$i$。进而，最优的平均准则值 $\rho=V(\bar{f}, i)$与 i 无关。

以上定理证明了对平均准则 BSAA 策略的最优性。因此，我们有与折扣准则中类似的结论。

下面考虑如何计算这样的最优策略。通常的方法是利用 MDP 理论，例如，与第 3 章中

类似，首先证明平均准则最优方程或平均准则最优不等式，然后求解最优方程或最优不等式，以获得最优策略(包括$\bar{J}$及$\bar{s}(i)$，$i\geqslant 0$)。这样的方法容易使用。

但与折扣准则中类似，我们有更简单的方法来计算在J-策略下的平均准则值$V(i|J)$，$i\geqslant 0$。容易看出，在J-策略下系统是遍历的，因此$G(J)=V(i|J)$与i无关。由于在状态$i\leqslant J$处，订购后库存水平总是达到J，于是状态为i时的一阶段的利润为$r(J)-cJ+(c-h)i$。因此，周期初处于状态i的稳态概率P_i如下：$P_i=q_{J-i}$(即拍卖掉$J-i$件产品的概率)，$i=1, 2, \cdots, J$，$P_0=p_J$(拍卖掉J件产品的概率)，$P_i=0$，$i>J$。因此

$$\begin{aligned} G(J) &= \sum_{i=0}^{J} P_i[r(J)-cJ+(c-h)i] \\ &= r(J)-cJ+(c-h)\sum_{i=1}^{J} i\,q_{J-i} \end{aligned} \tag{10.18}$$

注意$G(J)$就是前面讨论的折扣准则中的$G_\beta(J)$在$\beta=1$时的值。

另一方面，上面的表达式也可以按定理10.6之前的讨论那样得到。也即，由Abel定理，有

$$V(i|J)=\lim_{\beta\to 1}(1-\beta)V_\beta(i|J)=r(J)-cJ+(c-h)\sum_{i=1}^{J} i\,q_{J-i}=G(J)$$

这就给出了式(10.8)的另一个证明。

于是，我们证明了如下的引理。

引理10.8 平均准则下最优库存水平是优化问题$\max\limits_{1\leqslant J\leqslant \hat{s}} G(J)$的解，这一优化问题只有一个取值于有限集$\{0, 1, \cdots, \hat{s}\}$的决策变量。

值得指出的是，$G(J)$不一定是凹的，但引理中的优化问题可以方便地进行数值求解。

文献(van Ryzin, et al, 2004)中寻找平均准则最优库存水平的问题，我们将其转换为如下的优化问题：

$$\max_J \Pi(J):=E\{\max_{s\leqslant J\wedge N}[R(s)-cs]\}-hJ \tag{10.19}$$

其中$\Pi(J)$是J-策略的平均准则，N是一个周期中到达的顾客数(为随机变量)，决策变量s表示在周期末分配给本次拍卖的物品数，相应的报酬是$R(s)$。式(10.19)对N的每一个实现都需要求解一个优化问题。

10.2.4 最优保留价

本小节进一步考虑每个周期在拍卖中的保留价也是决策变量的情形。例如，在eBay上的拍卖中，专家需要确定保留价。因此，专家在每个阶段的决策变量，除了前面考虑的订购量、分配给本次拍卖的量，还有保留价。于是，我们记相应的概率q_m为$q_m(v)$，收益函数$r(s)$为$r(s, v)$。从而，有限阶段最优方程为

$$V_n(i)=\max_v V_n(i,v), \quad n\geqslant 1 \tag{10.20}$$

$$V_n(i,v)=\max_{j\geqslant i,\ 0\leqslant s\leqslant j}\left\{r(s, v)-cj+\beta\sum_{m=0}^{\infty} q_m(v)\,V_{n-1}(j-m\wedge s)\right\}+(c-h)i, \quad n\geqslant 1 \tag{10.21}$$

边界条件为$V_0(i)=0$，$i\geqslant 0$。$V_n(i)$是最大的期望折扣总利润，$V_n(i, v)$是当前阶段的保留

价为 v 时的最大期望折扣总利润。

给定 $n\geqslant 1$，假定$V_{n-1}(i)$是 i 的凹函数，则对任一保留价 v，$V_n(i, v)$也是 i 的凹函数，且定理 10.3 的(2)和(3)的结论依然成立，其证明与定理 10.3 中的一样(尽管J_n^*和$s_n(i)$依赖于 v，分别记为$J_n^*(v)$和$s_n(i, v)$)。因此，$V_n(i)=\max\limits_v V_n(i, v)$也是 i 的凹函数。由于定理 10.4 中的证明与 v 无关，因此关于$J_n^*(v)$和$s_n(i, v)$的结论依然成立。

无限阶段折扣准则的最优方程为

$$V_\beta(i)=\max_v \max_{j\geqslant i,\ 0\leqslant s\leqslant j}\left\{r(s, v)-cj+\beta\sum_{m=0}^{\infty} q_m(v)V_\beta(j-m\wedge s)\right\}+(c-h)i \tag{10.22}$$

此时，定理 10.5 仍然成立，其中$J_\beta(v)$和$s_\beta(i, v)$与 v 有关。从而与优化问题(10.17)相对应，这里求最优库存水平和最优保留价的优化问题成为

$$\max_v \max_{0\leqslant J\leqslant \hat{s}(v)} G_\beta(J, v):=r(J, v)-cJ+\beta(c-h)\sum_{m=0}^{J-1}(J-m)q_m(v) \tag{10.23}$$

其中由式(10.12)定义的$\hat{s}(v)$与 v 有关。记(v_β, J_β)为优化问题(10.23)的最优解，则J_β是最优库存水平，v_β是当周期初库存低于J_β时的最优保留价。当周期初库存水平 i 高于J_β时，最优保留价$v_\beta(i)$依赖于 i，且是优化问题(10.22)的解。相比之下，求解(10.23)更容易一些。

对平均准则，由 9.3 节知商家提供 s 件物品时从拍卖中所得的期望收益公式，从而可得

$$\frac{\partial \Delta r(s, v)}{\partial v}=\frac{(\lambda t_0)^{s-1}}{(s-1)!}\mathrm{e}^{-\lambda t_0(1-F(v))}\bar{F}(v)^s\left[1-\frac{vf(v)}{\bar{F}(v)}\right]$$

$\bar{v}$为 $F(\cdot)$的支撑集的上界，即 $F(\bar{v})=1$ 且 $F(v)<1$，$v<\bar{v}$。易知当 $F(\cdot)$是正态分布时$\bar{v}=\infty$；而当 $F(\cdot)$是均匀分布时$\bar{v}$是有限的。我们引入条件$\lim\limits_{v\to\bar{v}} vf(v)/\bar{F}(v)>1$，当 $F(\cdot)$是正态分布、Weibul 分布、Gamma 分布或者均匀分布时，这一条件成立。在此条件下，存在$v_0<\bar{v}$ 使得对 $v\in[v_0, \bar{v})$，$vf(v)/\bar{F}(v)>1$ 从而$\partial\Delta r(s, v)/\partial v<0$。因此，$\Delta r(s, v)\leqslant\Delta r(s, v_0)$，从而$\hat{s}(v)\leqslant\hat{s}(v_0)$，$v\in[v_0, \bar{v})$。由此，我们可推得$\hat{s}(v)$关于 β 一致有界。于是，前面关于平均准则的结论在这里也成立。与式(10.23)类似，平均准则下的最优库存水平、最优保留价是如下优化问题的最优解：

$$\max_v \max_{0\leqslant J\leqslant \hat{s}(v)} G(J, v):=r(J, v)-cJ+(c-h)\sum_{m=0}^{J-1}(J-m)q_m(v) \tag{10.24}$$

这是两个决策变量的优化问题：一个是离散的，一个是连续的。因此，这一问题比之前不考虑保留价时的优化问题要复杂一些。但在下一小节进行数值分析时，会用到优化问题(10.24)。

我们将上述讨论总结在如下的引理中。

引理 10.9　定理 10.3 至定理 10.6 中的所有结论在保留价为决策变量的情形时依然成立。进而，折扣准则、平均准则下的最优库存水平与保留价分别是优化问题 (10.23)和(10.24)的最优解。

10.2.5　数值分析

现在我们对问题进行数值分析，以说明前述所得结论，并与文献(van Ryzin et al,

2004)中的数值结果进行比较。

问题的基本情形与文献(van Ryzin et al, 2004)中的相同：进货价是＄1.0，即 $c=1.0$；顾客的投标在[0.75，1.25]上均匀分布，所以 $\underline{v}=0.75$，$\overline{v}=1.25$；每阶段库存成本为＄0.01，即$h=0.01$。这些参数中只有一个变化，以观察系统(序贯拍卖)随之变化的灵敏性。

我们考虑两类到达情形。一是常数到达：每个周期到达 $N=50$ 位顾客，于是q_m和 $r(J)$的求解与 9.3 节相同；二是 Poisson 到达，到达率是每个拍卖 50 位顾客，即 $\lambda t_0=50$。为简单起见，假定$t_0=1$，$\lambda=50$。由 Poisson 过程的性质知，每周期的期望到达数是 $E(N)=\lambda=50$，这等价于每周期的顾客数 N 是均值为 50 的 Poisson 分布。此时的q_m和 $r(J)$的求解也与第 9.3 节相同。

首先，我们计算折扣准则时的优化问题(10.17)，即

$$\max_{0\leqslant J\leqslant \hat{s}} G_\beta(J):=r(J)-cJ+\beta(c-h)\sum_{m=0}^{J-1}(J-m)\,q_m \tag{10.25}$$

其中，令保留价 $v=1.12$，折扣因子 $\beta=0.99$。于是，由式(10.12)确定的$\hat{s}$在常数到达时为21，在 Poisson 到达时为 22。

求解优化问题(10.25)，可得在两种到达情形下的最优库存水平均为$J_\beta=14$，从而可计算得到最优的期望折扣总利润函数，见图 10.4。由此可知，期望折扣总利润在常数到达时比 Poisson 到达时稍高一些。这就是说，到达的随机性会降低卖家的利润。

下面计算平均准则利润时的问题(10.18)，即

$$\max_{0\leqslant J\leqslant \hat{s}} G(J):=(c-h)\sum_{i=1}^{J} i\,q_{J-i}+r(J)-cJ \tag{10.26}$$

其中$\hat{s}$，$r(J)$，q_i与在折扣准则中的相同。

由于$\underline{v}>\overline{v}/2$，当保留价 $v\in[\underline{v},\overline{v}]$ 时，$r(J)$满足条件 10.1。求解优化问题(10.26)，使保留价在区间$[\underline{v},\overline{v}]$中变化。当然，最优平均准则是 v 的函数，见图 10.5。

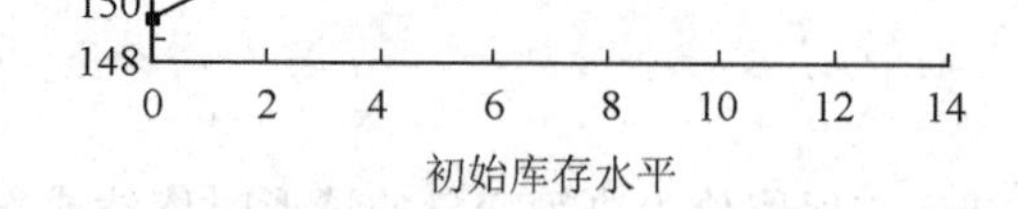

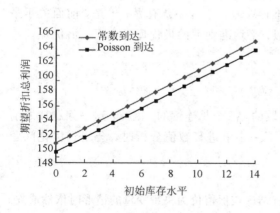

图 10.4　最优期望折扣总利润

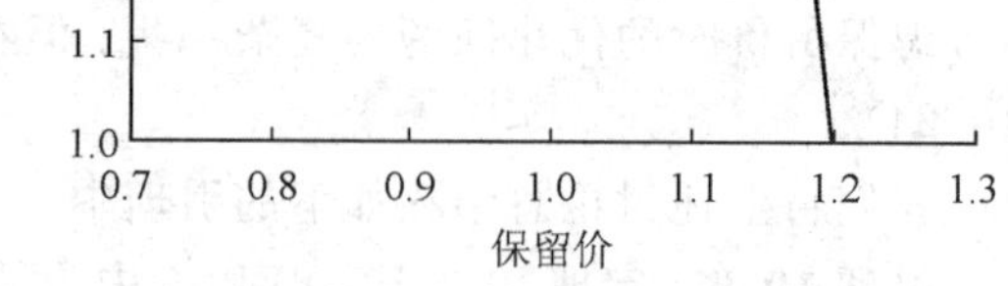

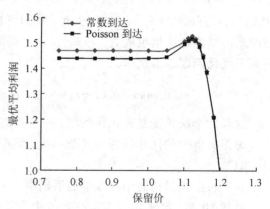

图 10.5　最优的平均准则值

由图 10.5 可知，对两类到达，卖家的平均利润在 $0.75\leqslant v\leqslant 1.00$ 时为常数，然后随 v 递增，在$v^*\approx 1.12$ 处取到最大值，随后快速下降，在 $v=1.25$ 时为零。最优保留价大约为1.12。由于在我们的例子中，$c=1>0.75=\underline{v}$，因此卖家的订购价大于买家的最小愿意支付价。由此我们猜测卖家的最优保留价应大于买家的订购价。再次由图 10.5 知，常数到达下

的最优平均利润稍高于 Poisson 到达下的最优平均利润，这与折扣准则中的相同(van Ryzin et al，2004)。

下面我们分别讨论平均到达的顾客数、存贮费、顾客估价方差对最优策略及其平均准则值(利润)的影响。

1. 每周期到达顾客数的影响

下面分别对 $N=5/10/50/100/1000$ 各情形求解优化问题(10.26)。用数值方法可知，对所有 N 来说，$v=1.12$ 都是最优的保留价。最优保留价是(van Ryzin et al，2004)

$$\hat{c}=L^{-1}(c)=1.125\quad (L(x):=x-[1-F(x)]/f(x))$$

所以，我们分别考虑最优保留价 $v=1.125$ 和 $v=1.12$，其他参数保持不变，见表 10.1，其中“VV 拍卖($v=1.125$)”中的数据来自文献(van Ryzin et al，2004)中的 Table 1。

表 10.1　不同到达顾客数下的平均利润

N	我们的拍卖($v=1.125$)		我们的拍卖($v=1.120$)		VV 拍卖($v=1.125$)		增加比例*/%
	利润	$\bar{J}$	利润	$\bar{J}$	利润	$\bar{J}$	
5	0.1396	2	0.1398	2	0.128	2	9.21
10	0.2916	4	0.2920	4	0.268	4	8.96
50	1.5240	15	1.5259	15	1.404	14	8.68
100	3.0759	27	3.0793	28	2.835	26	8.62
1000	30.4137	257	30.5349	264	28.723	242	6.31

由表 10.1，我们发现最优利润与库存水平随到达顾客数递增，这与 VV 拍卖相同。进而，最优识破水平与平均利润也要比 VV 拍卖($v=1.125$)的大，并且我们的拍卖在 $v=1.12$ 时的增加比例从 6.31%提高到了 9.21%。

2. 库存成本的影响

现在我们让库存成本变化，来求解优化问题(10.26)，保留价为 1.125，常数到达率 $N=50$，其他参数不变。在我们的拍卖中，最优保留价与库存成本有关。所以，当库存成本变化时，我们需要计算相应的最优保留价及平均利润。数值计算的结果见表 10.2，其中“VV 拍卖($v=1.125$)”一栏的数据来自文献(van Ryzin et al，2004)中的 Table 2。

表 10.2　不同库存成本下的平均利润与库存水平

h	我们的拍卖($v=1.125$)		我们的拍卖(最优 $v^*=1.120$)			VV 拍卖($v=1.125$)	
	利润	$\bar{J}$	最优 v^*	利润	$\bar{J}$	利润	$\bar{J}$
0.0001	1.5616	21	1.125	1.5616	21	1.560	21
0.001	1.5559	18	1.125	1.5559	18	1.543	18
0.01	1.5240	15	1.120	1.5259	15	1.404	14
0.05	1.4598	12	1.100	1.4834	13	0.932	10
0.10	1.4174	11	1.070	1.4721	12	0.502	7

由表 10.2，最优平均利润及库存水平随库存成本下降，同时，我们的拍卖优于 VV 拍卖，而且在我们的拍卖下库存成本变动的影响要比 VV 拍卖的小。

3. 顾客估价方差的影响

现在考虑顾客估价方差对平均利润的影响。假定顾客估价在$(1-\Delta/2, 1+\Delta/2)$上均匀分布，我们变动Δ的值，其他参数不变。

一方面，我们固定保留价$v=1.00$。由表10.3中“我们的拍卖($v=1.00$)”一栏可见，平均利润随顾客估价方差递增。这是因为卖家可以从估价更高的顾客处获取更多的剩余。但有意思的是最优库存水平保持不变，也即最优库存水平与顾客估价的方差无关。这在不同保留价下都是成立的。

表10.3　顾客估价方差不同时的平均利润

Δ	我们的拍卖($v=1.00$)		我们的拍卖(最优v^*)			VV拍卖(最优v^*)		
	利润	$\bar{J}$	最优v^*	利润	$\bar{J}$	最优v^*	利润	$\bar{J}$
0.1	0.2941	12	1.00	0.2941	12	1.025	0.186	10
0.5	1.4706	12	1.12	1.5259	15	1.125	1.404	14
1.0	2.9412	12	1.25	3.0780	16	1.250	2.955	15
1.5	4.4118	12	1.37	4.6362	16	1.375	4.512	16
2.0	5.8824	12	1.50	6.1944	17	1.500	6.070	17

另一方面，给定顾客估价的方差，我们可以先计算最优保留价，再计算相应的平均利润与库存水平，相应的结果见表10.3中的“我们的拍卖(最优v^*)”。由此可知，最优库存水平与平均利润仍然随顾客估价方差递增。进而在最优保留价下，我们拍卖的平均利润高于VV拍卖(最优v^*)，数据来自文献(van Ryzin et al, 2004)中的Table 3。

总的来说，与van Ryzin and Vulcano (2004)的计算结果相比较，表10.1至表10.3中的计算结果显示：① 我们拍卖中，最优保留价、最优库存水平总是更低；② 在最优保留价下，我们的拍卖更好。两种拍卖之间的区别在于：我们的拍卖有三个决策变量，而VV拍卖只有两个；我们的拍卖中决策信息也更少。

注10.1　(1) 实际上，统一价格就是零售价外生时的最优存贮与分配问题，在每个阶段，商家要确定订购量以及分配给本阶段的销售量，这与文献(Chan et al, 2006)中讨论的延迟生产策略类似，只是这里的决策与信息结构不同。

(2) 如果在本节所考虑的问题中，再考虑每次订购有一固定的订购费用K，这个问题的研究会比较困难。但如果我们作一简化：每次订购后的库存全部都用于本次拍卖，那么这个问题就可以解决，具体见文献(Liu et al, 2012)。

习　题

1. (若干定价机制及比较) 我们在10.1节讨论了用拍卖进行定价的销售方式，而实际中常用的另一种方式是固定价(List Price)；根据价格是否变化，也可将销售方式分为静态、动态；根据拍卖中是否设立保留价，又可将销售方式分为两种。于是，我们总共有以下6种销售方式，试比较哪种方式最好。

(1) 最优固定价格：整批货采用最优固定价格$v_K^{\square}(T)$；

(2) 最优固定价格：以$v_K^{\square}(T)$作为保留价的序贯拍卖；

(3) 最优保留价序贯拍卖：在序贯拍卖中以$v^{\square}=\arg\max V_W(v;K)$作为保留价；

(4) 最优动态固定价格：根据当前的商品库存数量 i 采用最优动态固定价格$v_i^{\square}(t_0)$；

(5) 动态保留价序贯拍卖：在序贯拍卖中如果当前拍卖的拍卖品数量为 s，那么以$v_s^{\square}(t_0)$作为保留价的序贯拍卖；

(6) 最优动态保留价序贯拍卖：根据拍卖剩余次数和当前商品库存数量共同确定最优拍卖品数量和最优动态保留价的序贯拍卖。

2. 在 10.2 节中讨论的模型，可作如下推广：

(1) 每周期到达的顾客数的分布是变化的，到达率与周期相关，或者每一场拍卖的持续时间不同。这时我们得到的 MDP 是非时齐的：$r_n(s)$、概率$q_{n,m}$的值都与 n 有关。试讨论有限阶段时的结论中哪些是成立的？

(2) 模型中假定库存费是线性的。如果假定库存费是 i 的函数 $h(i)$，它是非负、凸的，满足 $h(0)=0$，那么前述结论是否依然成立？

3. 试讨论$G_\beta(J)$是否是凹函数。

4. 如果在 10.2 节的问题中假定每次订购有固定订购费 K，试建立此时的最优方程，并尝试找出其最优策略的形式。

5. 考虑一个与 10.1 节中类似的问题，一零售商要在时间 T 内将 N 件物品采用分批多物品统一价格网上拍卖的方式销售掉，顾客依参数为 λ 的 Poisson 过程到达，其保留价服从 IPV，分布函数为 $F(x)$。假定每组织一次拍卖需要固定费用 K。零售商需要确定分几次网上拍卖、每次拍卖持续时间多长、每次拍卖多少件物品，以使其收入到达最大。假定顾客报实价，即在每次投标中报其估价。

参考文献

CHAN L M A, SIMCHI-LEVI D, SWANN J. 2006. Pricing, production and inventory policies for manufacturing with stochastic demand and discretionary sales. Manufacturing and Service Operations Management, 8(2): 149 – 168.

FEDERGRUEN A, HECHING A. 1999. Combined pricing and inventory control under uncertainty. Oper. Res. 47(3): 454 – 475.

LIU S, HU Q, XU Y. 2012. Optimal inventory control with fixed ordering cost for selling by internet auctions, Journal of Industrial and Management Optimization, 8(1): 19 – 40.

VAN RYZIN G, VULCANO G. 2004. Optimal auctioning and ordering in an infinite horizon inventory-pricing system. Operations Research, 52(3): 346 – 367.

第 11 章　技术的采用与选择

技术创新不仅包括能源技术、通信技术、交通技术这些基础性技术的创新，而且还包括产品技术(如智能手机)，以及企业商业模式的创新。本章先讨论与技术更新相类似的更换问题，然后讨论单项技术是否采用、现有技术的更新、新产品策略等。下面首先讨论与技术更新相类似的更换问题。

11.1　最 优 更 换

我们在 1.3 节考虑了一个系统的更换问题，现在我们考虑一个更一般的更换问题。

首先，假定系统运行的老化程度可用 0，1，2，… 来描述，通常用 0 表示新系统，状态 1，2，3，… 依次表示由新系统而逐级老化的程度，数值越大，表示老化程度越严重。

其次，管理者周期性观测系统(不能连续地观测系统可能是因为观测需要时间与费用，也可能是因为其重要性不够而显得没有必要)，每次观测，管理者都能精确地确定系统的老化程度。

最后，根据所观测到的系统的老化程度，管理者需要确定是继续运行(Operation)原系统还是更换(Replace)为新的系统。

我们定义系统的状态为其老化程度 i，于是系统的状态集为 $S=\{0, 1, 2, \cdots\}$。对某个 $t_0>0$，管理者在离散时刻点 $t=0$，t_0，$2t_0$，… 观察系统(为方便起见，可令 $t_0=1$)，观察到系统处于状态 $i\in S$ 后，有如下两个决策供选择：

(1) 决策 O：继续运行系统，则一周期的运行费用为 $b(i)$，下一观察时刻系统处于状态 j 的概率为 p_{ij}；我们称 p_{ij} 为自然转移概率，称 $P=(p_{ij})$ 为自然转移概率矩阵。

(2) 决策 R：更换为新的系统(假定更换时间为一个周期)，更换费用为 $d(i)$，而下一周期处于状态 0。(注：如果相比于一个周期的长度，更换时间足够短，那么就可以忽略更换时间，见习题 1。)

以上更换问题是一个典型的 MDP 问题：系统的状态集为 S，当系统处于状态 i 时可用的决策集为 $A=\{O, R\}$，而转移概率为

$$p_{ij}(O)=p_{ij}, \quad p_{i0}(R)=1$$

费用函数为

$$r(i, O)=b(i), \quad r(i, R)=d(i)$$

下面分别讨论有限阶段、无限阶段折扣准则与平均目标三种情况。

11.1.1　有限阶段

记 $V_{\beta, n}(i)$ 为还剩 n 阶段且目前状态为 i 时的最小期望折扣总费用，折扣因子为 $\beta\in[0, 1]$。由上一章可知，$V_n(i)$ 满足以下的最优方程：

$$\begin{cases} V_n(i) = \min\{b(i) + \beta \sum_j p_{ij} V_{n-1}(j),\ d(i) + \beta V_{n-1}(0)\},\ i \in S,\ n \geqslant 1 \\ V_0(i) = 0,\ i \in S \end{cases} \tag{11.1}$$

注意到这里的目标是使期望折扣总费用最小，故以上最优方程是取最小。

由最优方程，我们可以求得有限阶段折扣准则的最优平稳策略。此外，还可以尝试讨论最优策略的一些性质及其特定的结构。比如，直观上来看，如果系统在阶段 n 处于状态 i 时更换系统（决策 R）是最优策略，那么当系统在阶段 n 所处的状态 $j>i$ 的老化程度更高时，更换系统也应是最优策略。我们称这样的策略是控制限策略。我们在第 1 章表 1.1 中可看到这样的策略。

正式地，称决策函数 f 是控制限的，如果存在状态 i^*，使得

$$f(i)=\begin{cases} O, & i<i^* \\ R, & i\geqslant i^* \end{cases}$$

则称 i^* 是 f 的控制限。进而，称策略 $\pi=(f_0, f_1, f_2, \cdots)$ 是**控制限策略**，其中的决策函数 $f_0, f_1, f_2, \cdots$ 均是控制限的。

为使得我们所讨论的更换问题有控制限最优策略，我们假定以下条件成立。

条件 11.1　(1) 对任一 $j\in S$，$\sum_{m\geqslant j} p_{im}$ 是 i 的非降函数；

(2) $b(i)$，$d(i)$，$b(i)-d(i)$ 都是 i 的非降函数，且 $b(i)$，$d(i)$ 均非负。

显然，(1) 表示系统越老化，自然状态转移使系统老化的速度越快。而 $b(i)$，$d(i)$ 均非负非降是合乎情理的，$b(i)-d(i)$ 非降则表示随着系统的老化，运行费用将比更换费用增加得更快，它预示着当状态足够大时，更换比运行所需的费用少。显然，这样的条件是合理的。

我们先来证明更换问题中一个重要引理。

引理 11.1　设 (p_{ij}) 为一转移概率矩阵，则以下两个条件等价：

(1) 对任一 $j\in S$，$\sum_{m\geqslant j} p_{im}$ 是 i 的非降函数；

(2) 对任一非负非降函数 $h(j)$，$v(i)=\sum_{j\geqslant 0} p_{ij}h(j)$ 是非降函数。

证明　设 (1) 成立，$h(j)$ 是一非负非降函数，记 $C_0=h(0)$，$C_m=h(m)-h(m-1)$，$m=1, 2, \cdots$，$u_m(j)=\chi\{j\geqslant m\}$，即 $u_m(j)$ 在 $j\geqslant m$ 时为 1，否则为 0。显然 C_m 非负，$u_m(j)$ 是 j 的非降函数，于是

$$h(i) = \sum_{m=0}^{\infty} C_m u_m(i),\ i = 0, 1, 2, \cdots$$

$$\begin{aligned} v(i) &= \sum_j p_{ij}h(j) = \sum_j p_{ij} \sum_{m=0}^{\infty} C_m u_m(j) \\ &= \sum_{m=0}^{\infty} C_m \sum_j p_{ij} u_m(j) = \sum_{m=0}^{\infty} C_m \sum_{j=m}^{\infty} p_{ij} \end{aligned}$$

因此，$v(i)$ 是非降的。

反过来，若 (2) 成立，则对如上定义的非降函数 $u_m(j)$，函数 $v(i)=\sum_j p_{ij}u_m(j)=\sum_{j=m}^{\infty} p_{ij}$ 显然是非降的。

显然，当系统在 n 处于状态 i 时以选择决策 R 为最优，当且仅当决策 R 取到最优方程(11.1)右边的最小值，即

$$b(i)+\beta\sum_j p_{ij}V_{n-1}(j)\geqslant d(i)+\beta V_{n-1}(0)$$

为此，对 $n\geqslant 0$，我们定义

$$v_n(i)=b(i)-d(i)-\beta V_{n-1}(0)+\beta\sum_j p_{ij}V_{n-1}(j),\ i\in S$$

进而，我们再定义

$$i_n^*=\min\{i:v_n(i)\geqslant 0\}$$

记 f_n^* 是以 i_n^* 为控制限的控制限决策函数，即

$$f_n^*(i)=\begin{cases}O, & i<i_n^*\\ R, & i\geqslant i_n^*\end{cases}$$

我们要证明 f_n^* 在 n 时是最优的，即 f_n^* 取到最优方程(11.1)中右边的最小值。为此，我们只需证明对 $n\geqslant 0$，$v_n(i)$ 均对 i 非降。这就得到了如下定理。

定理 11.1 对 $n\geqslant 0$，$V_n(i)$ 和 $v_n(i)$ 均对 i 非降，从而对有限阶段折扣准则，存在控制限最优策略(f_1^*，f_2^*，…，f_N^*)(即当还剩 n 阶段且处于状态 i 时使用决策 $f_n^*(i)$)。

证明 首先，对 $n\geqslant 1$，我们记

$$V_n^O(i)=b(i)+\beta\sum_j p_{ij}V_{n-1}(j),\ i\in S$$

$$V_n^R(i)=d(i)+\beta V_{n-1}(0),\ i\in S$$

我们用归纳法来证明 $V_n(i)$ 对 i 非降。

当 $n=0$ 时，结论平凡。设结论对某 $n\geqslant 0$ 成立，则由条件 11.1 和引理 11.1 可知 $V_{n+1}^O(i)$ 和 $V_{n+1}^R(i)$ 都是 i 的非降函数，因此，由最优方程(11.1)知 $V_{n+1}(i)$ 对 i 非降。

于是及 $v_n(i)$ 的定义、引理 11.1、条件 11.1 知 $v_n(i)$ 非降。

这样我们就证明了有限阶段时存在最优的控制限策略。下面进一步将其推广到无限阶段的折扣准则与平均目标。

11.1.2 无限阶段折扣准则

无限阶段最小期望折扣总费用 $V_\beta(i)$ 满足以下的最优方程：

$$V_\beta(i)=\min\left\{b(i)+\beta\sum_j p_{ij}V_\beta(j),\ d(i)+\beta V_\beta(0)\right\},\ i\in S \tag{11.2}$$

进而，无限阶段与有限阶段折扣准则函数之间有以下的关系：

$$\lim_{n\to\infty}V_{n+1}(i)=V_\beta(i),\ i\in S$$

如果定义

$$v(i)=b(i)-d(i)+\beta\sum_j p_{ij}V_\beta(j)-\beta V_\beta(0),\ i\in S$$

$$i^*=\min\{i:v(i)\geqslant 0\}$$

则有

$$\lim_{n\to\infty}v_n(i)=v(i),\ \lim_{n\to\infty}i_n^*=i^*,\ i\in S$$

记以 i^* 为控制限的决策函数为 f^*，则由定理 11.1 可以得到以下定理。

定理 11.2 $V_\beta(i)$和 $v(i)$也对 i 非降，从而控制限策略f^*是无限阶段折扣准则的最优策略。

现在来考虑有限阶段最优策略中的控制限i_n^*，以下定理告诉我们，这些控制限有上界。

定理 11.3 记$i_0=\min\{i:b(i)-d(i)\geqslant 0\}$(约定空集的最小值为$+\infty$)，则

$$i_n^*\leqslant i_0,\ n\geqslant 1$$

证明 由$v_n(i)$的定义及定理 11.1 可知$v_n(i)\geqslant b(i)-d(i)$，$n\geqslant 1$，$i\in S$。由此及$i_0$的定义知$v_n(i_0)\geqslant 0$，$n\geqslant 1$。所以$i_0\geqslant i_n^*$，$n\geqslant 1$。

由以上定理可知，在满足 $i\geqslant i_0$的状态 i 处必须更换为新的系统，因此

$$V_n(i)=V_n^R(i)=d(i)+\beta V_{n-1}(0),\ i\geqslant i_0$$

于是我们猜测：如果i_0有限，则状态子集$\{i_0,\ i_0+1,\ i_0+2,\ \cdots\}$可归结为一个状态。下面我们来严格证明这个猜测。

对 $i\leqslant i_0$，我们有

$$V_{n+1}^O(i)=b(i)+\beta\Big\{\sum_{j<i_0}p_{ij}V_n(j)+\sum_{j\geqslant i_0}p_{ij}\left[d(j)+V_n(0)\right]\Big\}$$

若对 $i\leqslant i_0$，记

$$\bar{b}(i)=b(i)+\beta\sum_{j\geqslant i_0}p_{ij}\left[d(j)-d(i_0)\right]$$

$$\bar{p}_{ij}=\begin{cases}p_{ij}, & j<i_0\\ \sum\limits_{j\geqslant i_0}p_{ij}, & j=i_0\end{cases}$$

则

$$V_{n+1}^O(i)=\bar{b}(i)+\beta\sum_{j\leqslant i_0}\bar{p}_{ij}V_n(j),\ i\leqslant i_0,\ n\geqslant 0$$

现在，我们定义一个新的更换问题(NRP, New Replacement Problem)：其状态空间为有限的集$\{0,\ 1,\ \cdots,\ i_0\}$；自然状态转移概率矩阵为$(\bar{p}_{ij})$；在状态 i 处的每周期运行费用为$\bar{b}(i)$，更换费用为 $d(i)$。

记$\overline{V}_n(i)$，$\overline{V}_\beta(i)$分别为 NRP 的 n 阶段和无限阶段的最小期望折扣总费用，则上面所定义的 NRP 也满足条件 11.1，从而前面所有的结论对 NRP 也都成立。于是可得以下定理。

定理 11.4 NRP 与原更换问题(ORP)在如下的意义上等价：

(1) $\overline{V}_n(i)=V_n(i)$，$\overline{V}_\beta(i)=V_\beta(i)$，$i\leqslant i_0$，$n\geqslant 0$；

(2) 两者的最优方程对 $i\leqslant i_0$相同，在有限阶段均为式(11.1)，在无限阶段均为式(11.2)。

(3) 由于 ORP 的最优策略$f_n^*(i)$和$f^*(i)$对 $i\geqslant i_0$均等于 R，因此它们都可看作 NRP 的策略(反之也成立)，从而 ORP 和 NRP 的最优策略也相同。

注 11.1 如果我们定义

$$i^*=\max\{i:i\leqslant i_0,\ \bar{b}(i)<+\infty\}$$

则对 $i=i^*+1,\ i^*+2,\ \cdots,\ i_0$均有$\bar{b}(i)=+\infty$，因此在状态$i^*+1,\ \cdots,\ i_0$处的最优决策均为 R。由此我们可将$\{i^*+1,\ i^*+2,\ \cdots,\ i_0\}$进一步压缩成一个状态。特别地，如果$\bar{b}(0)=+\infty$，则

系统的状态集将被压缩成一个状态，且最优决策将永远是更换系统，但这说明我们在建模过程中可能出现了差错。

11.1.3　平均准则

本小节将在$i_0<\infty$的条件下讨论平均目标。记$V(f, i)$表示在平稳策略f下从初始状态i出发平均每周期的费用。

对 NRP，记其决策函数集为$F'=\{f: f(i)=O$ 或 $R, i\leqslant i_0\}$，其平均目标函数为$\overline{V}(f, i)$。首先，我们有以下引理。

引理 11.2　对决策函数$f\in F$，定义另一决策函数$g\in F$如下：

$$g(i)=\begin{cases}f(i), & i<i_0\\ R, & i\geqslant i_0\end{cases}$$

则$V(f, i)\geqslant V(g, i)$，$i\in S$。

证明　首先，在$n\geqslant 1$时用归纳法证明对有限阶段折扣准则来说，策略f优于g，即

$$V_n(f, i)\geqslant V_n(g, i), \ i\in S \tag{11.3}$$

当$n=1$时，由i_0，g的定义知：

$$V_1(f, i)=r(i, f(i))\geqslant r(i, g(i))=V_1(g, i), \ i\in S$$

设式(11.3)对某$n\geqslant 1$成立，则

$$\begin{aligned}V_{n+1}(f, i) &= r(i, f(i))+\beta\sum_j p_{ij}V_n(f, j)\\ &\geqslant r(i, g(i))+\beta\sum_j p_{ij}V_n(g, j)\\ &= V_{n+1}(g, i)\end{aligned}$$

于是式(11.3)成立，由此及平均目标函数的定义可知引理成立。

以上引理说明，在状态$i>i_0$时更换系统总是好的。因此，我们可在F的一个子集$F_0:=\{f\in F: f(i)=R, i\geqslant i_0\}$中来考虑 ORP，而$F_0$与$F'$同构（从而可看作相同）。由定理 11.4 可得以下推论。

推论 11.1　$V(f, i)=\overline{V}(f, i)$，$f\in F'$，$i\leqslant i_0$。

以上推论说明，对于平均目标而言，NRP 的任一最优策略也是 ORP 的最优策略；反过来，如果f是 ORP 的一个最优策略，则由引理 11.2 所定义的策略g也是 NRP 的一个最优策略。因此 NRP 与 ORP 对于平均目标而言也是等价的。

上面，我们证明了当$i_0<\infty$时，无限状态的 ORP 可转换为有限状态的 NRP，但是否存在最优策略？进而，是否存在最优控制限策略？我们有以下定理。

定理 11.5　设$i_0<\infty$，则存在一个控制限平稳策略对 NRP 和 ORP 均是最优的。

证明　只需对 NRP 证明即可。设折扣因子列$\{\beta_n, n\geqslant 1\}$单调上升趋于 1，$f_n^*$是折扣因子为$\beta_n$时的无限阶段折扣最优策略（由上一小节知如此策略存在）。进而，f_n^*可选择为控制限策略。由于状态有限，因此存在$\{\beta_n, n\geqslant 1\}$的一个子列$\{\beta_{n_k}, k\geqslant 1\}$使得$f_{n_k}$相同（记为$f^*$）。于是由 Laplace 定理知对任一策略$\pi$，有

$$\begin{aligned}V(f^*, i) &= \lim_{k\to\infty}(1-\beta_{n_k})V_{\beta_{n_k}}(f_{n_k}, i)\leqslant \lim_{k\to\infty}\inf(1-\beta_{n_k})V_{\beta_{n_k}}(\pi, i)\\ &= V(\pi, i), \ i\in S\end{aligned}$$

所以f^*是平均最优的。显然，f^*是控制限策略。

注 11.2 (1) 在条件$i_0<+\infty$时，可数的(自然)状态集可压缩为有限的状态集，这在实际问题中总是可行的。$i_0<+\infty$表示存在状态 i 使得在 i 处的运行费用比更换费用大。在通常的文献中只考虑有限状态，这里相当于从理论上证明了只考虑有限状态的可行性。

(2) 对于只有有限个(自然)状态的情形 $S=\{0, 1, 2, \cdots, L\}$，通常文献中假定在状态 L 处必须更换，但从纯粹理论的角度来说自然是不一定的。例如，当 $b(L)-d(L)\leqslant 0$ 时 $v_1(L)\leqslant 0$，从而在状态 L 处最优的决策是运行(O)。实际上，L 表示系统失效或不能再使用，因此此时必须更换，当出现以上情况时，说明所确定的费用函数不合理，须重新确定。对于 NRP，$L=i_0$，$b(L)-d(L)\leqslant 0$，所以在 L 处 R 是最优的。

系统最优更换是可靠性理论中的一个比较传统的课题，动态决策的问题常用 MDP。

11.2 技术采用

我们考虑如何通过收集信息来判断一项技术是否能够获利。

考虑如下情景：某公司的研发中心开发出了一种技术，但公司并不是十分清楚使用该项新技术能够带来多少收益，因而，公司在决定采用新技术之前需要市场部对其用户群进行调查，以了解在产品中增添该技术是否能增加公司收益。这里的技术是给定的，但对技术的获利能力则是不确定的，对此的认识是一个动态的过程：随着相关信息的获取，对该项技术获利能力的认识会越来越清晰。

实际上，在开发新技术前，公司都会收集相关的市场信息，以预计使用该技术是否能增加公司收益；如果能增加收益，增加的程度有多少。假设在开发新技术前，公司根据调研结果认为使用该技术可以获利，继而开始展开研发。但是，由于时间滞延，从开始开发新技术到技术被开发出来需要一段时间，在这段时间内，市场往往发生着许多不可控的变化。也就是说，在技术开发的过程中，市场、顾客需求、替代品等影响技术获利的外界因素较开发前的市场而言可能已发生很大的变化。所以，公司需要时刻关注市场动向，根据市场变化对技术获利能力(技术的价值)不断地进行新的评估，以更好地指导开发技术和提升新产品的技术含量。

为了建立技术获利的数学模型，首先需要研究如何描述“技术获利能力”。我们用 W 来表示采用某项新技术后所能带来的利润大小，一般地，在技术选择时，并不清楚 W 的值。假定已知有关 W 的某些信息，如 W 的一个(初始的、先验的)分布函数 F，但其参数值未知。我们用其数学期望 $w=E(W)$来描述其获利能力。依次收集到的信息记为X_1，X_2，…，一般地，它们互相独立且服从相同的分布函数，并与 W 的分布函数之间有一定的关系，如已知(W, X_n)的联合分布函数，假定它与 n 无关(下面只考虑时齐的问题)。每收集到一个信息后，就会对获利能力 w 进行更新。若记收集到 n 个信息X_1，X_2，…，X_n后的获利能力为$w=E(W|X_1, X_2, \cdots, X_n)$，则收集到第 $n+1$ 个信息X_{n+1}后的获利能力，由概率论知识可知，为

$$M_{n+1}(w)=E\{W|E(W|X_1, X_2, \cdots, X_n)=w, X_{n+1}\}$$

它通过 w 与之前的 n 个信息X_1，X_2，…，X_n相关，需要指出的是，它也与 n 相关。

每当收集到一个新的信息时，就更新技术的获利能力，记为 w。此时，公司面临如下三个决策方案：

(1) 采用新技术，即同意将技术投入到产品中进行生产，这时公司从技术中获得的期望利润为 w；

(2) 拒绝新技术，这时公司从该技术中获得的利润为 0；

(3) 继续收集信息，将采用还是拒绝新技术留给未来决定。

假定收集一个新的信息的成本是 c。

以上所描述的问题是一个典型的动态决策问题，于是我们考虑用 MDP 来建立其数学模型。因为公司每收集到一个信息就对技术获利能力进行更新，之后进行决策，所以这里的一个阶段就是收集到一个信息，并对获利能力进行更新。状态是决策的依据，我们定义这个问题中每个阶段的状态是技术的获利能力 w。决策则是上面所述的三个：采用、拒绝、继续，我们分别用记号 A，R，O 来表示。选择决策 A 或 R 时，问题就结束；否则，选择决策 O 时，进入下一个阶段，继续收集信息。

用 $V_n(w)$ 表示在阶段 n(即收集了 n 个信息后)、技术的当前获利能力为 w 时，公司能获得的最大期望利润。与最优停止问题类似，我们考虑无限多个阶段，于是其折扣准则最优方程为(注：若将状态定义为 (n, w)，读者则可能会比较容易理解)

$$V_n(w)=\max\{w,\ 0,\ -c+\beta E\,V_{n+1}(M_{n+1}(w))\},\ n\geqslant 1 \tag{11.4}$$

文献(Lippman et al, 1991)给出了以下定理。

定理 11.6　当收集了 n 次信息时，存在一对阈值 $(\underline{w}_n, \overline{w}_n)$，使得此时的最优决策为

(1) 当 $w\geqslant\overline{w}_n$ 时，采用这项技术；

(2) 当 $w\leqslant\underline{w}_n$ 时，拒绝该项技术；

(3) 若 $w\in(\underline{w}_n, \overline{w}_n)$，公司则继续收集信息，进入下一阶段。

进而，阈值 $\underline{w}_n$ 随 n 单调上升，$\overline{w}_n$ 随 n 单调下降，并且 $\overline{w}_n-\underline{w}_n$ 趋于 0。

定理 11.6 描述了技术获利能力模型的最优决策规则。当技术获利能力 w 较高，即 $w\geqslant\overline{w}_n$ 时，公司决定采用这项技术；当技术获利能力 w 较低，即 $w\leqslant\underline{w}_n$ 时，拒绝该项技术；若技术获利能力 w 适中，处于两者之间，即 $w\in(\underline{w}_n, \overline{w}_n)$，公司则需要继续收集有关技术获利能力的信息，以更新其获利能力，也即推迟对采用或拒绝技术做出决策。进而，定理 11.6 也说明，随着公司收集到的相关信息的增加，接受技术的阈值 $\overline{w}_n$ 会下降，而拒绝技术的阈值 $\underline{w}_n$ 会增加，且两者之间的差逐渐趋近于零。这也就说明，最终会接受或者拒绝，而不会无限地收集信息。

导致定理中所述性质的原因主要在于公司在收集信息的过程中需要支付一定的成本。开始时，公司为收集信息而支付的成本较低。所以，只有在技术的获利能力较强，保证公司能获得一定利润时，公司才会选择接受此技术；反之，只有在技术的获利能力较低，意味着公司接受此技术必定不会获得足够高的利润时，公司才会选择拒绝此技术。否则，当技术的获利能力适中，为公司能带来多少利润不是很明确时，与需要支付的成本比较，公司更倾向于选择继续收集有关技术获利能力的信息，以支持公司的决策。但是，随着时间的推移，公司因收集信息而承担的成本越来越高，也就是说，公司面临的风险越来越大，特别是当收集到的信息最终证明技术的获利能力较低，不能为公司带来一定利润，公司不得不拒

绝采用该项技术时。在此情况下，公司因收集信息而支付的成本就会浪费。因此，随着收集到的信息的增加，即 n 的增加，公司会逐步降低接受技术的阈值和提高拒绝技术的阈值，并在最后作出立即采用或者拒绝该项技术的决策，而不再收集信息，以免无谓的浪费。

注 11.3　要证明以上定理并计算最优策略，关键是确定 $E(W\mid X_1, X_2, \cdots, X_n)$ 及 $M_{n+1}(w)=E\{W\mid E(W\mid X_1, X_2, \cdots, X_n)$。为此，我们需要知道 W 的分布函数 F，X_n的分布函数G，以及(W, X_n)的联合分布函数。进而，W 的初始分布函数与所观察到的信息X_n的分布函数之间需要配对：初始的 Gamma 分布与信息的 Poisson 分布、初始的 Beta 分布与信息的 Binomial 分布、初始的 Gamma 分布与信息的指数分布。有兴趣的读者请参阅文献(Lippman et al，1991)。

下面考虑上述问题的一个**特例：获利能力用获利的概率来表示。**我们考虑采用该项新技术能否为公司带来收益。为此，我们用 A 表示“采用新技术可以提高公司收益”这一事件，于是事件$\overline{A}$表示“采用新技术不能提高公司收益”。显然，A 和$\overline{A}$都是随机事件。$W=\chi(A)$为事件 A 的示性函数。于是，上面的期望获利能力 $w=P(A)$就表示事件 A 发生的概率，即采用新技术可以提高公司收益的概率，我们记之为 $p=P(A)$。获利的概率也可用来反映新技术的“获利能力”。获利的概率大，就表示其获利能力大；否则，就表示其获利能力小。进而，我们假定获利的概率大，公司采用该项新技术后给公司带来的期望利润也大；获利的概率小，则公司采用该项新技术后给公司带来的期望利润也小，甚至为负。也即公司的期望利润是技术获利能力 p 的单调上升函数。

为了确定采用新技术是否能够给公司带来获利，公司需要进行市场调查。在市场调查中，会收集到一些可用来判别该项新技术是否能够让公司获利的信息。收集到的信息X_1，X_2，…(都是事件)可分为两种，一种是支持性信息，即说明采用该技术能够增加公司的利润的信息，我们称之为“好信息”；另一种是反对性信息，即说明采用该技术可能会影响公司的利润，我们称之为“坏信息”。每收集到一项信息，公司都需要对技术的获利能力进行调整。对此的详细描述如下：

(1) 在考虑开发新技术时，公司已经收集到了一些信息。例如，有 γ 个“好信息”，即该技术能够让公司获利；有 δ 个“坏信息”，即不能获利。于是技术的初始获利能力可表示为 $p_0=\gamma/(\delta+\gamma)$。

(2) 收集到一个新的信息后，公司需要根据收集到的信息，对技术获利能力进行调整，通常可用 Bayes 公式来进行。用 B 表示“收集到一个好信息”，$\overline{B}$表示“收集到一个坏信息”。令 $w=P(B)$表示收集到一个好信息的概率，$1-w=P(\overline{B})$表示收集到一个坏信息的概率，这就是X_n的概率分布。

假设技术的当前获利能力为 p，用p_1表示收集到一个好信息后技术的获利能力，用p_2表示收集到一个坏信息后技术的获利能力，则由贝叶斯(Bayes)公式知：

$$p_1=P(A\mid B)=\frac{pP(B\mid A)}{pP(B\mid A)+(1-p)P(B\mid \overline{A})}$$

$$p_2=P(A\mid \overline{B})=\frac{pP(\overline{B}\mid A)}{pP(\overline{B}\mid A)+(1-p)P(\overline{B}\mid \overline{A})}$$

当已知(W, X_n)的联合概率分布时，就能求得概率 $P(B|A)$，$P(B|\overline{A})$，$P(\overline{B}|A)$，$P(\overline{B}|\overline{A})$。

(3) 收集信息需要花费时间与成本，用c_0表示单位时间成本。假定在收集过程中，信息到达服从参数为 λ 的泊松(Poission)过程，因而信息的到达间隔时间，也即收集一个信息所需要的时间，服从参数为 λ 的指数分布。那么，公司每收集一个信息所需要的期望折扣(连续折扣因子为 α)成本为

$$c = \int_0^\infty \lambda\, \mathrm{e}^{-\lambda y}\mathrm{d}y \int_0^y c_0\, \mathrm{e}^{-\alpha t}\,\mathrm{d}t = \frac{c_0}{\lambda + \alpha}$$

(4) 用 $r(p)$表示技术的当前获利能力为 p 时能给公司带来的期望利润。假设 $r(p)$对 p 单调上升，记$p^* = \min\{p \mid r(p) > 0\}$。当且仅当$p_0 > p^*$时，公司才准备投资开发技术。

现在给出单阶段的报酬函数 $r(p, a)$。若公司决定采用该技术，则公司在该阶段获得的期望利润为 $r(p, A) = r(p)$；若拒绝该技术，则公司获得的利润为 $r(p, R) = 0$；若公司决定继续收集信息，则由前面我们已经知道公司收集一条信息需要支付的平均费用为$c_0/(\lambda+\alpha)$，可知公司在该阶段获得的期望利润为 $r(p, O) = -c_0/(\lambda+\alpha)$。

记$V_n(p)$表示还剩 n 个阶段、技术的当前获利能力为 p 时，公司能获得的最大期望利润，它满足如下最优方程：

$$\begin{aligned} V_n(p) &= \max\left\{r(p),\ 0,\ -\frac{c_0}{\lambda+\alpha} + \int_0^\infty \mathrm{e}^{-\alpha t}\lambda \mathrm{e}^{-\lambda t}\,\mathrm{d}t \cdot E V_{n-1}(p')\right\} \\ &= \max\left\{r(p),\ 0,\ -\frac{c_0}{\lambda+\alpha} + \frac{\lambda}{\lambda+\alpha}[w V_{n-1}(p_1) + (1-w)V_{n-1}(p_2)]\right\},\ n \geqslant 1 \end{aligned} \quad (11.5)$$

边界条件是$V_0(p) = 0$。由此可以证明定理 11.6 在此特例下的结论。

推论 11.2 对于$V_n(p)$，存在一对阈值$(\underline{p}_n, \overline{p}_n)$，使得最优决策为：① 当 $p \geqslant \overline{p}_n$时，采用该项技术；② 当 $p \leqslant \underline{p}_n$时，拒绝该项技术；③ 若 $p \in (\underline{p}_n, \overline{p}_n)$，则公司继续收集信息，进入下一阶段。进而，阈值$\underline{p}_n$随 n 单调上升，$\overline{p}_n$随 n 单调下降，并且$\overline{p}_n - \underline{p}_n$趋于 0。

思考题 如果将本节的模型用于个人评估朋友、评估工作，我们就会发现，该模型还存在一些局限性。例如，时间限制，实际中我们可能需要在某个时间之前评估好工作、朋友。这是所谓的“时机”。其次，我们在寻找信息时，可以多花或少花时间与精力。或者说，用于寻找信息的投入大小是决策变量。读者可以尝试考虑这些因素的 MDP 模型(见习题 2)。

11.3 基于购买的技术更新问题

许多企业都是由研发部门结合实际需求自行研发并使用所需要的技术的。但是，如果市场上有适合企业使用的更有效的技术，出于经济、时间、研发能力等原因，企业也会考虑放弃自行研发、甚至是放弃正在使用的技术，而在市场上直接购买所需要的技术。本节讨论当有新技术不断出现时企业考虑如何处理现有技术的动态决策问题。

一般来说，每隔一段时间(或长或短)，企业就会根据自身条件和实际情况对技术选择问题进行决策。这里假设企业进行决策的间隔时间相同，用 n 表示阶段数，$n=0, 1, 2, \cdots$。

每当企业选择购买市场上现有的更好的技术以替换正在使用的技术时，都会考虑这样一个问题：是现在购买更有效的技术以提高经济效益，还是等更有效的技术出现时再购买？由于企业对其他公司研发的新技术很难有准确估计，存在许多方面的疑虑，例如，它们正

在开发什么技术？该技术是否能研制成功？何时投入生产？能提高多少收益……因而，新技术对于公司具有很强的不确定性。这里仅考虑新技术出现的不确定性。用p_n表示在阶段n出现新技术的概率。

定义状态为(i, j)：i表示公司当前使用的技术，j表示市场的最好技术。显然$i \leqslant j$，$i, j=0, 1, 2, \cdots$，下一代将要出现的新技术是$j+1$。例如，状态$(0, 1)$表示企业当前使用的技术是 0，而市场上现有的最好技术是 1，而 2 表示市场上将要出现的新技术；状态$(1, 1)$则表示企业当前使用的技术是 1，这也是市场上现有的最好技术。

在任一阶段，设状态是(i, j)，即公司当前使用技术i，市场的最好技术为j。此时，公司所面临的决策有如下两类：

(1) 继续使用当前技术（记为R_i），即使出现了效率更高的技术，也不考虑更换技术。

(2) 从市场上购买技术l（记为R_l），$l=i+1, i+2, \cdots, j$。R_l表示用市场上现有的更好的技术l取代企业正在使用的技术i。当$i<j$时，说明公司正在使用的技术落后于市场上现有的最好技术。考虑到研发成本、时间等因素，公司可以在市场上直接购买技术。另外，考虑到自己的实际情况，公司不一定要购买最好的技术，只要适合的就可以了。

因此，企业面临的选择共有$j-i+1$个。这里我们假定公司不会去购买比它正在使用的技术差的技术，显然，这是一个合理的假设。

本问题的收益-成本结构如下：r_{in}表示企业在阶段n使用技术i可获得的收益；c_{jn}表示企业在阶段n购买技术j所需要支付的费用；s_{in}表示企业在阶段n出售技术i得到的收益。一般地，当公司选择了更好的技术时，它所使用的原有技术可能还会有一定的市场价值，因此，企业会出售该项旧技术。由此可以看出，技术的更新与 11.1 节中讨论的设备更换问题类似。

系统的状态转移情况分析如下：设在阶段n时的状态为(i, j)，选择决策R_l。不难看出，状态中两个变量的转移是相互独立的。记下阶段的状态为(i', j')。

因此，阶段n的报酬函数$r_n(i, j, R_l)$，是在公司使用技术i而市场的最好技术是j、公司选择决策R_l的条件下，公司可在本阶段获得的期望收益。如果公司选择不购买其他技术，而是继续使用现有技术i，那么公司在本阶段获得的报酬为$r_n(i, j, R_i)=r_{in}$；如果公司选择在本阶段购买市场上的技术l，并出售原技术i，那么企业可获得的报酬为$r_n(i, j, R_l)=r_{ln}+s_{in}-c_{ln}$。

显然，公司在下一阶段的状态i'与它在本阶段所选择的决策有关。如果本阶段的决策是R_l，那么下阶段初公司正在使用的技术就是l，即$i'=l$。同时，如果新技术出现，那么下一阶段的市场最新技术就是$j+1$，即状态中的第二个变量为$j'=j+1$；否则，新技术不出现，从而下一阶段的市场最新技术不变，仍然是j，即状态中的第二个变量为$j'=j$。记阶段n的状态转移概率$p_{(ij),(i'j')}^{(n)}(R_l)$，$(l=i, i+1, \cdots, j)$为在阶段$n$，在公司当前使用技术$i$、市场上现有的最好技术是$j$、公司选择决策$R_l$的条件下，公司在下一阶段使用的技术将成为$i'$，而市场上最好的技术是$j'$的概率。注意到新技术在阶段$n$出现的概率为$p_n$，我们有

$$p_{(ij),(i'j')}^{(n)}(R_l)=\begin{cases} p_n, & i'=l, j'=j+1 \\ 1-p_n, & i'=l, j'=j \\ 0, & \text{其他} \end{cases}$$

显然，公司的决策者在每一阶段都面临着如何选择技术的决策：继续使用现有技术(R_i)，还是购买市场上出现的更有效的技术(R_l)，使得公司在 N 个阶段内的总期望收益达到最大。

记$V_n(i, j)$表示在阶段 n 时的状态为(i, j)时，公司可获得的最大期望总报酬，它满足如下的最优方程：

$$V_n(i, j)=\max\begin{Bmatrix} r_{in}+\beta[p_nV_{n+1}(i, j+1)+(1-p_n)V_{n+1}(i, j)] \\ r_{ln}+s_{in}-c_{ln}+\beta[p_nV_{n+1}(l, j+1)+(1-p_n)V_{n+1}(l, j)] \end{Bmatrix},$$

$$i=i+1, i+2, \cdots, j \tag{11.6}$$

假设其终端条件已知为$V_N(i, j)=L(i, j)$，$\beta\in[0, 1]$是折扣因子。

注 11.4 这里的新技术选择问题，与第 1 章中讨论的设备更换问题类似。

特别地，我们考虑状态(0, 1)，(1, 1)处的最优方程如下：

$$V_n(0, 1)=\max\begin{Bmatrix} r_{0n}+\beta[p_nV_{n+1}(0, 2)+(1-p_n)V_{n+1}(0, 1)] \\ r_{1n}+s_{0n}-c_{1n}+\beta[p_nV_{n+1}(1, 2)+(1-p_n)V_{n+1}(1, 1)] \end{Bmatrix}$$

$$V_n(1, 1)=r_{1n}+\beta[p_nV_{n+1}(1, 2)+(1-p_n)V_{n+1}(1, 1)\}$$

我们令

$$\begin{aligned}\Delta_n=&s_{0n}-c_{1n}+(r_{1n}-r_{0n})+\beta(1-p_n)[V_{n+1}(1, 1)-V_{n+1}(0, 1)]\\&+\beta p_n[V_{n+1}(1, 2)-V_{n+1}(0, 2)]\end{aligned}$$

表示阶段 n 时在状态(0, 1)处保持技术 0 与选用技术 1 这两个决策的期望收益之差。

我们有如下三个引理，证明请读者完成，或者参考文献(Nair et al, 1992)。

引理 11.3 (1) 若 $L(i, j)\leqslant L(i+1, j)$且 $j\geqslant i+1$，则$V_n(i, j)\leqslant V_n(i+1, j)$；

(2) 若 $L(1, 2)-L(0, 2)\geqslant s_{1N}-s_{0N}$，则$V_n(1, 2)-V_n(0, 2)\geqslant s_{1n}-s_{0n}$；

(3) 若 $L(1, 1)-L(0, 1)\geqslant L(1, 2)$，则$V_n(1, 1)-V_n(0, 1)\geqslant V_n(1, 2)-V_n(0, 2)$。

引理 11.4 当终端条件满足 $L(1, 1)-L(0, 1)=\min\{c_{1N}-s_{0N}, r_{1N}-r_{0N}\}$，$L(1, 2)-L(0, 2)=s_{1N}-s_{0N}$，$L(2, 2)-L(1, 2)=c_{2N}-s_{1N}$时，将$\Delta_n$记为$\Delta_n(g)$，则$\Delta_n(g)$单调上升。

引理 11.5 当终端条件满足 $L(1, 1)-L(0, 1)=c_{1N}-s_{0N}$，$L(1, 2)-L(0, 2)=c_{1N}-s_{0N}$，$L(2, 2)-L(1, 2)=\min\{c_{2N}-s_{1N}, r_{2N}-r_{1N}\}$时，将$\Delta_n$记为$\Delta_n(h)$，则$\Delta_n(h)$单调下降。

利用引理 11.4 和引理 11.5 可以证明如下的定理。

定理 11.7 (1) 若$\Delta_n(g)>0$，则对所有阶段 $\tau>n$，在状态(0, 1)时的最优策略为R_1；

(2) 若$\Delta_n(h)\leqslant 0$，则对所有阶段 $\tau>n$，在状态(0, 1)时的最优策略为R_0。

(3) 若$\Delta_0\geqslant\beta^N|-c_{10}+s_{00}+r_{10}|/(1-\beta)$，则当计划期$N^*>N$时初始阶段的最优策略与计划期为 N 时初始阶段的最优策略相同。

定理 11.7 中的(1)与(2)分别给出了在状态(0, 1)时选择新技术、保留原技术的条件；(3)则给出了一个条件，使得计划期更长时初始阶段的最优策略却保持不变。

注 11.5 对某些产品来说，技术的顶级已经能够清晰地知道，如 N 是最高级的技术，达到这一技术后，就不会有新的技术出现。此时，例如，$N=2$，最优方程除了前面给出的$V_n(0, 1)$，$V_n(1, 1)$之外，还有

$$V_n(0, 2)=\max\begin{Bmatrix} r_{0n}+\beta V_{n+1}(0, 2) \\ r_{2n}+s_{0n}-c_{2n}+\beta V_{n+1}(2, 2) \\ r_{1n}+s_{0n}-c_{1n}+\beta V_{n+1}(1, 2) \end{Bmatrix}$$

$$V_n(1,2)=\max\begin{Bmatrix} r_{1n}+\beta V_{n+1}(1,2) \\ r_{2n}+s_{1n}-c_{2n}+\beta V_{n+1}(2,2) \end{Bmatrix}$$

$$V_n(2,2)=r_{2n}+\beta V_{n+1}(2,2)$$

这应该是一个比较简单的情形，容易得到最优策略(见习题 3)。

11.4　基于自行研发的技术更新问题

上一节讨论了企业通过购买新技术以提高自己现有技术水平的问题。本节考虑企业是继续使用现有技术，还是自行研发并使用新技术的动态决策问题。

假设每隔一段时间，公司就需要收集有关技术方面的信息，发现并解决其中存在的问题，以提高公司利润。若决策者对公司当前业绩很满意，则公司可能会保持现有的技术水平继续进行生产，并且不愿意向研发部门投入很多精力和金钱。若决策者对公司当前业绩不甚满意，则公司可能会在使用当前技术继续进行生产的同时投入大量精力和金钱进行技术研发。每当研发部门研发出新技术时，公司决策者还需要决定是否使用该技术。即使是高新技术，公司也面临着风险，可能会发生将新技术投入产品中进行生产后，新产品在市场上遇冷的情况。假设公司在如何处理研发技术的问题上进行决策的间隔时间相同，用 n 表示阶段数，$n=0,1,2,\cdots,N$。

用 0 到 1 之间的某个数表示技术水平(注意这与上一节中的不同)，状态依然定义为 (i,j)，i 表示企业当前使用的技术水平，j 表示企业在现阶段已研发出来的最好技术水平，$i,j\in[0,1]$。假设企业使用的技术水平不能超过当前研发出来的最好技术，即 $i\leqslant j$。

假设企业在某个阶段进行研发。显然，企业研发新技术具有不确定性：本阶段是否可以研发出更好的技术、研发出来的新技术是否优于已研发出的最好技术等。因此，假设研发出来的新技术水平是一个随机变量，分布于$[0,1]$之间，其分布函数为 $F(.)$。假设 $F(.)$ 是可微的。于是，如果在状态(i,j)下进行研发，研发出来的新技术水平为 j'，当 j'劣于已研发出来的最好技术 j 时，那么在下一阶段，企业已研发的最好技术依然是 j，其概率是 $P\{j'\leqslant j\}=\int_0^j \mathrm{d}F(x)=F(j)$；当 $j'>j$(相应的概率是 $\mathrm{d}F(j')$)时，本阶段研发出的新技术 j' 优于已研发出来的最好技术 j，那么下一阶段的最好研发技术就是研发出的新技术 $j'\in[j,1]$。

在处于状态(i,j)时，假定企业只考虑使用现有技术 i 还是选择最好的技术 j，以及是否进行新技术研发的决策，故有如下四种决策($i\leqslant j$)可供选择：

(1) s_1：使用现有技术 i，本阶段不进行新技术研发；

(2) s_2：使用现有技术 i，本阶段进行新技术研发；

(3) s_3：使用现有的最好技术 j，本阶段不进行新技术研发；

(4) s_4：使用现有的最好技术 j，本阶段进行新技术研发。

状态转移概率 $p_{ij,i'j'}(s)$ 表示当企业使用技术 i、已有最好技术为 j、选择决策 s 时，在下一阶段企业使用的技术为 i'、研发出来的最好技术为 j' 的概率。企业在下一阶段使用的技术 i' 取决于企业在本阶段选择的决策 s。因此，根据决策的不同，状态转移概率分别为

$$p_{ij,i'j'}(s_1)=1,\ i'=i,\ j'=j$$

$$p_{ij,i'j'}(s_2)=\begin{cases}\mathrm{d}F(j'), & i'=i,\ j'\in(j,1]\\ F(j), & i'=i,\ j'=j\end{cases}$$

$$p_{ij,i'j'}(s_3)=1,\ i'=j,\ j'=j$$

$$p_{ij,i'j'}(s_4)=\begin{cases}\mathrm{d}F(j'), & i'=j,\ j'\in(j,1]\\ F(j), & i'=j,\ j'=j\end{cases}$$

r_{in}表示在阶段n使用技术i可获得的收益；c_{jn}表示在阶段n、已研发出来的最好技术j时，公司进行研发需要投入的研发成本；v_{jn}表示在阶段n公司使用研发技术j需要支付的成本(价格)。

单阶段报酬函数$r(i,j,s)$为在阶段n，企业当前使用技术i、已有最好技术为j、选择决策s时，企业在本阶段可获得的期望收益。下面，我们对四种决策分别讨论企业的单阶段报酬函数。

(1) 若企业选择决策s_1，即继续使用现有技术、不研发新技术，则企业在本阶段可获得的期望收益为$r(i,j,s_1)=r_{in}$；

(2) 若企业选择决策s_2，即继续使用现有技术、研发新技术，则企业可获得的期望收益为$r(i,j,s_2)=r_{in}-c_{jn}$；

(3) 若企业选择决策s_3，即使用研发出的最好技术、不继续进行研发工作，则企业在本阶段可获得的期望收益为$r(i,j,s_3)=r_{jn}-v_{jn}$；

(4) 若企业选择决策s_4，即使用研发出的最好技术、开发更好的新技术，则企业可获得的期望收益为$r(i,j,s_4)=r_{jn}-v_{jn}-c_{jn}$。

在每一阶段，企业的决策者就如何进行技术选择和研发以使得企业在N个阶段内的期望总收益达到最大的优化问题，都面临以上四种决策。用$V_n(i,j)$表示在阶段n处于状态(i,j)时，企业在未来可获得的最大期望收益满足如下最优方程：

$$V_n(i,j)=\max\{U_{n1},U_{n2},U_{n3},U_{n4}\} \tag{11.7}$$

其中

$$U_{n1}=r_{in}+\beta V_{n+1}(i,j)$$

$$U_{n2}=r_{in}-c_{jn}+\beta\int_j^1 V_{n+1}(i,x)\mathrm{d}F(x)+\beta V_{n+1}(i,j)F(j)$$

$$U_{n3}=r_{jn}-v_{jn}+\beta V_{n+1}(j,j)$$

$$U_{n4}=r_{jn}-c_{jn}-v_{jn}+\beta\int_j^1 V_{n+1}(j,x)\mathrm{d}F(x)+\beta V_{n+1}(j,j)F(j)$$

下面讨论最优策略。为简单起见，我们省略掉下标n。首先，最优值函数$V(i,j)$具有以下引理中所提示的性质，其中对二元函数$V(i,j)$，$V_i'(i,j)$表示$V(i,j)$对变量i的一阶导数，$V''_{ij}(i,j)$表示$V(i,j)$对变量i, j的二阶混合偏导数，等等。

引理 11.6 (1) $V(i,j)$连续、可微，并且$V_i'(i,j)>0$，$V_j'(i,j)\geqslant 0$，$V_{ij}''(i,j)=0$；

(2) 最优值函数$V(i,j)$可以分解为$V(i,j)=A(i)+B(j)$，其中函数$A(i)$、$B(j)$的导数满足$A'(i)>0$，$B'(j)\geqslant 0$。

证明 (1) 参见文献(Lee，1985)中的定理2。

(2) 因为$V''_{ij}(i, j)=0$，所以

$$0=\int_0^i\int_0^j V''_{xy}(x, y)\mathrm{d}y\mathrm{d}x=V(i, j)-V(i, 0)-V(0, j)+V(0, 0)$$

于是

$$V(i, j)=V(i, 0)+V(0, j)-V(0, 0)=A(i)+B(j)$$

其中

$$A(i)=V(i, 0)-V(0, 0), B(j)=V(0, j)$$

显然，有

$$A'(i)=V'_i(i, 0)>0, B'(j)=V'_j(0, j)>0$$

将引理中的分解式$V(i, j)=A(i)+B(j)$代入最优方程(11.7)中的U_{nk}，可以得到(省略掉了下标n)

$$U_1=\beta A(i)+\beta B(j)$$

$$U_2=-K+\beta A(i)+\beta\int_j^1 B(x)\mathrm{d}F(x)+B(j)F(j)$$

$$U_3=-C+\beta A(j)+\beta B(j)$$

$$U_4=-K-C+\beta A(j)+\beta\int_j^1 B(x)\mathrm{d}F(x)+B(j)F(j)$$

令$u(j)=K/\beta-\int_j^1[B(x)-B(j)]\mathrm{d}F(x)$。我们可以得出以下定理。

定理 11.8 若$u(0)>0$，则$U_1>U_2$，$U_3>U_4$。若$u(0)\leqslant 0$，则必存在$j\in[0, 1]$使得$u(j)=0$，此时令$j_1=\max\{j|u(j)=0, j\in[0, 1]\}$，则当$j>j_1$时，$U_1>U_2$，$U_3>U_4$；而当$j\leqslant j_1$时，$U_1\leqslant U_2$，$U_3\leqslant U_4$。

证明 我们容易得到

$$U_1-U_2=U_3-U_4=K-\beta\int_j^1[B(x)-B(j)]\mathrm{d}F(x)=\beta u(j)$$

因此，当$u(j)>0$时，$U_1>U_2$，$U_3>U_4$；当$u(j)\leqslant 0$时，$U_1\leqslant U_2$，$U_3\leqslant U_4$。

由于$u'(j)=B'(j)[1-F(j)]\geqslant 0$，因此，当$u(0)>0$时，对任意$j\in[0, 1]$，有$u(j)>0$，于是$U_1>U_2$，$U_3>U_4$。

当$u(0)\leqslant 0$时，若$u(1)=K/\beta>0$，则必存在$j\in[0, 1]$使得$u(j)=0$。令$j_1=\max\{j|u(j)=0, j\in[0, 1]\}$，若$u'(j)\geqslant 0$，则当$j>j_1$时，$u(j)>0$，$U_1>U_2$，$U_3>U_4$；当$j\leqslant j_1$时，$u(j)\leqslant 0$，$U_1\leqslant U_2$，$U_3\leqslant U_4$。

记$v(i, j)=C/\beta+A(i)-A(j)$，$j(i)=\{j|v(i, j)=0\}$。我们有以下结论。

定理 11.9 (1) $j(i)$对i严格递增；

(2) 当$j=j(i)$时，$U_1=U_3$，$U_2=U_4$；当$j>j(i)$时，$U_1<U_3$，$U_2<U_4$；而当$j<j(i)$时，$U_1>U_3$，$U_2>U_4$。

证明 (1) 由于$v'_i(i, j)=A'(i)>0$，$v'_j(i, j)=-A'(j)<0$，因此$j'(i)=\frac{\partial j}{\partial i}=-\frac{A'(i)}{A'(j)}>0$，即$j(i)$对$i$严格递增。

(2) 由于$U_1-U_3=U_2-U_4=C+\beta A(i)-\beta A(j)=\beta v(i, j)$，因此，当$j=j(i)$时，由$j(i)$的定义，显然有$v(i,j)=v(i,j(i))=0$，于是我们可以得到$U_1=U_3$，$U_2=U_4$；当$j<j(i)$时，

由于 $v(i,\ j)$ 对 j 递减，$v(i,\ j)>v(i,\ j(i))=0$，于是 $U_1>U_3$，$U_2>U_4$；当 $j>j(i)$ 时，由于 $v(i,\ j)$ 对 j 递减，$v(i,\ j)<v(i,\ j(i))=0$，于是 $U_1<U_3$，$U_2<U_4$。

基于上述定理，对任意给定的 $(i,\ j)$，我们可分四种情况讨论最优策略。

(1) $j>j_1$，$j<j(i)$。由定理 11.8 可得 $U_1>U_2$，$U_3>U_4$；由定理 11.9 可得 $U_1>U_3$，$U_2>U_4$。于是 $\max\{U_1,\ U_2,\ U_3,\ U_4\}=U_1$，即此时的最优决策为 a_1：保持现有技术水平。

(2) $j>j_1$，$j\geqslant j(i)$。由定理 11.8 可得 $U_1>U_2$，$U_3>U_4$；由定理 11.9 可得 $U_1\leqslant U_3$，$U_2\leqslant U_4$。于是 $\max\{U_1,\ U_2,\ U_3,\ U_4\}=U_3$，即此时的最优决策为 a_3：采用研发技术。

(3) $j\leqslant j_1$，$j<j(i)$。由定理 11.8 可得 $U_1\leqslant U_2$，$U_3\leqslant U_4$；由定理 11.9 可得 $U_1>U_3$，$U_2>U_4$。于是 $\max\{U_1,\ U_2,\ U_3,\ U_4\}=U_2$，即此时的最优决策为 a_2：进行研发。

(4) $j\leqslant j_1$，$j\leqslant j(i)$。由定理 11.8 可得 $U_1\leqslant U_2$，$U_3\leqslant U_4$；由定理 11.9 可得 $U_1\leqslant U_3$，$U_2\leqslant U_4$。于是 $\max\{U_1,\ U_2,\ U_3,\ U_4\}=U_4$，即此时的最优决策为 a_4：研发并采用研发技术。

我们将结果总结在图 11.1 中。

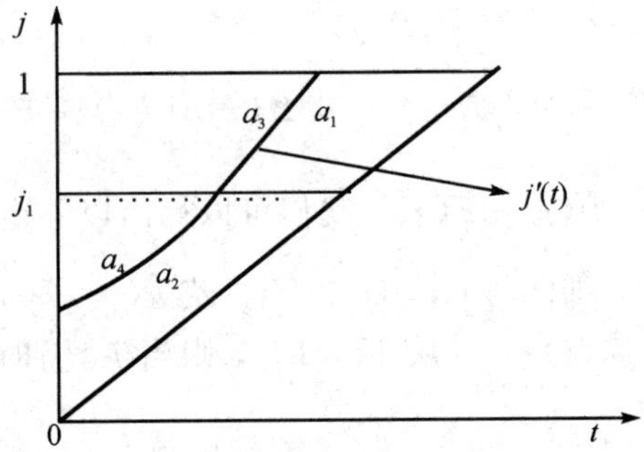

图 11.1　最优策略

注 11.6　通过对最优方程(11.7)中四个决策进行两两比较，根据它们的等效曲线对决策区域进行划分，得到了如图 11.2 所示的最优策略(Lee，1985)。但这个策略是不正确的，反例如下。

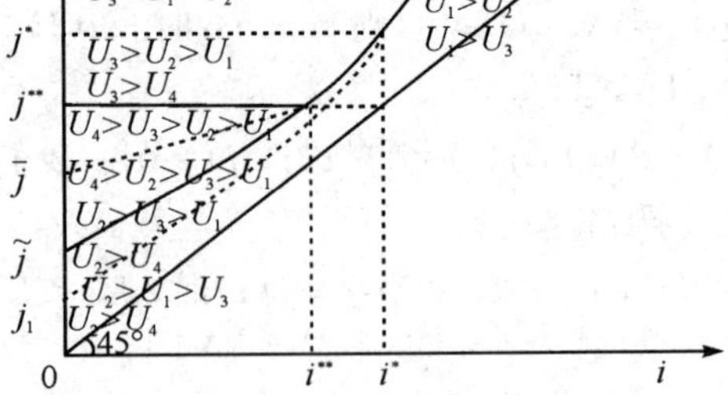

图 11.2　Lee 所得到的最优策略

考虑 $K=0$。此时，对任意 $i\in[0,\ 1]$，当状态为 $(i,\ 1)$ 时，可知 $U_1=U_2$。所以，根据 Lee 的结论，有 $j^*=1$，$i^*=\arg\limits_{i\in[0,\ 1]}\{\beta V(i,\ 1)=-C+\beta V(1,\ 1)\}<1$，因此当 $i>i^*$ 时 $U_1>U_2$，这与当状态为 $(i,\ 1)$ 时 $U_1=U_2$ 相矛盾，因此 Lee 的结论是错误的。

11.5 新产品策略与库存管理

时间是企业竞争优势的核心资源之一，其标志之一是产业时钟速度(Industry Clock Speed)，以及随之不断下降的价格体系。按时钟速度的大小，可将产业划分为三类：① 快速产业(Fast-Clockspeed)，如个人手机、计算机、化妆品；② 中速产业，如计算机操作系统、医药、汽车；③ 低速产业，如飞机、石油、钢铁。

那么，产业时钟速度与企业在引入新产品方面的决策(新产品质量、原产品库存)之间有何关系呢？本节的研究参阅文献(Souza，2004)。该研究将企业外部的产业因素(引入新产品的速度或者变化的价格)、企业内部因素(产品质量、产量、库存成本)以及竞争因素综合进行考虑，以实现关于新产品的引入时机与质量、库存的最优决策。

设有两家公司，记为 A 和 B，下面从 A 的角度来描述其决策问题。决策的周期有无限个，每个周期的长度相同，如一个季度。在每个周期，公司 A 需要确定单个竞争产品的数量，并且以产品质量及其在市场中的时间来描述产品。公司 A 的产品质量 q 分两种：标准质量(q^s)、高质量(q^p)。标准质量的产品是渐进革新的产品，而高质量的产品是根本性革新的产品。记公司 B 的产品质量为q^B，它是外生的参数。用 i，j 分别表示公司 A 与 B 的产品在市场中的已销售周期数。

假定产品的价格依赖于产品的质量及其在市场中的已销售周期数，分别用P_{qij}^A，P_{qij}^B表示公司 A 与 B 的价格策略。尽管它们是外生参数，但仍反映了竞争环境。我们假定公司 A 对高质量产品的定价不低于标准质量产品的定价，P_{qij} 随 i 递减(给定 q，q^B，j 时)。

公司在某个周期的市场需求，等于其市场占有率乘以该周期的期望需求量。设$\gamma_{qij}=g(\beta, q, q^B, P_{qij}, P_{qij}^B)$是公司 A 的市场占有率，它与产品质量成正比(即$q^p$时的占有率高于$q^s$时的占有率)，与竞争对手的价格成正比，与自己的价格及竞争对手的质量成反比；β 是公司 A 相对于公司 B 的营销有效性(Marketing Effectiveness)，$\beta=1$ 表示双方在营销方面的力量是对称的。由于P_{qij}随 i 递减，因此γ_{qij}随 i 严格递增。

在每个周期，各公司同时、独立地决定是否需要在下个周期初引入新产品。所以这里假定引入新产品的时间是固定的，为一个周期。我们还假定一个产品在市场上的销售周期数最多为 n，在此期间产品不会退化。在每个周期开始，公司 A 还需要确定其本周期的产量。假定它观察不到公司 B 的产量、库存水平。

总之，公司 A 在每个周期中的决策与事件序列如下：

(1) 观察公司 B 的产品在市场中的销售周期数($j=1$ 表示新产品)；确定公司 A 自己的库存水平，并支付相应的存贮成本。

(2) 公司 A 决定下周期是否引入新产品，如果引入，那么产品的质量水平同时决定本周期的产品产量。

(3) 安排并生产本周期产品。

(4) 公司 A 观察其需求，从库存中满足其需求，从而库存量下降，因库存不足而不能满足的需求部分损失。

(5) 如果公司 A 决定下一周期引入新产品，那么在本周期末时以残值销售掉全部库存品。

下面，我们对上述问题的主要部分进行详细的数学描述。

1. 需求

一个周期的市场总需求量X_{qij}是随机变量，其概率分布律为$P\{X_t=w\}=a_{qij}(w)$，$w=0, 1, \cdots$。注意到$\gamma_{qij}X_{qij}$不一定是整数，我们考虑公司 A 的需求D_{qij}是参数为w和γ_{qij}的二项分布：

$$
\begin{aligned}
P\{D_{qij}=d\}&=\sum_{w=0}^{\infty}P\{D_{qij}=d\,|\,X_{qij}=w\}P\{X_{qij}=w\}\\
&=\sum_{w=d}^{\infty}\binom{w}{d}\gamma_{qij}^{d}(1-\gamma_{qij})^{w-d}a_{qij}
\end{aligned}
\tag{11.8}
$$

其中γ_{qij}是公司 A 的期望的潜在市场占有率。

2. 竞争行为

由于不能观察到对手的库存，我们假定公司 A 只能基于q, i, j来评估公司 B 是否推出新产品的概率p_{qij}^{B}。一般地，是否推出新产品与原有产品的库存量有关，所以这里的概率p_{qij}^{B}表示公司 A 对公司 B 是否推出新产品只了解部分信息。

3. 利润最大化

我们用 MDP 来进行描述。状态定义为(q, i, j, x)，它们的取值范围是：$q=q^s, q^p$；$i, j=1, 2, \cdots, n$；库存水平x假定不超过一个足够大的数M。在每一状态处，公司 A 有三个决策需要确定：一是订购后的库存水平y，二是是否引入新产品，三是引入新产品时的质量水平。

期望销售量是$S(q, i, j, y)=E\min\{y, D_{qij}\}$。一个周期的期望利润是

$$
r(q, i, j, x, y, z)
=\begin{cases}
P_{qij}S(q,i,j,y)-v_q(y-x)-h_q x, & z=\text{不引入新产品}\\
P_{qij}S(q,i,j,y)-v_q(y-x)-h_q x+s_q(y-S(q,i,j,y))-K^s, & z=\text{引入标准质量新产品}\\
P_{qij}S(q,i,j,y)-v_q(y-x)-h_q x+s_q(y-S(q,i,j,y))-K^p, & z=\text{引入高质量新产品}
\end{cases}
$$

上式中的v_q是单位产品的生产成本，h_q是单位产品的库存成本，s^q是单位产品的残值，K^s、K^p分别表示引入标准质量、高质量新产品的固定开发成本。

记$V(q, i, j, x)$表示无限阶段的期望折扣总利润，则它满足如下最优方程$(i<n)$：

$$
V(q,i,j,x)=\max_{x\leqslant y\leqslant M}\left\{
\begin{array}{l}
r(\cdot)+\beta E_{D_{qij}}[p_{qij}^{B}V(q,i+1,1,(y-D_{qij})^{+})\\
\qquad+(1-p_{qij}^{B})V(q,i+1,j+1,(y-D_{qij})^{+})]\\
r(\cdot)+\beta[p_{qij}^{B}V(q^s,1,1,0)+(1-p_{qij}^{B})V(q^s,1,j+1,0)]\\
r(\cdot)+\beta[p_{qij}^{B}V(q^p,1,1,0)+(1-p_{qij}^{B})V(q^p,1,j+1,0)]
\end{array}
\right\}
\tag{11.9}
$$

$i=n$时的最优方程与上类似，只是没有大括号中的第一项。当$j=n$时，$p_{qin}^{B}=1$。

下例表明该问题的最优决策不具有一个简单的结构。

例 11.1 设$n=8$，市场平稳X_{qij}满足到达率为 5 的 Poisson 过程，$\forall q, i, j$；公司 B 每隔 5 个周期引入新产品；相对于q^B，$q^s=0.6$，$q^p=1$；$P_{qij}=i^{-0.1}$，$P_{qij}^{B}=j^{-0.1}$；$\beta=0.96$，$v_q=0.35$，$s_q=0.09$，$h_1=0.013$；$K^p=1$，$K^s=0.81$。最优的引入新产品的策略与库存量相关：

例如，在$(q, i, j, x)=(1, 7, 5, 2)$处引入高质量产品，而在$(q, i, j, x)=(1, 7, 5, 4)$处不引入新产品。另外，订购策略也不是基础库存策略：在状态$(1, 7, 5, \cdot)$处，当 $x=4$ 时 $y=5$，而当 $x=2$ 时 $y=3<5$。

4. 最优生产决策

一般地，要求得到最优生产决策，就必须求解最优方程(11.9)。但如果需求是确定的，最优生产决策就是需求量，此时没有库存，从而可以将 x 从状态中消除，y 也不再是决策。

进而，如果公司 A 的新产品引入策略与库存量无关，如周期引入策略，那么就有基础库存策略。

定理 11.10　如果公司 A 的新产品引入策略与其原有产品的库存量无关，则基础库存量为R_{qij}的基础库存策略是最优的，即当库存量 $x \leqslant R_{qij}$ 时，使订购后的库存量达到R_{qij}，否则不订购(Souza，2004)。

习　题

1. 在 11.1 节考虑的更换问题中，假定相比于一个周期的长度，更换时间足够短，所以可以忽略更换时间。试建立此时的 MDP 模型，并讨论最优策略的性质。

2. 在 11.1 节的模型基础上，进一步假定每次搜索信息前，可以选择努力的程度 e，它可以缩短搜索时间。试建立此时的 MDP 模型。

3. 对注 11.2 中提出的问题，求解其最优策略。

4. 在 11.2 节基于购买的技术更新问题中，进一步假定新技术出现的概率与当前最好的技术有关，亦即若当前状态是(i, j)，则下阶段出现新技术 $j+1$ 的概率是p_{j+1}。请读者考虑此时结论还是否成立。

5. 本章中分别考虑了从市场上购买新技术、自行研发新技术对企业现有技术进行更新、提高企业收益的动态决策问题。自然，可以综合以上两种情况来考虑技术更新的动态决策问题，也就是说，企业既可以选择从市场上购买新技术取代现有技术，也可以选择自行研发新技术以更新现有技术。华为就属于这一类型的公司，它不仅研发手机芯片，也购买高通的手机芯片。试对其建立 MDP 模型。

参考文献

LEE T K. 1985. On the joint decision of R&D and technology adoption. Mgt. Sci.，31：959－969.

LIPPMAN S A，MCCARDLE K F. 1991. Uncrtain search：A model of search among technologies of uncertain values，Management Science，37(11)：1474－1490.

NAIR S K，HOPP W J. 1992. A model for equipment due to technological obsolescence. European Journal of Operations Research：63(2)，207－221.

SOUZA G C，BAYUS B L，WAGNER H M. 2004. New-product strategy and industry clockspeed. Management Science，50：537－549.

第 12 章 排队(服务)系统的最优控制

单服务台排队系统的组成有两大部分，一是到达，二是服务；多服务台排队系统中还包括顾客在各服务台之间转移的路径。因此，排队系统的最优控制可分为到达控制、服务控制、路径控制三类。到达控制是对到达顾客能否进入系统进行控制；服务控制是对服务台的服务时间或服务速率进行控制；路径控制则是对排队网络中当顾客到达时，或者在某服务台接受完服务，下一步去哪个服务台接受服务的控制。本章在第 1、2 节分别讨论单服务台的到达控制、服务控制，在第 3 节讨论多服务台(即排队网络)的控制。

在排队系统的最优控制中，获得一个最优平稳策略往往是不够的，通常是在较为特殊的条件(如费用函数为单调的或凸的)下获得控制限、单调性等最优策略，第 1 章讨论的模函数及其性质将在此起重要作用。另一个起重要作用的是 Lippman 转换方法，这在第 4 章中已作介绍。这两者是排队系统最优控制的重要工具。

排队系统和排队网络方面的基础性知识，可参见文献(胡奇英，2012)，详细而深入的介绍可参见文献(唐应辉等，2006)。这里不再详细叙述。

12.1 排队系统的到达控制

排队系统的到达控制可分为两类：一是选择一个概率 $p\in(0, 1)$，对每个到达的顾客，以概率 p 接受，以概率 $1-p$ 拒绝，这称为静态到达率控制；二是对每个到达的顾客依据系统的状态信息和到达顾客的信息决定是接受还是拒绝其进入，这称为动态到达控制。

排队系统的到达控制有两种最优性：一种是所谓的社会最优(Socially Optimal，SO)，就是使系统的获利达到最大；另一种是所谓的个体最优(Individually Optimal，IO)，就是对单个顾客而言，允许其进入系统还是拒绝其进入系统会有更大的获利。IO 策略也称为平衡(Equilibrium)策略，SO 策略也称为 Pareto 最优策略。

12.1.1 M/G/1 排队系统的静态到达率控制

下面考虑称之为 M/G/1 排队系统的静态到达率控制问题(Stidham，1985)。

(1) 顾客以到达率为 $\bar{\lambda}<\infty$ 的 Poisson 过程到达。针对每个到达顾客，系统以概率 p 允许其进入，以概率 $1-p$ 拒绝其进入。p 与状态无关，且在确定后保持不变。

(2) 每个到达顾客所需服务的工作负荷(如通信系统中信包数的多少、医院中病人病症的复杂性不同使得所需时间不同)为 S，它是随机变量，假定 $E(S)=1$(即以 S 的期望值为单位)，$E(S^2)=b>0$。

(3) 一个服务台，每次服务一个顾客，单位时间内服务 μ 个顾客，$\mu<\bar{\lambda}$。每个顾客的服务时间互相独立且与 S/μ 同分布。

(4) 每个进入顾客的报酬为 r，系统为队列中的每个顾客每单位时间付出的存贮费为 h。

(5) 目标是使系统单位时间利润达到最大。

由(1)可知，选择允许顾客进入系统的概率 $p\in[0, 1]$等价于确定顾客的到达率 $\lambda :=\bar{\lambda}p\in[0, \bar{\lambda}]$，于是可将 λ 作为决策变量。此时，系统是一个 M/G/1 排队系统，它在 $\lambda<\mu$ 时会达到稳态。在稳态时，系统中的平均顾客数 $L(\lambda)$ 和顾客在系统中的平均逗留时间 $W(\lambda)$ 分别为

$$L(\lambda)=\lambda W(\lambda),\ W(\lambda)=\frac{1}{\mu}+\frac{\lambda b}{2\mu(\mu-\lambda)} \tag{12.1}$$

当 $\lambda\geqslant\mu$ 时系统达不到稳态，此时 $L(\lambda)=+\infty$。

对于 SO 问题，系统在单位时间所获利润为 $B(\lambda):=r\lambda-hL(\lambda)$。于是，SO 问题为以下的优化问题：

$$\max_{0\leqslant\lambda\leqslant\bar{\lambda}} B(\lambda):=r\lambda-hL(\lambda) \tag{12.2}$$

为求基金最优解，先求其导数：

$$W'(\lambda)=\frac{b}{2\mu(\mu-\lambda)^2}>0,\ W''(\lambda)=\frac{b}{(\mu-\lambda)^3}>0 \tag{12.3}$$

故 $W(\lambda)$ 为正的连续严格增函数。由此可知 $L'(\lambda)$ 和 $L''(\lambda)$ 均为正，亦即 $L(\lambda)$ 是连续的严格单调递增的凸函数。从而 SO 的目标函数 $B(\lambda)$ 是连续凹函数，于是 SO 有唯一最优解，记为 λ_S。它或者是区间的端点 0、$\bar{\lambda}$，或者是以下一阶条件的唯一解：

$$r=h[W(\lambda)+\lambda W'(\lambda)] \tag{12.4}$$

对于 IO 问题，在稳态时，一个到达顾客所带来的报酬是 r，而他的平均逗留时间为 $W(\lambda)$，故系统需为其支出的费用为 $hW(\lambda)$。所以稳态($\lambda<\mu$)时允许一个顾客进入系统的利润为

$$C(\lambda)=r-hW(\lambda)=\frac{1}{\lambda}B(\lambda) \tag{12.5}$$

由此，IO 问题为

$$C(\lambda)\geqslant 0\text{ 时允许其进入系统；}C(\lambda)<0\text{ 时拒绝其进入系统} \tag{12.6}$$

由于 $W(\lambda)$ 为正的连续严格增函数，$C(\lambda)$ 为连续严格下降函数，记 λ_I 是 $C(\lambda)=0$ 的唯一解：

$$r=hW(\lambda) \tag{12.7}$$

显然，也有 $\lambda_I=\max\{\lambda\,|\,C(\lambda)=0\}=\max\left\{\lambda\,|\,W(\lambda)=\frac{r}{h}\right\}$，其中约定空集的最大值为零，则 IO 问题的解为：允许顾客进入系统当且仅当 $\lambda\leqslant\lambda_I$。如果报酬 r 及费用 h 均由顾客自己承担，那么显然 λ_I 是顾客根据自身是否获利确定进入系统的一个临界数：当系统选择的允许到达率 λ 低于此临界数时顾客才能进入系统。故称 λ_I 为个体最优解。

由于每个顾客所带来的利润为 $C(\lambda)$，而单位时间内到达 λ 个顾客，因此单位时间的总获利 $B(\lambda)=\lambda C(\lambda)$。我们有以下定理，它反映了 SO 与 IO 问题之间的关系。

定理 12.1　(1) SO 策略为：若 $h\geqslant r\mu$ 则 $\lambda_S=0$；若 $h[W(\bar{\lambda})+\bar{\lambda}W'(\bar{\lambda})]\leqslant r$ 则 $\lambda_S=\bar{\lambda}$；否则，λ_S 是方程(12.4)在$(0, \mu)$中的唯一解。

(2) IO 策略为：若 $h \geqslant r\mu$ 则$\lambda_I = 0$；若 $hW(\bar{\lambda}) \leqslant r$ 则$\lambda_I = \bar{\lambda}$；否则，$\lambda_S$是方程(12.7)在$(0, \mu)$中的唯一解。

(3) 恒有 $\lambda_S \leqslant \lambda_I$。

证明　(1) 当 $h \geqslant r\mu$ 时，注意到方程(12.4)的右边项 $h[W(\lambda) + \lambda W'(\lambda)]$严格单调递增，在 0 点的值 $hW(0) = h/\mu \geqslant r$，于是方程(12.4)无解($h > r\mu$)或者有零解($h = r\mu$)。实际上，此时，$B(\lambda)$单调下降，故最优解为$\lambda_S = 0$。此时 $B(\lambda_S) = 0$，系统永无获利。

当 $h[W(\bar{\lambda}) + \bar{\lambda} W'(\bar{\lambda})] \leqslant r$ 时，$B(\lambda)$单调下降，故$\lambda_S = \bar{\lambda}$；否则，由于$L(\lambda)$可微、严格凸，因此 SO 允许率$\lambda_S$为方程(12.4)的唯一解($0 < \lambda < \mu$)。

(2) 与(1)的证明类似。

(3) 因为 $W(\lambda)$严格增，有

$$B(\lambda) = \lambda[r - hW(\lambda)] \leqslant \lambda[r - hW(\lambda_I)] = 0 = B(\lambda_I),\ \lambda \geqslant \lambda_I \qquad (12.8)$$

因此$\lambda_S \leqslant \lambda_I$成立。

由于 $C(\lambda)$是一个顾客加入系统所能够给系统带来的期望利润，于是 $C(\lambda) < 0$ 时，顾客以概率 1 离开；$C(\lambda) > 0$ 时，顾客以概率 1 加入。从而λ_I是一个平衡的允许率，称之为平衡解。以上定理中所证明的关系式$\lambda_S \leqslant \lambda_I$说明 IO 解比 SO 解允许更多的顾客进入，IO 与 SO 策略间的这一差别是讨论拥挤系统中顾客的允许控制和路径控制等类经济模型的基础。确定λ_S和λ_I的方程(12.4)与方程(12.7)有相同的结构。在方程(12.7)中，$hW(\lambda)$ 是每个顾客的平均费用，而方程(12.4)中的 $h[W(\lambda) + \lambda W'(\lambda)]$则是边际(Marginal)费用，差值$h\lambda W'(\lambda)$是相应于允许率增长的外部作用，即额外顾客的允许进入使平均逗留时间延长，从而使费用增加。IO 中不考虑这一外部作用，从而产生了 IO 与 SO 间的差别，如果对每个进入的顾客征收额外的拥挤费用(Congestion Toll)$h\lambda W'(\lambda)$，那么 IO 解与 SO 解相同。

注 12.1　上述所有结论不仅对 M/G/1 排队系统成立，实际上，对于任一个排队系统，只要其下顾客的平均逗留时间 $W(\lambda)$ 严格递增，$W(0) = 1/\mu$，$L(\lambda) := \lambda W(\lambda)$可微且严格凸，结论仍然成立，因为以上讨论中并未用到 $W(\lambda)$的具体表达式。

对于 M/G/1 排队系统，方程(12.4)和(12.7)的解分别为

$$\lambda'_S = \mu - \mu\left[\frac{b}{b + 2rh^{-1}\mu - 2}\right]^{1/2},\ \lambda'_I = \mu - \mu\left[\frac{b}{b + 2rh^{-1}\mu - 2}\right]$$

因此，SO 策略为：若$\lambda'_S \leqslant 0$ 则$\lambda_S = 0$，若$\lambda'_S \geqslant \bar{\lambda}$ 则$\lambda_S = \bar{\lambda}$，否则，$\lambda_S = \lambda'_S$。IO 策略为：若$\lambda'_I \leqslant 0$ 则$\lambda_I = 0$，若$\lambda'_I \geqslant \bar{\lambda}$ 则$\lambda_I = \bar{\lambda}$，否则，$\lambda_I = \lambda'_I$。

12.1.2　M/M/K 排队系统的动态到达率控制

本小节考虑称之为 M/M/K 排队系统的动态到达率控制问题(Lippman，1975)。假定系统有 Poisson 到达率 λ，它可在集合 A 中选择，其中 $A = [0, \bar{\lambda}]$①，而$\bar{\lambda}$是一有限的数；有 K 个平行的服务台，每个服务台的服务时间均满足服务率为 μ 的指数分布。

系统的报酬-费用结构如下：$h(i)$表示队长为 i 时的单位时间存贮费用，它是非负、递增的凸

① 当 A 是区间$[0, \bar{\lambda}]$ 中若干个闭区间的并集，或者更一般地 $A \subset [0, \bar{\lambda}]$ 是一给定的非空紧致集时，本节余下结论也都成立。本章中其余各节均如此。

函数；$r(\lambda)$表示到达率为λ时进入一个顾客的报酬，它是非负、有限、下降的右连续函数。

显然，动态到达控制是一个典型的 MDP 问题。但决策时刻不同，相应的 MDP 模型也可能不同。这里我们假定决策时刻是状态发生变化的时刻，也即顾客到达或者顾客离开的时刻。我们采用 Lippman 转换方法，记$\Delta=\bar{\lambda}+\mu K$为系统的最大到达率$\bar{\lambda}$与最大服务率$\mu K$之和。系统的状态集$S=\{0, 1, \cdots\}$，决策集为$A(i)=A$，$i\geqslant 0$。状态转移概率如下：对状态$i\geqslant 1$，有

$$p_{ij}(\lambda)=\begin{cases}\dfrac{1}{\Delta}\mu(i\wedge K), & j=i-1\\ \dfrac{1}{\Delta}[\Delta-\lambda-\mu(i\wedge K)], & j=i\\ \dfrac{1}{\Delta}\lambda, & j=i+1\end{cases}$$

其中$i\wedge K=\min\{i, K\}$；而对状态$i=0$，有$p_{00}(\lambda)=\dfrac{1}{\Delta}[\Delta-\lambda]$，$p_{01}(\lambda)=\dfrac{1}{\Delta}\lambda$。对其他的状态$j$有$p_{ij}(\lambda)=0$。报酬函数为$r(i, \lambda)=\dfrac{1}{\Delta+\alpha}[h(i)-\lambda r(\lambda)]$，$i\geqslant 0$。

记$\alpha\geqslant 0$为连续折扣因子，$V_{n,\alpha}(i)$表示还剩n阶段时的折扣最优值函数，再记$v_{n,\alpha}(i)=V_{n,\alpha}(i)-V_{n,\alpha}(i-1)$，表示在还剩$n$个阶段时，在状态$i-1$处再增加一个顾客所增加的边际期望利润。于是，有限阶段的最优方程为

$$\begin{aligned}V_{n+1,\alpha}(i)=&\frac{1}{\Delta+\alpha}\{h(i)+\mu(i\wedge K)V_{n,\alpha}(i-1)+[\Delta-\mu(i\wedge K)]V_{n,\alpha}(i)\\&+\min_{\lambda\in A}g_{n,\alpha}(i, \lambda)\},\ i\in S,\ n\geqslant 0\end{aligned}\tag{12.9}$$

其中$g_{n,\alpha}(i, \lambda)=-\lambda r(\lambda)+\lambda v_{n,\alpha}(i+1)$是最优方程中与变量$\lambda$有关的部分，边界条件是$V_{0,\alpha}(i)=0$，$i\in S$，表示在结束时，不管系统中还有多少顾客在排队，都不再产生任何的费用或者报酬。(如果$V_{0,\alpha}(i)$是i的非负凸函数，那么下面的所有结论仍然是成立的。)

记$\lambda_{n,\alpha}(i)$为方程(12.9)中取到 min 的最大λ，由假设可知，$\lambda_{n,\alpha}(i)$存在。我们用归纳法以及定理 2.1、定理 2.2 及定理 2.4，可类似地证得以下定理。

定理 12.2　(1) 对任意的$\alpha\geqslant 0$及$n\geqslant 0$，$V_{n,\alpha}(\cdot)$是凸函数，从而$\lambda_{n,\alpha}(i)$对i下降。

(2) 对任意的$\alpha\geqslant 0$及$i\geqslant 0$，$V_{n,\alpha}(i)$是n的凸函数，从而$\lambda_{n,\alpha}(i)$对n下降。

(3) $\lambda_{n,\alpha}(i)$对α下降。

定理 12.2 的(1)说明每增加一名顾客的边际期望利润是增加的；“$\lambda_{n,\alpha}(i)$对i，n，α下降”表明当系统中的队长增加时，就要减少允许进入的顾客；当剩余的阶段数增加时，允许进入的顾客更少；当折扣因子增加时，允许进入的顾客继续减少。请读者考虑这是为什么。

记$V_\alpha(i)$为无限阶段折扣准则的最优值函数，对此，我们要求折扣因子$\alpha>0$。再记$v_\alpha(i)=V_\alpha(i)-V_\alpha(i-1)$为相应的边际期望利润，则与有限阶段的最优方程(12.9)类似，无限阶段折扣准则的最优方程为

$$\begin{aligned}V_\alpha(i)=&\frac{1}{\Delta+\alpha}\{h(i)+\mu(i\wedge K)V_\alpha(i-1)+[\Delta-\mu(i\wedge K)]V_\alpha(i)+\\&\min_{\lambda}g_\alpha(i, \lambda)\},\ i\in S\end{aligned}\tag{12.10}$$

其中$g_\alpha(i,\lambda)=-\lambda r(\lambda)+\lambda v_\alpha(i+1)$。记$\lambda_\alpha(i)$为方程(12.10)中取到 min 的最大 λ。我们有以下定理，它可由在有限阶段的最优方程及其相应的结论(定理 12.2)中令 $n\to\infty$ 取极限得到。

定理 12.3　$V_\alpha(i)$是 i 的凸函数，故$\lambda_\alpha(i)$随 i 及 α 均下降。

思考题　本小节所考虑的到达率可选择的情形，等价于如下的情形：到达率固定，对每个到达的顾客，系统决定是否让其进入。

12.1.3　一般动态到达控制

下面讨论一个随机输入-输出排队系统的动态到达控制问题(Johansen et al，1980)。

(1) 顾客到达过程是一个更新过程。第 $n-1$ 个到达顾客与第 n 个到达顾客的间隔时间t_n相互独立，分布函数与 n 有关。

(2) 每一个顾客携带有一定的工作量，它们互相独立，且与随机变量 D 的分布函数相同，工作量的确切值只有当顾客进入系统后才知道。在到达时刻，控制者全部接受或全部拒绝此顾客所携带的工作量。拒绝不需任何报酬或费用，被接受顾客则将其全部工作量加到系统的总量 x 中；第 n 个到达顾客进入系统时获得一项随机报酬R_n(满足 $ER_n^+<\infty$)及相应的等待费$C_n(x)$，它与到达时系统的总量 x 有关，$n\geqslant 0$。假定R_n在顾客到达时已知。

(3) 系统的潜在输出(即服务过程)是非负独立增量随机过程$\{N(t),t\geqslant 0\}$，它与输入过程独立。若设 0 时系统的总量为x，$(0,t]$之间没有顾客进入，则到 t 时系统的总量为$[x-N(t)]^+=\max\{x-N(t),0\}$。

下面先讨论有限阶段，连续折扣因子 $\alpha>0$。

系统的决策时刻是顾客的到达时刻，我们将到达时刻的次序反过来，记t_n表示第 n 个到达顾客和第 $n-1$ 个到达顾客的间隔时间。定义状态(x,r)表示当一个顾客到达时所看到的系统的已有总负荷 x(不包括该到达顾客的负荷)以及该到达顾客的报酬 r。记$V_n(x,r)$是还剩 n 个阶段时的最大期望总报酬，则最优方程为

$$\begin{aligned}V_n(x,r)&=\max\{r-C_n(x)+EU_n(x+D),U_n(x)\}\\&=U_n(x)+[r-u_n(X)]^+,\quad n\geqslant 0\end{aligned}\tag{12.11}$$

其中，$u_n(x)=U_n(x)-EU_n(x+D)+C_n(x)$，$n\geqslant 1$，而$U_0(x)=0$，于是

$$U_n(x)=E\{\mathrm{e}^{-\alpha t_n}V_{n-1}([x-N(t_n)]^+,R_{n-1})\},\quad n\geqslant 1$$

表示在第 n 阶段决策后系统的总负荷为 x 时(如第 n 个到达顾客允许进入，则 x 中包括该顾客的工作负荷)的最小期望折扣总报酬。我们有以下结论。

定理 12.4　给定 $N\geqslant 1$ 或者 $N=\infty$。假定

$$C_0(x)\text{对 } x \text{ 递增}\tag{12.12}$$

且对 $n=1,2,\cdots,N$，有

$$c_n(x):=C_n(x)-E\{\mathrm{e}^{-\alpha t_n}C_{n-1}([x-N(t_n)]^+)\}\text{对 } x \text{ 递增}\tag{12.13}$$

则对 $n=1,2,\cdots,N$，$U_n(x)$对 x 非负下降，$u_n(x)$对 x 递增。

证明　对 n 用归纳法来证明。$n=0$ 时结论是显然的。设对某 n 成立，定义

$$v_n(x,r):=V_n(x,r)-EV_n(x+D,r)+C_n(x)\tag{12.14}$$

引入如下两个条件：

$$U_n\text{非负下降，}u_n\text{递增}\tag{12.15}$$

$$\text{对一切 } r,\ V_n(\cdot, r)\text{非负下降},\ v_n(\cdot, r)\text{递增} \tag{12.16}$$

我们要证明

$$\text{式}(12.15n) \Rightarrow \text{式}(12.15\quad 12.16n) \Rightarrow \text{式}(12.15\quad 12.16\quad 12.15(n+1))$$

其中公式编号后的 n、$n+1$ 分别表示此公式对 n、$n+1$ 成立。

首先注意到式(12.11)和式(12.15n)一起可推得$V_n(\cdot, r)$非负下降，进而由式(12.11)和式(12.14)可得

$$\begin{aligned} v_n(x, r) &= U_n(x)+[r-u_n(x)]^+ - E\{U_n(x+D)+[r-u_n(x+D)]^+\}+C_n(x) \\ &= U_n(x)-EU_n(x+D)+C_n(x)+[r-u_n(x)]^+ + E\{\min(-r+u_n(x+D), 0)\} \\ &= u_n(x)+[r-u_n(x)]^+ + E\{\min(-r+u_n(x+D), 0)\} \\ &= \max\{r, u_n(x)\}+E\{\min(-r+u_n(x+D), 0)\} \end{aligned}$$

由此及$u_n(\cdot)$递增可知$v_n(\cdot, r)$递增。因此式(12.15n)⇒式(12.16n)。

为了证明式(12.16n)⇒式(12.15($n+1$))，首先由U_{n+1}的定义及式(12.16n)可知U_{n+1}非负下降。记E_D表示只对 D 取期望，则利用式(12.14)我们可得

$$\begin{aligned} u_{n+1}(x) &= E\{\mathrm{e}^{-\alpha t_{n+1}}[V_n([x-N(t_{n+1})]^+, R_n\}-E_D V_n([x+D-N(t_{n+1})]^+, R_n)]\}+C_{n+1}(x) \\ &= E\{\mathrm{e}^{-\alpha t_{n+1}} v_n([x-N(t_{n+1})]^+, R_n\}+E\{\mathrm{e}^{-\alpha t_{n+1}} E_D V_n([x-N(t_{n+1})]^+ + D, R_n)- \\ &\quad V_n([x-N(t_{n+1})+D]^+, R_n)]\}+C_{n+1}(x)-E\{\mathrm{e}^{-\alpha t_{n+1}} C_n([x-N(t_{n+1})]^+)\} \end{aligned}$$

若$v_n(\cdot, r)$递增，则上式第一项递增；因为

$$[x-N(t_{n+1})]^+ + D = \begin{cases} D, & x<N(t_{n+1}) \\ x-N(t_{n+1})+D, & x \geqslant N(t_{n+1}) \end{cases}$$

所以第二项等于 $E\{\mathrm{e}^{-\alpha t_{n+1}} E_D[V_n(D, R_n)-V_n([\min\{x-N(t_{n+1}), 0\}+D]^+, R_n)\}$，从而当$V_n(\cdot, r)$下降时它也是递增的。最后由条件(12.13)知上式第三项也是递增的。

由以上定理可得到关于控制限最优策略的若干结论。

推论 12.1　(1) 给定 n 和 x，n 时的最优策略对 r 是控制限的：当 $r<u_n(x)$时拒绝，当 $r \geqslant u_n(x)$时允许。

(2) 给定 n 和 r，n 时的最优策略对 x 是控制限的：当 $x>\xi_n(r)$时拒绝，当 $x \leqslant \xi_n(r)$时允许，其中$\xi_n(r) := \sup\{x \mid u_n(x) \leqslant r\}$。

(3) 如果由顾客自己决定是否进入，则最优的决策(IO)是当且仅当 $r \geqslant C_n(x)$时进入。显然，$C_n(x) \leqslant u_n(x)$，即顾客自己确定的控制限不大于社会最优(SO)的控制限$u_n(x)$。

(4) 为使 IO 和 SO 策略达到平衡所需对每个进入顾客征收的拥挤费为

$$\theta_n(x) := u_n(x)-C_n(x) = U_n(x)-EU_n(x+D) \tag{12.17}$$

由于U_n非负下降，因此 $0 \leqslant \theta_n(x) = U_n(x)-EU_n(x+D) \to 0$，$x \to \infty$，即拥挤费当 $x \to \infty$时最终消失。

下面讨论定理 12.4 中的条件(12.12)和条件(12.13)。关于费用函数$C_n(x)$的表达式，考虑如下两种情况。

第一种情况是面向顾客的情形，即费用是顾客在系统中的等待费用。记 $W(t)$和 $\overline{W}(t)$分别表示系统终止前和终止后每个顾客在系统中等待时间为 t 时的等待费用。再设$\overline{N}(t)$表

示系统终止后的输出过程，若令$T_n=t_n+t_{n-1}+\cdots+t_1$，则

$$C_n(x)=E\left\{\int_0^{T_n}\mathrm{e}^{-\alpha t}\chi(N(t)<x)\mathrm{d}W(t)+\int_{T_n}^{\infty}\mathrm{e}^{-\alpha T}\chi(N(T_n)+\overline{N}(t-T_n)<x)\mathrm{d}\overline{W}(t)\right. \tag{12.18}$$

第二种情况是面向系统的情形。记$h(x)$和$\bar{h}(x)$分别表示系统终止前和终止后当系统总量为x时的存贮费，$\overline{N}(t)$同上，则

$$\begin{aligned}C_n(x)=&E\int_0^{T_n}\mathrm{e}^{-\alpha t}[h([x+D-N(t)]^+)-h([x-N(t)]^+)]\mathrm{d}t+\\&E\int_{T_n}^{\infty}\mathrm{e}^{-\alpha t}[\bar{h}([x+D-N(T_n)-\overline{N}(t-T_n)]^+)-\\&\bar{h}([x-N(T_n)-\overline{N}(t-T_n)]^+)]\mathrm{d}t\end{aligned} \tag{12.19}$$

我们可以证明如下命题，说明在一定的条件下定理12.4中的条件成立。

命题 12.1 若$W(t)$和$\overline{W}(t)$均是递增函数，则由式(12.18)定义的$C_n(x)$满足定理12.4中的条件(12.12)和条件(12.13)；若$h(x)$和$\bar{h}(x)$均是递增函数，则由式(12.19)定义的$C_n(x)$也满足条件(12.12)和条件(12.13)。

对于折扣准则无限阶段，设模型是平稳的，即$C_n(x)=C(x)$，R_n与R同分布，t_n与T同分布。记$\beta=E\,\mathrm{e}^{-\alpha T}<1$，则折扣最优值函数$V_\alpha^*(x,r)=\lim\limits_{n\to\infty}V_n(x,r)$，且

$$\begin{aligned}V_\alpha^*(x,r)&=\max\{r-C(x)+EU^*(x+D),U^*(x)\}\\&=U^*(x)+[r-u^*(x)]^+\end{aligned} \tag{12.20}$$

其中：

$$U^*(x):=E\{\mathrm{e}^{-\alpha T}V_\alpha^*([x-N(T)]^+,R)\}=\lim_{n\to\infty}U_n(x)$$

$$u^*(x):=U^*(x)-EU^*(x+D)+C(x)=\lim_{n\to\infty}u_n(x)$$

由此可知，在折扣准则下我们得到与定理12.4和推论12.1类似的结论；再由此运用折扣因子消失法又可得到平均准则下的类似结论。具体证明请读者自己给出(见习题5)。

定理 12.5 对折扣准则与平均准则，均存在对x，r的控制限最优策略。

注 12.2 将上述研究推广到如下更一般的情形(Johansen et al，1980)：$U_0(x)$非负且是下降的，t_n不是相互无关的，顾客所携带的工作负荷可部分接受、部分拒绝的情形。

排队系统到达控制方面的研究颇丰，感兴趣的读者可查阅相关资料(Stidham，1985)。

12.2 排队系统服务控制

排队系统服务控制包括如下三种类型：

(1) 顾客数模型。在服务结束时刻或者在一个顾客到达一个空队时选择服务时间，一般地选择$a\in A$，a对应的服务时间分布为$G_a(t)$，在服务结束之前保持不变。

(2) 工作量模型。顾客携带有一固定的工作量，系统中不知道队长，只知道待处理的总工作量，服务率$\mu\in A$是确定的，并可随时改变，或仅在固定时刻点处可改变，如运货车辆的卸货。

(3) 混合模型。虽然在服务开始时刻已知阶段数，但实际服务时间仍是随机的，在每个

阶段开始时刻选择 μ 以确定该阶段的服务时间参数。例如，修理员要检测失效机器以确定需要更换/修理机器的部件数量，他的工作量依赖于机器的失效程度，变动服务率(如增加或减少修理员)可调整修理速度。

12.2.1　M/M/1：队长模型

考虑 M/M/1 排队系统，其满足到达率为 λ 的 Poisson 过程。系统有一个服务台，其服务率 $\mu\in A\subset[0,\bar{\mu}]$是可选择的，其中$\bar{\mu}<\infty$，$A$ 是紧致集。系统的报酬与费用如下：

$h(i)$表示队长为 i 时的单位时间存贮费用，假定是凸的非负增函数；$c(\mu)$表示选择服务率 μ 时的单位时间费用，假定为非负严格递增函数且左连续；R 表示服务完一个顾客的报酬。

假定决策时刻是状态发生变化的时刻，利用 Lippman 转换方法，记 $\Delta=\lambda+\bar{\mu}$，则状态集为 $S=\{0,1,\cdots\}$，决策集为 $A(0)=\{0\}$，$A(i)=A$，$i>0$，状态转换概率为$p_{00}(0)=\frac{1}{\Delta}\bar{\mu}$，$p_{01}(0)=\frac{1}{\Delta}\lambda$，且对 $i>0$，有

$$p_{ij}(\mu)=\begin{cases}\frac{1}{\Delta}\mu, & j=i-1,\\ \frac{1}{\Delta}(\bar{\mu}-\mu), & j=i,\ i>0\\ \frac{1}{\Delta}\lambda, & j=i+1,\ i>0\end{cases}$$

注意这里的报酬、成本有两类，一类是单位时间的，包括 $h(i)$与 $c(\mu)$；另一类是 R，它是在转移结束时刻才获得的；转换时间是参数为 Δ 的指数分布，折算到转换开始时刻时的报酬函数为

$$r(0,0)=\frac{1}{\Delta+\alpha}h(0),\ r(i,\mu)=\frac{1}{\Delta+\alpha}[h(i)+c(\mu)-\mu R],\ i>0$$

其中当考虑折扣准则时 $\alpha>0$，而当考虑平均准则时 $\alpha=0$。

于是有限阶段的折扣最优方程为

$$V_{n+1,\alpha}(0)=\frac{1}{\Delta+\alpha}\{h(0)+\lambda V_{n,\alpha}(1)+\bar{\mu}V_{n,\alpha}(0)\}$$

$$\begin{aligned}V_{n+1,\alpha}(i)=\frac{1}{\Delta+\alpha}\min_{\mu\in A}\{&h(i)+c(\mu)-\mu R+\lambda V_{n,\alpha}(i+1)+\\&(\bar{\mu}-\mu)V_{n,\alpha}(i)+\mu V_{n,\alpha}(i-1)\},\ i>0\end{aligned}$$

边界条件是 $V_{0,\alpha}(i)=0$，$i\geqslant 0$。

记$\delta_i=1$，$i>0$，$\delta_0=0$，有

$$v_{n,\alpha}(i)=V_{n,\alpha}(i)-V_{n,\alpha}(i-1),\ i>0$$

$$g_{n,\alpha}(i,\mu)=[c(\mu)-\mu(R+v_{n,\alpha}(i))]\delta_i,\ i\geqslant 0$$

则上述最优方程可重写为

$$V_{n+1,\alpha}(i)=\frac{1}{\Delta+\alpha}\{h(i)+\lambda V_{n,\alpha}(i+1)+\bar{\mu}V_{n,\alpha}(i)+\min_{\mu}g_{n,\alpha}(i,\mu)\},\ i\geqslant 0 \quad (12.21)$$

记$\mu_{n,\alpha}(i)$为上面取到 min 的最大 μ。由假设可知，$\mu_{n,\alpha}(i)$存在。

首先，我们有以下定理。

定理 12.6 对任意的 $\alpha\geqslant0$ 及 $n\geqslant0$，$V_{n,\alpha}(\cdot)$是凸函数，从而$\mu_{n,\alpha}(i)$对 i 递增。

证明 由式(12.21)可得

$$\begin{aligned}v_{n+1,\alpha}(i)=\frac{1}{\Delta+\alpha}\{&h(i)-h(i-1)+\lambda v_{n,\alpha}(i+1)+\\&\min_{\mu}[c(\mu)-\mu R+(\bar{\mu}-\mu)v_{n,\alpha}(i)]+\\&\max_{\mu}[-c(\mu)+\mu(R+v_{n,\alpha}(i-1))]\},\ i>0\end{aligned}\qquad(12.22)$$

由此对 n 用归纳法即可证得对任一 n 及 $\alpha\geqslant0$，$v_{n,\alpha}(i)$是 i 的增函数，亦即$V_{n,\alpha}(i)$ 是 i 的凸函数。再由子模函数的性质即得$\mu_{n,\alpha}(i)$对 i 下降。

当 R 足够大时，可能有$\mu_{1,\alpha}(i)>\mu_{2,\alpha}(i)$，即在最优策略下，对于相同的队长，还剩 2 个阶段时的服务要慢于还剩 1 个阶段时的服务。为避免这种情况的出现，我们引入如下条件。

条件 12.1 (1) $\mu=0$ 取到$\min\limits_{\mu}[c(\mu)-\mu R]$；

(2) 对任一 $\alpha>0$，$\sum\limits_{j=0}^{\infty}((\Delta+\alpha)/\Delta)^{j}h(j)$收敛且有限。

当存在多项式 $g(i)$使得 $h(i)\leqslant g(i)$时，以上条件的(2)成立，特别地，在存贮费用 $h(i)$为线性时它成立。以下假定条件 12.1 总是成立的。

定理 12.7 对任意的 $\alpha\geqslant0$ 及 $i\in S$，$v_{n,\alpha}(i)$对 n 递增，故$\mu_{n,\alpha}(i)$对 n 递增。

证明 首先 $v_{1,\alpha}(i)=\frac{1}{\Delta+\alpha}[h(i)-h(i-1)]\geqslant v_{0,\alpha}(i)=0$，由此及式(12.22)用归纳法可证得结论。

下面讨论无限阶段折扣准则，其最优方程为

$$V_{\alpha}(i)=\frac{1}{\Delta+\alpha}\{h(i)+\lambda V_{\alpha}(i+1)+\bar{\mu}V_{\alpha}(i)+\min_{\mu}g_{\alpha}(i,\mu)\},\ i\geqslant0\qquad(12.23)$$

其中$g_{\alpha}(i,\mu)=\{c(\mu)-\mu[R+v_{\alpha}(i)]\}\delta_i$，$v_{\alpha}(i):=V_{\alpha}(i)-V_{\alpha}(i-1)$。由定理 12.7，存在极限 $\mu_{\alpha}(i):=\lim\limits_{n\to\infty}\mu_{n,\alpha}(i)$，$i\geqslant0$。于是，只要极限

$$V_{\alpha}(i):=\lim_{n\to\infty}V_{n,\alpha}(i)\qquad(12.24)$$

存在，我们就可预测折扣无限阶段最优策略是$\mu_{\alpha}(i)$。而由条件 12.1 知：

$$|V_{n,\alpha}(i)|\leqslant\frac{c(\bar{\mu})}{\alpha}+\sum_{j=0}^{+\infty}\frac{R+h(i+j)}{\Delta+\alpha}\left(\frac{\Delta}{\Delta+\alpha}\right)^{j}<\infty$$

因此，在所给条件下，$V_{\alpha}(i)$存在且有限。进而，我们有以下定理。

定理 12.8 对任意的 $\alpha>0$，$V_{\alpha}(i)$为 i 的凸函数，且为折扣最优方程的唯一解，其最优策略为$\mu_{\alpha}(i)$，它对 i 递增。

证明 由于$V_{\alpha}(i)<\infty$，故对 $i\geqslant1$，$v_{\alpha}(i)=\lim\limits_{n\to\infty}\{V_{n,\alpha}(i)-V_{n,\alpha}(i-1)\}=\lim\limits_{n\to\infty}v_{n,\alpha}(i)$也存在且有限，由定理 12.6，$v_{\alpha}(i)$是 i 的递增函数，故$V_{\alpha}(i)$是 i 的凸函数。

由无限阶段最优方程(12.23)、方程(12.24)及有限阶段最优方程(12.21)，有

$$\begin{aligned}\min_{\mu} g_{\alpha}(i, \mu) &= (\Delta+\alpha)V_{\alpha}(i) - \{h(i)+\lambda V_{\alpha}(i+1)+\bar{\mu}V_{\alpha}(i)\}\\ &= \lim_{n\to\infty}\{(\Delta+\alpha)V_{n,\alpha}(i) - \{h(i)+\lambda V_{n,\alpha}(i+1)+\bar{\mu}V_{n,\alpha}(i)\}\}\\ &= \lim_{n\to\infty}\min_{\mu} g_{n,\alpha}(i, \mu)\\ &= \lim_{n\to\infty}\{c(\mu_{n,\alpha}(i)) - \mu_{n,\alpha}(i)[R+v_{n,\alpha}(i)]\}\delta_i\end{aligned}$$

由此及定理 12.7、$c(\mu)$的左连续性知 $\min_{\mu} g_{\alpha}(i, \mu)=\{c(\mu_{\alpha}(i))-\mu_{\alpha}(i)[R+v_{\alpha}(i)]\}\delta_i$，即$\mu_{\alpha}(i)$取到最优方程(12.23)中的最大值，从而为最优策略。进而，作为$\mu_{n,\alpha}(i)$的极限，$\mu_{\alpha}(i)$自然对 i 递增。

进一步地，可证明下述定理。

定理 12.9　对任意的 n 及 $i\geqslant 1$，$v_{n,\alpha}(i)$对 α 严格下降，故$\mu_{n,\alpha}(i)$对 α 下降。从而$\mu^*(i)=\lim_{\alpha\to 0+}\mu_{\alpha}(i)$存在且对 i 递增。

综上可知，有限阶段最优策略$\mu_{n,\alpha}(i)$对 n 和 i 递增，对 α 下降。

下面讨论平均准则，对此，我们需要如下条件。

条件 12.2　$\bar{\mu}$是 A 的孤立点，或者

$$\sup\left\{\frac{c(\bar{\mu})-c(\mu)}{\bar{\mu}-\mu}\,\middle|\,\mu\in A-\{\bar{\mu}\}\right\}<\infty \tag{12.25}$$

我们有以下的引理。

引理 12.1　设条件 12.2 成立，$h(i)=hi$，则存在$N^*<\infty$，$i^*<\infty$，$\alpha^*>0$ 使得

$$\mu_{n,\alpha}(i)=\bar{\mu},\ n\geqslant N^*,\ i\geqslant i^*,\ 0\leqslant\alpha\leqslant\alpha^*$$

证明　若$\bar{\mu}$是 A 的孤立点，则引理显然成立。下面假定$\bar{\mu}$不是 A 的孤立点。

首先，由式(12.22)及$v_{n,\alpha}(i)$对 i 递增可知：

$$\begin{aligned}v_{n+1,\alpha}(i) &= V_{n+1,\alpha}(i) - V_{n+1,\alpha}(i-1)\\ &= \frac{1}{\Delta+\alpha}\{h+\lambda v_{n,\alpha}(i+1)+\bar{\mu}v_{n,\alpha}(i)\}+\\ &\quad \frac{1}{\Delta+\alpha}\{\min_{\mu} g_{n,\alpha}(i, \mu)-\min_{\mu} g_{n,\alpha}(i-1, \mu)\}\\ &\geqslant \frac{1}{\Delta+\alpha}\{h+\lambda v_{n,\alpha}(i+1)+\bar{\mu}v_{n,\alpha}(i)\}+\\ &\quad \frac{1}{\Delta+\alpha}\{g_{n,\alpha}(i, \mu_{n,\alpha}(i))-g_{n,\alpha}(i-1, \mu_{n,\alpha}(i))\}\\ &= \frac{1}{\Delta+\alpha}\{h+\lambda v_{n,\alpha}(i+1)+\mu_{n,\alpha}(i)v_{n,\alpha}(i-1)+[\bar{\mu}-\mu_{n,\alpha}(i)]v_{n,\alpha}(i)\}\\ &\geqslant \frac{1}{\Delta+\alpha}\{h+\Delta\cdot v_{n,\alpha}(i-1)\},\ n\geqslant 0,\ i\geqslant 1\end{aligned}$$

由此迭代可得

$$v_{n+1,\alpha}(i+1)\geqslant\frac{h}{\Delta+\alpha}\sum_{j=0}^{n\wedge i}\left(\frac{\Delta}{\Delta+\alpha}\right)^j \tag{12.26}$$

其次，定义 n 阶段策略$\pi_{n,\alpha}=(f_{n,\alpha,0},\cdots,f_{n,\alpha,n})$如下：

$$f_{n,\alpha,m}(i)=\begin{cases}\bar{\mu}, & m=n\\ \mu_{m,\alpha}(i), & m<n\end{cases}$$

即当所剩的阶段数小于 n 时使用最优策略，否则恒用$\bar{\mu}$。于是有

$$V_{n,\alpha}(i)-V_{n,\alpha}(\pi_{n,\alpha},i)\geqslant\frac{1}{\Delta+\alpha}\{c(\mu_{n,\alpha}(i))-c(\bar{\mu})+[\bar{\mu}-\mu_{n,\alpha}(i)]v_{n-1,\alpha}(i)\} \tag{12.27}$$

定义 $\varepsilon=\bar{\mu}-\sup\{\mu_{n,\alpha}(i)\mid n\geqslant1,\alpha>0,i\in S\}$，若 $\varepsilon>0$，则由式(12.26)和式(12.27)知有 i，n 及$\alpha>0$ 使$V_{n,\alpha}(i)-V_{n,\alpha}(\pi_{n,\alpha},i)>0$，这与最优值函数$V_{n,\alpha}$的定义矛盾。因此，$\varepsilon=0$。

如果有 n，i 及$\alpha>0$ 使$\mu_{n,\alpha}(i)=\bar{\mu}$，则由定理 12.6、定理 12.7 和定理 12.9 知引理成立；否则，由 $\varepsilon=0$ 知有 A 的子集$\{\mu_{n,\alpha}(i)\}$使得$\bar{\mu}$不在其中，但是其上确界。仍由定理 12.6、定理 12.7 和定理 12.9 知有收敛于$\bar{\mu}$的子序列$\{\mu_{n,\alpha_n}(i_n)\}$，其中 $0<\alpha_{n+1}<\alpha_n$，$i_{n+1}>i_n$。由条件 12.2 知 $\dfrac{c(\bar{\mu})-c(\mu_{n,\alpha_n}(i_n))}{\bar{\mu}-\mu_{n,\alpha_n}(i_n)}$ 有界。而由式(12.26)知$v_{n,\alpha_n}(i_n)$关于 n 递增趋于$+\infty$，由此及式(12.27)知对某有限 n，$V_{n,\alpha_n}(i_n)-V_{n,\alpha_n}(\pi_{n,\alpha_n},i_n)>0$，这与$V_{n,\alpha_n}(i_n)$是最优值函数相矛盾。因此引理成立。

现在，我们有以下定理。

定理 12.10 若决策集 A 有限，$h(i)=hi$，则存在$N^*<\infty$，$\alpha^*>0$，$i^*\geqslant0$ 使

$$\mu_{n,\alpha}(i)=\mu^*(i),\ n\geqslant N^*,\ 0<\alpha\leqslant\alpha^*,\ i\geqslant i^* \tag{12.28}$$

因此，μ^* 是 Blackwell 最优的，从而也是平均最优的。

决策集 A 有限时，条件 12.2 自然成立；而对 A 非有限的情形，我们有以下定理。

定理 12.11 设$\lambda<\bar{\mu}$，条件 12.2 成立，$h(i)=hi$，则 $v(i):=\lim\limits_{\alpha\to0+}[V_\alpha(i)-V_\alpha(0)]$存在，是凸函数，且满足以下的平均准则最优方程：

$$\begin{aligned}v(i)=&\frac{1}{\Delta}[hi+\lambda v(i+1)+\bar{\mu}v(i)-\rho]+\\&\frac{1}{\Delta}\min_{\mu\in A}[c(\mu)-\mu(v(i)-v(i-1)+R)],\ i\geqslant0\end{aligned} \tag{12.29}$$

进而，取到以上方程最小值的平稳策略是平均准则最优策略，特别地，μ^* 是最优的。

证明 由定理 12.8 知 $v(i)$如存在必是凸函数，而由引理 12.1、$\lambda<\bar{\mu}$及第 3 章中结论可知 v 存在、有限，且本定理中除μ^*外的所有结论均成立。而由 $c(\mu)$的左连续性及$\mu_\alpha(i)$对 α 的下降性，与定理 12.8 中类似地可证得

$$\begin{aligned}&\min_{\mu\in A}\{c(\mu)-\mu[v(i)-v(i-1)+R]\}\\=&\lim_{\alpha\to0+}\min_{\mu\in A}\{c(\mu)-\mu[V_\alpha(i)-V_\alpha(i-1)+R]\}\\=&\lim_{\alpha\to0+}\{c(\mu_\alpha(i))-\mu_\alpha(i)[V_\alpha(i)-V_\alpha(i-1)+R]\}\\=&c(\mu^*(i))-\mu^*(i)[v(i)-v(i-1)+R]\end{aligned}$$

因此，μ^* 是平均最优策略。

最后，由式(12.26)可知：

$$v_\alpha(i) \geqslant \frac{h}{\Delta+\alpha}\sum_{j=0}^{i-1}\left(\frac{\Delta}{\Delta+\alpha}\right)^{i-1} = \frac{hi}{\Delta}\left(\frac{\Delta}{\Delta+\alpha}\right)^{i}$$

从而

$$v(i)=\lim_{\alpha\to 0+}[V_\alpha(i)-V_\alpha(0)]=\lim_{\alpha\to 0+}\sum_{j=1}^{i} v_\alpha(j) \geqslant \sum_{j=1}^{i}\frac{hj}{\Delta}=\frac{h}{2\Delta}i(i+1)$$

因此，尽管报酬函数对 i 是线性的，但相对值函数 $v(i)$ 至少是二次的。

注 12.3　(1) 本节来源于 Lippman (1975)的研究，但其中假定 $h(i)=hi$，而定理 12.6 和定理 12.7 是新证明的，定理 12.8 的一半是新证明的，引理 12.1 以及定理 12.10 和 12.11 的证明可参阅文献(Lippman，1975)。

(2) 定理 12.11 中的条件可进一步减弱(Wei et al，2013)。

(3) 将前述模型推广到 M/G/1 排队模型(Gallisch，1979)：假定服务时间分布为 $B_a(t)$ (记其平均服务时间为 b_a)，决策 $a\in A\subset(0,\infty)$；同时，当系统中有 i 个顾客且选择 a 时费用率是 $c(i,a)$。

12.2.2　M/PH/1：队长与工作量混合模型

在 M/PH/1 排队中，Poisson 到达率是 λ，到达顾客的服务需求为随机个阶段(或任务)之和，阶段 j 的概率是 q_j，$j=0,1,\cdots,M$；第 j 个阶段的工作服从参数为 x_k 的指数分布。服务率 $\mu\in[0,\bar{\mu}]$ 可选，于是第 k 个阶段的服务时间服从参数为 $\mu_k=\mu x_k$ 的指数分布，x_k 满足 $\sum_{j=1}^{M} q_j\left(\frac{1}{x_1}+\cdots+\frac{1}{x_j}\right)=1$。归一化是为了保证每个顾客的平均服务时间为 $1/\mu$。阶段 k 时的服务费用率 $C_k(\mu)$ 为递增函数，且 $C_k(0)=0$；存贮费用率 $h(i)$ 为非负递增函数。

我们用 SMDP 模型来描述。状态定义为 (i,j,k)，其中 $i\geqslant 0$ 为队长，$1\leqslant j\leqslant M$ 为总阶段数，$1\leqslant k\leqslant j$ 为处于服务的阶段数，$i=0$ 时 $j=0$。记 $\bar{x}=\max_k x_k$，$\Delta=\lambda+\bar{\mu}\bar{x}$。利用Lippman 的转换方法可知，有限阶段的最优方程为

$$V_{n+1,\alpha}(i,j,k)=\frac{1}{\Delta+\alpha}\max_{\mu}\{-C_k(\mu)-h(i)+\lambda V_{n,\alpha}(i+1,j,k)+$$
$$x_k\mu V_{n,\alpha}(i,j,k+1)+(\bar{x}\bar{\mu}-x_k\mu)V_{n,\alpha}(i,j,k)\},\ 1\leqslant i,\ 1\leqslant k\leqslant j\leqslant M \tag{12.30}$$

$$V_{n+1,\alpha}(0,0,0)=\frac{1}{\Delta+\alpha}\{-h(i)+\lambda U_{n,\alpha}(1)+\bar{x}\bar{\mu}V_{n,\alpha}(0,0,0)\}$$

其中

$$V_{n,\alpha}(i,j,j+1)=U_{n,\alpha}(i-1),\ i>0,\ 1\leqslant j\leqslant M$$

而

$$U_{n,\alpha}(i)=\sum_{l=0}^{i-1} q_0^l\sum_{m=1}^{M} q_m V_{n,\alpha}(i-l,m,1)+q_0^i V_{n,\alpha}(0,0,0),\ i\geqslant 0$$

如果不考虑最优方程中的常数项，那么我们现在仅仅是使 $g_{n,\alpha}(i,j,k;\mu)$ 对 μ 取最大。其中

$$g_{n,\alpha}(i,j,k;\mu)=-C_k(\mu)+x_k\mu\, w_{n,\alpha}(i,j,k+1)$$
$$w_{n,\alpha}(i,j,k+1):=V_{n,\alpha}(i,j,k+1)-V_{n,\alpha}(i,j,k)$$

首先，我们考虑消除一些非最优决策。由于目标函数$g_{n,\alpha}(s,\mu)$可写为$-C_k(\mu)+D\mu$的形式，故可立得如下命题。

命题 12.2 对$\mu\in[0,\bar{\mu}]$，若存在μ'，μ''及$a\in(0,1)$使得

$$\mu=a\mu'+(1-a)\mu'',\ C_k(\mu)\geqslant aC_k(\mu')+(1-a)C_k(\mu'') \tag{12.31}$$

则μ在所有s处都可以不考虑，即如μ在s处是最优的，则μ'或μ''中必有一个也在s处是最优的。因此，若$C_k(\bar{\mu})/\bar{\mu}\leqslant C_k(\mu)/\mu$，$\forall\mu\geqslant 0$，则取值$\bar{\mu}$的策略是最优的。

由命题 12.2，$C_k(\mu)$总可用其下凸闭包代替，从而不妨设$C_k(\mu)$是凸的，这隐含着$C_k(\mu)$连续。因此，本节以下总假定如下条件成立。

条件 12.3 $C_k(\mu)$是连续的递增凸函数，且$C_k(0)=0$。

记$h'(i):=\sum_{l=0}^{i-1}q_0^l(1-q_0)h(i-l)+q_0^ih(0)$，则易证$h'(i)-h'(i-1)$递增。由此，我们可证得如下关于有限阶段折扣准则的定理。

定理 12.12 (1) $w_{n,\alpha}(i,j,k)$对i递增，从而最优策略$\mu_{n,\alpha}(i,j,k)$也对i递增。

(2) 设$x_i=\bar{x}$，$C_k(\mu)$与k无关，则$w_{n,\alpha}(i,j,k)$对k下降，从而最优策略$\mu_{n,\alpha}(i,j,k)$也对k下降。

(3) $\mu_{n,\alpha}(i,j,k)$也对α下降，对n递增。

由上述结论，就可运用通常的方法，推得无限阶段折扣准则与平均准则时的结论(见习题 6)。

上面讨论的工作量是一个离散变量。Doshi(1978)讨论了工作量是连续变量的 M/G/1 排队。其中，顾客按到达率为λ的 Poisson 过程到达，到达顾客携带有一随机的工作量，进入后就加入到系统待处理的总量中，不区分有多少个顾客在排队。到达顾客携带的工作量互相独立，与W有相同的分布函数$H(v)$，剩余工作量按固定的参数$a\in A\subset[a_1,a_2](0<a_1<a_2<\infty)$处理。当选择$a$时的服务费用率为$c(a)$，剩余量为$x$时的存贮费用率为$h(x)$。这需要用连续时间马尔可夫决策过程(CTMDP)模型来描述，其中表示剩余工作量的x是连续变量。不同于我们之前讨论的可数状态，这里需要用到连续时间马尔可夫过程中的无穷小生成算子(Doshi，1976a，1976b)。

12.3 排队网络控制

排队网络控制包括到达控制和服务控制，此外，排队网络控制中还包括路径控制，即到达顾客在某个服务中心得到服务后再去哪个服务中心的优化控制问题。

12.3.1 到达控制

下面研究由两个并行服务台组成的排队网络的到达控制(Abdel-Gawad，1984)。

记两服务台分别为服务台 1 和服务台 2，它们的服务时间分别服从参数为μ_1，μ_2的指数分布，两服务台各有一个队列；到达顾客的间隔时间互相独立，与非负随机变量T同分布。到达顾客可以被拒绝进入($a=0$)，也可以允许进入且被分配到队列 1($a=1$)或队列 2($a=2$)。允许进入一个顾客所产生的报酬是r。记m_j为队列j的队长，$h_j(m_j)$为队列j中有m_j个顾客时

的单位时间存贮费用，假定$h_j(m_j)$是非负递增凸函数。定义系统状态为 $m=(m_1, m_2)$。

显然，这与 12.1 节中所讨论的到达控制颇为类似。设连续折扣因子为 $\alpha>0$，则不难得出无限阶段折扣准则最优方程为

$$V_\alpha(m)=\max\{U(m),\ r+U(m+e_1),\ r+U(m+e_2)\} \tag{12.32}$$

其中$e_1=(1, 0)$，$e_2=(0, 1)$，$U(m)$表示采取决策后的最大折扣期望总报酬，可与 12.1 节中类似写出。记 $f(m)$ 为取到式(12.32)右边最大值的决策。如果由 $f(m)=0$ 可推得 $f(m+e_j)=0(j=1, 2)$，则称 f 是单调的。读者可用归纳法证得以下结论(见习题 7)。

定理 12.13　存在单调的最优平稳策略 f。

12.3.2　服务控制

下面讨论两服务台串联系统的服务控制问题(Rosberg et al, 1982)。

顾客以参数为 λ 的 Poisson 过程到达服务台 1，其服务时间服从指数分布，服务速率可在顾客数发生变化时选择 $\mu\in[0, \bar{\mu}]$；服务台 1 服务完的顾客加入服务台 2 的队列，服务台 2 的服务时间服从参数为 γ 的指数分布，γ 不受控制；两服务台的容量无限。

记m_i表示服务台 i 的队长($i=1, 2$)，记状态为 $m=(m_1, m_2)$。设另有c_1，$c_2>0$，系统在 m 时的存贮费用率为$c_1m_1+c_2m_2$(记作 cm)。设 $\alpha\geqslant0$ 为连续折扣因子。定义算子 T，A，D 分别如下：

$$T(m_1, m_2)=((m_1-1)^+, m_2+1)$$
$$A(m_1, m_2)=(m_1+1, m_2)$$
$$D(m_1, m_2)=(m_1, (m_2-1)^+)$$

它们分别表示在状态 m 处服务台 1 服务完一个顾客(并转移到服务台 2)、服务台 1 到达一个顾客以及服务台 2 服务完一个顾客时的状态转换。记 $\Delta=\lambda+\gamma+\bar{\mu}$，$V_{n,\alpha}(m)$为 n 阶段折扣最优值函数，利用 Lippman 转换方法可得有限阶段折扣最优方程为

$$V_{n+1,\alpha}(m)=\min_{0\leqslant\mu\leqslant\bar{\mu}}\left\{\frac{cm}{\Delta+\alpha}+\beta\left[\frac{\lambda}{\Delta}V_{n,\alpha}(Am)+\frac{\gamma}{\Delta}V_{n,\alpha}(Dm)+\frac{\mu}{\Delta}V_{n,\alpha}(Tm)+\frac{\bar{\mu}-\mu}{\Delta}V_{n,\alpha}(m)\right]\right\},\ n\geqslant0 \tag{12.33}$$

$V_{0,\alpha}(m)=0$，其中 $\beta=\Delta/(\Delta+\alpha)$。由式(12.33)我们不妨假定 $\Delta=\lambda+\gamma+\bar{\mu}=1$，取$c_i'=c_i/(\Delta+\alpha)$，$i=1, 2$。为简单起见，仍记$c_i'$为$c_i$。显然，这样做并不影响问题的实质，而式(12.33)可简写为

$$\begin{aligned}V_{n+1,\alpha}(m)&=cm+\beta[\lambda V_{n,\alpha}(Am)+\gamma V_{n,\alpha}(Dm)]+\\&\quad\beta\bar{\mu}V_{n,\alpha}(m)+\beta\min_{0\leqslant\mu\leqslant\bar{\mu}}\mu[V_{n,\alpha}(Tm)-V_{n,\alpha}(m)] &(12.34\text{a})\\&=cm+\beta[\lambda V_{n,\alpha}(Am)+\gamma V_{n,\alpha}(Dm)]+\\&\quad\beta\bar{\mu}\min\{V_{n,\alpha}(Tm),\ V_{n,\alpha}(m)\},\ n\geqslant0 &(12.34\text{b})\end{aligned}$$

从式(12.34)易知最优策略是砰-砰的：当$V_{n,\alpha}(Tm)\leqslant V_{n,\alpha}(m)$时，$\mu^*(m)=\bar{\mu}-D$；否则$\mu^*(m)=0$。

记无限阶段折扣最优值函数为$V_\alpha(m)$。我们有以下结论。

引理 12.2 $\alpha>0$ 时，$0\leqslant V_{n,\alpha}(m)\leqslant V_{n+1,\alpha}(m)\leqslant V_{\alpha}(m)<\infty$。

证明 记$|m|=|m_1|+|m_2|$表示系统中的顾客总数，$|c|=\max(c_1, c_2)$，则对任一初始状态 m，k 时的状态m_k满足$|m_k|\leqslant|m|+k$。因此

$$V_{n,\alpha}(m)\leqslant\sum_{k=0}^{n-1}\beta^k|c|(|m|+k)<\frac{|c||m|}{1-\beta}+\frac{|c|\beta}{(1-\beta)^2}<\infty$$

由第 2 章的逐次逼近法知，$V_{\alpha}(m)=\lim\limits_{n}V_{n,\alpha}(m)$存在且满足最优方程

$$V_{\alpha}(m)=cm+\beta[\lambda V_{\alpha}(Am)+\gamma V_{\alpha}(Dm)]+\beta\bar{\mu}\min\{V_{\alpha}(Tm), V_{\alpha}(m)\} \tag{12.35}$$

最优值函数具有如下性质。

引理 12.3 $V_{n,\alpha}(m)$和$V_{\alpha}(m)$均是 m 的凸函数。

关于最优策略，记

$$U_{n,\alpha}(m)=V_{n,\alpha}(Tm)-V_{n,\alpha}(m),\ U_{\alpha}(m)=V_{\alpha}(Tm)-V_{\alpha}(m) \tag{12.36}$$

定义开关函数：

$$S_{n,\alpha}(m_1)=\min\{m_2\geqslant0\,|\,U_{n,\alpha}(m_1, m_2)>0\},\ m_1\geqslant0 \tag{12.37}$$

$$S_{\alpha}(m_1)=\min\{m_2\geqslant0\,|\,U_{\alpha}(m_1, m_2)>0\},\ m_1\geqslant0 \tag{12.38}$$

于是，我们有如下的结论(Rosberg et al, 1982)。

定理 12.14 (1) $S_{n,\alpha}(m_1)$对$m_1\geqslant1$ 和 n 均单调递增，且$S_{n,\alpha}(m_1)\leqslant(n-2)^+$；

(2) $S_{\alpha}(m_1)$对$m_1\geqslant1$ 单调递增，且

$$S_{\alpha}(m_1)\leqslant\min\left\{m_2\,|\,\beta^{m_2}\leqslant\frac{c_2-c_1}{c_2}\right\}$$

由此定理可知折扣无限阶段最优策略可取为

$$\mu_{\alpha}^{*}(m_1, m_2)=\begin{cases}\bar{\mu}, & m_2<S_{\alpha}(m_1)\\ 0, & m_2\geqslant S_{\alpha}(m_1)\end{cases} \tag{12.39}$$

有限阶段最优策略可取为类似的形式。我们称此种策略为(由开关曲线(Switching Curve) S_{α}确定的)开关策略，记此策略为S_{α}。

对于平均准则，假定 $\lambda<\min(\bar{\mu}, \mu)$。此时 $\alpha=0$，且由定理 12.14 知 $S(m_1)=\lim\limits_{n}S_{n,\alpha}(m_1)$，$m_1\geqslant0$ 存在。进而，有如下定理。

定理 12.15 对平均准则，开关策略 S 为最优策略，且在此策略下过程是遍历的。

12.3.3 路径控制

路径控制中较为简单的问题有以下两类：

(1) 路径系统。有 K 个平行服务台，每个服务台各有一个队列；系统共享一个到达流，控制器利用各队列的队长信息将到达顾客分配到各个队列；被分配到第 k 个队列的顾客在服务台 k 排队，接受服务，之后离开系统。

(2) 调度系统。有 K 个平行队列，各有到达流；系统共有一个服务台；控制器利用各队列的队长信息将某个队列中的某个顾客送到服务器接受服务，服务结束后离开系统。

上述问题常见于各种服务系统，如医院、制造系统、计算机网络中。当各队列在相同服务或有相同的到达流时，直观地平衡各队列的工作负荷以使生产率达到最大。实际上，在

指数服务(即各服务台的服务时间均服从指数分布)的路径系统中，最优策略是将到达顾客分配给最短队长(Shortest Queue，SQ)的队列，但在非指数情形下则未必如此。调度系统方面的工作很少，在一定条件下，调度给最长队长(Longest Queue，LQ)是最优的。SQ/LQ的复合策略在状态相依服务率(即服务台的服务速率依赖于状态的路径)调度复合系统中使生产率达到最大(Sparaggis，1994)。

一般排队网络的最优控制是较为复杂的，所以文献中主要考虑较为特殊的排队网络的最优控制。但排队网络有各种各样的结构，从而其模型要比排队系统多得多，且复杂得多。现有研究基本上限定于服务台数量较少或结构简单的排队网络，并且涉及的随机变量均是指数分布的，服务台也总是完全可靠的。

关于排队网络的到达控制可参见文献(Stidham，1985)，而稍为复杂的排队网络控制，如考虑各服务中心之间有交互作用的情形，可参见文献(Hordijk et al，1992)和(Wu et al，1988)。

近年来，排队论、排队控制等常运用于医疗管理，特别是医疗门诊中的排队管理、预约管理(Gupta et al，2008)。

习　题

1. 请考虑 SO 策略、IO 策略关于模型参数 μ，b，r，h 的单调性，并进行解释。

2. (多服务台模型) 本章 12.1 节考虑的是单服务台的情形，多服务台模型是类似的：有 K 个服务台，每个服务台各有自己的存贮器，第 k 个服务台的服务速度为μ_k，假定$\mu_1 \geqslant \mu_2 \geqslant \cdots \geqslant \mu_K$，$p_k$为将进入顾客放入第 k 个队的概率，记$L_k(\lambda_k)=\lambda_k W_k(\lambda_k)$。此时的 SO 问题为 $\min\limits_{\sum_{k=1}^{K} \lambda_k \leqslant \bar{\lambda}} \sum_{k=1}^{K} L_k(\lambda_k)$。利用 Lagrang 分析及单机中的结论，请证明如下结论：对任一 k，若$\lambda_{kI}>0$，则$\lambda_{kS}>0$；进而若$\lambda_{kS} \leqslant \lambda_{kI}$，则$\lambda_{jS} \geqslant \lambda_{jI}$，$j \geqslant k$。

3. 试证明定理 12.3 中的结论对平均准则也成立。

4. 试证明定理 12.3 后的思考题。

5. 试证明定理 12.5。

6. 基于定理 12.12，试证明相应的结论对无限阶段折扣准则和平均准则也成立。

7. 试证明定理 12.13。

参 考 文 献

唐应辉，唐小我. 2006. 排队论－基础与分析技术，北京：科学出版社.

胡奇英. 随机运筹学. 2012. 北京：清华大学出版社.

ABDEL-GAWAD E F. 1984. Optimal control of arrivals and routing in a network of queues, Ph. D. dissertation, Program Operat. Res., Raleigh: North Carolina State Univ.

DOSHI B T. 1976a. Continuous time control of Markov processes on an arbitrary state space: discounted rewards. Ann. Statist., 4(6): 1219-1235.

DOSHI B T. 1976b. Continuous time control of Markov processes on an arbitrary state space: average return criterion. Stochastic Process Appl., 4: 55-77.

DOSHI B T. 1978. Optimal control of the service in an M/G/1 queueing system. Adv. Appl. Prob., 10: 682-701.

GALLISCH E. 1979. On monotone optimal policies in a queueing model of M/G/1 type with controllable service time distribution. Adv. Appl. Prob., 11: 870-888.

GUPTA D, WANG L. 2008. Reducing delays for medical appointments a queueing approach. Operations Research, 56(3): 576-592.

HORDIJK A, KOOLE G. 1992. On the shortest queue policy for the tandem parallel queue, Prob. Enginn. Inform. Sci., 6: 63-79.

JOHANSEN S G, STIDHAM S JR. 1980. Control of arrivals to a stochastic input output system, Adv. Appl. Prob., 12: 972-999.

LIPPMAN S A. 1975. Applying a new device in the optimization of exponential queueing systems, Oper. Res., 23(4): 687-710.

ROSBERG Z, VARAIYA P, WALRAND J. 1982. Optimal control of service in tandem queues, IEEE Trans. Auto. Control, 27: 600-610.

SPARAGGIS P D. 1994. Optimal routing and scheduling of customers with deadlines. Prob. Enginn. Inform. Sci., 8: 33-49.

STIDHAM S JR. 1985. Optimal control of admission to a queueing system. IEEE Trans. AC, 30(8): 705-713.

WEI Y, XU C, HU Q. 2013. Transformation of optimization problems in revenue management, queueing system, and supply chain management. International Journal of Production Economics, 146: 588-597.

WU Z J, LUH P B, etc. 1988. Optimal control of a queueing system with two interacting service stations and three classes of impatient tasks. IEEE Trans. on AC, 33(1): 42-49.

第 13 章　组合证券选择与风险管理

炒股一般都是动态决策问题。炒股入市时涉及三大问题：买哪只股票、何时买、买多少；退出时又是一个动态决策问题：卖哪只股票、何时卖、卖多少。本章介绍股票买与卖的三个基础性问题：动态资产定价、多阶段组合证券的期望-方差分析、多阶段的条件风险值。

13.1　动态资产定价

本节讨论动态资产的定价问题。这里的资产主要是指证券。首先我们给出若干概念。一只证券(Security)就是一个分红过程(Dividend Process)，记为$\delta=\{\delta_t\}$，δ_t表示证券在t时支付的分红。每一只证券有一个证券价格过程 $S=\{S_t\}$，其中S_t表示在周期 t 分红后(Ex Dividend)的价格。因此，每只证券在周期t时先进行分红，再以价格S_t进行交易。在这一规定下，初始分红δ_0不影响之后的价格。定义证券在周期 t 的附存红利(Cum-dividend)价格是$S_t+\delta_t$。

假定市场上有 N 只证券：$\delta=(\delta^1, \cdots, \delta^N)$，价格过程为 $S=(S^1, \cdots, S^N)$，其中$\delta^i=\{\delta_t^i\}$，$S^i=\{S_t^i\}$分别是证券 i 的分红与价格。定义交易策略(Trading Strategy)为 $\theta=\{\theta_t\}$，$\theta_t=(\theta_t^1, \cdots, \theta_t^N)$表示在周期 t 交易后所持有的组合(Portfolio)，其中θ_t^i表示在t时交易后持有证券 i 的数量。记 Θ 为交易策略所成之集。于是在交易策略 θ 下的红利为

$$\delta_t^\theta=\theta_{t-1}\cdot(S_t+\delta_t)-\theta_t\cdot S_t \tag{13.1}$$

约定$\theta_{-1}=0$，向量相乘表示它们相应的分量相乘的和，如$\theta_t\cdot S_t=\sum_{i=1}^N \theta_t^i S_t^i$。进而，称一个交易策略$\theta$是套利的(Arbitrage)，如果$\delta^\theta>0$(即$\delta_t^\theta\geqslant0$且至少有一个$t$使得$\delta_t^\theta>0$)；否则就称$\theta$是无套利的。

考虑有 $T+1$ 个周期，周期 t 的折现是$d_t>0$。某人在周期t的收益是e_t，消费是c_t，并获得效用$u_t(c_t)$①。于是，此人的财富过程$W^c=\{W_t^c, t\geqslant0\}$($W_0^c=0$ 可定义为

$$W_{t+1}^c=\frac{W_t^c+e_t-c_t}{d_t}, t\geqslant0 \tag{13.2}$$

消费者的目标是如何确定其消费过程(也即消费策略)$\{c_t\}$，使得其总效用$U(c):=\sum_{t=0}^T u_t(c_t)$达到最大。在此，消费者进行消费所依据的状态是其所拥有的财富，所以，用动态规划的术语来说，我们定义此问题在周期 t 的状态变量是W_t^c，决策是消费c_t，于是状态转

① 文献中常称 $e:=\{e_t, t\geqslant0\}$为捐赠(Endowment)过程，$c:=\{c_t, t\geqslant0\}$为消费(Consumption)过程。

移函数由式(13.2)给定，进而，如果我们假定消费者在消费时不能透支，则其决策集为$A_t(w)=[0, w+e_t]$。于是，若令$V_t(w)$表示在周期t拥有财富w时该消费者在剩余周期中所能获得的最大效用，则它满足如下的最优方程：

$$V_t(w)=\sup_{c\in[0,\ w+e_t]}\left\{u_t(c)+V_{t+1}\left(\frac{w+e_t-c}{d_t}\right)\right\},\ t\leqslant T \tag{13.3}$$

边界条件是$V_{T+1}(w)=0$，表示阶段结束之后，剩余的财富没有任何价值。如果约定对$w<0$有$V_T(w)=-\infty$(表示不允许借钱)，那么上式中的约束条件$c\in[0, w+e_t]$就可放宽为$c\geqslant 0$。

下面假定$u_t(c)$是严格单调上升的可微凹函数。显然，此时在最优方程(13.3)中存在取到上确界的c，故存在最优消费策略，记为$c^*=\{c_t^*\}$，其下的财富过程(由式(13.2)定义)记为$W^*=\{W_t^*\}$，则有以下命题(见习题1)。

定理 13.1 对任一t，V_t在W_t^*处严格凹且连续可微，进而，$V_t'(W_t^*)=u_t'(c_t^*)$。

由最优方程(13.3)的一阶条件可推得一周期折现满足

$$d_t=\frac{u_{t+1}'(c_{t+1}^*)}{u_t'(c_t^*)},\ t<T \tag{13.4}$$

由金融知识知，在任一时刻$\tau>t$到期的无风险债券(Bond)的价格为

$$\Lambda_{t,\ \tau}=d_t d_{t+1}\cdots d_{\tau-1}=\frac{u_\tau'(c_\tau^*)}{u_t'(c_t^*)} \tag{13.5}$$

它表示给定两周期(t和τ)之间的边际消费替代率。

在确定性情形下，唯一的证券是一个附息国债，其价格仅仅是其派息和资本的价格之和，式(13.5)提供了在确定性情形下证券价格的一个解释。

在随机的情形下考虑前述问题。假设问题所在的环境受一个马尔可夫链$\{X_t\}$的影响，此马尔可夫链的状态集为$Z=\{1, 2, \cdots, K\}$，状态转移概率为q_{ij}。进而，有定义在Z上的函数$\boldsymbol{f}_t$：$Z\rightarrow R^N$，g_t：$Z\rightarrow R$使得$\boldsymbol{f}_t(X_t)$，$g_t(X_t)$分别表示t时的环境处于状态X_t时的分红(Dividend)与捐赠。假定q是正的，u_t是递增的、可微的严格凹函数，$\boldsymbol{f}_t$，g_t严格正，价格$\boldsymbol{S}_t$:$Z\rightarrow R^N$为正、无套利。记Θ表示交易策略集，定义如下的函数：

$$V_t(i,\ w)=\sup_{c,\ \theta\in\Theta}E\left\{\sum_{j=t}^{T}u_j(c_j)\mid X_t=i\right\} \tag{13.6}$$

$$\text{s. t. } W_j^{\boldsymbol{\theta}}=\boldsymbol{\theta}_{j-1}[\boldsymbol{S}_j(X_j)+\boldsymbol{f}_j(X_j)],\ j>t;\ W_t^{\theta}=w$$

$$c_j+\boldsymbol{\theta}_j\boldsymbol{S}_j(X_j)\leqslant W_j^{\theta}+g_j(X_j),\ t\leqslant j\leqslant T$$

$V_t(i, w)$表示消费者在周期t时的资金为w、环境处于状态i时，在未来所能获得的最大期望效用。约束条件中的第一个式子表示各阶段财富的递推关系，第二个式子表示每个阶段允许的消费及资金之和不能超过所拥有的资金。为求解上述问题，以递推方式定义函数列如下：

$$F_{T+1}(i,\ w)=0$$

$$F_t(i,\ w)=\sup_{(\boldsymbol{\theta},\ c)\in R^n\times R}G_{it}(\boldsymbol{\theta},\ c),\ t<T \tag{13.7}$$

其中：

$$G_{it}(\boldsymbol{\theta},\ c)=u_t(c)+E\{F_{t+1}(X_{t+1},\ \boldsymbol{\theta}[\boldsymbol{S}_{t+1}(X_{t+1})+\boldsymbol{f}_{t+1}(X_{t+1})])\mid X_t=i\}$$

于是，我们有如下命题。

定理 13.2　对任意的 $i\in Z$，$t\leqslant T$，函数 $F_t(i,\ \cdot):R\to R$ 在其值有限的范围 $\{w,\ F_t(i,\ w)>-\infty\}$ 内严格凹且是递增的。进而，若 $(\bar{c},\ \bar{\boldsymbol{\theta}})$ 取到方程(13.7)中的上确界且 $\bar{c}>0$，则 $F_t(i,\ \cdot)$ 对 w 连续可微，且 $F_{tw}(i,\ \cdot)=u_t'(\bar{c})$。

可以证明，若约束条件有可行解，则方程(13.7)一定有取到上确界的解，记为 $(\Phi_t(i,\ w),C_t(i,\ w))$。由此定义财富过程如下：

$$W_0^*=0$$

$$W_t^*=\boldsymbol{\Phi}_{t-1}(X_{t-1},\ W_{t-1}^*)\cdot[\boldsymbol{S}_t(X_t)+\boldsymbol{f}_t(X_t)],\ t\geqslant 1$$

上式即为式(13.6)中的第一个约束条件。再定义 $(c^*,\ \boldsymbol{\theta}^*)$ 如下：$c_t^*=C_t(X_t,\ W_t^*)$，$\boldsymbol{\theta}_t^*=\boldsymbol{\Phi}_t(X_t,\ W_t^*)$，则我们说 $(c^*,\ \boldsymbol{\theta}^*)$ 是问题(13.6)在 $t=0$，$w=0$ 时的解。实际上，记 $(c,\ \theta)$ 为任一可行策略，则由方程(13.7)，得

$$F_t(X_t,\ W_t^\theta)\geqslant u_t(c_t)+E\{F_{t+1}(X_{t+1},\ \boldsymbol{\theta}_t[\boldsymbol{S}_{t+1}(X_{t+1})+\boldsymbol{f}_{t+1}(X_{t+1})])\}$$

上式两边取数学期望，可得

$$E[F_t(X_t,\ W_t^\theta)]-E[F_{t+1}(X_{t+1},\ W_{t+1}^\theta)]\geqslant E[u_t(c_t)]$$

将其从 $t=0$ 到 $t=T$ 相加，可得 $F_0(X_0,\ W_0)\geqslant U(c)$。对上述过程采用策略 $(c^*,\ \boldsymbol{\theta}^*)$，知上式中成立等号，从而 $F_0(X_0,\ W_0)=U(c^*)$。因此，$U(c^*)\geqslant U(c)$ 对任意的可行策略 $(c,\ \boldsymbol{\theta})$ 成立，这就证明了策略 $(c^*,\ \boldsymbol{\theta}^*)$ 是问题(13.6)在 $t=0$ 时的解。于是，最优策略可基于 $\{C_t,\ \Phi_t,\ t\leqslant T\}$ 的反馈得到。同时，我们也可发现对 $t\leqslant T$ 有 $F_t(i,\ w)=V_t(i,\ w)$。因此，F 也具备前述命题中所述的性质。

现在我们有以下命题。

定理 13.3　一个可行策略 $(c^*,\ \boldsymbol{\theta}^*)$，其中 c^* 严格正，是问题(13.6)在 $t=0$，$w=0$ 时的解，当且仅当对所有的 $t\leqslant T$ 有

$$\boldsymbol{S}_t(X_t)=\frac{1}{u_t'(c_t^*)}E\{u_{t+1}'(c_{t+1}^*)[\boldsymbol{S}_{t+1}(X_{t+1})+\boldsymbol{f}_{t+1}(X_{t+1})]\mid X_t\}\tag{13.8}$$

只要运用问题(13.7)的一阶条件与二阶条件，以及由定理 13.2 可推得的 $F_{t+1,\,w}(X_{t+1},\ W_{t+1}^*)=u_{t+1}'(c_{t+1}^*)$，即可证明本定理(见习题 2)。我们称方程(13.8)为随机欧拉(Stochastic Euler)方程。

读者如果对动态资产定价理论有兴趣，可参阅 Duffie (1996) *Dynamic Asset Pricing Theory* 一书。

13.2　多阶段组合证券的期望-方差分析

单阶段组合证券的期望-方差分析是由马可维茨 1950 年在其博士学位论文中首先进行研究的，借此他获得了诺贝尔经济学奖。这里考虑多阶段的情形。

假定市场上有 $n+1$ 只证券，分别记为 0，1，2，…，n，其中证券 0 是无风险的。证券 j 在阶段 t 的收益率为 r_{tj}，$j=0,\ 1,\ \cdots,\ n$。记向量 $\boldsymbol{r}_t=(r_{t1},\ r_{t2},\ \cdots,\ r_{tn})'$；$\boldsymbol{x}_t=(x_{t1},\ x_{t2},\ \cdots,\ x_{tn})'$ 表示 n 只证券在阶段 t 时证券组合，其中 x_{tj} 表示 t 时在证券 j 上的投资比例，而 $x_{t0}=$

$1-\sum_{j=1}^{n} x_{tj}$ 为在无风险证券上的投资比例。于是，证券组合$\boldsymbol{x}_t$在阶段 t 时的收益率是

$$r_t(\boldsymbol{x}_t)=r_{t0}\boldsymbol{x}_{t0}+\sum_{j=1}^{n} r_{tj}\boldsymbol{x}_{tj}=r_{t0}(1-\sum_{j=1}^{n}\boldsymbol{x}_{tj})+\sum_{j=1}^{n} r_{tj}\boldsymbol{x}_{tj}$$
$$=r_{t0}+\boldsymbol{R}_t'\boldsymbol{x}_t$$

其中，$\boldsymbol{R}_t'=(r_{t1}-r_{t0},\ r_{t2}-r_{t0},\ \cdots,\ r_{tn}-r_{t0})'$是相对于无风险证券的各风险证券的相对收益率。

记$\boldsymbol{m}_t=E\boldsymbol{R}_t$，$\boldsymbol{V}_t=E(\boldsymbol{R}_t\boldsymbol{R}_t')$分别是$\boldsymbol{R}_t$的期望向量和协方差矩阵，则

$$Er_t(\boldsymbol{x}_t)=r_{t0}+\boldsymbol{m}_t'\boldsymbol{x}_t,\ Er_t^2(\boldsymbol{x}_t)=(r_{t0})^2+2r_{t0}\boldsymbol{m}_t'\boldsymbol{x}_t+\boldsymbol{x}_t'\boldsymbol{V}_t\boldsymbol{x}_t \tag{13.9}$$

我们考虑 T 个阶段，称 $\pi=(\boldsymbol{x}_1,\ \boldsymbol{x}_2,\ \cdots,\ \boldsymbol{x}_T)$为一个组合证券策略。如果在阶段开始时(即阶段 1)有一个单位的财富，那么在策略 $\pi=(\boldsymbol{x}_1,\ \boldsymbol{x}_2,\ \cdots,\ \boldsymbol{x}_T)$下，在阶段结束即阶段 T 尾时的财富是

$$S_T(\boldsymbol{x}_1,\ \boldsymbol{x}_2,\ \cdots,\ \boldsymbol{x}_T)=r_1(\boldsymbol{x}_1)r_2(\boldsymbol{x}_2)\cdots r_T(\boldsymbol{x}_T)$$

因此，如果初始资金，即在阶段 1 时的财富是W_0，那么在 T 结束时的财富是$S_T(\boldsymbol{x}_1,\ \boldsymbol{x}_2,\ \cdots,\ \boldsymbol{x}_T)W_0$。

我们考虑如下的期望-方差问题：

$$\min E r_1^2(\boldsymbol{x}_1)r_2^2(\boldsymbol{x}_2)\cdots r_T^2(\boldsymbol{x}_T)-\{Er_1(\boldsymbol{x}_1)r_2(\boldsymbol{x}_2)\cdots r_T(\boldsymbol{x}_T)\}^2 \tag{13.10}$$
$$\text{s. t. } Er_1(\boldsymbol{x}_1)r_2(\boldsymbol{x}_2)\cdots r_T(\boldsymbol{x}_T)=\lambda$$

这里是在给定期望水平的条件下使方差最小，λ 取值于区间$[\lambda_*,\ \lambda^*]$，其中

$$\lambda_*=\min_{x_1,\ x_2,\ \cdots,\ x_T} Er_1(\boldsymbol{x}_1)r_2(\boldsymbol{x}_2)\cdots r_T(\boldsymbol{x}_T)$$
$$=\prod_{t=1}^{T}\min_{x_t} Er_t(\boldsymbol{x}_t)=\prod_{t=1}^{T}\min\{r_{t0},\ Er_{tj},\ j=1,\ 2,\ \cdots,\ n\}$$
$$\lambda^*=\max_{x_1,\ x_2,\ \cdots,\ x_T} Er_1(\boldsymbol{x}_1)r_2(\boldsymbol{x}_2)\cdots r_T(\boldsymbol{x}_T)$$
$$=\prod_{t=1}^{T}\max\{r_{t0},\ Er_{tj},\ j=1,\ 2,\ \cdots,\ n\}$$

分别是期望值的下界和上界。显然，问题(13.10)等价于如下的问题：

$$\min E r_1^2(\boldsymbol{x}_1)r_2^2(\boldsymbol{x}_2)\cdots r_T^2(\boldsymbol{x}_T) \tag{13.11}$$
$$\text{s. t. } Er_1(\boldsymbol{x}_1)r_2(\boldsymbol{x}_2)\cdots r_T(\boldsymbol{x}_T)=\lambda$$

我们作如下的假设(放宽这一假设的情形见习题 3)。

条件 13.1　$r_1,\ r_2,\ \cdots,\ r_T$互相独立，且$\boldsymbol{V}_t$是可逆矩阵、正定，$t=1,\ 2,\ \cdots,\ T$。

在此假设下，$E[r_1^2(\boldsymbol{x}_1)r_2^2(\boldsymbol{x}_2)\cdots r_T^2(\boldsymbol{x}_T)]=Er_1^2(\boldsymbol{x}_1)Er_2^2(\boldsymbol{x}_2)\cdots Er_T^2(\boldsymbol{x}_T)$，则在(13.11)的目标和约束中取自然对数，该问题就进一步等价于

$$\min\sum_{t=1}^{T}\ln Er_t^2(\boldsymbol{x}_t)\quad \text{s. t. }\sum_{t=1}^{T}\ln Er_t(\boldsymbol{x}_t)=\ln\lambda \tag{13.12}$$

为求解如上问题，我们构造如下的二层优化问题：

$$\min_{\sum_{t=1}^{T}\lambda'_t=\ln\lambda}\ \sum_{t=1}^{T}\min\{\ln Er_t^2(\boldsymbol{x}_t)\mid\ln Er_t(\boldsymbol{x}_t)=\lambda'_t\} \tag{13.13}$$

如下定理证明了这一问题等价于(13.12)。

定理 13.4　如上的两个优化问题(13.12)和(13.13)在如下意义上是等价的：$\{x_t^*, t=1, 2, \cdots, T\}$是问题(13.12)的最优解当且仅当存在$\{\lambda_t'^*, t=1, 2, \cdots, T\}$使得$\{x_t^*, \lambda_t'^*, t=1, 2, \cdots, T\}$是问题(13.13)的最优解。

证明　为方便起见，记$(\boldsymbol{x}, \lambda')=\{\boldsymbol{x}_t, \lambda_t', t=1, 2, \cdots, T\}$。易知问题(13.12)等价于如下的问题：

$$\min_{(\boldsymbol{x}, \lambda')}\sum_{t=1}^{T}\ln E r_t^2(\boldsymbol{x}_t) \quad \text{s. t.} \sum_{t=1}^{T}\lambda_t'=\ln\lambda \tag{13.14}$$

$$\ln E r_t(\boldsymbol{x}_t)=\lambda_t', \ t=1, 2, \cdots, T$$

记$(\boldsymbol{x}_1, \lambda'_1)=\{\boldsymbol{x}_{1t}, \lambda_{1t}', t=1, 2, \cdots, T\}$为上述问题的一个最优解。进而易知，问题(13.13)等价于如下的问题：

$$\min_{\lambda'}\sum_{t=1}^{T}\ln E r_t^2(\boldsymbol{x}_t) \quad \text{s. t.} \sum_{t=1}^{T}\lambda_t'=\ln\lambda \tag{13.15}$$

其中$\boldsymbol{x}_t(t=1, 2, \cdots, T)$是如下子问题的最优解：

$$\min_{x_t'}\ln E r_t^2(\boldsymbol{x}_t') \quad \text{s. t.} \ln E r_t(\boldsymbol{x}_t')=\lambda_t'$$

再记$(\boldsymbol{x}_2, \lambda_2')=\{\boldsymbol{x}_{2t}, \lambda_{2t}', t=1, 2, \cdots, T\}$为问题(13.15)的最优解。$(\boldsymbol{x}_2, \lambda_2')$也是问题(13.14)的一个可行解。因此

$$\sum_{t=1}^{T}\ln E r_t^2(\boldsymbol{x}_{1t}) \leqslant \sum_{t=1}^{T}\ln E r_t^2(\boldsymbol{x}_{2t})$$

另一方面，对$t=1, 2, \cdots, T$，记$\boldsymbol{x}_{3t}$为如下问题的一个最优解：

$$\min_{x_t'}\ln E r_t^2(\boldsymbol{x}_t') \quad \text{s. t.} \ln E r_t(\boldsymbol{x}_t')=\lambda_{1t}'$$

由于$\boldsymbol{x}_{1t}$是以上问题的可行解，$\ln E r_t^2(\boldsymbol{x}_{3t})\leqslant\ln E r_t^2(\boldsymbol{x}_{1t})$，$t=1, 2, \cdots, T$，从而

$$\sum_{t=1}^{T}\ln E r_t^2(\boldsymbol{x}_{3t}) \leqslant \sum_{t=1}^{T}\ln E r_t^2(\boldsymbol{x}_{1t})$$

易知$(\boldsymbol{x}_3, \lambda'_1)=\{\boldsymbol{x}_{3t}, \lambda'_{1t}, t=1, 2, \cdots, T\}$是问题(13.15)的可行解，因此

$$\sum_{t=1}^{T}\ln E r_t^2(\boldsymbol{x}_{2t}) \leqslant \sum_{t=1}^{T}\ln E r_t^2(\boldsymbol{x}_{3t}) \leqslant \sum_{t=1}^{T}\ln E r_t^2(\boldsymbol{x}_{1t})$$

于是，定理证毕。

由以上定理，我们只需要求解问题(13.13)。为此，我们先求解以下子问题：

$$\min\{\ln E r_t^2(\boldsymbol{x}_t) \mid \ln E r_t(\boldsymbol{x}_t)=\lambda_t'\} \tag{13.16}$$

其中λ_t'为给定参数。这一问题等价于如下的二次规划：

$$\min E r_t^2(\boldsymbol{x}_t) \quad \text{s. t.} E r_t(\boldsymbol{x}_t)=\mathrm{e}^{\lambda'_t} \tag{13.17}$$

定义其 Lagrange 函数$L_t(\boldsymbol{x}_t)=E r_t^2(\boldsymbol{x}_t)-\mu[E r_t(\boldsymbol{x}_t)-\mathrm{e}^{\lambda_t'}]$，则

$$\frac{\partial L_t}{\partial x_t}=2r_{t0}\boldsymbol{m}_t+2\mathbf{V}_t\boldsymbol{x}_t-\mu\boldsymbol{m}_t=0$$

其解为$\boldsymbol{x}_t=\left(\frac{1}{2}\mu-r_{t0}\right)\mathbf{V}_t^{-1}\boldsymbol{m}_t$。将之代入问题(13.17)的约束条件中，得$\left(\frac{1}{2}\mu-r_{t0}\right)=\frac{\mathrm{e}^{\lambda'_t}-r_{t0}}{\boldsymbol{m}_t'\mathbf{V}_t^{-1}\boldsymbol{m}_t}$。因此，问题(13.17)的最优解和最优目标函数值分别为

$$x_t^* = \frac{e^{\lambda_t'} - r_{t0}}{m_t' V_t^{-1} m_t} V_t^{-1} m_t \tag{13.18}$$

$$g_t := E\, r_t^2(x_t^*) = (r_{t0})^2 + 2\, r_{t0}(e^{\lambda_t'} - r_{t0}) + \frac{1}{m_t' V_t^{-1} m_t}(e^{\lambda'_t} - r_{t0})^2$$
$$= (e^{\lambda'_t})^2 + \frac{1 - m_t' V_t^{-1} m_t}{m_t' V_t^{-1} m_t}(e^{\lambda'_t} - r_{t0})^2$$

记

$$B_t = m_t' V_t^{-1} m_t,\ a_t = r_{t0}(1 - B_t),\ b_t = (r_{t0})^2(1 - B_t)B_t = a_t^2 \frac{B_t}{1 - B_t}$$

易知，对所有 t，$B_t \leqslant 1$。因此，问题(13.13)成为

$$\min \sum_{t=1}^{T} \ln\left[(e^{\lambda'_t})^2 + \frac{1 - B_t}{B_t}(e^{\lambda'_t} - r_{t0})^2\right]$$
$$\text{s. t.}\ \sum_{t=1}^{T} \lambda_t' = \ln\lambda$$

记$\lambda_t = e^{\lambda'_t}$，即$\lambda_t' = \ln \lambda_t$，我们有

$$\ln[(e^{\lambda_t'})^2 + \frac{1 - B_t}{B_t}(e^{\lambda'_t} - r_{t0})^2] = \ln\left[\lambda_t^2 + \frac{1 - B_t}{B_t}(\lambda_t - r_{t0})^2\right]$$
$$= \ln\left\{\frac{1}{B_t}[\lambda_t^2 - 2\, r_{t0}(1 - B_t)\lambda_t + (1 - B_t)(r_{t0})^2]\right\}$$
$$= \ln[(\lambda_t - a_t)^2 + b_t] - \ln B_t$$

从而，问题(13.13)进一步等价于如下问题：

$$\min \sum_{t=1}^{T} \ln[(\lambda_t - a_t)^2 + b_t] - \sum_{t=1}^{T} \ln B_t \tag{13.19}$$
$$\text{s. t.}\ \sum_{t=1}^{T} \ln \lambda_t = \ln\lambda$$

这里，$\sum_{t=1}^{T} \ln B_t$是常数。从上述讨论中易知，由于$\lambda_t > 0$，$(\lambda_t - a_t)^2 + b_t > 0$。问题(13.19)的 Lagrange 函数为

$$L(\lambda, \mu) = \sum_{t=1}^{T} \ln[(\lambda_t - a_t)^2 + b_t] - \sum_{t=1}^{T} \ln B_t - \mu[\sum_{t=1}^{T} \ln \lambda_t - \ln\lambda]$$

其中 $\lambda = (\lambda_1, \lambda_2, \cdots, \lambda_T)$。对任一 $t = 1, 2, \cdots, T$，对 L 关于λ_t求导，并令其等于零，得

$$\frac{\partial L}{\partial \lambda_t} = \frac{2(\lambda_t - a_t)}{(\lambda_t - a_t)^2 + b_t} - \frac{\mu}{\lambda_t} = 0$$

这可进一步简化为

$$(2 - \mu)\lambda_t^2 - 2(1 - \mu)a_t\lambda_t - (a_t^2 + b_t)\mu = 0 \tag{13.20}$$

这是λ_t的二次方程，其判别式是

$$\Delta_t = 4\, a_t^2 + 4\, b_t\mu(2 - \mu)$$

自然，$\Delta_t \geqslant 0$ 当且仅当$b_t(\mu - 1)^2 \leqslant b_t + a_t^2$，即$(\mu - 1)^2 \leqslant 1 + a_t^2/b_t = 1/B_t$。由于$B_t < 1$，这又等价于 $1 - \frac{1}{\sqrt{B_t}} \leqslant \mu \leqslant 1 + \frac{1}{\sqrt{B_t}}$。

当$\Delta_t \geqslant 0$时，方程(13.20)的两个根是

$$\lambda_t^{\pm}(\mu)=\frac{-b\pm\sqrt{\Delta_t}}{2a}=\frac{2a_t(1-\mu)\pm\sqrt{\Delta_t}}{2(2-\mu)}=\frac{a_t(1-\mu)\pm\sqrt{a_t^2+b_t\mu(2-\mu)}}{2-\mu}$$

由

$$(\lambda_t^{+}(\mu)-a_t)^2=\frac{1}{(2-\mu)^2}\left[\sqrt{a_t^2+b_t\mu(2-\mu)}-a_t\right]^2$$

$$(\lambda_t^{-}(\mu)-a_t)^2=\frac{1}{(2-\mu)^2}\left[\sqrt{a_t^2+b_t\mu(2-\mu)}+a_t\right]^2$$

我们有

$$(\lambda_t^{+}(\mu)-a_t)^2<(\lambda_t^{-}(\mu)-a_t)^2$$

由于问题(13.19)中的目标函数是最小化，其解最好是接近于a_t。因此，我们取方程(13.20)的根为

$$\lambda_t(\mu)=\lambda_t^{+}(\mu)=\frac{a_t(1-\mu)+\sqrt{a_t^2+b_t\mu(2-\mu)}}{2-\mu}$$

其中μ由下式确定：

$$\sum_{t=1}^{T}\ln\lambda_t=\sum_{t=1}^{T}\ln\lambda_t(\mu)=\ln\lambda$$

或者

$$\prod_{t=1}^{T}\frac{a_t(1-\mu)+\sqrt{a_t^2+b_t\mu(2-\mu)}}{2-\mu}=\lambda \tag{13.21}$$

上述方程的根将在下面的定理中起重要的作用。所以，我们要讨论方程(13.21)的根的存在性及其性质。由此可得到如下的命题。

命题 13.1　(1) 对任一$t=1, 2, \cdots, T$，$\lambda_t(\mu)$有定义，且对$\mu\in\left[1-\frac{1}{\sqrt{B_t}}, 1+\frac{1}{\sqrt{B_t}}\right]$递增。

(2) 记$B^*:=\max\limits_{t=1,2,\cdots,T}B_t\in[0,1)$，则当$\lambda\in\left[\prod\limits_{t=1}^{T}\lambda_t\left(1-\frac{1}{\sqrt{B^*}}\right), \prod\limits_{t=1}^{T}\lambda_t\left(1+\frac{1}{\sqrt{B^*}}\right)\right]$时，方程(13.21)有唯一的根且在$[1-1/\sqrt{B^*}, 1+1/\sqrt{B^*}]$中；否则，方程(13.21)没有根。

证明　(1) 只需要证明$\lambda_t(\mu)$的单调性。易知：

$$\begin{aligned}\lambda'_t(\mu)&=-\frac{a_t}{(2-\mu)^2}+\frac{1-\mu}{2-\mu}\frac{b_t}{\sqrt{a_t^2+b_t\mu(2-\mu)}}+\frac{1}{(2-\mu)^2}\sqrt{a_t^2+b_t\mu(2-\mu)}\\&=\frac{1}{(2-\mu)^2\sqrt{a_t^2+b_t\mu(2-\mu)}}\left\{-a_t\sqrt{a_t^2+b_t\mu(2-\mu)}+a_t^2+(2-\mu)b_t\right\}\end{aligned}$$

且

$$[a_t^2+(2-\mu)b_t]^2\geqslant\left[a_t\sqrt{a_t^2+b_t\mu(2-\mu)}\right]^2$$

由于$B_t\leqslant 1$，对$\mu\leqslant 1+1/\sqrt{B_t}\leqslant 1+1/B_t$，有

$$a_t^2+(2-\mu)b_t=(r_{t0})^2(1-B_t)(1+B_t-\mu B_t)\geqslant 0$$

由此及$a_t\geqslant 0$，有

$$a_t^2+(2-\mu)b_t \geqslant a_t\sqrt{a_t^2+b_t\mu(2-\mu)}$$

从而，$\lambda'_t(\mu)>0$，且$\lambda_t(\mu)$是μ的递增函数。

(2) 首先，$1-\frac{1}{\sqrt{B_t}}\leqslant\mu\leqslant 1+\frac{1}{\sqrt{B_t}}$对所有$t=1,2,\cdots,T$成立，当且仅当$1-\frac{1}{\sqrt{B^*}}\leqslant\mu\leqslant 1+\frac{1}{\sqrt{B^*}}$。由于对每一$t$，$\lambda_t(\mu)$关于$\mu$递增，$\prod_{t=1}^{T}\lambda_t(\mu)$也随$\mu$递增。因此，对$\mu\notin[1-\frac{1}{\sqrt{B^*}},1+\frac{1}{\sqrt{B^*}}]$，某个$\lambda_t(\mu)$没有定义，从而$\prod_{t=1}^{T}\lambda_t(\mu)$没有定义。而对$\mu\in[1-\frac{1}{\sqrt{B^*}},1+\frac{1}{\sqrt{B^*}}]$，$\prod_{t=1}^{T}\lambda_t(\mu)$从$\prod_{t=1}^{T}\lambda_t(1-\frac{1}{\sqrt{B^*}})$递增到$\prod_{t=1}^{T}\lambda_t(1+\frac{1}{\sqrt{B^*}})$。因此，在$\mu\in[1-\frac{1}{\sqrt{B^*}},1+\frac{1}{\sqrt{B^*}}]$与$\lambda\in[\prod_{t=1}^{T}\lambda_t(1-\frac{1}{\sqrt{B^*}}),\prod_{t=1}^{T}\lambda_t(1+\frac{1}{\sqrt{B^*}})]$之间一一对应，记为$\mu^*(\lambda)$，它就是方程(13.21)的解。

由以上命题，我们记$\mu^*:=\mu^*(\lambda)$为方程(13.21)的唯一根，且

$$\lambda_t^*=\lambda_t(\mu^*)=\frac{a_t(1-\mu^*)+\sqrt{a_t^2+b_t\mu^*(2-\mu^*)}}{2-\mu^*}$$

于是，问题(13.19)的最优目标函数值为

$$\sum_{t=1}^{T}\ln\frac{[(\lambda_t^*-a_t)^2+b_t]}{B_t}=\sum_{t=1}^{T}\ln\left[(\lambda_t^*)^2+\frac{1-B_t}{B_t}(\lambda_t^*-r_{t0})^2\right]$$

现在，我们来证明如下定理，其中：

$$x_t^*=\frac{\lambda_t^*-r_{t0}}{\boldsymbol{m}_t'\boldsymbol{V}_t^{-1}\boldsymbol{m}_t}\boldsymbol{V}_t^{-1}\boldsymbol{m}_t$$

定理 13.5 对任一给定的$\lambda\in\left[\prod_{t=1}^{T}\lambda_t\left(1-\frac{1}{\sqrt{B^*}}\right),\prod_{t=1}^{T}\lambda_t\left(1+\frac{1}{\sqrt{B^*}}\right)\right]$，$\{x_t^*,\lambda_t^*,t=1,2,\cdots,T\}$是问题的(13.13)的全局最优解。

证明 首先，对任一$t=1,2,\cdots,T$，由于V_t正定，$E\,r_t^2(\boldsymbol{x}_t)$是凸函数，从而$\boldsymbol{x}_t^*$是问题(13.17)在$\lambda'_t=\ln\lambda_t^*$时的最优解。下面我们证明$\{\lambda_t^*,t=1,2,\cdots\}$是问题(13.19)的全局最优解，也即如下 Lagrange 问题的最优解：

$$\min_{\lambda>0}L(\lambda,\mu^*)=\sum_{t=1}^{T}\ln[(\lambda_t-a_t)^2+b_t]-\sum_{t=1}^{T}\ln B_t-\mu^*\left[\sum_{t=1}^{T}\ln\lambda_t-\ln\lambda\right] \quad (13.22)$$

给定$\lambda\in\left[\prod_{t=1}^{T}\lambda_t\left(1-\frac{1}{\sqrt{B^*}}\right),\prod_{t=1}^{T}\lambda_t\left(1+\frac{1}{\sqrt{B^*}}\right)\right]$，由命题 13.1 知，方程(13.21)的唯一解μ^*满足$1-\frac{1}{\sqrt{B_t}}<\mu^*<1+\frac{1}{\sqrt{B_t}}$，$t=1,2,\cdots,T$。下面证明$\{\lambda_t^*,t=1,2,\cdots\}$是方程(13.22)的局部最优解。为此，经代数计算后可得

$$\frac{\partial^2 L}{\partial\lambda_t\partial\lambda_{t'}}=0,\ t\neq t'=1,2,\cdots,T$$

$$\frac{\partial^2 L}{\partial\lambda_t^2}=\frac{2}{(\lambda_t-a_t)^2+b_t}-\frac{4(\lambda_t-a_t)^2}{[(\lambda_t-a_t)^2+b_t]^2}+\frac{\mu^*}{\lambda_t^2},\ t=1,2,\cdots,T$$

由于λ_t^*满足一阶条件$\frac{2(\lambda_t^*-a_t)}{(\lambda_t^*-a_t)^2+b_t}=\frac{\mu^*}{\lambda_t^*}$，有

$$\frac{\partial^2 L}{\partial\lambda_t^2}\Big|_{\lambda_t=\lambda_t^*}=\frac{2}{(\lambda_t^*-a_t)^2+b_t}-\frac{\mu^{*2}}{\lambda_t^{*2}}+\frac{\mu^*}{\lambda_t^{*2}}$$

显然，$\lambda_t^*>0$。当$\mu^*=0$时，$\lambda_t^*=a_t$，于是$a_t>0$，即$B_t<1$。所以$b_t>0$且

$$\frac{\partial^2 L}{\partial\lambda_t^2}\Big|_{\lambda_t=\lambda_t^*}=\frac{2}{(\lambda_t^*-a_t)^2+b_t}>0$$

否则，当$\mu^*\neq 0$时，$\lambda_t^*\neq a_t$，从而由一阶条件有

$$\begin{aligned}\frac{\partial^2 L}{\partial\lambda_t^2}\Big|_{\lambda_t=\lambda_t^*}&=\frac{\mu^*}{\lambda_t^*(\lambda_t^*-a_t)}-\frac{\mu^{*2}}{\lambda_t^{*2}}+\frac{\mu^*}{\lambda_t^{*2}}\\&=\frac{\mu^*[(2-\mu^*)\lambda_t^*-(1-\mu^*)a_t]}{\lambda_t^{*2}(\lambda_t^*-a_t)}\\&=\frac{\mu^*\sqrt{\Delta_t}}{\lambda_t^{*2}(\lambda_t^*-a_t)}\end{aligned}$$

由于$1-\frac{1}{\sqrt{B_t}}<\mu^*<1+\frac{1}{\sqrt{B_t}}$且$\frac{\mu^*}{\lambda_t^*(\lambda_t^*-a_t)}=\frac{2}{(\lambda_t^*-a_t)^2+b_t}>0$，有$\Delta_t>0$且$\frac{\partial^2 L}{\partial\lambda_t^2}\Big|_{\lambda_t=\lambda_t^*}>0$。

因此，$\nabla^2 L=\mathrm{diag}\{\frac{\partial^2 L}{\partial\lambda_1^2},\ \frac{\partial^2 L}{\partial\lambda_2^2},\ \cdots,\ \frac{\partial^2 L}{\partial\lambda_n^2}\}$在$\{\lambda_t^*,\ t=1,\ 2,\ \cdots\}$处是正定的，从而是问题(13.22)的局部最优解。由于我们只有一个局部最优解，这也一定是全局最优解。

因此，$\{x_t^*,\ \lambda_t^*,\ t=1,\ 2,\ \cdots,\ T\}$是问题(13.19)的全局最优解，从而也是问题(13.13)的全局最优解。

由以上定理，我们得到了问题(13.10)的期望-方差公式：

$$\sigma^2=\sum_{t=1}^{T}\ln\left[(\lambda_t^*)^2+\frac{1-B_t}{B_t}(\lambda_t^*-r_{t0})^2\right]-\lambda^2 \tag{13.23}$$

由命题 13.1，如果我们使用变量μ，那么期望-方式公式(13.23)可重写为

$$\sigma^2=\ln\prod_{t=1}^{T}\left[\lambda_t(\mu)^2+\frac{1-B_t}{B_t}(\lambda_t(\mu)-r_{t0})^2\right]-\prod_{t=1}^{T}\lambda_t(\mu)^2 \tag{13.24}$$

请读者解释如上的期望-方差公式(见习题 4)。

下面考虑平稳的情形：$r_{t0}=r_0$，$B_t=B$。此时$\lambda_t(\mu)$与t无关，将之代入(13.21)中，有

$$\lambda^*:=\lambda_t(\mu^*)=\lambda^{\frac{1}{T}}$$

所以，问题(13.19)的最优值为

$$T\ln[\lambda^{\frac{2}{T}}+\frac{1-B}{B}(\lambda^{\frac{1}{T}}-r_0)^2]$$

而问题(13.10)的期望-方差公式为

$$\sigma^2=\left[\lambda^{\frac{2}{T}}+\frac{1-B}{B}(\lambda^{\frac{1}{T}}-r_0)^2\right]^T-\lambda^2 \tag{13.25}$$

当$T=1$时，就得到一阶段的期望-方差公式：

$$\sigma^2=\left[\lambda^2+\frac{1-B}{B}(\lambda-r_0)^2\right]-\lambda^2=\frac{1-B}{B}(\lambda-r_0)^2$$

这与文献(Merton，1972)中的结论相同。

注 13.1 需要指出的是，本节给出的期望-方差分析公式(13.23)并不是动态的，它是将 T 个阶段的整体进行计算，而不是动态规划中迭代式的：每增加一个阶段，只增加单个阶段的计算。寻找多阶段的期望-方差分析的动态迭代公式是一件很有意义的事。

13.3 多阶段风险管理：条件风险值 CVaR

本节中，我们讨论多阶段问题的风险管理，我们运用条件风险值(Conditional Value at Risk，CVaR)这一概念来描述风险，再运用 MDP 建立其最优方程，并进一步转换为一个易处理的方程。这将用于研究一个多阶段的组合证券优化问题，其中各阶段的收益率服从一个马尔可夫链。

风险值(Value-at-Risk，VaR)是金融市场上用来描述决策的潜在损失的一种测度。给定一个概率水平 α，一个决策的 α-VaR 是满足以下条件的最小 y 值：以概率 α 损失不会超过 y。虽然 VaR 在实践中获得了很大的成功，但也有一些缺点，如不满足次可加性。为此，条件风险值又被提了出来：给定概率水平 α，α-CVaR 定义为以上 VaR 的条件期望。CVaR 具有很好的性质，尤其是计算比较方便(Rockafellar et al，2002)。

13.3.1 问题与模型

考虑 $N+1$ 个周期的问题，周期标记为 $n=0,1,\cdots,N$。在周期 n，系统处于某个状态 $s_n\in S_n$，系统选择决策 $x_n\in X_n$；假定而 $S_n\subset R^m$，$m>0$，$X_n\subset R^l$，$l>0$。决策之后有两件事情发生：

(1) 系统获得一项损失值 $f_n(s_n, x_n, \xi_n)\in R^1$，其中 $\xi_n\in R^r$ 是一个依赖于 n 时状态 s_n 的随机变量，它在 $s_n=s$ 条件下的分布函数是 $G_n(\cdot|s)$；

(2) 系统在下一周期，即周期 $n+1$ 时转移到状态 s_{n+1} 服从如下的概率分布：

$$H_n(s|s_n, x_n)=P\{s_{n+1}\leqslant s|s_n, x_n\} \tag{13.26}$$

决策的问题是如何在每个周期选择决策，以使得其总的风险达到最小。为方便起见，如果系统在周期 n 时处于状态 $s\in S_n$，选择决策 x，那么就说系统处于状态-决策对 $(s, x)\in S_n\times X_n$。

对任一 $n=0,1,\cdots,N$，记 $\Psi_n(s, x, \cdot)$ 为损失 $f_n(s, x, \xi_n)$ 的分布函数，即

$$\Psi_n(s, x, y) = P\{f_n(s, x, \xi_n)\leqslant y\} = \int_{f_n(s, x, z)\leqslant y} \mathrm{d}\, G_n(z\mid s) \tag{13.27}$$

对 $\alpha\in(0, 1)$，记

$$y_{n,\alpha}(s, x)=\min\{y|\Psi_n(s, x, y)\geqslant\alpha\} \tag{13.28}$$

为给定置信水平 α、周期 n 时 $(s, x)\in S_n\times X_n$ 处的 α-VaR，表示在概率 α 和 n 时 (s,x) 处的损失不超过 $y_{n,\alpha}(s,x)$。因此，α-VaR $y_{n,\alpha}(s,x)$ 是满足以下条件的最小 y：概率 α 时的损失不超过 y。显然，当 $\Psi_n(s,x,y)$ 关于 y 连续时，$y_{n,\alpha}(s,x)$ 是以下方程的最小根：

$$\Psi_n(s, x, y)=\alpha$$

在讨论 α-VaR 时，我们需要知道期望损失到底是多少。因此，对 $n=0,1,\cdots,N$，定义

$$\varphi_{n,\alpha}(s, x, y) = (1-\alpha)^{-1}\int_{f_n(s, x, z)\geqslant y} f_n(s, x, z)\mathrm{d}G_n(z\mid s) \tag{13.29}$$

记

$$\varphi_{n,\alpha}(s, x)=\varphi_{n,\alpha}(s, x, y_{n,\alpha}(s, x))$$

为 n 时(s, x)处的 α-CVaR。$\varphi_{n,\alpha}(s, x)$是在"损失超过 α-VaR $y_{n,\alpha}(s, x)$"的条件下的条件期望损失。α-CVaR 描述在(s, x)处的风险大小。

我们再引入如下函数：

$$F_{n,\alpha}(s, x, y) = y+(1-\alpha)^{-1}\int_{z\in R}[f_n(s, x, z)-y]^{+}\mathrm{d}G_n(z \mid s), \ y\in R \tag{13.30}$$

其中$(s, x)\in S_n\times X_n$。

我们有以下引理(Rockafellar et al, 2002)。

引理 13.1 假定 $n=0, 1, \cdots, N$。

(1) 对任一$(s, x)\in S_n\times X_n$及置信水平 $\alpha\in(0, 1)$，$F_{n,\alpha}(s, x, y)$是关于 y 的凸的连续可微函数，且

$$\frac{\partial}{\partial y}F_{n,\alpha}(s, x, y)=(1-\alpha)^{-1}[\Psi_n(s, x, y)-\alpha]$$

进而，对任一 $s\in S$，$F_{n,\alpha}(s, x, y)$是关于(x, y)的凸函数，当$f_n(s, x, y)$是 x 的凸函数时$\varphi_{n,\alpha}(s, x)$也是关于 x 的凸函数。

(2) 在条件

$$P\{f_n(s, x, \xi_n)=y\}=0, \ \forall (s, x)\in S_n\times X_n, \ y\in R \tag{13.31}$$

下，我们有

$$\varphi_{n,\alpha}(s, x)=\min_{y\in R}F_{n,\alpha}(s, x, y), \ (s, x)\in S_n\times X_n \tag{13.32}$$

$$\min_{x\in X_n}\varphi_{n,\alpha}(s, x)=\min_{(x, y)\in X_n\times R}F_{n,\alpha}(s, x, y), \ s\in S_n \tag{13.33}$$

以上引理说明，函数$F_{n,\alpha}(s, x, y)$具有比$\varphi_{n,\alpha}(s, x)$更好的性质。要计算$\varphi_{n,\alpha}(s, x)$是困难的。因此，我们通过计算$F_{n,\alpha}(s, x, y)$关于(x, y)的最小值来得到最小 α-CVaR。当$f_n(s, x, y)$关于 x 是凸函数时，$F_{n,\alpha}(s, x, y)$是关于(x, y)的凸函数。因此，$F_{n,\alpha}(s, x, y)$关于(x, y)的最小值可通过一阶条件得到。

13.3.2 最小 CVaR 和最优策略

对如上的多周期 CVaR 问题，我们建立其 MDP 模型。给定置信水平向量 $\boldsymbol{\alpha}=(\alpha_0, \alpha_1, \cdots, \alpha_N)$，其中$\alpha_n\in(0, 1)$，周期 n 时的 CVaR 值为$\varphi_{n,\alpha_n}(X_n, \Delta_n)$。于是，策略 π 下 $N+1$ 个周期的总条件值定义为

$$\Phi_\alpha(\pi, s)=\sum_{n=0}^{N}\beta^n E_{\pi,s}\,\varphi_{n,\alpha_n}(X_n, \Delta_n), \ s\in S_0 \tag{13.34}$$

其中，$\beta\in[0, 1]$是折扣因子。我们称$\Phi_\alpha(\pi, s)$是策略 π 在初始状态 s 处的 α-CVaR。

问题是寻求一个策略π^*使期望总 α-CVaR $\Phi_\alpha(\pi, s)$达到最小，即

$$\Phi_\alpha(s):=\min_{\pi\in\Pi}\Phi_\alpha(\pi, s), \ s\in S_0 \tag{13.35}$$

称$\Phi_\alpha(s)$是在状态 s 处的最小总 α-CVaR。需要指出的是，下面的讨论中，置信水平向量 $\boldsymbol{\alpha}$ 是给定的，尽管其值是可以任意的。

实际上，我们的 MDP 模型是

$$\{S_n, X_n, \varphi_{n,\alpha_n}(s, x), H_n(\cdot \mid s, x), \Phi_n\}$$

记$\Phi_n(s)$是最优值函数：从周期 n 至 N 的最小期望总 CVaR 值，则它满足如下的最优方程：

$$\Phi_n(s) = \min_{x\in X_n}\left\{\varphi_{n,\alpha_n}(s, \boldsymbol{x}) + \beta\int_{X_{n+1}} \Phi_{n+1}(s')\, \mathrm{d}_{s'} H_n(s' \mid s, \boldsymbol{x})\right\}, s\in S_n, n=0, \cdots, N \tag{13.36}$$

边界条件是$\Phi_{N+1}(s)=0$。显然，$\Phi_\alpha(s)=\Phi_0(s)$。由第 1 章知，取到最优方程最小值的策略是最优策略。

但要得到取到最优方程中最小值的策略并非容易，由引理 13.1 我们容易想到如下的方程：

$$\Phi_n(s) = \min_{(\boldsymbol{x}, y)\in X_n\times R}\left\{F_{n,\alpha_n}(s, \boldsymbol{x}, y) + \beta\int_{S_{n+1}} \Phi_{n+1}(s')\, \mathrm{d}_{s'} H_n(s' \mid s, \boldsymbol{x})\right\}$$

$$s\in S_n,\ n=0, \cdots, N \tag{13.37}$$

边界条件仍是$\Phi_{N+1}(s)=0$。上述方程与(13.36)类似，只是报酬函数不同，除了右边第一项之外。如下定理证明，方程(13.37)与方程(13.36)在以下条件下是等价的：

$$P\{f_n(s, \boldsymbol{x}, \xi_n)=y\}=0,\ \forall (s, \boldsymbol{x})\in S_n\times X_n,\ y\in R,\ n=0, 1, \cdots, N \tag{13.38}$$

定理 13.6 (1) $\Phi_n(s)$满足最优方程(13.36)，取得其中最小值的策略是最优策略。

(2) 在条件(13.38)下$\Phi_n(s)$是最优方程(13.36)的解当且仅当$\Phi_n(s)$是方程(13.37)的解。

证明 (1)是显然的。对(2)，假定$\Phi_n(s)$是最优方程(13.36)的解，则由引理 13.1，得

$$\begin{aligned}
\Phi_n(s) &= \min_{x\in X_n}\left\{\varphi_{n,\alpha_n}(s, \boldsymbol{x}) + \beta\int_{S_{n+1}} \Phi_{n+1}(s')\, \mathrm{d}_{s'} H_n(s' \mid s, \boldsymbol{x})\right\} \\
&= \min_{x\in X_n}\left\{\min_{y\in R} F_{n,\alpha_n}(s, \boldsymbol{x}, y) + \beta\int_{S_{n+1}} \Phi_{n+1}(s')\, \mathrm{d}_{s'} H_n(s' \mid s, \boldsymbol{x})\right\} \\
&= \min_{x\in X_n}\min_{y\in R}\left\{F_{n,\alpha_n}(s, \boldsymbol{x}, y) + \beta\int_{S_{n+1}} \Phi_{n+1}(s')\, \mathrm{d}_{s'} H_n(s' \mid s, \boldsymbol{x})\right\} \\
&= \min_{(\boldsymbol{x}, y)\in X_n\times R}\left\{F_{n,\alpha_n}(s, \boldsymbol{x}, y) + \beta\int_{S_{n+1}} \Phi_{n+1}(s')\, \mathrm{d}_{s'} H_n(s' \mid s, \boldsymbol{x})\right\},
\end{aligned}$$

$$s\in S_n,\ n=0, 1, \cdots, N$$

所以，$\Phi_n(s)$是方程(13.37)的解。反过来的情形可类似证明。

由上述定理，我们也称方程(13.37)为最优方程。

当 N 足够大时，有限阶段的问题可用无限阶段来近似。对无限阶段的问题，给定无限置信水平序列 $\boldsymbol{\alpha}=(\alpha_0, \alpha_1, \cdots)$，策略 π 下在周期 n 时从状态 s 出发的期望折扣总 CVaR 值定义为

$$\Phi_n(\pi, s)= \sum_{k=n}^{\infty}\beta^k E_\pi\{\varphi_{k,\alpha_k}(X_k, \Delta_k) \mid X_n=s\},\ s\in S_n \tag{13.39}$$

定义

$$\Phi_n(s)=\min_{\pi\in\Pi}\Phi_n(\pi, s),\ s\in S_n,\ n\geqslant 0 \tag{13.40}$$

这实际上就是有限阶段的定义中当 $N=\infty$时的情形，于是我们依然用$\Phi_n(s)$表示最优值函数。由 MDP 理论知，定理 13.6 的结论对无限阶段也是成立的。

下面考虑平稳的情形，即 H_n，G_n，f_n，g_n，α_n 都与 $n=0, 1, \cdots$ 无关。因此，$\Phi_n(s)$ 和 $\varphi_{n,\alpha}(s, \boldsymbol{x})$ 也都与 n 无关，分别简记为 $\Phi(s)$ 和 $\varphi_\alpha(s, \boldsymbol{x})$。由第 2 章知有以下定理。

定理 13.7　对平稳的无限阶段情形，

(1) $\Phi(s)$ 满足如下最优方程：

$$\Phi(s) = \min_{x \in X}\left\{\varphi_\alpha(s, \boldsymbol{x}) + \beta\int_S \Phi(s')\,\mathrm{d}_{s'}H(s' \mid s, \boldsymbol{x})\right\},\ s \in S \tag{13.41}$$

进而，取到上面最小值的平稳策略是最优的。

(2) 假定

$$P\{f(s, \boldsymbol{x}, \xi) = y\} = 0,\ \forall (s, \boldsymbol{x}) \in S \times X,\ y \in R \tag{13.42}$$

则，$\Phi(s)$ 是最优方程(13.41)的解当且仅当 $\Phi(s)$ 是如下方程的解：

$$\Phi(s) = \min_{(\boldsymbol{x}, y) \in X \times R}\left\{F_\alpha(s, \boldsymbol{x}, y) + \beta\int_S \Phi(s')\,\mathrm{d}_{s'}H(s' \mid s, \boldsymbol{x})\right\},\ s \in S \tag{13.43}$$

由上，我们也称(13.43)为无限阶段时的最优方程。

下面考虑一类特殊情形：有终止阶段，损失仅在终止阶段发生。例如，在股票市场上，仅当退出时损失才会真正发生，但何时终止往往是随机的。

随机终止问题　考虑终止时间是随机变量，记为 τ，其概率分布为

$$p_n = P\{\tau = n\},\ n = 0, 1, \cdots$$

损失仅在终止时发生，于是

$$f_n(s_n, x_n, \xi_n) = 0,\ \tau \neq n$$

如果有 N 使得 $\sum_{n=0}^{N} p_n = 1$，那么问题是有限阶段的；否则，问题是无限阶段的。记 $\Phi_n(s)$ 为周期 n 时还未终止且状态为 s 时从周期 n 至结束时的最小期望总 CVaR，则由定理 13.6，$\Phi_n(s)$ 满足如下方程：

$$\Phi_n(s) = \frac{1}{\sum_{m=n}^{\infty} p_m}\min_{x \in X_n}\left\{p_n\,\varphi_{n,\alpha_n}(s, \boldsymbol{x}) + \beta\sum_{m=n+1}^{\infty} p_m\int_{S_{n+1}} \Phi_{n+1}(s')\,\mathrm{d}_{s'}H_n(s' \mid s, \boldsymbol{x})\right\},\ n \geqslant 0$$

记 $\bar{\Phi}_n(s) = \sum_{m=n}^{\infty} p_m \Phi_n(s)$，由上述方程等价于如下方程：

$$\bar{\Phi}_n(s) = \min_{x \in X_n}\{p_n\varphi_{n,\alpha_n}(s, \boldsymbol{x}) + \beta\int_{S_{n+1}} \bar{\Phi}_{n+1}(s')\,\mathrm{d}_{s'}H_n(s' \mid s, \boldsymbol{x})\},\ n \geqslant 0$$

类似地，当如下条件成立时：

$$P\{f_n(s, \boldsymbol{x}, \xi_n) = y\} = 0,\ \forall (s, \boldsymbol{x}) \in S_n \times X_n,\ y \in R,\ n \geqslant 0$$

前述方程等价于如下方程：

$$\bar{\Phi}_n(s) = \min_{(\boldsymbol{x}, y) \in X_n \times R}\left\{p_n F_{n,\alpha_n}(s, \boldsymbol{x}, y) + \beta\int_{S_{n+1}} \bar{\Phi}_{n+1}(s')\,\mathrm{d}_{s'}H_n(s' \mid s, \boldsymbol{x})\right\},\ n \geqslant 0 \tag{13.44}$$

终止时间固定，是上述随机的特例，请读者写出固定时的公式(见习题 6)。

13.3.3　应用：组合证券优化

我们将前面讨论的模型及其结论应用于多周期的组合证券优化问题中。设金融市场中

有 m 只证券，记决策为证券组合 $\boldsymbol{x}=(x_1, x_2, \cdots, x_m)$，其中$x_j$是购买证券 j 的数量，且

$$\sum_{j=1}^{m} x_j=1, \quad j=1, 2, \cdots, m$$

记 X 为所有组合的集合，随机向量 $\boldsymbol{\xi}=(\xi_0, \xi_1, \cdots, \xi_m)$为这些证券的收益率，则组合 $\boldsymbol{x}$ 的收益率是$\boldsymbol{x}^{\mathrm{T}}\boldsymbol{\xi}=\sum_{j=1}^{m} x_j\xi_j$。因此，可以将$-\boldsymbol{x}^{\mathrm{T}}\boldsymbol{\xi}$ 作为损失。

考虑如下的多周期组合证券优化问题。周期标记为 $n=0, 1, \cdots, N$；设证券 j 在周期 n 末的收益率是ξ_{nj}，$j=1, 2, \cdots, m$；记$\boldsymbol{\xi}_n=(\xi_{n1}, \xi_{n2}, \cdots, \xi_{nm})$为周期 n 的收益率向量，则对决策者来说，在周期 n 初时$\boldsymbol{\xi}_n$是随机变量，而该周期 n 末时是已知的值(Realized)。我们假定决策者知道$\{\boldsymbol{\xi}_0, \boldsymbol{\xi}_1, \cdots\}$是马尔可夫链，且知道其转移概率为

$$G_n(\boldsymbol{z}|\boldsymbol{z}')=P\{\boldsymbol{\xi}_n\leqslant\boldsymbol{z}|\boldsymbol{\xi}_{n-1}=\boldsymbol{z}'\}, \ \boldsymbol{z}, \boldsymbol{z}'\in R^m$$

在周期 n 开始时，决策者知道$\boldsymbol{\xi}_{n-1}=\boldsymbol{z}'$，从而也知道了$\boldsymbol{\xi}_n$的条件分布函数$G_n(\cdot|\boldsymbol{z}')$。

记$\boldsymbol{x}_n=(x_{n1}, x_{n2}, \cdots, x_{nm})$为周期 n 时的一个新的组合，则在周期 n 开始时，决策者知道$\boldsymbol{x}_{n-1}$和$\boldsymbol{\xi}_{n-1}$，基于此再选择$\boldsymbol{x}_n$。因此，我们定义周期 n 时的状态变量为$\boldsymbol{s}_n=(\boldsymbol{x}_{n-1}, \boldsymbol{\xi}_{n-1})$，决策变量为$\boldsymbol{x}_n$。但对 $n=0$，我们假定$\boldsymbol{s}_0=(\boldsymbol{x}_{-1}, \boldsymbol{\xi}_{-1})$是给定的。

假定当用组合 $\boldsymbol{x}$ 替换 $\boldsymbol{x}'$时有交易费用$c(\boldsymbol{x}', \boldsymbol{x})$，再定义函数

$$f(\boldsymbol{x}', \boldsymbol{x}, \boldsymbol{z})=-\boldsymbol{x}^{\mathrm{T}}\boldsymbol{z}-c(\boldsymbol{x}', \boldsymbol{x})$$

则当周期 n 时的状态为 $\boldsymbol{s}=(\boldsymbol{x}', \boldsymbol{z}')$、决策为 $\boldsymbol{x}$ 时的损失定义为

$$f_n(\boldsymbol{s}, \boldsymbol{x}, \boldsymbol{\xi}_n):=f(\boldsymbol{x}', \boldsymbol{x}, \boldsymbol{\xi}_n|_{\boldsymbol{z}'})=-\boldsymbol{x}^{\mathrm{T}}\boldsymbol{\xi}_n|_{\boldsymbol{z}'}-c(\boldsymbol{x}', \boldsymbol{x}), \ n=0, 1, \cdots, N$$

其中$\boldsymbol{\xi}_n|_{\boldsymbol{z}'}$是随机变量$\boldsymbol{\xi}_n$在条件“$\boldsymbol{\xi}_{n-1}=\boldsymbol{z}'$”下的值，即 $\xi_n|_{\boldsymbol{z}'}$是分布函数为$G_n(\cdot|\boldsymbol{z}')$的随机变量。记$f_n(\boldsymbol{s}, \boldsymbol{x}, \boldsymbol{\xi}_n)$为$f_n(\boldsymbol{x}', \boldsymbol{z}', \boldsymbol{x}, \boldsymbol{\xi}_n)$。

下面给出状态转移概率。系统在周期 n 时处于状态 $\boldsymbol{s}_n=(\boldsymbol{x}_{n-1}, \boldsymbol{\xi}_{n-1})=(\boldsymbol{x}', \boldsymbol{z}')$、选择决策$\boldsymbol{x}_n$时，将在下个周期转移到状态 $\boldsymbol{s}_{n+1}:=(\boldsymbol{x}_n, \boldsymbol{\xi}_n|_{\boldsymbol{z}'})$，我们将之记为

$$(\boldsymbol{x}_{n-1}, \boldsymbol{\xi}_{n-1})\xrightarrow{\boldsymbol{x}_n}(\boldsymbol{x}_n, \boldsymbol{\xi}_n)$$

因此

$$\Psi_n(\boldsymbol{x}', \boldsymbol{z}', \boldsymbol{x}, y)=P\{f_n(\boldsymbol{x}', \boldsymbol{z}', \boldsymbol{x}, \boldsymbol{\xi}_n)\leqslant y\}=P\{\boldsymbol{x}^{\mathrm{T}}\boldsymbol{\xi}_n|_{\boldsymbol{z}'}\geqslant -y-c(\boldsymbol{x}', \boldsymbol{x})\}$$

$$y_{n,\alpha}(\boldsymbol{x}', \boldsymbol{z}', \boldsymbol{x})=\min\{y|\Psi_n(\boldsymbol{x}', \boldsymbol{z}', \boldsymbol{x}, y)\geqslant\alpha\}$$

$$\begin{aligned}\varphi_{n,\alpha}(\boldsymbol{x}', \boldsymbol{z}', \boldsymbol{x}, y) &= (1-\alpha)^{-1}\int_{f(\boldsymbol{x}', \boldsymbol{x}, \boldsymbol{z})\geqslant y} f(\boldsymbol{x}', \boldsymbol{x}, \boldsymbol{z})\mathrm{d}G_n(\boldsymbol{z} \mid \boldsymbol{z}') \\ &= -(1-\alpha)^{-1}\int_{\boldsymbol{x}^{\mathrm{T}}\boldsymbol{z}\leqslant -y-c(\boldsymbol{x}', \boldsymbol{x})} \boldsymbol{x}^{\mathrm{T}}\boldsymbol{z}\mathrm{d}G_n(\boldsymbol{z} \mid \boldsymbol{z}') \\ &\quad -(1-\alpha)^{-1}c(\boldsymbol{x}', \boldsymbol{x})P\{\boldsymbol{x}^{\mathrm{T}}\boldsymbol{\xi}_n|_{\boldsymbol{z}'}\leqslant -y-c(\boldsymbol{x}', \boldsymbol{x})\}\end{aligned}$$

对 $\boldsymbol{s}=(\boldsymbol{x}', \boldsymbol{z}')$，周期 n 时在$(\boldsymbol{s}, \boldsymbol{x})$处于 α-CVaR 为

$$\varphi_{n,\alpha}(\boldsymbol{x}', \boldsymbol{z}', \boldsymbol{x})=\varphi_{n,\alpha}(\boldsymbol{x}', \boldsymbol{z}', \boldsymbol{x}, y_{n,\alpha}(\boldsymbol{x}', \boldsymbol{z}', \boldsymbol{x}))$$

而

$$\begin{aligned}F_{n,\alpha}(\boldsymbol{x}', \boldsymbol{z}', \boldsymbol{x}, y) &= y+(1-\alpha)^{-1}\int_{\boldsymbol{z}\in R^m}[f(\boldsymbol{x}', \boldsymbol{x}, \boldsymbol{z})-y]^+\mathrm{d}G_n(\boldsymbol{z} \mid \boldsymbol{z}') \\ &= y+(1-\alpha)^{-1}\int_{\boldsymbol{z}\in R^m}[-\boldsymbol{x}^{\mathrm{T}}\boldsymbol{z}-c(\boldsymbol{x}', \boldsymbol{x})-y]^+\mathrm{d}G_n(\boldsymbol{z} \mid \boldsymbol{z}')\end{aligned}$$

由式(13.36)，多周期组合优化问题的最优方程为

$$\Phi_n(\boldsymbol{x}',\boldsymbol{z}') = \min_{\boldsymbol{x}\in X}\left\{\varphi_{n,\alpha_n}(\boldsymbol{x}',\boldsymbol{z}',\boldsymbol{x}) + \beta\int_{\boldsymbol{z}\in R^m}\Phi_{n+1}(\boldsymbol{x},\boldsymbol{z})\,\mathrm{d}\,G_n(\boldsymbol{z}\mid\boldsymbol{z}')\right\}, n = 0,1,\cdots,N \tag{13.45}$$

边界条件是$\Phi_{N+1}(\boldsymbol{x}', \boldsymbol{z}')=0$。条件(13.38)等价为

$$P\{\boldsymbol{x}^{\mathrm{T}}\boldsymbol{\xi}_n\mid_{z'} = y\} = \int_{\boldsymbol{x}^{\mathrm{T}}\boldsymbol{z}=y}\mathrm{d}G_n(\boldsymbol{z}\mid\boldsymbol{z}') = 0, \forall\,\boldsymbol{x}\in X, y\in R, \boldsymbol{z}'\in R^m, n = 0,1,\cdots,N$$

这显然等价于$G_n(\boldsymbol{z}'|\boldsymbol{z})=0$，$\forall\,\boldsymbol{z}$，$\boldsymbol{z}'\in R^m$，$n\geqslant 0$，而这在如下条件下是成立的：分布函数$G_n(\cdot|\boldsymbol{z})$是连续的，$\forall\,\boldsymbol{z}\in R^m$，$n\geqslant 0$。在这一条件下，最优方程(13.45)等价于如下方程：

$$\Phi_n(\boldsymbol{x}',\boldsymbol{z}') = \min_{(\boldsymbol{x},y)\in X\times R}\left\{F_{n,\alpha_n}(\boldsymbol{x}',\boldsymbol{z}',\boldsymbol{x},y) + \beta\int_{\boldsymbol{z}\in R^m}\Phi_{n+1}(\boldsymbol{x},\boldsymbol{z})\mathrm{d}G_n(\boldsymbol{z}\mid\boldsymbol{z}')\right\},\ n\leqslant N \tag{13.46}$$

边界条件是$\Phi_{N+1}(\boldsymbol{x}', \boldsymbol{z}')=0$。因此，我们称式(13.46)是多周期组合优化问题的最优方程。

这样，我们有如下定理。

定理 13.8　对多周期组合证券优化问题，最小期望总 CVaR $\Phi_n(\boldsymbol{x}', \boldsymbol{z}')$满足最优方程(13.45)，或者等价地当$G_n(\boldsymbol{z}'|\boldsymbol{z})=0$，$\forall\,\boldsymbol{z}$，$\boldsymbol{z}'\in R^m$，$n\geqslant 0$ 时满足方程(13.46)；取到最优方程中最小值的策略是最优策略。

考虑下面的特例，期望能够得到更好的结论。

(1) 没有交易费用，即$c(x', x)=0$。此时，所有的$\Psi_n(x', z', x, y)$，$y_{n,\alpha}(x', z', x)$，$\varphi_{n,\alpha}(x', z', x)$，$F_{n,\alpha}(\boldsymbol{x}', \boldsymbol{z}', \boldsymbol{x}, y)$以及$\Phi_n(x', z')$都与$x'$无关，从而最优方程(13.46)成为

$$\Phi_n(\boldsymbol{z}') = \min_{(\boldsymbol{x},y)\in X\times R}F_{n,\alpha_n}(\boldsymbol{z}', \boldsymbol{x}, y) + \beta\int_{\boldsymbol{z}\in R^m}\Phi_{n+1}(\boldsymbol{z})\mathrm{d}G_n(\boldsymbol{z}\mid\boldsymbol{z}'),\ n\leqslant N \tag{13.47}$$

边界条件为$\Phi_{N+1}(\boldsymbol{z}')=0$。在上面的方程中，最小值只是关于函数$F_{n,\alpha_n}(\boldsymbol{z}', \boldsymbol{x}, y)$取的，而不是右边两项之和。记$\pi_n^*$满足

$$\pi_n^*(\boldsymbol{z}')=\arg\min_{(\boldsymbol{x},y)\in X\times R}F_{n,\alpha_n}(\boldsymbol{z}', \boldsymbol{x}, y),\ (\boldsymbol{x}, y)\in X\times R,\ n=0, 1, \cdots, N \tag{13.48}$$

则 $\pi^*=(\pi_0^*, \pi_1^*, \cdots, \pi_N^*)$是最优策略，它是短视的：最优决策只依赖于当前阶段的损失。

如果问题的平稳的，即$\{\boldsymbol{\xi}_n\}$是平稳的，或者G_n与n无关，且$\alpha_n=\alpha$为常数，则损失函数$f_n=f$，分布函数$F_{n,\alpha_n}(\boldsymbol{z}', \boldsymbol{x}, y)=F_\alpha(\boldsymbol{z}', \boldsymbol{x}, y)$也与$n$无关。于是，我们有短视的最优平稳策略$\pi^*=(\pi_0^*,\pi_0^*,\cdots,\pi_0^*)$，其中：

$$\pi_0^*(\boldsymbol{x})=\arg\min_{(\boldsymbol{x},y)\in X\times R}F_\alpha(\boldsymbol{z}',\boldsymbol{x},y),(\boldsymbol{x},y)\in X\times R$$

(2) $\{\boldsymbol{\xi}_0, \boldsymbol{\xi}_1, \cdots\}$互相独立。此时，$G_n(\boldsymbol{z}|\boldsymbol{z}')=G_n(\boldsymbol{z})$与$z'$无关。因此，状态变量$\boldsymbol{s}_n=(\boldsymbol{x}_{n-1}, \boldsymbol{\xi}_{n-1})$可简化为$\boldsymbol{s}_n=\boldsymbol{x}_{n-1}$，从而$\varphi_{n,\alpha}(\boldsymbol{x}',\boldsymbol{z}',\boldsymbol{x})$，$F_{n,\alpha}(\boldsymbol{x}',\boldsymbol{z}',\boldsymbol{x},y)$，以及$\Phi_n(\boldsymbol{x}',\boldsymbol{z}')$也都与$\boldsymbol{z}'$无关，分别记为$\varphi_{n,\alpha}(\boldsymbol{x}',\boldsymbol{x})$，$F_{n,\alpha}(\boldsymbol{x}',\boldsymbol{x},y)$，以及$\Phi_n(\boldsymbol{x}')$。进而，最优方程(13.45)和(13.46)可分别简化为

$$\begin{aligned}\Phi_n(\boldsymbol{x}') &= \min_{\boldsymbol{x}\in X}\{\varphi_{n,\alpha_n}(\boldsymbol{x}',\boldsymbol{x})+\beta\Phi_{n+1}(\boldsymbol{x})\}\\ &= \min_{(\boldsymbol{x},y)\in X\times R}\{F_{n,\alpha_n}(\boldsymbol{x}', \boldsymbol{x}, y)+\beta\Phi_{n+1}(\boldsymbol{x})\},\ n=0, 1, \cdots, N\end{aligned} \tag{13.49}$$

这与(1)相反，即$\Phi_n(\boldsymbol{z}')$与$\boldsymbol{x}'$无关但依赖于$\boldsymbol{z}'$。

(3) (1)和(2)中的条件都满足。这时，没有交易费，且$\{\boldsymbol{\xi}_0, \boldsymbol{\xi}_1, \cdots\}$互相独立。因此，损

失函数成为

$$f(\boldsymbol{x}', \boldsymbol{x}, \boldsymbol{z}) = -\sum_{k=1}^{m} \boldsymbol{x}_k \boldsymbol{z}_k$$

它与 $\boldsymbol{x}'$无关，记为 $f(\boldsymbol{x}, \boldsymbol{z})$。于是

$$\varphi_{n,\alpha}(\boldsymbol{x}', \boldsymbol{x}, y) = (1-\alpha)^{-1}\int_{f(\boldsymbol{x}, \boldsymbol{z})\geqslant y} f(\boldsymbol{x}, \boldsymbol{z})\mathrm{d}G_n(\boldsymbol{z} \mid \boldsymbol{s})$$

$$F_{n,\alpha}(\boldsymbol{x}', \boldsymbol{x}, y) = y + (1-\alpha)^{-1}\int_{\boldsymbol{z}\in R^m} [f(\boldsymbol{x}, \boldsymbol{z}) - y]^+ \mathrm{d}G_n(\boldsymbol{z} \mid \boldsymbol{s})$$

而且$y_{n,\alpha}(\boldsymbol{x}', \boldsymbol{x})$，$\varphi_{n,\alpha}(\boldsymbol{x}', \boldsymbol{x})$都与 $\boldsymbol{x}'$无关，于是删除其中的 $\boldsymbol{x}'$。由最优方程(13.49)知，$\Phi_n(\boldsymbol{x}')$也与 $\boldsymbol{x}'$无关，记$\Phi_n = \Phi_n(\boldsymbol{x}')$。因此，最优方程(13.49)简化为

$$\begin{aligned}\Phi_n &= \min_{\boldsymbol{x}\in X}\{\varphi_{n,\alpha_n}(\boldsymbol{x}) + \beta\Phi_{n+1}\} \\ &= \min_{\boldsymbol{x}\in X}\varphi_{n,\alpha_n}(\boldsymbol{x}) + \beta\Phi_{n+1} \\ &= \min_{(\boldsymbol{x},y)\in X\times R} F_{n,\alpha_n}(\boldsymbol{x}, y) + \beta\Phi_{n+1},\ n = 0, 1, \cdots, N\end{aligned}$$

其中$\Phi_{N+1} = 0$。由此，得

$$\begin{aligned}\Phi_n &= \sum_{k=n}^{N}\beta^{k-n}\min_{\boldsymbol{x}\in X}\varphi_{k,\alpha_k}(\boldsymbol{x}) \\ &= \sum_{k=n}^{N}\beta^{k-n}\min_{(\boldsymbol{x},y)\in X\times R} F_{k,\alpha_k}(\boldsymbol{x}, y),\ n = 0, 1, \cdots, N\end{aligned} \tag{13.50}$$

因此，最小期望总 CVaR 就是各周期的α_n-CVaR 的和。与(1)类似，最优策略为$\pi^* = (\pi_0^*, \pi_1^*, \cdots, \pi_N^*)$，其中：

$$\pi_n^* = \arg\min_{\boldsymbol{x}\in X}\varphi_{n,\alpha_n}(\boldsymbol{x}),\ n = 0, 1, \cdots, N \tag{13.51}$$

因此，在最优策略下各周期的决策是固定的，与状态无关，也即周期 n 时的最优决策只与 n 有关。

我们将上述讨论所得的结论总结在如下的定理中。

定理 13.9 对多周期组合证券优化问题，

(1) 当不考虑交易费用时，最小期望总 CVaR $\Phi_n(\boldsymbol{z}')$与前一周期的决策 $\boldsymbol{x}'$无关，满足最优方程(13.47)，且存在短视的最优策略(13.48)；

(2) 当$\{\boldsymbol{\xi}_0, \boldsymbol{\xi}_1, \cdots\}$互相独立时，最小期望总 CVaR $\Phi_n(\boldsymbol{x}')$与前一周期的随机实现$\boldsymbol{\xi}_{n-1}$无关，且满足最优方程(13.50)；

(3) 当定理 13.9(1)与(2)中的条件都满足时，最小期望总 CVaR Φ_n只与 n 有关，等于各周期的α_n-CVaR 之和，且由式(13.51)给出的常数短视策略π^*是最优策略。

定理 13.9 中的(1)意味着当交易费可以被忽略时，不仅能自由地调整证券组合，从而最小期望总 CVaR 与前一周期的组合无关，还存在最优的短视策略，即只考虑当前阶段的损失的策略。进而如果各周期的收益率向量$\boldsymbol{\xi}_n$互相独立，那么定理 13.9 中的(3)意味着，周期 n 的 CVaR 可以独立地优化(π_n^* 取到)，由此得到的策略是最优的，而最小期望总 CVaR 只是各周期的最小 CVaR 的和。

证券组合的文献中经常研究终端财富的问题，即财富只在最后一周期发生，这类问题就是前一小节最后所讨论的两种情形。读者可以考虑用这里的方法来研究它。

金融学的大多数问题都是随机动态决策问题，例如，用 MDP 研究企业的 IPO(Babich et al，2004)、购买大量股票影响股价时的购买策略（Lu et al，2005）及期权定价(Ben-Ameur et al，2002)。

习　题

1. 证明定理 13.1。

2. 证明定理 13.3。

3. 条件 13.1 中假定r_1，r_2，…，r_T互相独立，且$\boldsymbol{V}_t$是可逆矩阵、正定，$t=1$，2，…，T。放松这个假设的一种是r_1，r_2，…，r_T是一个马尔可夫链。请研究此时的期望-方差分析。

4. 请解释期望-方差公式(13.24)。

5. 试编写程序，比较本章(13.25)计算得到的期望-方差边界，与直接计算原始问题(13.10)得到的期望-方差边界。

6. 写出终止时间固定时的最优方程(13.44)。

参考文献

BABICH V，SOBEL M J. 2004. Pre-IPO operational and financial decisions，Management Science，50：935 - 948.

BEN-AMEUR H，BRETON M，L'ECUYER P. 2002. A dynamic programming procedure for pricing American-style Asian options. Management Science，48：625 - 643.

DUFFIE D. 1996. Dynamic Asset Pricing Theory. New Jersey：Princeton University Press.

LU G，HU Q，ZHOU Y，et al. 2005. Optimal execution strategy with an endogenously determined sales period. Journal of Industrial and Management Optimization，1(3)：289 - 304.

ROCKAFELLAR R T，URYASEV S. 2002. Conditional value-at-Risk for general loss distributions. Journal of Banking & Finance，26：1443 - 1471.

MERTON R C. 1972. An analytic derivation of the efficient portfolio. J Finance Quant Anal，7：1851 - 1872.

第 14 章 供应链动态管理

在库存管理一章的报童问题中，假定报童的采购价 c 是外生给定的一个参数，但在实际中，这个价格往往是由供应商确定的。将报童(作为下游)与其供应商放在一起来考虑，就形成了一个所谓的供应链。企业之间的竞争已经演变为供应链之间的竞争，甚至国家之间的竞争也是基于产业链的供应链竞争。因此，供应链动态管理是十分重要的。本章第一节讨论易腐产品的供应链多周期管理，第二节讨论连续时间收益供应链管理。

14.1 易腐产品的供应链多周期管理

本节研究一类特殊产品——易腐产品的供应链动态管理。该供应链由一个供应商与一个零售商组成；销售产品的寿命只有有限个周期，如血液、新鲜蔬菜与水果、牛奶制品以及飞机票、旅馆座位等。销售这一类产品的零售商需要每天订购新鲜的产品，于是库存问题就显得十分重要。

我们先考虑产品寿命只有 2 天的情形：第一天未销售完的产品可以在第二天继续销售，但如果第二天还未销售就只得丢弃，假定其残值为零。我们称新鲜产品为产品 2，称只能再销售一天的产品为产品 1。下面是涉及的参数：

(1) 供应商以单位产品成本 c 生产产品 2，并在每天早晨确定其批发价 w。

(2) 零售商在获知当天的批发价后，确定产品 2 的订购量 q。产品 2 的每单位产品存贮费为 h 天；无论是产品 1 还是产品 2，单位产品的缺货费为 u。另外，零售商还需要给产品 k 确定零售价 p_k，$k=1, 2$。

(3) 市场对产品 k 的需求量 $D_k(p_k)$ 依赖于零售价 p_k，$k=1, 2$，且是随机的。

假定双方每天的折扣因子相同，均为 $\beta\in(0, 1]$，他们都想使其自身的期望利润达到最大。

下面先讨论有限阶段的情形。

假定供应商设定新鲜产品的批发价为 w，零售商处产品 1 的库存量为 x。当订购量为 q 且零售价为 p_1、p_2 时，零售商在当天的期望利润为

$$
\begin{aligned}
r(x, w, q, p_1, p_2)=&E\{p_1\min(x, D_1(p_1))-u[x-D_1(p_1)]^+\}+\\
&E\{p_2\min(q, D_2(p_2))-h[q-D_2(p_2)]^+\}-wq
\end{aligned}
$$

其中的第一项、第二项分别是量为 x 的产品 1、量为 q 的产品 2 的期望利润，同时下周期初产品 1 的库存量为 $[q-D_2(p_2)]^+$。

假定还剩 n 天、目前产品 1 的库存量为 x，记 $V_n^R(x)$ 是零售商的最优值，$V_n^R(x, w)$ 是进一步给定批发价为 w 时零售商的最优值，则有以下最优方程：

$$
V_n^R(x, w)=\max_{q, p_1, p_2}\{r(x, w, q, p_1, p_2)+\beta E\, V_{n-1}^R([q-D_2(p_2)]^+)\}, \ n\geqslant 1 \tag{14.1}
$$

而$V_0^R(x)$可由零售商的具体情况确定，如$V_0^R(x)=0$。记$q_n^*(x, w)$及$p_{n,k}^*(x, w)$，$k=1, 2$分别是如上方程中最优问题的解，它们分别表示还剩 n 天时零售商的最优订购量、产品 k ($k=1, 2$)的最优零售价。

因此，当零售商的库存量为 x 时，若供应商确定批发价 w，则其当天利润是$(w-c)q_n^*(x, w)$，零售商在第二天开始时产品 1 的库存量是$[q_n^*(x, w)-D_2(p_{n,2}^*(x, w))]^+$。

记$V_n^S(x)$为供应商的最优值函数，则他的问题是：

$$V_n^S(x)=\max_w\{(w-c)q_n^*(x, w)+\beta E\,V_{n-1}^S([q_n^*(x, w)-D_2(p_{n,2}^*(x, w))]^+)\},\ n\geqslant 1 \tag{14.2}$$

假定边界条件是$V_0^S(x)=0$。记$w_n^*(x)$是上述问题的最优解，表示供应商的最优批发价。

零售商的最优值函数为

$$V_n^R(x)=V_n^R(x, w_n^*(x)),\ n\geqslant 1 \tag{14.3}$$

对有限阶段问题，递推地求解方程(14.1)～方程(14.3)，就可得到供应商和零售商的最优策略。下面具体讨论。

首先我们研究一个周期的报酬函数 $r(x, w, q, p_1, p_2)$。由于对任意实数 a 和 b 总有 $\min(a, b)=a-(a-b)^+$，于是有

$$\begin{aligned} r(x, w, q, p_1, p_2)&=p_1x-(p_1+u)E[x-D_1(p_1)]^+ \\ &\quad +p_2q-(p_2+h)E[q-D_2(p_2)]^+-wq \\ &:=r_1(x, p_1)+r_2(w, q, p_2) \end{aligned} \tag{14.4}$$

其中

$$r_1(x, p_1)=p_1x-(p_1+u)E[x-D_1(p_1)]^+$$

$$r_2(w, q, p_2)=(p_2-w)q-(p_2+h)E[q-D_2(p_2)]^+$$

因此，$r(x, w, q, p_1, p_2)$可分解为两部分：一个是关于p_1和 x 的，另一个是关于 q、p_2及 w 的。实际上$r_1(x, p_1)$是库存量为 x 的产品 1 按价格p_1销售的利润，而$r_2(w, q, p_2)$是量为 q 的产品 2 以价格p_2销售的利润，而其进价是 w。

由这一分离性，零售商的最优方程(14.1)可重写为

$$\begin{aligned} V_n^R(x, w)=&\max_{p_1} r_1(x, p_1)+ \\ &\max_{q,p_2}\{r_2(w, q, p_2)+\beta E\,V_{n-1}^R([q-D_2(p_2)]^+)\},\ n\geqslant 1 \end{aligned} \tag{14.5}$$

这说明$V_n^R(x, w)$也具有类似的分离性。记$p_1^*(x)$是$r_1(x, p_1)$关于p_1的最优解，于是产品 1 的最优零售价总是$p_{n,1}^*(x, w)=p_1^*(x)$，它与 n 和 w 无关；而最优订购量与产品 2 的最优零售价与 x 无关，分别记为$q_n^*(w)$，$p_{n,2}^*(w)$。

现在，供应商的方程(14.2)成为

$$V_n^S(x)=\max_w\{(w-c)q_n^*(w)+\beta E\,V_{n-1}^S([q_n^*(w)-D_2(p_{n,2}^*(w))]^+)\},\ n\geqslant 1$$

它表明供应商的最优利润与零售商处的库存量 x 无关，即$V_n^S(x)=V_n^S$，$\forall n\geqslant 1$，只与剩余的阶段数有关。从而方程(14.2)可进一步简化为

$$V_n^S=\max_w(w-c)q_n^*(w)+\beta V_{n-1}^S,\ n\geqslant 1 \tag{14.6}$$

于是，最优批发价w_n^*是上式中优化问题的解，即

$$w_n^*=\arg\max_w(w-c)q_n^*(w),\ n\geqslant 1$$

这表明最优批发价只与剩余的阶段数有关。

记$q_n^*:=q_n^*(w_n^*)$，$p_{n,2}^*=p_{n,2}^*(w_n^*)$分别表示还剩$n$天时零售商的最优订购量、产品2的最优零售价。由方程(14.3)及方程(14.5)，零售商的最优值函数为

$$\begin{aligned}V_n^R(x)&=V_n^R(x,w_n^*)\\&=r_1(x,p_1^*(x))+r_2(w_n^*,q_n^*,p_{n,2}^*)+\beta E V_{n-1}^R([q_n^*-D_2(p_{n,2}^*)]^+),\ n\geqslant 1\end{aligned}\tag{14.7}$$

由此可知，$V_n^R(x)$具有与$r_1(x,p_1^*(x))$相同的性质。特别地，$\frac{\mathrm{d}}{\mathrm{d}x}V_n^R(x)=\frac{\mathrm{d}}{\mathrm{d}x}\max_{p_1}r_1(x,p_1)$与$n$无关。由此，方程(14.5)中第二项对$q$，$p_2$的一阶条件也与$n$无关。因此，$p_{n,2}^*(w)=p_2^*(w)$及$q_n^*(w)=q^*(w)$也与$n$无关。这样，供应商的问题(14.6)就成为

$$V_n^S=\max_w(w-c)q^*(w)+\beta V_{n-1}^S,\quad n\geqslant 1$$

而最优批发价$w_n^*=w^*:=\arg\max_w(w-c)q^*(w)$是常数。记$p_2^*=p_2^*(w^*)$及$q^*=q^*(w^*)$，则方程(14.7)成为

$$V_n^R(x)=r_1(x,p_1^*(x))+r_2(w^*,q^*,p_2^*)+\beta E V_{n-1}^R([q^*-D_2(p_2^*)]^+),\ n\geqslant 1$$

由上述讨论可知，零售商与供应商之间的多阶段博弈实质上是一个如下的单阶段博弈：零售商只订购一次产品，供应商先确定其批发价，然后零售商确定其订购量、新鲜产品的零售价，然后在下一阶段确定其产品1的零售价。显然，单阶段博弈中零售商的最大期望利润$V^R(w)$满足方程

$$V^R(w)=\max_{q,p_2}\{r_2(w,q,p_2)+\beta E[\max_{p_1}r_1([q-D_2(p_2)]^+,p_1)]\}\tag{14.8}$$

而供应商的最大期望利润满足方程

$$V^S=\max_w(w-c)q^*(w)\tag{14.9}$$

其中，$(q^*(w),p_2^*(w))$是方程(14.8)中的最优解，而w^*是方程(14.9)的最优解。因此，零售商的期望利润是$V^R=V^R(w^*)$。

容易看出，在上述的讨论中，若零售商的边界条件是$V_0^R(x)=\max_{p_1}r_1(x,p_1)$，而供应商的边界条件是$V_0^S(x)=0$，则双方的期望总利润分别为

$$V_n^R=\sum_{k=0}^n\beta^kV^R,\ V_n^S=\sum_{k=0}^n\beta^kV^S,\ n\geqslant 1\tag{14.10}$$

我们将上述讨论所得结论总结在如下的定理中。

定理 14.1 零售商与供应商之间的多周期博弈等价于一个单周期博弈，双方的策略在每个周期中保持不变。进而：

(1) 产品1的最优定价策略$p_1^*(x)=\arg\max_{p_1}r_1(x,p_1)$只与当前阶段产品1的库存量$x$有关，产品2的最优订购量$q^*(w)$与价格$p_2^*(w)$是方程(14.8)的解，且依赖于当前阶段的批发价$w$。

(2) 最优批发价w^*是方程(14.9)的最优解，从而零售商对新鲜产品的订购量及定价分别是$q^*(w^*)$，$p_2^*(w^*)$。

现在，我们将前述结论推广到无限阶段的情形。容易看出，无限阶段的最优策略与有

限阶段的相同，即对一般需求函数，定理 14.1 中的结论对无限阶段折扣准则也完全成立。与通常文献中不同的是，定理 14.1 中的结论对折扣准则 $\beta=1$ 的情形也成立，但对 $\beta<1$，类似于方程(14.10)，零售商与供应商的期望折扣总利润分别为

$$V_\beta^R = \sum_{k=0}^{\infty} \beta^k V^R = (1-\beta)^{-1} V^R,\ V_\beta^S = \sum_{k=0}^{\infty} \beta^k V^S = (1-\beta)^{-1} V^S$$

读者可以自行讨论产品的寿命 $N\geqslant 2$ 个周期的情形(见习题 2)。

14.2　连续时间收益供应链管理

作者在 2000 年初购买去日本的机票，当时东航的官网上可查询到的机票价格都是全价，而在携程网上查询到的机票价格是打折的。这说明东航不愿直接将机票销售给顾客。但在 2021 年东航官网上的机票价格却比携程网上的便宜 20 元左右，同时除直接售票给顾客外，也可以通过携程网等给顾客售票。这就构成了一个收益供应链管理问题。

一家供应商和一家零售商组成了一个收益供应链。供应商和零售商都有各自不同的顾客群。供应商的顾客既可以从供应商处购买，也可以到零售商处购买，其中会产生转换成本；零售商的顾客也是如此。供应商和零售商的零售价可连续变化。这个收益供应链的决策模式包括集中决策模式和分散决策模式。

在集中决策模式下，供应商确定零售价，零售商每销售一件产品就获取一笔交易费。在分散决策模式下，供应商和零售商进行价格竞争，可分为两种情形：一种是零售商从供应商处购买一部分产品，自己再销售；另一种是双方共同销售产品(VMI)。

供应商有 N 件产品要在时间段 T 内销售掉，产品在期末无残值。记 s 和 r 分别表示供应商、零售商，$p_s(t)$ 和 $p_r(t)$ 分别表示供应商和零售商在 t 时的零售价，$p_s(t)$，$p_r(t)\in[0,\infty]$。顾客只有在到达供应商、零售商处才能知道他们的零售价。供应商的策略记为$\pi=(p_s(\cdot),\ p_r(\cdot))$，其全体所成之集记为 Π。

供应商(零售商)处按照参数为$\lambda_s(t)(\lambda_r(t))$的非时齐 Poisson 过程到达的顾客，称为 $s(r)$类顾客。对 $i=s,\ r$，在 t 时到达的一个 i 类顾客对商品的估价为$\zeta_{t,i}$，其分布函数为 $F_{t,i}$，密度函数为$f_{t,i}$。在现实中，假定 i 类顾客有两种可能性：有的顾客是忠诚的，即只在 i 处购买；有的顾客会进行比较，谁的产品价格低就购买谁的。记γ_i表示 i 类顾客忠诚的概率，于是该类顾客会访问另一处的概率是 $1-\gamma_i$。任一忠诚顾客的估价如果大于$p_i(t)$，他就购买一件产品。记$\boldsymbol{\xi}_i$表示 i 类顾客去另一处访问的转换成本，当他的估价大于 $\min\{p_i(t),\ p_{i'}(t)+\boldsymbol{\xi}_i\}$时会购买一件产品，至于是从 i 处还是 i'处购买，则要看二者零售价的高低及其转换成本的大小(这里记 $r'=s,\ s'=r$)。设$\boldsymbol{\xi}_i$的分布函数、概率密度函数分别为G_i和g_i，$i=s,\ r$。我们不要求它们与 t 有关(即使有关，本节结论也依然成立)。

在 i 处购买产品的顾客包括两部分：一是来自 i 的顾客，二是来自 i'的顾客。他们支付的价格相同，都是p_i。记$\Lambda_i(p_s,\ p_r,\ t)$表示供应商与零售商在 t 时的零售价分别为p_s，p_r，在 i 处的需求率，则

$$\begin{aligned}\Lambda_s(p_s,\ p_r,\ t) = {} & \gamma_s\lambda_s(t)[1-F_{t,s}(p_s)]+(1-\gamma_s)\lambda_s(t)[1-F_{t,s}(p_s)][1-G_s(p_s-p_r)]+ \\ & (1-\gamma_r)\lambda_r(t)\int_0^{p_r-p_s}[1-F_{t,r}(p_s+c)]\mathrm{d}G_r(c) \qquad (14.11)\end{aligned}$$

上式等号右边第一项表示 s 处忠诚顾客的购买，第二项表示非 s 处忠诚顾客的购买(当 p_s 低于转换成本和价格 p_r 之和时)，第三项表示来自 r 处的非忠诚顾客。类似地，零售商处的需求率为

$$\Lambda_r(p_s, p_r, t)=\gamma_r\lambda_r(t)[1-F_{t,r}(p_r)]+(1-\gamma_r)\lambda_r(t)[1-F_{t,r}(p_r)][1-G_r(p_r-p_s)]+ (1-\gamma_s)\lambda_s(t)\int_0^{p_s-p_r}[1-F_{t,s}(p_r+c)]\mathrm{d}G_s(c) \tag{14.12}$$

14.2.1 集中决策

在集中决策中，供应商确定其零售价 $p_s(t)$ 以及零售商处的零售价 $p_r(t)$，对于在零售商处销售的每一件产品，供应商向零售商支付一个固定的费用 h。

供应商的目标是确定二零售价使其期望利润达到最大。在 t 时，供应商的收益率为

$$R(p_s, p_r, t)=p_s\Lambda_s(p_s, p_r, t)+(p_r-h)\Lambda_r(p_s, p_r, t)$$

而零售商的收益率为 $h\Lambda_r(p_s, p_r, t)$。

对 $i=s, r$，记 $N_i(t)$ 表示到 t 时累计在 i 处购买产品的顾客数，也即销售数，$N(t)=N_s(t)+N_r(t)$ 表示供应商、零售商处的累计销售量。

对任一策略 $\pi\in\Pi$，如果在 t 时还有 n 件产品待售，则供应商在策略 π 下在 $[t, T]$ 时段内所能获得的期望利润为

$$J_\pi(n, t) = E\left\{\int_t^T p_s(n, t)\mathrm{d}N_s(t)+(p_r(n, t)-h)\mathrm{d}N_r(t)\right\}$$

再记 $J_s(n, t)$ 表示在 t 时还有 n 件产品待售时供应商在 $[t, T]$ 时段内所能获得的最大期望利润，即

$$J_s(n, t)=\max_{\pi\in\Pi}J_\pi(n, t)$$

显然，边界条件是 $J_s(0, t)=J_s(n, T)=0$，$\forall t, n$，这表示当没有剩余产品或者没有剩余时间时，供应商不再获利。由连续时间马尔可夫决策过程的知识，$J_s(n, t)$ 满足如下最优方程(在最优控制理论中叫作 Hamilton-Jacobi-Bellman (HJB)方程)：

$$-\frac{\partial J_s(n, t)}{\partial t}=\max_{p_s, p_r\geqslant 0}\{R(p_s, p_r, t)-\Lambda(p_s, p_r, t)[J_s(n, t)-J_s(n-1, t)]\} \tag{14.13}$$

其中

$$\begin{aligned}\Lambda(p_s, p_r, t) &= \Lambda_s(p_s, p_r, t)+\Lambda_r(p_s, p_r, t)\\ &=\lambda_s(t)[1-F_{t,s}(p_s)]+\lambda_r(t)[1-F_{t,r}(p_r)]+\\ &\quad(1-\gamma_s)\lambda_s(t)\left\{\int_0^{p_s-p_r}[1-F_{t,s}(p_r+c)]\mathrm{d}G_s(c)-[1-F_{t,s}(p_s)]G_s(p_s-p_r)\right\}+\\ &\quad(1-\gamma_r)\lambda_r(t)\left\{\int_0^{p_r-p_s}[1-F_{t,r}(p_s+c)]\mathrm{d}G_r(c)-[1-F_{t,r}(p_r)]G_r(p_r-p_s)\right\}\end{aligned}$$

是在价格 $(p_s(t), p_r(t))$ 下供应链在 t 时的总需求率。

记 $p_s^*(n, t)$，$p_r^*(n, t)$ 为取到方程(14.13)中右边的最大值，则 $(p_s^*(n, t), p_r^*(n, t))$ 是最优策略，它表示 t 时若剩余 n 件产品，则在 i 处的最优价格为 $p_i^*(n, t)$，$i=s, r$，简记为 $p_s^*=p_s^*(n, t)$，$p_r^*=p_r^*(n, t)$。

在最优策略 $(p_s^*(n, t), p_r^*(n, t))$ 下，零售商的收益 $J_r(n, t)$ 必定满足边界条件

$J_r(0, t)=J_r(n, T)=0$及如下方程：

$$-\frac{\partial J_r(n, t)}{\partial t}=h\Lambda_r(p_s^*, p_r^*, t)-\Lambda(p_s^*, p_r^*, t)\Delta J_r(n, t) \tag{14.14}$$

式中，$\Delta J_r(n, t)=J_r(n, t)-J_r(n-1, t)$，其解为

$$J_r(n,t)=\int_t^T[h\Lambda_r(p_s^*,p_r^*,\tau)+\Lambda(p_s^*,p_r^*,\tau)J_r(n-1,\tau)]\mathrm{e}^{-\int_t^\tau \Lambda_r(p_s^*,p_r^*,u)\mathrm{d}u}\mathrm{d}\tau,$$

$$n=1, 2, \cdots, N \tag{14.15}$$

下面研究最优策略的性质。

简记

$$\Delta J_s(n, t)=J_s(n, t)-J_s(n-1, t)$$

$$R^*(\lambda, t)=\max_{p_s, p_r\geqslant 0}\{R(p_s, p_r, t)\mid\Lambda(p_s, p_r, t)=\lambda\}, 0\leqslant\lambda\leqslant\lambda_s(t)+\lambda_r(t)$$

表示在总需求率为λ的条件(即$\Lambda(p_s, p_r, t)=\lambda$)下的最大收益率。于是方程(14.13)等价于如下方程：

$$-\frac{\partial J_s(n, t)}{\partial t}=\max_{0\leqslant\lambda\leqslant\lambda_s(t)+\lambda_r(t)}\{R^*(\lambda, t)-\lambda\Delta J_s(n, t)\} \tag{14.16}$$

这一方程与方程(14.13)的不同之处在于，决策变量λ是供应链的总需求率。

如果顾客的到达过程与估价都是平稳的，即与时间无关，也即$\lambda_i(t)=\lambda_i$，$F_{t,i}(\cdot)=F_i(\cdot)$，$i=1, 2$，就称供应链是平稳的。如下定理描述了供应商收益函数的若干性质。

定理 14.2　(1) 给定t，$J_s(n, t)$是n的递增凹函数；

(2) 给定n，$\Delta J_s(n, t)$是t的下降函数；

(3) $J_s(n, t)$关于t下降，进而若供应链是平稳的，则$J_s(n, t)$是t的凹函数。

证明　(1) 只需证明$2J_s(n, t)\geqslant J_s(n+1, t)+J_s(n-1, t)$，$\forall n$。为此，我们构造 4 个产品组，分别记为 1，2，$\tilde{1}$，$\tilde{2}$，产品数分别是$n+1$，$n-1$，n，n。它们的最大期望利润分别为$J_s(n+1, t)$，$J_s(n-1, t)$，$J_s(n, t)$，$J_s(n, t)$。记$P_1=(p_{1s}, p_{1r})$，$P_2=(p_{2s}, p_{2r})$分别表示组 1，2 的最优定价策略。与定理 3.1 类似的，可以对P_1，P_2进行修改以构造出组$\tilde{1}$，$\tilde{2}$的策略，使得策略下的期望利润为$J_s(n+1, t)+J_s(n-1, t)$。

(2) 与文献(Zhao et al, 2000)中的定理 2 证明类似。

(3) 只需证明$\dfrac{\partial J_s(n, t)}{\partial t}$对$t$下降。对平稳供应链，$R^*(\lambda, t)$与$t$无关，记为$R^*(\lambda)$。

对任意的$t_1<t_2$，记$\lambda_1=\lambda^*(n, t_1)$，$\lambda_2=\lambda^*(n, t_2)$，则有

$$\begin{aligned}-\frac{\partial J_s(n, t_1)}{\partial t_1}&=R^*(\lambda_1)-\lambda_1\Delta J_s(n, t_1)\leqslant R^*(\lambda_1)-\lambda_1\Delta J_s(n, t_2)\\&\leqslant R^*(\lambda_2)-\lambda_2\Delta J_s(n, t_2)\\&=-\frac{\partial J_s(n, t_2)}{\partial t_2}\end{aligned}$$

其中第一个不等式是因为$\Delta J_s(n, t)$对t下降，第二个不等式可由λ_2的定义得到。

定理 14.2 的(1) 说明可销售的产品越多，期望利润越高，即多销售一件产品的边际利润为正。进而，这一边际利润随可销售的产品数是下降的；(2) 说明这一边际利润随时间t也是下降的；(3) 则说明期望利润随时间t下降，且下降速率也是随t下降的。

记$\lambda^*(n, t)$为方程(14.16)的最大值点，它表示在(n, t)处的最优需求率。在最优策略下，一个产品一旦销售，那么它的零售价是p_s^*的概率为$\Lambda_s(p_s^*, p_r^*, t)/\Lambda(p_s^*, p_r^*, t)$，是$p_r^*$的概率为$\Lambda_r(p_s^*, p_r^*, t)/\Lambda(p_s^*, p_r^*, t)$，这里$\Lambda(p_s^*, p_r^*, t)=\Lambda_s(p_s^*, p_r^*, t)+\Lambda_r(p_s^*, p_r^*, t)$。因此，供应商每销售一件产品的期望收益是

$$\begin{aligned} p_e^*(n, t) &:= p_s^* \frac{\Lambda_s(p_s^*, p_r^*, t)}{\Lambda(p_s^*, p_r^*, t)} + (p_r^* - h)\frac{\Lambda_r(p_s^*, p_r^*, t)}{\Lambda(p_s^*, p_r^*, t)} \\ &= \frac{p_s^* \Lambda_s(p_s^*, p_r^*, t) + (p_r^* - h)\Lambda_r(p_s^*, p_r^*, t)}{\Lambda_s(p_s^*, p_r^*, t) + \Lambda_r(p_s^*, p_r^*, t)} \\ &= \frac{R^*(\lambda^*, t)}{\lambda^*} \end{aligned}$$

从而

$$R^*(\lambda^*, t) = \lambda^* \times p_e^*(n, t)$$

这说明，最大收益率等于最优策略下每件产品的期望收益乘以总需求率。于是，$p_e^*(n, t)$表示每销售一件产品(无论是供应商还是零售商)的平均期望收益。

如下引理讨论了总需求率$\lambda^*(n, t)$和每件产品期望收益$p_e^*(n, t)$的若干性质，其证明参考文献(Zhao et al, 2000)中的定理3和定理4。

引理 14.1 $\lambda^*(n, t)$对n上升，$p_e^*(n, t)$对n下降；在平稳供应链中，$\lambda^*(n, t)$对t上升，$p_e^*(n, t)$对t下降。

以上引理说明，剩余的产品越多或者剩余的时间越少，价格越低。

现在我们来讨论最优定价策略$(p_s^*(n, t), p_r^*(n, t))$的性质。首先，我们讨论需求率的单调性。

引理 14.2 $\Lambda_s(p_s, p_r, t)$随p_s下降，随p_r上升；$\Lambda_r(p_s, p_r, t)$对p_r下降，随p_s上升；进而，$\Lambda(p_s, p_r, t)$随p_s，p_r下降。

证明 由Λ_s和Λ_r的定义，得

$$\frac{\partial \Lambda_s}{\partial p_r} = (1-\gamma_s)\lambda_s(t)(1-F_{t,s}(p_s))g_s(p_s-p_r) + (1-\gamma_r)\lambda_r(t)(1-F_{t,r}(p_r))g_r(p_r-p_s) \geqslant 0$$

$$\begin{aligned} \frac{\partial \Lambda_s}{\partial p_s} = &-\lambda_s(t) f_{t,s}(p_s)[1-(1-\gamma_s)G_s(p_s-p_r)] - (1-\gamma_s)\lambda_s(t)(1-F_{t,s}(p_s))g_s(p_s-p_r) - \\ &(1-\gamma_r)\lambda_r(t)(1-F_{t,r}(p_r))g_r(p_r-p_s) - \\ &(1-\gamma_r)\lambda_r(t)\int_0^{p_r-p_s} f_{t,r}(p_s+c)\mathrm{d}G_r(c) \leqslant 0 \end{aligned}$$

$$\frac{\partial \Lambda_r}{\partial p_s} = (1-\gamma_s)\lambda_s(t)(1-F_{t,s}(p_s))g_s(p_s-p_r) + (1-\gamma_r)\lambda_r(t)(1-F_{t,r}(p_r))g_r(p_r-p_s) \geqslant 0$$

$$\begin{aligned} \frac{\partial \Lambda_r}{\partial p_r} = &-\lambda_r(t) f_{t,r}(p_r)[1-(1-\gamma_r)G_r(p_r-p_s)] - (1-\gamma_s)\lambda_s(t)(1-F_{t,s}(p_s))g_s(p_s-p_r) - \\ &(1-\gamma_r)\lambda_r(t)(1-F_{t,r}(p_r))g_r(p_r-p_s) - (1-\gamma_s)\lambda_s(t)\int_0^{p_s-p_r} f_{t,s}(p_r+c)\mathrm{d}G_s(c) \\ &\leqslant 0 \end{aligned}$$

容易证明$\frac{\partial \Lambda}{\partial p_s} \leqslant 0$，$\frac{\partial \Lambda}{\partial p_r} \leqslant 0$。

以上引理说明，各家的需求率随自己的价格下降，随对手的价格上升；但总需求率随每一家的价格下降。

由Λ_s和Λ_r的单调性，价格(p_s, p_r)和需求率(Λ_s, Λ_r)之间一一对应。于是可记$p_s(\Lambda_s, \Lambda_r, t)$，$p_r(\Lambda_s, \Lambda_r, t)$为从$(\Lambda_s, \Lambda_r)$到$(p_s, p_r)$的映射。我们可以用$(\Lambda_s, \Lambda_r)$代替$(p_s, p_r)$作为决策变量。这样，最优方程(14.13)可等价为如下方程：

$$\begin{aligned}-\frac{\partial J_s(n, t)}{\partial t} &= \max_{p_s, p_r}\{p_s\Lambda_s(p_s, p_r, t)+(p_r-h)\Lambda_r(p_s, p_r, t)- \\ &\quad [\Lambda_s(p_s, p_r, t)+\Lambda_r(p_s, p_r, t)]\Delta J_s(n, t)\} \\ &= \max_{\Lambda_s, \Lambda_r}\{\hat{R}(\Lambda_s, \Lambda_r, t)-(\Lambda_s+\Lambda_r)\Delta J_s(n, t)\}\end{aligned} \tag{14.17}$$

其中$\hat{R}(\Lambda_s, \Lambda_r, t)=\Lambda_s p_s(\Lambda_s, \Lambda_r, t)+\Lambda_r p_r(\Lambda_s, \Lambda_r, t)-h\Lambda_r$是需求率$(\Lambda_s, \Lambda_r)$下供应商的收益率。进而，由方程(14.16)，最大收益率$R^*(\lambda, t)$可写为

$$R^*(\lambda, t)=\max_{\Lambda_s, \Lambda_r}\{\hat{R}(\Lambda_s, \Lambda_r, t)\mid\Lambda_s+\Lambda_r=\lambda\},\ 0\leqslant\lambda\leqslant\lambda_s(t)+\lambda_r(t) \tag{14.18}$$

其中变量λ是购买产品的顾客的到达率。

如下引理讨论了$p_s(\Lambda_s, \Lambda_r, t)$，$p_r(\Lambda_s, \Lambda_r, t)$，$\hat{R}(\Lambda_s, \Lambda_r, t)$的性质。

引理 14.3　(1) $p_i(\Lambda_s, \Lambda_r, t)$随$\Lambda_s$，$\Lambda_r$下降，$i=s, r$。

(2) 给定t，若$\hat{R}(\Lambda_s, \Lambda_r, t)$在$\Lambda=(\Lambda_s, \Lambda_r)$处非凹，则$\Lambda$不可能是方程(14.17)的解。

证明　(1) 由引理 14.2 的证明知，$0\leqslant\partial\Lambda_s/\partial p_r<-\partial\Lambda_r/\partial p_r$且$0\leqslant\partial\Lambda_r/\partial p_s<-\partial\Lambda_s/\partial p_s$，所以变换$(p_s, p_r)\to(\Lambda_s, \Lambda_r)$的 Jacobi 行列式是

$$J=\begin{vmatrix}\dfrac{\partial\Lambda_s}{\partial p_s} & \dfrac{\partial\Lambda_s}{\partial p_r} \\ \dfrac{\partial\Lambda_r}{\partial p_s} & \dfrac{\partial\Lambda_r}{\partial p_r}\end{vmatrix}=\frac{\partial\Lambda_s}{\partial p_s}\cdot\frac{\partial\Lambda_r}{\partial p_r}-\frac{\partial\Lambda_s}{\partial p_r}\cdot\frac{\partial\Lambda_r}{\partial p_s}>0$$

从而

$$\frac{\partial p_s}{\partial\Lambda_s}=\frac{1}{J}\frac{\partial\Lambda_r}{\partial p_r}<0,\ \frac{\partial p_s}{\partial\Lambda_r}=-\frac{1}{J}\frac{\partial\Lambda_s}{\partial p_r}<0$$

$$\frac{\partial p_r}{\partial\Lambda_s}=-\frac{1}{J}\frac{\partial\Lambda_r}{\partial p_s}<0,\ \frac{\partial p_r}{\partial\Lambda_r}=\frac{1}{J}\frac{\partial\Lambda_s}{\partial p_s}<0$$

(2) 参见文献(Feng et al, 2000)中引理 3 的证明。

引理 14.3 的(1)表明，销售的产品越多，价格越低；由(2)可知，我们在本节之后假定$\hat{R}(\Lambda_s, \Lambda_r, t)$是$(\Lambda_s, \Lambda_r)$的联合凹函数。由此，问题(14.18)的最优解存在，记为$(\hat{\Lambda}_s(\lambda), \hat{\Lambda}_r(\lambda))$，可由一阶条件求得。

如果$\gamma_s=\gamma_r$，$\lambda_s(t)=\lambda_r(t)$，$F_{t,s}(\cdot)=F_{t,r}(\cdot)$，$G_s(\cdot)=G_r(\cdot)$且$h=0$，则称两类顾客是对称的。对称时，它们的顾客具有完全相同的特性。

下面命题研究了需求率$\hat{\Lambda}_s(\lambda)$，$\hat{\Lambda}_r(\lambda)$的性质。

定理 14.3　给定$\lambda_0\in[0, \lambda_s(t)+\lambda_r(t)]$，$\hat{\Lambda}_s(\lambda)$和$\hat{\Lambda}_r(\lambda)$中至少有一个在$\lambda_0$处递增。进

而，$\hat{\Lambda}_s(\lambda)$和$\hat{\Lambda}_r(\lambda)$随λ递增，如果两类顾客对称，或者 $\hat{\delta}_{sr}\geqslant\max\{\hat{\delta}_{ss},\hat{\delta}_{rr}\}$，其中$\hat{\delta}_{ij}(\Lambda_s,\Lambda_r)=\dfrac{\partial^2\hat{R}(\Lambda_s,\Lambda_r)}{\partial\Lambda_i\partial\Lambda_j}$，$i,j=s,r$。

证明　注意到

$$\frac{\partial^2\hat{R}(\Lambda_s,\lambda-\Lambda_s,t)}{\partial\lambda\partial\Lambda_s}=\hat{\delta}_{sr}(\Lambda_s,\lambda-\Lambda_s,t)-\hat{\delta}_{rr}(\Lambda_s,\lambda-\Lambda_s,t)$$

由此，如果$\hat{\delta}_{sr}(\Lambda_s,\lambda-\Lambda_s,t)\geqslant\hat{\delta}_{rr}(\Lambda_s,\lambda-\Lambda_s,t)$则$\hat{R}(\Lambda_s,\lambda-\Lambda_s,t)$是关于$(\Lambda_s,\lambda)$的上模函数，如果$\hat{\delta}_{sr}(\Lambda_s,\lambda-\Lambda_s,t)\leqslant\hat{\delta}_{rr}(\Lambda_s,\lambda-\Lambda_s,t)$，则$\hat{R}(\Lambda_s,\lambda-\Lambda_s,t)$是关于$(\Lambda_s,\lambda)$的子模函数。因此，如果$\hat{\delta}_{sr}(\Lambda_s,\lambda-\Lambda_s,t)\geqslant\hat{\delta}_{rr}(\Lambda_s,\lambda-\Lambda_s,t)$，则$\hat{\Lambda}_s(\lambda)$随$\lambda$递增；否则，$\hat{\Lambda}_s(\lambda)$随$\lambda$下降。

类似可证如果$\hat{\delta}_{sr}(\lambda-\Lambda_r,\Lambda_r,t)\geqslant\hat{\delta}_{ss}(\lambda-\Lambda_r,\Lambda_r,t)$，则$\hat{\Lambda}_r(\lambda)\lambda$递增；否则$\hat{\Lambda}_r(\lambda)$随$\lambda$下降。

进而，因为$\hat{R}$是凹函数，且$\hat{\delta}_{ss}\leqslant 0$和$\hat{\delta}_{ss}\hat{\delta}_{rr}-\hat{\delta}_{sr}^2\geqslant 0$，所以，$\hat{\delta}_{rr}\leqslant 0$，从而

$$\min\{\hat{\delta}_{ss},\hat{\delta}_{rr}\}\leqslant-\sqrt{\hat{\delta}_{ss}\hat{\delta}_{rr}}\leqslant\hat{\delta}_{sr}\leqslant\sqrt{\hat{\delta}_{ss}\hat{\delta}_{rr}}\leqslant-\min\{\hat{\delta}_{ss},\hat{\delta}_{rr}\}\tag{14.19}$$

这就说明$\hat{\delta}_{sr}\geqslant\hat{\delta}_{ss}$，或者$\hat{\delta}_{sr}\geqslant\hat{\delta}_{rr}$。

综上讨论，给定λ_0，$\hat{\Lambda}_s(\lambda)$和$\hat{\Lambda}_r(\lambda)$中至少有一个在λ_0处递增。如果两类顾客对称，则可证$\hat{\Lambda}_s(\lambda)=\hat{\Lambda}_r(\lambda)$，从而二者都是递增的。

最后，如果$\hat{\delta}_{sr}\geqslant\max\{\hat{\delta}_{rr},\hat{\delta}_{rr}\}$，则$\hat{\Lambda}_s(\lambda)$和$\hat{\Lambda}_r(\lambda)$都随$\lambda$递增。

对$i=s,r$，记$p_i(\lambda,t)=p_i(\hat{\Lambda}_s(\lambda),\hat{\Lambda}_r(\lambda))$为购买顾客的到达率为$\lambda$时渠道$i$在$t$时的价格，则$p_s(\lambda,t)$和$p_r(\lambda,t)$都随$\lambda$下降。这是因为为了让购买顾客的到达率递增，供应商和零售商的价格必须降低。易知$p_i^*(n,t)=p_i(\lambda_i^*(n,t),t)$，$i=s,r$。于是，由引理14.1我们有如下推论。

推论 14.1　若$\hat{\Lambda}_s(\lambda)$和$\hat{\Lambda}_r(\lambda)$均随λ递增，则$p_s^*(n,t)$和$p_r^*(n,t)$均随n下降，当供应链平稳时也随t下降。

如$F_{t,s}(\cdot)=F_{t,r}(\cdot)=F_t(\cdot)$，$\forall t$，则我们称这两类顾客是同质的(Homogeneous)。这里只要求两类顾客的估价分布相同，而对忠诚度、到达率不作任何要求。所以，两类顾客对称时一定是同质的。注意到$\Phi_t(p)=1-F_t(p)$是零售价为p时到达顾客购买的概率，记$p_t(\Phi)$为$\Phi(p)=1-F_t(p)$的逆函数，即$p_t(\Phi)=F_t^{-1}(1-\Phi)$。因此，$p_t(\Phi)$是到达顾客购买一件物品的概率为$\Phi$时的价格。我们称这一概率为**购买概率**。进而，记

$$r_t(\Phi)=\Phi\, p_t(\Phi)=\Phi F_t^{-1}(1-\Phi)$$

为购买概率为Φ时销售一件物品的期望利润，再记$\bar{\Phi}(n,t)=\arg\max\limits_{0\leqslant\Phi\leqslant 1}\{r_t(\Phi)-\Phi\Delta J_s(n,t)\}$，$\bar{\Phi}=\bar{\Phi}(n,t)$。如下命题讨论了同质时最优价格的性质。

定理 14.4　假定两类顾客同质，固定费用 $h=0$，对每一 t，$r_t(\Phi)$ 是 Φ 的凹函数(即 $2f_t^2(p)+f_t'(p)(1-F_t(p))\geqslant 0$)，则最优价格 $p_s^*(n,t)$，$p_r^*(n,t)$ 必定满足

$$p_s^*=p_r^*\quad 且\quad p_s^*-\frac{1-F_t(p_s^*)}{f_t(p_s^*)}=\Delta J_s(n,t)$$

证明　令 $\Phi_i=1-F_t(p_i)$ 为决策变量，则方程(14.13)等价于

$$-\frac{\partial J_s(n,t)}{\partial t}=\max_{\Phi_s,\Phi_r}b(\Phi_s,\Phi_r,n,t)\tag{14.20}$$

其中：

$$b(\Phi_s,\Phi_r,n,t)=\Lambda_s(\Phi_s,\Phi_r,t)[p_t(\Phi_s)-\Delta J_s(n,t)]+\Lambda_r(\Phi_s,\Phi_r,t)[p_t(\Phi_r)-\Delta J_s(n,t)]$$

$$\Lambda_s(\Phi_s,\Phi_r,t)=\lambda_s(t)\Phi_s-(1-\gamma_s)\lambda_s(t)\Phi_s G_s(p_t(\Phi_s)-p_t(\Phi_r))+(1-\gamma_r)\lambda_r(t)\int_0^{p_t(\Phi_r)-p_t(\Phi_s)}[1-F_t(p_t(\Phi_s)+c)]\mathrm{d}G_r(c)$$

$$\Lambda_r(\Phi_s,\Phi_r,t)=\lambda_r(t)\Phi_r-(1-\gamma_r)\lambda_r(t)\Phi_r G_r(p_t(\Phi_r)-p_t(\Phi_s))+(1-\gamma_s)\lambda_s(t)\int_0^{p_t(\Phi_s)-p_t(\Phi_r)}[1-F_t(p_t(\Phi_r)+c)]\mathrm{d}G_s(c)$$

记 (Φ_s^*,Φ_r^*) 为方程(14.20)的最大值点，则 Φ_r^* 一定满足

$$-\frac{\partial J_s(n,t)}{\partial t}=\max_{\Phi_r}b(\Phi_s^*,\Phi_r,n,t)$$

由此，下面分两种情况讨论。

(1) $\Phi_s^*\geqslant\bar{\Phi}$。

给定 $\Phi_r<\bar{\Phi}$，有

$$\begin{aligned}
&b(\Phi_s^*,\Phi_r,n,t)\\
&=\Lambda_s(\Phi_s^*,\Phi_r,t)[p_t(\Phi_s^*)-\Delta J_s(n,t)]+\Lambda_r(\Phi_s^*,\Phi_r,t)[p_t(\Phi_r)-\Delta J_s(n,t)]\\
&=\left[\lambda_s(t)+(1-\gamma_r)\lambda_r(t)\int_0^{p_t(\Phi_r)-p_t(\Phi_s^*)}\frac{1-F_t(p_t(\Phi_s^*)+c)}{\Phi_s^*}\mathrm{d}G_r(c)\right][r_t(\Phi_s^*)-\Phi_s^*\Delta J_s(n,t)]+\\
&\quad[\lambda_r(t)-(1-\gamma_r)\lambda_r(t)G_r(p_t(\Phi_r)-h-p_t(\Phi_s^*))][r_t(\Phi_r)-\Phi_r\Delta J_s(n,t)]\\
&<\left[\lambda_s(t)+(1-\gamma_r)\lambda_r(t)\int_0^{p_t(\Phi_r)-p_t(\Phi_s^*)}\frac{1-F_t(p_t(\Phi_s^*)+c)}{\Phi_s^*}\mathrm{d}G_r(c)\right][r_t(\Phi_s^*)-\Phi_s^*\Delta J_s(n,t)]+\\
&\quad[\lambda_r(t)-(1-\gamma_r)\lambda_r(t)G_r(p_t(\Phi_r)-p_t(\Phi_s^*))][r_t(\bar{\Phi})-\bar{\Phi}\Delta J_s(n,t)]\\
&=(1-\gamma_r)\lambda_r(t)\psi(\Phi_r)+\lambda_s(t)[r_t(\Phi_s^*)-\Phi_s^*\Delta J_s(n,t)]+\lambda_r(t)[r_t(\bar{\Phi})-\bar{\Phi}\Delta J_s(n,t)]
\end{aligned}$$

其中的不等式由 $\bar{\Phi}$ 可得。

$$\psi(\Phi_r)=\int_0^{p_t(\Phi_r)-p_t(\Phi_s^*)}\frac{1-F_t(p_t(\Phi_s^*)+c)}{\Phi_s^*}\mathrm{d}G_r(c)[r_t(\Phi_s^*)-\Phi_s^*\Delta J_s(n,t)]-G_r(p_t(\Phi_r)-p_t(\Phi_s^*))[r_t(\bar{\Phi})-\bar{\Phi}\Delta J_s(n,t)]$$

因此

$$\frac{\mathrm{d}\psi(\Phi_r)}{\mathrm{d}\,\Phi_r}=\frac{1-F_t(p_t(\Phi_r))}{\Phi_s^*}\cdot\frac{\mathrm{d}G_r(p_t(\Phi_r)-p_t(\Phi_s^*))}{\mathrm{d}\,\Phi_r}[r_t(\Phi_s^*)-\Phi_s^*\Delta J_s(n,t)]$$
$$-\frac{\mathrm{d}G_r(p_t(\Phi_r)-p_t(\Phi_s^*))}{\mathrm{d}\,\Phi_r}[r_t(\bar{\Phi})-\bar{\Phi}\Delta J_s(n,t)]$$
$$=\frac{\mathrm{d}G_r(p_t(\Phi_r)-p_t(\Phi_s^*))}{\mathrm{d}\,\Phi_r}\left\{\frac{[r_t(\Phi_s^*)-\Phi_s^*\Delta J_s(n,t)]\Phi_r}{\Phi_s^*}-[r_t(\bar{\Phi})-\bar{\Phi}\Delta J_s(n,t)]\right\}$$
$$\geqslant 0$$

其中的第二个等式由$p_t(\cdot)$的定义得到，不等式由$\bar{\Phi}$的定义及$p_t(\Phi_r)$随Φ_r下降可得。因此，$\psi(\Phi_r)$随Φ_r上升。于是

$$b(\Phi_s^*,\Phi_r,n,t)$$
$$<(1-\gamma_r)\lambda_r(t)\psi(\Phi_r)+\lambda_s(t)[r_t(\Phi_s^*)-\Phi_s^*\Delta J_s(n,t)]+\lambda_r(t)[r_t(\bar{\Phi})-\bar{\Phi}\Delta J_s(n,t)]$$
$$\leqslant(1-\gamma_r)\lambda_r(t)\psi(\bar{\Phi})+\lambda_s(t)[r_t(\Phi_s^*)-\Phi_s^*\Delta J_s(n,t)]+\lambda_r(t)[r_t(\bar{\Phi})-\bar{\Phi}\Delta J_s(n,t)]$$
$$=\left[\lambda_s(t)+(1-\gamma_r)\lambda_r(t)\int_0^{p_t(\bar{\Phi})-p_t(\Phi_s^*)}\frac{1-F_t(p_t(\Phi_s^*)+c)}{\Phi_s^*}\mathrm{d}G_r(c)\right][r_t(\Phi_s^*)-\Phi_s^*\Delta J_s(n,t)]+$$
$$[\lambda_r(t)-(1-\gamma_r)\lambda_r(t)G_r(p_t(\bar{\Phi})-p_t(\Phi_s^*))][r_t(\bar{\Phi})-\bar{\Phi}\Delta J_s(n,t)]$$
$$=\Lambda_s(\Phi_s^*,\bar{\Phi},t)[p_t(\Phi_s^*)-\Delta J_s(n,t)]+\Lambda_r(\Phi_s^*,\bar{\Phi},t)[p_t(\bar{\Phi})-\Delta J_s(n,t)]$$
$$=b(\Phi_s^*,\bar{\Phi},n,t)$$

对$\Phi_r>\Phi_s^*$，有

$$b(\Phi_s^*,\Phi_r,n,t)$$
$$=\Lambda_s(\Phi_s^*,\Phi_r,t)[p_t(\Phi_s^*)-\Delta J_s(n,t)]+\Lambda_r(\Phi_s^*,\Phi_r,t)[p_t(\Phi_r)-\Delta J_s(n,t)]$$
$$=[\lambda_s(t)-(1-\gamma_s)\lambda_s(t)G_s(p_t(\Phi_s^*)-p_t(\Phi_r))][r_t(\Phi_s^*)-\Phi_s^*\Delta J_s(n,t)]+$$
$$\left[\lambda_r(t)+(1-\gamma_s)\lambda_s(t)\int_0^{p_t(\Phi_s^*)-p_t(\Phi_r)}\frac{1-F_t(p_t(\Phi_r)+c)}{\Phi_r}\mathrm{d}G_s(c)\right][r_t(\Phi_r)-\Phi_r\Delta J_s(n,t)]$$
$$<[\lambda_s(t)-(1-\gamma_s)\lambda_s(t)G_s(p_t(\Phi_s^*)-p_t(\Phi_r))][r_t(\Phi_s^*)-\Phi_s^*\Delta J_s(n,t)]+$$
$$\left[\lambda_r(t)+(1-\gamma_s)\lambda_s(t)\int_0^{p_t(\Phi_s^*)-p_t(\Phi_r)}\frac{1-F_t(p_t(\Phi_r)+c)}{\Phi_r}\mathrm{d}G_s(c)\right][r_t(\Phi_s^*)-\Phi_s^*\Delta J_s(n,t)]$$
$$<[\lambda_s(t)-(1-\gamma_s)\lambda_s(t)G_s(p_t(\Phi_s^*)-p_t(\Phi_r))][r_t(\Phi_s^*)-\Phi_s^*\Delta J_s(n,t)]+$$
$$\left[\lambda_r(t)+(1-\gamma_s)\lambda_s(t)\int_0^{p_t(\Phi_s^*)-p_t(\Phi_r)}\frac{1-F_t(p_t(\Phi_r))}{\Phi_r}\mathrm{d}G_s(c)\right][r_t(\Phi_s^*)-\Phi_s^*\Delta J_s(n,t)]$$
$$=(\lambda_s(t)+\lambda_r(t))[r_t(\Phi_s^*)-\Phi_s^*\Delta J_s(n,t)]$$
$$=(\Lambda_s(\Phi_s^*,\Phi_s^*,t)+\Lambda_r(\Phi_s^*,\Phi_s^*,t))[p_t(\Phi_s^*)-\Delta J_s(n,t)]$$
$$=b(\Phi_s^*,\Phi_s^*,n,t)$$

其中的第一个不等式是因为$r_t(\Phi_r)$是凹的。

结合上述两种情况，$\bar{\Phi}\leqslant\Phi_r^*\leqslant\Phi_s^*$。

(2) $\Phi_s^*\leqslant\bar{\Phi}$。与(1)类似，有$\bar{\Phi}\geqslant\Phi_r^*\geqslant\Phi_s^*$。

总结(1)和(2)，Φ_r^*必定介于$\bar{\Phi}$和Φ_s^*之间。类似可证Φ_s^*一定介于$\bar{\Phi}$和Φ_r^*之间。因此，$\Phi_s^*=\Phi_r^*$，且Φ_i^*是如下决策变量为Φ的问题的解：

$$-\frac{\partial J_s(n,t)}{\partial t}=\max_{\Phi} b(\Phi,\ \Phi,\ n,t)$$
$$=(\lambda_s(t)+\lambda_r(t))\max_{\Phi}\{r_t(\Phi)-\Phi\Delta J_s(n,t)\}$$

但$\bar{\Phi}$是$\max_{\Phi}\{r_t(\Phi)-\Phi\Delta J_s(n,t)\}$的最优解。因此，$\Phi_s^*=\Phi_r^*=\bar{\Phi}$，从而 $p_s^*=p_r^*=p_t(\bar{\Phi})$。由$\bar{\Phi}$的一阶条件可知，$p_s^*$ 一定满足

$$\Delta J_s(n,t)=\frac{\mathrm{d}}{\mathrm{d}\Phi}r_t(\Phi_s^*)=p_s^*-\frac{1-F_t(p_s^*)}{f_t(p_s^*)}$$

这样就证明了命题。

因此，当两个顾客类有相同的估价时，供应商与零售商处的零售价相同，而不论顾客的到达率、顾客的忠诚度、转换成本是多少。命题中的条件($r_t(\Phi)$是凹的)对如均匀分布、指数分布、正态分布，都是成立的。

思考题

请考虑固定费用 h 对最优价格、双方的期望利润的影响，是单调上升还是单调下降？(见习题 4)

14.2.2　分散决策

现在我们讨论分散决策，此时供应商和零售商之间要进行博弈。我们假定零售商采用 make-to-stock(零售商从供应商处批发产品，再进行销售)的方式。也即，零售商从供应商处购买产品，然而双方各自确定自己的零售价进行销售，从而这是一种竞争。所以，这是一个信息完全对称的两阶段博弈问题。

第一阶段，在销售开始时，即时间 0，供应商确定并公布菜单 $r(\cdot)$，它表示零售商购买产品量为 M 时价格为 $r(M)$。然后零售商确定其采购量 M。我们采用 Stackelberg 博弈(即博弈各参与方的决策有先后次序)来建模，其中供应商是先动者。

第二阶段，当零售商购买了 M 件产品后，双方同时确定在整个销售季节中的零售价：供应商要为其 $N-M$ 件产品确定零售价$p_s(t)$，零售商则为其 M 件产品确定零售价$p_r(t)$。

由归纳法，先求解第二阶段。记$N_s(t)$，$N_r(t)$分别是供应商、零售商处累计销售的产品数，则

$$N_s(T)\leqslant N-M,\ N_r(T)\leqslant M$$

$N_s(t)$，$N_r(t)$依赖于双方的零售价$p_s(t)$，$p_r(t)$。

如果供应商在 t 时还有 n 件产品待售，则其最大期望收益为

$$J_s(n,t)=\max_{p_s\geqslant 0}E\int_t^T p_s(n,t)\,\mathrm{d}N_s(t) \tag{14.21}$$

同样，如果零售商在 t 时还有 n 件产品待售，则其最大期望收益为

$$J_r(n,t)=\max_{p_r\geqslant 0}E\int_t^T p_r(n,t)\,\mathrm{d}N_r(t) \tag{14.22}$$

供应商和零售商同时确定各自的零售价，这是一个 Nash 博弈(即博弈的各参与方同时做决策)。均衡的价格是如下最优方程的解：

$$-\frac{\partial J_s(n,t)}{\partial t}=\max_{p_s\geqslant 0}\{p_s\Lambda_s(p_s,\ p_r,\ t)-\Lambda_s(p_s,\ p_r,\ t)\Delta J_s(n,t)\} \tag{14.23}$$

$$-\frac{\partial J_r(n,t)}{\partial t}=\max_{p_r\geqslant 0}\{p_r\Lambda_r(p_s,\ p_r,\ t)-\Lambda_r(p_s,\ p_r,\ t)\Delta J_r(n,t)\} \tag{14.24}$$

但这是一个微分博弈，难以求解其解析表达式。在线性需求下，可得到其解(见习题 5)。

在第一阶段，供应商的问题是

$$\max_{r\geqslant 0}\{J_s(N-M,\ 0)+r(M)\} \tag{14.25}$$

注意到 $r(0)=0$(不采购时自然不需要支付)，而零售商的问题是

$$\max_{0\leqslant M\leqslant N}\{J_r(M,\ 0)-r(M)\} \tag{14.26}$$

由于零售商不可能选择一个采购量，使得自己获益为负，由问题(14.26)的最优采购价一定满足如下条件：至少存在一个 $M\in\{0,\ 1,\ 2,\ \cdots,\ N\}$使得

$$r(M)\leqslant J_r(M,\ 0)$$

但对于供应商来说，任一满足 $r(M)<J_r(M,\ 0)$(对某一 M)的策略，必定不如满足 $r(M)=J_r(M,\ 0)$的策略。由此，再注意到在任一转移价下零售商只需要将 M 作为其订购量，则最大化问题(14.25)可等价于

$$\max_{M=0,\ 1,\ 2,\ \cdots,\ N}\{J_s(N-M,\ 0)+J_r(M,\ 0)\} \tag{14.27}$$

记M^*为上述优化问题的最优解，则当零售商订购M^*时供应商获利最大。因此，为了让零售商订购M^*，供应商需要采用如下的转移价：

$$r^*(M)=\begin{cases}\text{any number}\geqslant J_r(M,\ 0), & M\neq M^*\\ J_r(M^*,\ 0)-\varepsilon, & M=M^*\end{cases} \tag{14.28}$$

其中 ε 是供应商愿意让零售商获取的一个正的(但小于$J_r(M^*,\ 0)$)的利润，因为在此转移价下，有

$$J_r(M,\ 0)-r^*(M)\begin{cases}\leqslant 0, & M\neq M^*\\ =\varepsilon, & M=M^*\end{cases}$$

这样的结论，是因为供应商是 Stackelberg 的领导者，而且转移价是非线性的。此时，供应商就可以获取供应链的全部利润。下面我们证明在动态环境下这个结论依然成立，该结论成立的前提是供应商的定价权(即选择怎样的定价方式)，而不是其他因素。

现实中，供应商难以运用非线性定价策略，或者说供应商采用线性定价策略：$r(M)=wM$，$w>0$。称此为批发价策略，称 w 为批发价。在线性批发价策略下，零售商的目标函数 $J_r(M,\ 0)-r(M)=J_r(M,\ 0)-wM$ 关于 M 是凹的，所以，最优订购量为

$$M^*(w)=M$$

满足

$$\Delta J_r(M+1,\ 0)<w\leqslant\Delta J_r(M,\ 0) \tag{14.29}$$

其中 $M\in\{0,\ 1,\ 2,\ \cdots,\ N\}$。因此，供应商的优化问题是

$$\max_{w\geqslant 0}\{J_s(N-M^*(w),\ 0)+wM^*(w)\} \tag{14.30}$$

下面的引理描述了供应商的最优批发价。

引理 14.4　最优批发价w^*一定在一个离散的集合$\{\Delta J_r(M,\ 0),\ M\in\{0,\ 1,\ 2,\ \cdots,\ N\}\}$之中。

证明　由式(14.29)可知，如果有 $n\in\{0,\ 1,\ \cdots,\ N-1\}$使得 $r(n)\leqslant J_r(N,\ 0)$或 $\Delta J_r(n+1,\ 0)<r(n)<\Delta J_r(n,\ 0)$，则 $r(n)$不可能是最优的。因此，我们推断，如果$r^*(n)$是最优

解，则一定存在$n^* \in \{0, 1, \cdots, N\}$使得$r^*(n)=\Delta J_r(n^*, 0)$。得证。

由以上引理，均衡的批发价一定等于零售商在某个物品数 M 处的边际收益。由此引理及式(14.29)知，当$w^*=\Delta J_r(n, 0)$时有$M^*(w)=M$, $M\in\{0, 1, 2, \cdots, N\}$。因此，供应商的优化问题(14.30)等价于如下问题：

$$\max_{M=0, 1, \cdots, N} \{J_s(N-M, 0)+M\Delta J_r(M, 0)\} \tag{14.31}$$

上述问题是离散的，其最优解M_w^*就是零售商的均衡订购量。一般来说，求解问题(14.31)的解析解是不容易的，但实际问题中 N 的值通常不是太大，于是可以遍历 $M\in\{0, 1, \cdots, N\}$来获得最优解。

我们将上面的结果总结在如下的命题中，并比较了零售商的订购量。

定理 14.5　(1) 如果供应商可能任意定价，零售商的保留利润为 ε，那么均衡的转移价策略由式(14.28)给出，零售商的均衡订购量M^*由式(14.27)给出且与其保留利润无关。

(2) 在批发价策略下，零售商的均衡订购量M_w^*是方程(14.31)的解，均衡批发价$w^*=\Delta J_r(M_w^*, 0)$。

(3) $M_w^*\leqslant M^*$，即零售商在批发价下的订购量变小。

证明　(1)和(2)已经在命题前得证。

(3) 由定理 14.2，$J_s(M, 0)$和$J_r(M, 0)$都是凹的，因此$J_s(N-M, 0)$也是 M 的凹函数。于是，优化问题(14.27)中项的一阶差分$\Delta_M J_s(N-M, 0)+\Delta_M J_r(M, 0)$对 M 下降。于是，对问题(14.31)中的一阶差分，有

$$\begin{aligned}
&\Delta_M J_s(N-M, 0)+\Delta_M(M\Delta_M J_r(M, 0))\\
=&\Delta_M J_s(N-M, 0)+M\Delta_M J_r(M, 0)-(M-1)\Delta_M J_r(M-1, 0)\\
=&\Delta_M J_s(N-M, 0)+\Delta_M J_r(M, 0)+(M-1)\Delta_M^2 J_r(M, 0)\\
\leqslant&\Delta_M J_s(N-M, 0)+\Delta_M J_r(M, 0)\\
\leqslant&0, \qquad M\geqslant M^*
\end{aligned}$$

其中第一个不等式是因为$J_r(M, 0)$是凹的，最后一个不等式可由M^*的定义得到。这就证明了$M_w^*\leqslant M^*$。

定理 14.5 的(3)说明当供应商采用批发价时将减少其订购量。由于供应商在决定转移价时会考虑零售商的最优订购量，在批发价策略下，供应商从每件物品上获得的平均利润将变小。那样，供应商就会向零售商少销售一些产品。

总之，由于$J_r(M, 0)$是凹的，$\Delta J_r(M, 0)$对 M 下降。因此，零售商在批发价下的最优利润为$J_r(M_w^*, 0)-M_w^*\Delta J_r(M_w^*, 0)$，其值为正。显然，在批发价下，如果零售商有保留利润 ε，那他会加入这个博弈当且仅当$J_r(M_w^*, 0)-M_w^*\Delta J_r(M_w^*, 0)\geqslant\varepsilon$。由于供应商可以决定是否将产品卖给零售商，因此能保证供应商获得一定的利润(否则可以不卖)。另外，供应商定价权力的大小影响其获得利润的多少，如果受限于批发价，供应商的利润自然会变少。

上面讨论的是 make-to-stock 方式的分散决策。另一种常见的分散决策方式是 make-to-order 方式，这是一种库存共享的方式，下面来讨论这种方式。具体地，在任一销售时间 t，供应商确定并公布批发价 w 以及其自己的零售价$p_s(t)$。然后，零售商确定其零售价$p_r(t)$。因此，这是一个 Stackelberg 微分博弈。容易得到供应商的最优方程为

$$-\frac{\partial J_s(n,t)}{\partial t}=\max_{w,p_s\geqslant 0}\{p_s\Lambda_s(p_s,p_r,t)+w\Lambda_r(p_s,p_r,t)-\Lambda(p_s,p_r,t)\Delta J_s(n,t)\}$$

(14.32)

零售商的最优方程为

$$-\frac{\partial J_r(n,t)}{\partial t}=\max_{p_r\geqslant 0}\{(p_r-w)\Lambda_r(p_s,\ p_r,\ t)-\Lambda(p_s,\ p_r,\ t)\Delta J_r(n,t)\} \quad (14.33)$$

根据如上微分博弈均衡策略的存在性，有如下定理。

定理 14.6 若$(p_r-w)\Lambda_r(p_s,\ p_r,\ t)-\Lambda(p_s,\ p_r,\ t)\Delta J_r(n,t)$是$p_r$的单峰函数，则均衡策略存在。

本节将收益管理与供应链管理结合起来考虑了续时间动态定价的供应链管理，这称为**供应链收益管理**(Hu et al，2010)。

注 14.1 现实中遇到的决策大多是动态决策，如果描述细致一些，也一定可以用 MDP 来建立其模型。因此，MDP 的应用领域十分广泛，本书所讨论的应用问题只是其中比较有代表性的。此外，还涉及以下应用领域：

(1) 疾病医疗(维修)。如果将人的器官解释为机器的部件，那么疾病在西医看来就是某个部件有故障、甚至失效。我们可以将这个问题视为最优维修问题。特殊的情形有器官移植问题，即用 MDP 讨论器官移植中的动态决策问题(Alagoz，2007)。

(2) 呼叫中心。呼叫中心曾经是学者们关注较多的一个领域，其中员工的动态调度是 MDP 的一个应用领域(Gans，2003)。

(3) 营销管理。营销也属于 MDP 问题，而营销包括如传统的 4P(产品、促销、渠道、定价)，特别是促销、广告、定价等形式，都是 MDP 的经典应用领域(Cheng，1999)(Gustav，1994)(Aviv，2005)。

(4) 项目管理。项目管理也可运用动态决策来执行(Huchzermeier，2001)。

(5) 饿了么+星巴克。这是两家公司的业务合作。在一个区域内有 N 家星巴克(假设只制作咖啡)，第 i 家有服务员 m_i 个，其顾客服从到达率为 λ_i 的 Poisson 过程，每杯咖啡的制作时间服从参数为 m_i 的指数分布。外卖咖啡的顾客按照到达率为 λ 的 Poisson 过程到达外卖平台，在选择咖啡后，系统指派一家星巴克门店制作咖啡，并指派一个外卖员进行配送。共有 M 个外卖员，在星巴克店与顾客之间配送。系统需要确定，当一个外卖咖啡的顾客到达时，应指派哪家星巴克制作咖啡，并由哪位外卖员配送。目标函数是使得总的等待时间最短(分为两个指标：一是顾客的等待时间，二是员工的等待时间)。这是一个比较复杂的 MDP 问题。

习　题

1. 对 14.1 节讨论的易腐产品的多阶段供应链管理问题，进一步考虑加式需求 $D_k(p)=d_k(p_k)+\varepsilon_k$，$k=1$，2，或者乘式需求$D_k(p)=d_k(p_k)\varepsilon_k$，$k=1$，2，其中$d_k(p_k)$是一个确定的函数，$\varepsilon_k$是一随机变量。试进一步讨论最优策略的性质。

2. 考虑产品寿命为 $N\geqslant 2$ 个周期的情形，写出最优方程，并求最优策略与最优值函数。

3. 第 14.1 节的模型中每阶段两个产品(产品 1 与产品 2)的需求是独立的，请考虑相关的情形。

4. 第 14.2.1 小节中固定费用 h 对最优价格、双方的期望利润的影响，是单调上升还是单调下降?

5. 供应商与零售商的需求受如下因素影响：双方的到达率、到达顾客的估价与忠诚度以及转换成本、双方的定价。但需求函数也可以只是双方价格的函数，如常见的线性需求函数：

$$\Lambda_s(p_s, p_r, t)=A_s-p_s+\theta_s p_r,\ \Lambda_r(p_s, p_r, t)=A_r-p_r+\theta_r p_s$$

此时，可求如上微分博弈的解，读者可以尝试给出具体计算。

参 考 文 献

ALAGOZ O, MAILLART L M, SCHAEFER A J, et al. 2007. Choosing among living-donor and cadaveric livers. Management Science. 53(11): 1702 - 1715.

AVIV Y, PAZGAL A. 2005. A partially observed Markov decision process for dynamic pricing. Management Science. 51(9): 1400 - 1416.

CHENG F, SETHI S P. 1999. A periodic review inventory model with demand influenced by promotion decisions, Management Sciencel. 45(11): 1510 - 1523.

FENG Y, XIAO B. 2000. A continuous-time yield management model with multiple price and reversible price changes. Management Science, 46(5): 644 - 657.

GANS N, ZHOU Y P. 2003. A call-routing problem with service-level constraints. Operations Research. 51(2): 255 - 27.

GUSTAV F, HARTL R F, SETHI S P. 1994. Dynamic optimal control models in advertising: recent developments. Management Science. 40(2): 195 - 226.

HUCHZERMEIER A, LOCH C H. 2001, Project Management Under Risk: Using the Real Options Approach to Evaluate Flexibility in R&D. Management Science. 47(1): 85 - 101.

HU Q, WEI Y, XIA Y. 2010. Revenue management for a supply chain with two streams of customers, European Journal of Operational Research, 200: 582 - 598.

ZHAO, W, ZHENG Y S. 2000. Optimal dynamic pricing for perishable assets with nonhomogeneous demand. Management Science, 46(3): 375 - 388.

后　记

我从 1984 年开始学习、研究马尔可夫决策过程，多年后将自己的这段经历总结于《马尔可夫决策过程引论》(西安电子科技大学出版社 2000 年出版)一书当中。

在 1990 年前后我曾学习过不少算法，如优化算法、并行算法、启发式算法、神经网络、模式识别等，后来发现算法的研究进展跟不上芯片的发展速度(芯片的复杂度每 2 年翻一番)，而且对我来说算法的研究也不如理论研究来得更有意思。

1997 年，我开始研究将马尔可夫决策过程运用于管理与金融中的动态决策问题。

2015 年以来，人工智能技术大幅进步，其中强化学习在马尔可夫决策过程(MDP)的基础上也得到了发展。后来在一些文章和专著中，我发现强化学习、MDP 近似计算正是自己在 1995 年决定中断 MDP 研究时开始发展起来的。当前我认为算法在实践中仍非常有用，尤其是在人工智能、企业管理的智能化方面，最核心的思想还是“事事算法”。于是我又继续学习、研究算法，研究企业管理的智能化，特别是如何在管理中运用算法。

自 2002 年开始，我开始着手写一本书，主要涉及管理与金融领域的很多随机动态决策问题。2007 年我进入复旦大学管理学院并承担研究生的“动态随机决策与模型”课程教学任务，不断完善讲义。2014 年本书基本定稿，现由西安电子科技大学出版社正式出版。

胡奇英

2022.2.22